KB135100

북 핵 위 협 시 대

국방의
조건

북 핵 위 협 시 대

국방의
조건

박휘락 지음

차
례

<역사와 국난 극복>

우리 민족의 시원(始原)은 바이칼 호라고 한다. 수만 년 전의 일이라 누구도 확신하기는 어렵지만, 어쨌든 한민족은 바이칼 호 근처에서 시작하여 현재의 한반도까지 이동해왔다. 그런데 왜 우리 민족은 원래의 땅을 벗어나 이곳으로 이동하는 데 그치고 말았을까? 통상적이라면 근원지를 바탕으로 영토를 넓혀나갈 것인데, 우리 민족은 그렇게 하지 못하였다. 그래서 현재 한민족은 한반도라는 좁은 지역에서 좁게 살아가는 처지가 되었다.

아마도 우리 민족이 지나치게 평화적이라서 이렇게 된 것은 아닐까? 평화적이라서 다른 민족과 투쟁해야 했을 때 끝까지 싸워 쟁취하는 대신에 양보하고 새로운 영토를 개척했던 것은 아닐까? 그러는 가운데 한반도에 이르렀고, 결국 바다에 막혀 정착하게 된 것은 아닐까? 역사를 살펴보면 우리 민족이 평화를 무척 사랑한 민족이라는 인상을 받지 않을 수 없다. 우리 민족의 사상적 뿌리라고 말하는 "홍익인간(弘益人間)"이나 백의(白衣)를 즐겨 입었던 풍속은 평화애호의 상징적 증거이다.

한반도에 정착한 이후의 역사에서도 우리 민족은 전쟁을 좋아하거나 잘 수행하지는 않은 것 같다. 침략한 전쟁은 거의 없고, 대부분이 침략에 대항하는 성격의 전쟁이었다. 국익을 내건 건곤일척(乾坤一擲)의 '대(大)회전(會戰)'이 아니라 잠시 피해야 하는 '난리(亂離)' 정도로 생각한 것 같다. 독일의 군사이론가인 클라우제비츠(Carl von Clausewitz)가 말했듯이 '정치의 연장'으로서의 전쟁, 국가의 이익을 확보하고 수호하기 위한 전쟁의 성격은 찾기 어렵다. 조선 시대만 보더라도 임진왜란(1592), 정묘호란(1627), 병자호란(1636) 등 주요 전란은 서로의 군사력이 결전을 펼치는 형태가 아니라 외국의 일방적 침략에 피난하거나 저항하는 형태였다. 6 · 25전쟁(1950)도 유엔군과 중공군이 개입하기 전에는 조선 시대의 전쟁과 유사한 모습이었다.

세계의 모든 민족이나 국가가 한민족이나 한국과 같았으면 인류는 더욱 평화롭고 행복해졌을 것이다. 그러나 불행하게도 세계는 그렇지 않았다. 서로의 국익을 확보하고 수호하기 위한 결전이 빈번하였고, 그 결과로 수많은 국가가 멸망하기도 하고, 강성해지기도 하였다. 1928년의 파리조약에서 전쟁을 불법화하기까지 서양에서 전쟁은 국가 간 갈등 해결의 정상적 수단이었다. 유엔헌장에서 전쟁이 명백하게 불법화되어 있음에도 국가의 심각한 이익이 충돌될 경우 서양의 국가들은 군사력 사용을 주저하지 않는다.

그렇다면 우리는 어떻게 해야 하는가? 세계를 바꿀 수 있다면 최선인데, 그것이 과연 가능할까? 전쟁을 불사하는 국가들과 함께 살아가야만 하는 현실에 한국도 적응하는 것이 안전하지 않을까? 이제 우리 국민들은 전쟁, 안보, 국방, 군사를 기피하는 성향을 버리고, 더욱 적극적으로 연구하고 대비하여 실패가 없도록 해야 하는 것 아닐까? 이상이 아니라 현실, 희망이 아니라 실제에 바탕을 두어서 전쟁과 군사에 접근해야 하는 것 아닌가?

<미증유의 핵위협>

우리는 지금 민족 역사상 가장 심각한 도전에 직면해 있다. 북한의 핵무기 개발로 민족의 유일한 생존터전인 한반도가 불모지대(不毛地帶)로 변모할 수도 있기 때문이다. 제대로 억제하지 못하여 북한이 핵무기를 사용할 경우 수십만 또는 수백만의 국민들이 즉시 사망하고, 공격의 원점(原點)은 폐허가 될 것이며, 낙진(落塵) 피해로 상당수가 추가로 사망하거나 원자병을 앓게 될 것이다.

핵폭발이 있고 나서도 민족의 존속과 번영이 가능할까? 끈질긴 우리의 민족성을 고려할 때 재기할 수 없다고 볼 수는 없다. 그러나 우리의 후손들은 엄청난 고초를 겪어야 할 것이고, 몇백 년 동안 각고의 노력을 기울여야 현재와 같은 모습을 되찾을 수 있을 것이다. 당장 국민들의 모든 삶은 정상을 잃을 것이고, 한국에 대한 외국인들의 투자와 방문은 없어질 것이며, 우수한 인력들은 탈출할 것이다. 수출은 모두 막힐 것이고, 산업의 기반은 붕괴할 것이다. 그렇게 애써 이룩해온 민족의 번영이 하루아침에 붕괴할 것이다.

설마 북한이 핵무기를 사용할까? 이것이 모든 국민의 마음 한구석에 도사리고 있는 마지막 피난처이다. 같은 민족인데? 북한 정권도 보복을 받아서 바로 멸망할 것인데? 그러나 북한은 6·25전쟁을 통하여 동족에게 총부리를 겨눈 적도 있고, 1987년에는 무고한 민간인을 태운 대한항공 여객기를 공중에서 폭파한 적도 있다. 2013년 4월 1일 최고인민회의에서 채택한 "자위적 핵보유국의 지위를 더욱 공고히 할 데 대한 법"에서도 "적대적인 핵보유국과 야합해 우리 공화국을 반대하는" 경우 핵무기를 사용할 수 있다고 암시하고 있다. 애써 부정하고 싶지만, 북한 정권이 막다른 상황에 도달하였다고 판단할 경우 핵을 사용할 수도 있음을 우리 모두는 인식하고 있다.

원래 국가안보는 최악의 상황을 가정하여 대비하는 것이지 가능성이 높은 상황에만 선별적으로 대비하는 것이 아니다. 치명적인 위협일수록 가능성이 낮더라도 최선을 다하여 대비하는 것이 건전한 국가들의 태도이다. 세계의 모든 국가가 나름의 판단으로 필요한 규모의 군대를 유지하고 있는 것은 전쟁이 발생할 가능성이 높아서가 아니라 치명적인 전쟁의 가능성을 부정할 수 없기 때문이다. 반드시 암에 걸릴 것이기 때문에 암보험을 드는 것이 아니라 치명적인 암의 가능성을 부정할 수 없어서 보험을 드는 것과 같다.

보고 싶지 않은 진실이지만 이제 한국은 북한의 핵무기 위협에 직면해 있고, 따라서 이로부터 국민들의 생명과 재산을 지키는 데 필요한 조치를 강구할 수밖에 없다. 현재 상황에서 한국에게 북한의 핵무기 위협에 대한 대비만큼 중요한 사항은 있을 수 없다. 특히 북한은 2013년 2월 12일 제3차 핵실험을 완료한 후 탄도미사일에 탑재하여 공격할 정도로 핵무기를 "소형화·경량화"하는 데 성공했다고 하였다. 그것이 사실일 경우 현재의 능력으로 북한의 핵미사일을 저지 및 요격할 수 없는 한국은 북한의 핵미사일 공격에 무방비로 노출된다. 암의 발병 가능성이 무척 높아진 상태라는 진단을 받았다면 암의 예방과 억제에 모든 노력을 기울여야 하지 않겠는가? 그것보다 더욱 중요한 일이 그 개인에게 있을 수 있다는 것인가?

<대피까지 고려해야 할 절박한 상황>

스위스는 영세중립국임에도 핵공격을 받을 가능성을 무시할 수는 없다고 생각하여 최악의 상황에서도 국민들의 생명과 재산을 보호할 수 있는 조치를 강구하기로 결정하였다. 스위스는 1960년대부터 법으로 모든 건축물 구축 시 대피소를 완비하도록 강제하고, 일부의 예산을 지원하여 장려해왔다. 그 결과 스위스는 현재 모든 국민을 대피시키고 남을 용량의 대피소를 구축해둔 상태이다. 그중에서도 대표적인 소넨베르그(Sonnenberg) 터널은 2만 명이 2주간을 견딜 수 있도록 모든 준비를 하고 있다. 그 외에도 스웨덴, 핀란드를 비롯한 북유럽 국가들도 상당한 대피시설을 구축해두고 있고, 미국이나 유럽국가들도 나름대로 핵대피 조치를 마련해둔 상태이다.

한국의 경우 핵전쟁의 가능성이 미국이나 유럽국가들보다 낮은가? 스웨덴이나 핀란드보다 낮은가? 스위스보다 낮은가? 아마 유럽사람들이 한국과 같은 상황에 처해 있다면 2006년 북한이 1차 핵실험을 하였을 때부터 광범한 핵대피 조치를 강구하기 시작하였을 것이다. 북한이 핵무기를 소형화·경량화하는 데 성공하였다고 말하고, 한국은 휴전상태에서 휴전선은 물론 해상에서도 북한과 심각한 대결상태에 있는데도 아직 핵대피를 논의조차 하지 않는 것을 어떻게 생각해야 할까?

북한이 수시로 핵실험과 탄도미사일 시험발사를 실시하고, 한국에 대하여 "최종 파괴(final destruction)"하겠다거나 서울을 불바다로 만들겠다고 위협하고 있지만, 한국에서 핵공격의 가능성과 핵대피의 필요성을 우려하는 사람은 많지 않다. 동일민족이라서 공격하지 않으리라고 믿고 있거나 보복을 받아서 정권이 멸망할 것을 알기 때문에 공격하지 못할 것으로 믿고 있을 수도 있다. 6자회담을 비롯한 외교적 노력으로 북한의 핵무기를 폐기시킬 수 있다고 믿을 수도 있다. 그러나 말은 하지 않지만, 국민들은 한편으로 불안하고, 핵무기 폭발이라는 최후의 상황에도 대비해야 하지 않는가를 고민하고 있을 것이다.

어떤 상황에서도 국가를 보위하고 국민들의 생명과 재산을 보호하는 것이 국가의 사명이라고 한다면 북한이 핵미사일을 발사할 경우 신뢰할 만한 방어대책을 갖추지 못하고 있는 한국의 입장에서는 최악의 상황까지 고려해야 한다. 북한의 핵위협에 국민들을 인질로 만들지 않고자 한다면 핵대피도 적극적으로 논의하여 필요한 조치를 서둘러 강구해나가야 한다. 최소한 국민들에게 핵대피의 기본적인 사항이라도 알려줘서 국민들이 선택하도록 해야 할 것이다.

우리 국민들은 북한을 너무나 잘 알고 있다. 북한이 대내외적으로 극단적인 어려움에 처하게 된 경우 어떤 행동을 할지 누구도 확신하기 어렵다. 누구도 생각하고 싶지 않지만, 이제는 최악의 상황도 염두에 두지 않을 수 없다. 보지 않으려 한다고 하여 현실이 달라지는 것은 아니기 때문이다. 현실을 직시할 때 해결책이 생기는 것이다. 실제로 핵공격을 받는다고 하더라도 모든 국민이 한꺼번에 사망하는 것은 아니고, 조금만 대비하고, 조금만 현명하게 대처하면 사상자를 상당할 정도로 감소시킬 수 있다. 핵공격 이후에도 민족은 영속되어야 하는 것 아닌가?

<스스로 노력해야 한다>
북한의 핵위협에 대한 우리 국민들의 또 다른 도피처는 미국이다.

겉으로는 반미를 말하지만, 상당수의 국민은 위급해질 경우 미국이 어떻게든 한국을 지켜줄 것으로 생각한다. 한국의 북한 핵무기 대응의 기본적 개념도 미국의 핵우산(nuclear umbrella) 또는 확장억제(extended deterrence)에 의존하는 것이다. 북한이 한국을 핵무기로 공격하면 미국이 그들에 대한 공격으로 간주하여 핵무기로 대규모 보복을 시행할 것이라는 사실을 북한에게 인식시켜 북한이 핵무기를 사용하지 못하도록 한다는 개념이다.

너무나 당연한 사실이라서 언급하는 것 자체가 부끄럽지만 실제로 북한이 핵무기로 한국을 공격하였을 때 미국이 핵무기로 대규모 응징보복을 할 것으로 확신할 수는 없다. 다른 국가에 대한 핵공격은 너무나 심각한 사안이어서 미국도 당시의 국제정세나 국내 여론을 살펴서 결정하지 않을 수 없기 때문이다. 우리에게는 불행스러울 수 있는 결정, 즉 보복하지 않는 쪽으로 결정할 가능성도 적지 않다. 1975년 남베트남이 멸망한 후 보트피플(boat people)이 되어 무작정 조국을 탈출하면서 남베트남 사람들은 미국을 믿은 것이 어리석었다고 한탄하였다. 우리가 그렇게 되지 않을 것이라는 확신이 있는가?

너무나 당연한 사실이지만 실제로 북한이 핵무기로 한국을 공격하였을 때 그로부터 국민들의 생명과 재산을 보호해야 하는 책임은 미국이나 한미연합사령관이 아니라 한국의 정부와 군대가 지니고 있다. 미국이나 미군을 활용하기는 하지만 북한 핵위협에 대한 억제와 방어의 주도적인 역할은 한국 정부와 군대의 몫이다. 그리고 그 정부와 군대를 구성하여 책임을 수행하도록 하는 것은 국민이다. 미국이 한국을 보호하지 않겠다고 결정하더라도 한국은 스스로를 지킬 수 있는 조치를 강구해야 한다. 하늘은 스스로 돕는 자를 돕는다는 말은 스스로 돕지 않는 사람은 돕지 않는다는 말이다.

예를 들면, 북한이 핵무기로 공격할 경우 한국은 그 공격을 당할 수밖에 없는 것이 사실이지만, 그 후 가용한 모든 수단과 방법을 총동원하여 북한의 수뇌부들만은 끝까지 찾아서 살상한다는 방침을 설정하고 북한에 천명해보자. 그러한 계획의 구현을 위하여 김정은의 일거수일투족을 감시할 수 있는 능력을 갖추고, 지하 수백 미터의 지하벙커도 관통하는 특수탄을 구매하며, 어떤 상황에서도 작전할 수 있는 스텔스기를 확보하고, 특수부대를 훈련시켜 보자. 상대방이 우리의 보복을 두려워하는 정도에 의하여 억제가 결정되는 것이라면, 북한 수뇌부의 입장에서는 미국의 핵우산보다 한국의 이러한 결의가 더욱 무섭게 생각되지 않을까?

또한, 한국은 북한의 핵무기가 사용될 기미가 보일 경우 바로 공군기 등을 출동시켜 북한의 핵무기 및 관련 시설을 정확하게 선제타격(preemptive strike)할 수 있어야 한다. 이것은 선택이 아니라 필수이다. 북한의 핵무기 공격을 받을 경우 어떤 식으로든 한국도 반격할 것이고, 그렇게 되면 남북한 간의 대규모 전쟁이 불가피하다. 그렇다면 정승조 전 합참의장이 말한 바대로 핵무기로 공격을 당하고 나서 전쟁을 시작하는 것보다는 타격을 당하기 전에 전쟁의 위험을 감수하는 것이 당연히 현명한 결정일 것이기 때문이다.

북한과 너무나 가까이 인접하고 있어서 기술적인 어려움이 적지 않게 내재되어 있지만, 한국은 최후의 수단으로 공격해오는 북한의 핵미사일을 공중에서 요격(interception)할 수 있어야 한다. 비록 짧은 시간밖에 허용되지 않겠지만, 북한의 핵미사일이 발사된 직후부터 한국의 어느 지역에 도달할 때까지 감시 및 추적하여 정확한 정보를 획득할 수 있어야 할 것이고, 공중에서 요격할 수 있는 다양한 무기 체계를 구매함으로써 요격의 확률을 높여야 할 것이다. 북한의 핵미사일을 확실하게 요격할 수 있는 능력을 구비하려면 상당한 비용이 소요되겠지만, 꾸준히 노력하면 이 분야의 효용성도 매우 높아질 것이다.

극단적인 상황에서 북한의 핵공격으로 한국에서 핵무기가 폭발하는 사태가 벌어졌다고 하더라도 국민들의 생명과 재산을 보호할 수 있는 조치도 강구할 필요가 있다. 그러한 조치는 실제로 필요할 뿐만 아니라 북한에게 한국의 단호한 결의를 과시하는 효과도 가능하게 할 것이다.

이처럼 한국 스스로 북한의 핵무기 위협으로부터 국민들의 생명과 재산을 보호하는 데 필요한 모든 조치를 생각해내어 차근차근 구현해나가고자 할 때 동맹국의 지원도 긍정적으로 작용할 것이고, 무엇보다 북한에게 강력한 우리의 의지를 전달하여 북한이 핵무기 사용을 함부로 결정하지 못하게 될 것이다. 물건을 허술하게 두면 도둑이 발생하지만 단단하게 보관하면 도둑이 없는 것과 같다. 우리가 단호한 의지로 철저하게 대비할 경우 우리의 능력이 다소 미흡하더라도 북한으로서는 두려워하는 마음이 생기면서 성급한 행동을 하지 못할 것이다.

<동맹 강화가 불가피하다>
최근 수십 년 동안 한국의 안보에서 핵심적인 주제는 "자주"였다. 1970년대에 경제가 어느 정도 도약하기 시작하는 상황에서 미군의 병력이 감축되자 생존 차원에서 한국은 "자주국방"을 추진하지 않

을 수 없었고, 따라서 '방위세'까지 신설하면서 그를 위한 재원 확보에 노력하였다. 소총으로부터 시작하여 필요한 무기와 장비의 국산화를 추진하였고, 향토예비군을 창설하였으며, 스스로 국토를 방어하기 위한 훈련과 장비의 확충에 매진하였다. 이러한 자주에 대한 열망은 지금까지도 지속되어 행정부마다 나름의 계획으로 '국방개혁'을 추진했고, 핵심 무기체계의 국산화를 독려하고 있다.

다만, 민주화 시대를 맞이하면서 한미동맹 관계의 조정이 '자주국방'의 최우선 과제로 추진되어온 측면이 있다. 한국군의 독자성이 강화되어야 국가안보에 대한 책임의식도 커지고, 장기적으로는 확실한 자주국방력을 구비하게 될 것이라는 시각이었다. 따라서 한미연합사령관이 행사하고 있는 작전통제권 환수를 중요한 과제로 설정하였고, 상당수 국민들도 이에 동의하였다.

전시 작전통제권을 환수하면 그 권한을 부여받음으로써 존재하는 한미연합사령부는 존재할 근거를 상실하여 해체된다. 한미연합사령부는 한반도의 전쟁억제와 유사시 승리보장을 위한 책임을 부여받은, 한국의 안보에는 너무나 중요한 기관이었지만, 그것이 해체된다는 사실과 그 경우의 문제점이 제대로 토론되지 못할 정도로 이 당시 '자주'에 대한 국민들의 열망은 컸다. 국민들의 상당수는 1994년 평시 작전통제권 환수에 이어 전시 작전통제권마저 환수하면 한미연합사가 해체된다는 사실도 모르는 채 어떤 권한만 하나 환수하는 것으로 가볍게 생각하기도 하였다. 아마 '전시 작전통제권'이 무엇인지를 정확하게 이해하였던 국민들도 많지 않을 것이다. '전작권'이라는 축약된 용어로 논의됨으로써 국민들은 더욱 그 내용을 이해하기 어려웠다.

2010년 3월과 11월에 북한이 천안함과 연평도를 기습적으로 공격함으로써 한반도가 여전히 불안한 지역이라는 점이 드러났지만, 이러한 '자주'의 열망을 감소시키지는 못하였다. 북한이 핵무기를 개발하였을 뿐만 아니라 그것을 탄도미사일에 탑재하여 공격할 정도로 "소형화·경량화"하는 데 성공하였고, 한국 스스로는 북한의 핵미사일로부터 국민들의 생명과 재산을 방어할 능력이 없어 미국의 지원에 의존하지 않을 수 없는 상황이지만, 상당수의 국민은 '자주'를 향한 한미동맹의 변화가 지속되기를 바라고 있다. 핵미사일로부터 국민들의 생명과 재산을 보호하려면 공격해오는 핵미사일을 공중에서 요격(interception)할 수 있는 능력을 갖춰나가야 하지만, 그것이 "미국 MD(missile defense) 참여"가 된다는 말에 탄도미사일 방어체제의 구축을 지지하지 않은 셈이다. 그러나 북한 핵위협이 계속적으로 강화됨에 따라 이러한 국민적 '자주'의 열망에도 불구하고 이후의 행정부들은 한미연합사 해체를 연기하거나 핵미사일 방어책을 강구하지 않을 수 없게 되었다. 그럼에도 불구하고 자주에 대한 국민들의 열망은 여전히 중시하지 않을 수 없다.

현 상황을 지혜롭게 극복하고자 한다면 한국은 당분간 '자주'보다는 '동맹'에 초점을 맞출 필요가 있다. 과거 너무나 미흡했던 자주국방에 대한 국민적 회한을 이해하지 못하는 바는 아니지만, 감정적 측면에 지나치게 휩쓸릴 경우 외부의 위협으로부터 국토의 독립성과 국민들의 생명과 재산은 보호할 수 없다. '자주'가 아닌 '충분한 방어력'만이 국가를 보호할 수 있기 때문이다. 불행히도 한국은 세계적인 강대국들에 의하여 둘러싸여 있고, 이미 그들 간에 첨예한 군비경쟁과 세력각축이 시작된 상황이며, 북한은 핵미사일을 갖추었을 뿐만 아니라 더욱 비합리적인 국가로 변화하고 있다. 한국의 국력만으로 이러한 위협들을 효과적으로 억제하거나 방어하는 것은 불가능할 뿐만 아니라 효율적이지도 않다. 자주를 강조하다가 미국과의 동맹을 손상시켜 미국이 확장억제를 시행하지 않으리라고 오해하여 북한이 핵미사일로 한국을 공격함으로써 국토가 폐허가 될 경우 누가 책임진다는 것인가?

<반성도 필요하다>

반만년의 역사를 통하여 한민족은 한때 찬란한 문명과 문화를 꽃피우기도 했지만 수많은 역경을 겪기도 하였다. 그러나 역경에 처할수록 우리의 조상들은 온갖 지혜를 모아서 이를 극복하였고, 그리하여 민족의 역사가 오늘날의 한국까지 연결되고 있다. 분단된 상태임에도 불구하고 한국이 세계에서 지니고 있는 비중을 보면 역사의 어느 선조들보다 자랑스러운 업적을 올린 것은 분명하다.

다만, 유구한 역사와 최근에 이룩한 '한강의 기적'을 자랑스러워하면서도 과거의 찬란했던 선조들의 문명과 문화처럼 이것이 사라질 수도 있다는 점을 우려하지 않을 수 없다. 어떤 역경이 오더라도 우리 민족은 이를 극복하겠지만, 역경은 예방하면 더욱 좋다는 생각에서 이제 우리는 반성의 시각에서 우리 자신을 되돌아볼 필요가 있다. 왜 우리는 역사를 통하여 그와 같은 많은 전란을 치러야만 했을까? 왜 우리는 전란이 발생하였을 때마다 제대로 대처하지 못한 채 엄청난 피해를 당하여야만 했을까? 왜 우리는 분단된 것도 모자라 동족상잔의 6·25전쟁을 겪었고, 아직도 통일되지 않은 상태에서 북한의 핵무기 위협을 두려워해야 하는 것일까? 왜 우리는 동북아시아의 세력각축에서 당당한 주체가 되지 못하고 그 피해를 받지 않고자 노력해야 하는 것일까?

　내키지는 않지만 우리는 국가안보에 대한 우리의 인식에 문제점이 있을 수 있다는 점을 인정하지 않을 수 없다. 국가안보는 선택이 아니라 필수이고, 최상의 상황을 가정하는 것이 아니라 최악의 상황을 가정하는 것이다. 국가안보에서는 효율성(efficiency)이 중요한 것이 아니라 효과성(effectiveness) 차원에서 확실하게 보장하는 것이 '절대적'이다. 국가안보는 시행착오나 도박이 허용되지 않는 국가의 중대사 중에서도 중대사이다. 그럼에도 불구하고 우리는 국가안보에 대한 투자를 최소화하면서 경제발전이나 사회발전에만 관심을 기울이고 있지 않은가?

　'자주'의 기본적인 조건은 그것을 지킬 수 있는 충분한 물리적 힘을 구비하는 것이다. 외국의 힘을 이용한다고 하여 자주가 아닌 것은 아니지만, 외국에 침략당하여 피해를 보는 것은 분명히 자주가 지향하는 바가 아니다. 모든 국민이 각고의 노력을 기울여 한국을 G20의 반열에 올려놓았다면, 이제는 그것을 지키기 위한 노력에도 충분한 관심과 재원을 할당해야 한다. 미흡한 부분은 미국을 활용하더라도 어떤 상황에서라도 국민들의 생명과 재산은 확실하게 지킬 수 있는 태세를 갖춰야 한다. 지킬 것이 많아질수록 지키는 노력이 강화되어야 하는 것은 당연하다.

　수많은 학자와 전문가들이 국가안보에 대한 나름의 대책을 제시해왔고, 지금도 그러하다. 모두 다양한 논문이나 토론회를 통하여 한국의 안보를 지속적으로 보장할 탁월한 방안을 제시하고 있다. 그러나 그동안 한국의 안보가 계속 튼튼해지고 있는가? 주장은 많지만 실천은 되지 않거나 실천할 수 있는 현실적 방책은 적었던 것 아닌가? 주변 강대국들의 외교정책을 요리할 수 있는 것처럼 착각해온 교만은 없었는가? 북한의 핵무기 위협이 대두되어 국민들이 불안해한다는 것은 안보에 대한 그동안의 토의가 실질적인 내용으로 수행되지 않았다는 방증이 아닐까?

진정한 반성과 분발이 수반된다면 어떤 실수나 시행착오가 있었다고 하더라도 전혀 무익한 것은 아닐 것이다. 그러나 반성과 분발마저 없는 실수나 시행착오는 곤란하다. 우리 스스로에 대한 불편한 진실을 찾아내어 인정하는 것에서부터 국가안보에 관한 노력이 시작되어야 할 것이다.

<국민들이 안보전문가가 되어야 한다>

이제 한국의 지도그룹부터 국가의 안보문제에 관하여 지금까지보다 더욱 진지하면서도 심층적으로 고민 및 논의하고자 노력할 필요가 있다. 정치지도자들은 물론이고, 각계각층의 지도급 인사들은 국가안보의 현주소를 파악하고, 더욱 튼튼한 모습으로 발전시키는 데 선도적인 역할을 해야 한다. 국가가 편안할 경우 선비는 사서삼경만 읽거나 풍류를 즐겨도 된다. 그러나 국가가 위태로울 때 선비는 병서를 읽지 않을 수 없다. 우리의 역사를 봐도 국가가 전란을 맞게 되자 선비들은 분연히 일어나 의병을 조직하였고, 병서에 따라 군대를 운영하였다. 현대의 지도적 인사들도 그렇게 해야 하지 않겠는가? 사서삼경으로 '의(義)'를 알았다면, 병서를 통하여 '무(武)'를 알아야 하고, 이 두 가지가 갖춰질 때 나라를 위난으로부터 구할 수 있다.

국제관계나 외교보다 군사에 대한 비중을 강화하고자 의도적으로 노력할 필요가 있다. 지금까지 한국에서는 모든 문제를 국제적인 협력이나 외교적 협상을 통하여 해결하고자 노력하는 경향을 보였다. 그것이 가능하다면 최선인 것은 분명하다. 그러나 그것이 불가능한데도 계속 매달리는 것은 불행한 결과를 초래할 수밖에 없다. 국제적 협력이나 외교는 군사력이 뒷받침되어야 한다. 서희가 능란한 외교술로 강동 6주를 반환받은 것은 그 뒤에 고려의 강력한 군대가 있었기 때문이다. "군사력이 없는 외교는 악기 없는 음악과 같다"는 말을 유념할 필요가 있다.

소위 군사전문가들이라고 말하는 사람들은 북한의 핵위협 및 한국의 바람직한 대응방향에 대하여 더욱 전문적인 연구를 진행해야 할 것이다. 한국사회에서 전문가로 인정받기 위해서는 많은 공부가 필요하지 않은 것이 현실이다. 언론에서 조금만 논리적으로 말하거나 남모르는 사실을 몇 가지 말하는 것으로 전문가 대접을 받을 수 있다. 그러나 그 정도의 전문성으로 국가의 위기를 타개할 수는 없다. 군사문제를 깊게 연구하여 현재 상황에서 최선의 대응방안을 발견해내고, 그것을 정부와 군대에 건의하며, 국민들에게도 널리 전파하여 공감대를 갖도록 해야 할 것이다.

국가안보와 국방에 관한 군인들의 공부는 아무리 강조해도 지나치지 않다. 군인들의 본연의 임무는 외부의 위협으로부터 국민들의 생명과 재산을 보호하는 것이기 때문에 그에 필요한 공부를 하는 것은 선택이 아니라 사명이다. 군인들은 불철주야 군사에 관한 서적을 읽고, 어떻게 하면 국민들을 편안하게 만들 수 있는지를 고민해야 한다. 대두되거나 예상되는 모든 군사문제를 정확하게 이해하는 가운데 최선의 대안을 제시할 수 있어야 한다. 군인들의 대화에서는 군사문제가 일상적인 화두가 되어야 하고, 군사적 전문성이 높은 사람이 우수한 장교로 평가되면서 높은 계급으로 계속 진급해나가는 풍토가 조성되어야 한다.

<국민들은 '알 권리'와 함께 '알 의무'도 지니고 있다>

민주주의국가의 주인은 국민이다. 그렇다면 국민들도 자신들에게 가해져 오는 위협이 어떤 형태이고, 어느 정도로 심각한지를 정확하게 알고자 노력해야 한다. 정부나 군대로부터 보호받는 대상으로만 남아 있는 한 국민들이 국가의 진정한 주인이 되기는 어렵다. 국민들이 안보와 국방에 관하여 제대로 알아야 정부와 군대에 필요한 조치를 요구하거나 그들을 감독할 수 있을 것이다.

국민들이 언론에 보도되는 표피적인 사항만 읽고 만족하는 한 건전한 여론이 형성되는 것을 기대하기는 어렵다. 그 정도로는 무엇이 문제가 되는지는 알 수 있다고 하더라도 본질을 충분히 이해하여 해결방향을 가늠하는 수준에는 미치지 못할 것이기 때문이다. 민주주의국가의 주인인 국민들은 귀찮게 생각되더라도 스스로 안보문제를 공부하고, 전문적인 서적이나 논문을 읽어 전문가 못지않은 안목과 지식을 갖춰야 할 것이다. 안보에 관한 국민 여론이 잘못 형성되어서 시행착오를 겪을 경우 국민들의 책임도 없다고 할 수 없다. 한국의 안보 현실이 위중해질수록 국민들이 다양한 안보문제에 관하여 정확하게 알아야 할 필요성은 더욱 클 것이다.

안보상황이 불안할수록 국민들의 일상적인 대화에서 안보문제 논의의 빈도와 심도가 커져야 할 것이다. 국민들은 자신부터 안보에 관한 건전한 상식을 가진 상태에서 다른 사람들에게 잘 알리고, 이를 통하여 모든 국민이 충분한 안보상식을 갖도록 노력해야 할 것이다. 그래야 안보나 국방에 관한 전체 국민들의 평균 상식이 높아지고, 그 결과로 건전한 여론이 형성될 것이며, 그렇게 되면 제반 안보 정책이 타당한 방향으로 결정될 것이다. 천하가 평안하더라도 전쟁을 잊으면 위태롭다고 하였는데, 국가가 위태로운 상황에서 국민들이 안보문제를 토의하지 않으면 어떻게 되겠는가?

<책의 구성>

통상적으로 국민들의 안보상식보다 확고한 안보의식을 더욱 강조한다. 그러나 안보의식은 측정하기 어렵고, 안보의 상식이 깊어져야 건전한 안보의식도 형성될 수 있다고 생각한다. 따라서 이 책에서는 북한의 핵무기 위협이라는 심각한 안보위기 상황에서 국민들이 기본적으로 알아야 할 사항을 체계적으로 정리하여 제시하고자 한다. 보통의 국민들이 부담 없이 읽을 수 있도록 간결하면서도 평이하게 작성하는 것도 하나의 방법이지만, 한국이 처한 현재의 안보상황을 고려할 때 그 정도로는 불충분하다고 판단하였다. 따라서 안보나 국방문제를 연구하는 사람들에게도 유용할 수 있는 정도의 깊이로 북한 핵위협 시대의 국방에 관한 사항을 설명하고자 한다. 그렇지만 보통의 국민들도 조금만 주의를 집중하면 그다지 어렵지 않게 이해할 수 있도록 논리적이면서 평이하게 기술하였다.

이 책은 크게 3부로 구성되어 있다.

제1부는 현재 한국에게 당면한 위협으로 대두되어 있는 북한의 핵위협과 이에 대한 대응에 관한 것이다. 이것을 구성하고 있는 제1장에서는 북한 핵위협의 실체를 분석하고, 제2장에서 제4장까지는 그에 대응하기 위한 실질적인 조치인 억제, 선제적 방어, 핵미사일 방어를 다루

었다. 그리고 제5장에서는 최악의 상황에서 핵무기 공격을 받았을 경우 국민들의 생존을 보장하기 위한 핵대피에 대해서도 설명하였다.

제2부는 북한의 핵위협을 더욱 넓은 차원에서 해결하는 데 관한 내용이다. 주로 통일에 관한 내용으로서, 제6장은 남북한 간 평화체제에 관한 사항, 제7장은 급변사태, 그리고 제8장은 통일에 관한 사항이다. 본서의 범위가 주로 국방에 관한 것이므로 이러한 사항들을 다루더라도 군사와 관련된 부분에 초점을 맞추어서 기술하였다.

제3부는 북한 핵위협을 해결하기 위한 한국 국방의 과제로서, 제9장에서는 국방개혁, 제10장에서는 한미연합방위체제를 중점적으로 기술하였고, 이보다는 구체적이라서 수준이 맞지 않을 수 있지만, 국민적 오해가 클 뿐만 아니라 한미동맹에 상당한 영향을 끼칠 수 있다고 판단하여 방위비분담에 관한 사항도 제11장에서 설명하였다.

그리고 부록으로 핵폭발 시의 생존방안에 관하여 지금까지 필자가 파악한 사항을 정리하였는데, 이것은 최악의 상황으로서 한국이 핵공격을 받았을 경우 국민들이 생존하는 데 참고가 될 만한 사항들을 중점적으로 정리한 것이다. 이 내용이 필요해지는 상황이 와서는 안 되겠지만, 사전에 조금만 알거나 대비해도 큰 효과를 거둘 수 있다는 차원에서 부록으로 포함했다.

이 책에서 기술하는 내용은 대부분 필자가 이전의 연구를 통하여 발표한 사항들이다. 그동안 변화된 사항을 반영하여 수정하고, 전체적인 맥락 차원에서 내용을 재정리하였다. 논문을 발표하는 과정에서 상당한 검증이 이루어졌다는 점에서 신뢰성이 낮지는 않으리라고 판단된다. 이 책에 기술된 내용과 관련하여 발표한 논문의 목록을 제시하면 다음과 같다.

- 「북한 핵미사일 공격 위협 시 한국의 대안과 대비방향」, 『국방연구』, 제56권 1호 (2013년 3월).
- 「북한 핵에 대한 군사적 대응태세와 과제 분석」, 『국제관계연구』, 17권 제2호(2012). "Time to Balance Deterrence, Offense, and Defense? Rethinking South Korea's Strategy against the North Korean Nuclear Threat", *The Korean Journal of Defense Analysis. Vol. 24, No. 4*(December 2012).
- 「핵억제이론에 입각한 한국의 대북 핵억제태세 평가와 핵억제전략 모색」, 『국제정치논총』, 제53권 3호(2013년 9월)
- 「북한의 핵미사일 위협에 대한 한국의 미사일 방어대책」, 『국제문제연구』, 제12권 2호 (2012년 여름).
- 「일본의 탄도미사일 방어체제 추진사례 분석과 한국에 대한 교훈」, 『국가전략』, 제19권 4호(2013년 11월).
- 「북한 핵무기 사용 시 선제타격(Preemptive Strike) 대안 분석」, 『의정논총』, 제8권 1호(2013년 6월).
- 「북한 핵공격을 가정한 대피의 필요성과 과제」, 『국가비상대비저널』, 제39집(2014년 6월).
- 「한반도 평화체제로서의 정전체제 분석과 강화 방안」, 『군사논단』, 통권 제77호(2014년 봄).
- 「북한 '급변사태' 논의의 현실성 분석과 과제: 부작용의 인식과 최소화」, 『통일정책연구』, 제23권 1호(2004년 6월).
- 「북한의 '심각한 불안정' 사태 시 한국의 '적극적' 개입: 정당성과 과제 분석」, 『평화연구』, 제19권 2호(2011년).
- 「이명박 정부의 '국방개혁' 접근방식 분석과 교훈: 정책 결정 모형을 중심으로」, 『평화학연구』, 제14권 5호(2013년 12월)
- 「국방개혁 2020과 미군 변혁(Transformation)의 비교와 교훈: 변화방식을 중심으로」, 『평화연구』 13권 3호(2012).
- 「참여정부의 전시 작전통제권 전환 추진 배경의 평가와 교훈」, 『군사』, 제90호 (2014년 3월).

- 「한미연합사령부 해체가 유엔군사령부에 미치는 영향과 정책제안」, 『신아세아』, 19권 3호(2012년 가을).
- 「한국 방위비분담 현황과 과제 분석: 이론과 사례 비교를 중심으로」, 『국방정책연구』, 제30권 4호(2014년 봄).
- 「한국 국방정책에 있어서 오인식(誤認識)에 관한 분석과 함의: 전시 작전통제권과 미사일방어의 사례를 중심으로」, 『의정논총』, 9권 1호(2014년 6월).

이 책은 북한의 핵미사일 위협으로부터 어떻게 하면 국민들의 생명과 재산을 보호할 것이냐에 대한 개인적 고민의 과정이면서 산물이다. 당연히 이 고민은 한 권의 책으로 다룰 수도 없을 만큼 중요하고, 한두 가지의 방안으로 해결되지 않을 정도로 복잡하다. 그럼에도 불구하고

이 책을 읽고 난 독자들이 '핵위협 시대의 국방'에 대한 현 실태와 문제점을 충분히 이해하고, 나름의 판단과 방향성을 가졌으면 하는 소망이다. 따라서 간결성보다는 충분성을 중요시하였고, 중복되더라도 논리성을 확보하고자 노력하였다. 예를 들면, 북한 핵공격에 대한 억제는 핵미사일 방어나 선제타격과 긴밀하게 관련되어 있을 뿐만 아니라 이들은 억제의 핵심적인 부분이면서도 별도의 중요성도 크기 때문에 제2장과 제3장, 제4장에 있어서는 상당한 내용의 중복이 있을 것이고, 제11장의 경우에도 앞에서 언급한 내용이 포함되어 있을 것이다.

논지에 대한 충분한 근거를 제공하고자 주석을 사용하였지만, 읽는 흐름에 대한 방해를 줄이면서 분문에서 차지하는 분량도 최소화하고자 본문주의 방식을 사용하였고, 필수적 주석만 포함하여 읽는 흐름을 방해하지 않고자 하였다. ( )로 표시하였는데, 처음에는 저자, 그다음은 연도, 그리고 쉼표(,) 뒤에는 쪽수를 표시하였다. 추가적인 문헌 정보는 참고문헌에서 찾아보면 될 것이다.

제 1 부 북한의 핵위협과 대응

01 | 북한의 핵미사일 위협

　　　　　　북한은 핵무기를 개발하였을 뿐만 아니라 이것을
미사일에 탑재하여 공격할 수 있는 능력을 갖춘 것으로 평가되고 있
다. 이것은 지금까지의 재래식 위협과는 차원이 다른 위협이 도래하
였다는 것을 의미한다. 핵무기에 의한 공격은 국민들을 대량으로 살
상할 뿐만 아니라 민족의 생존 터전을 불모지대(不毛地帶)로 만들어
버릴 것이다. 박근혜 대통령이 2013년 3월 19일 종교지도자들을 만
난 자리에서 "핵을 머리에 이고 살 수는 없다"고 말하였지만, 한국
은 현재 그 핵무기를 머리에 이고 살고 있다.

　내키지 않겠지만, 이제 국민들은 북한 '핵미사일 위협'[1]의 실체를
있는 그대로 인식하지 않을 수 없다. 북한이 어떤 의도로 시작하여

---

1 통상적으로는 핵무기 위협이라고 말하지만, 항공기에 탑재하여 공격하는 핵무기는 한국이 북한 상공
　에서 요격할 수 있기 때문에 심각한 위협은 아닐 수 있다. 대신에 북한이 핵무기를 미사일에 탑재하
　여 공격할 경우에는 요격할 능력이 없는 한국은 무방비로 노출된 상태이고, 따라서 정확히 한다는
　의도에서 "핵미사일 위협"이라고 하였다. "핵·미사일 위협"이라고 중간점(·)을 넣어서 표시하기도
　하지만, 이것은 핵무기 위협과 미사일 위협을 합친 것으로서, 고폭탄을 탑재한 미사일은 핵무기와 대
　적할 만한 큰 위협은 아니라는 점에서 정확한 용어는 아니다.

어떤 과정을 통하여 핵무기를 개발하였고, 그 능력이 어떠한지를 정확하게 이해해야 한다. 북한이 핵미사일을 실제로 사용할 가능성은 어느 정도이고, 사용한다면 어떤 형태가 될 것인가도 판단해야 할 것이다. 그리고 그에 대한 우리의 대비태세가 어느 정도인지를 냉정하게 평가해야 할 것이다. 북한 핵미사일 위협의 해결은 그것을 직시하는 것에서 시작되어야 한다.

I. 북한의 핵무기 개발과 노출

1. 북한의 핵무기 개발 배경과 경과

북한은 왜 핵무기를 개발하였을까? 그 이유는 추정할 수밖에 없지만, 최초에는 북한도 외부위협에 대한 대응책 마련의 차원에서 핵무기 개발을 추진하였을 것이다. 북한은 6·25전쟁 때 만주를 핵무기로 공격하겠다는 맥아더(Douglas MacArthur) 유엔군사령관의 발언에 자극받았을 것이고, 종전 뒤에도 미군이 한국에 배치한 전술 핵무기를 의식하였을 것이다. 실제로 북한은 6·25전쟁이 종료된 이듬해인 1954년 인민군을 개편하면서 '핵무기 방위부'를 별도로 설치하였고, 1955년 4월 과학원 2차 총회에서 '원자 및 핵물리학 연구소'의 설치를 결정하였다. 1959년 9월에는 북한과 소련 사이에 원자력협정이 체결되었고, 이를 토대로 두 나라는 영변에 핵연구단지를 조성하였다(권태영 외 2014, 128).

북한의 핵개발은 중·소분쟁으로 더욱 강화되었을 가능성이 있다.

북한의 동맹국인 소련과 중국의 갈등은 북한의 독자적 방어 필요성을 강화시켰을 것이기 때문이다. 실제로 북한은 중·소분쟁이 진행되던 1962년 IRT-200 연구용 원자로를 착공하여 1965년 완공하였고, 그 외에도 핵무기 개발에 필요한 시설들을 설치하였다(권태영 외 2014, 129). 그리고 1970년에는 자체 전문인력 양성을 위하여 김일성종합대학에는 핵물리학과, 김책공업대학에는 원자로공학과를 설치하였고, 1976년에는 동위원소생산연구실을 설치하였다. 다만, 소련은 원자로 기술의 대가로 북한이 국제원자력기구(IAEA: International Atomic Energy Agency)에 가입하도록 하였고, 1977년에는 IAEA와 연구용 원자로에 대한 "안전조치협정(safeguards agreement)"을 체결하게 되었다. 그리고 이것은 1985년의 핵확산금지조약(NPT: Nuclear Non-proliferation Treaty) 가입으로까지 연결된다. 그리고 북한은 1986년 10월에 북한의 영변 원자로를 전기출력 5MWe 원자로로 정상가동하기 시작했고, 12월에는 정무원 산하에 원자력 공업부를 신설하고, 노동당 군수공업부에 원자력 총국을 설치하여 이 분야에 대한 행정부의 관할체계를 정립하였다(권태영 외 2014, 129~130). 1980년대에 북한의 핵무기 개발을 위한 기초가 거의 구비되었다고 할 수 있다.

1989년 소련의 붕괴에 따른 충격은 북한의 핵무기 개발을 더욱 가속화시켰을 것으로 추정할 수 있다. 북한의 입장에서 보면 소련의 붕괴로 핵우산(nuclear umbrella)이 없어져 버린 결과가 되었을 것이기 때문이다. 소련 붕괴 이후 러시아는 원자력 협력 협정을 중단하면서 러시아의 핵 기술자들을 북한에서 철수시킨 바도 있다. 북한이 핵무기에 종사하던 과학자들을 러시아 등지에서 비밀리에 초청하거나 파키스탄 핵개발에서 주도적인 역할을 했던 칸(Abdul Qadeer Khan) 박사와 접촉을 한 것도 이 시기로서, 칸 박사는 1990년대 초에 북한에 원심분리기 본체와 관련 부품 및 설계도를 제공한 것으로 파악되고 있다. 그리고 북한은 유럽 등지에서 우라늄 농축과 관련된 물질을 구비하였고, 2002년에는 러시아로부터 2,600기의 원심분리기 제작이 가능한 고강도 알루미늄관 140톤을 도입하기도 하였다 (권태영 외 2014, 133~134).

계속적으로 심화된 북한의 경제적 한계도 핵무기 개발을 재촉하였을 수 있다. 경제성장이 부진하여 국방에 대한 투자가 제한될 수밖에 없는 북한에 비하여 한국은 고도의 경제성장으로 상당한 국방비가 가용해졌고, 따라서 재래식 전력을 현대화하는 방법으로는 한국군에 대적할 수 없다고 판단하였을 가능성이 있다. 북한은 상대적으로 경제적인 핵무기 개발에 치중함으로써 열세해질 수 있는 군사력 균형을 만회하고자 했을 수 있다.

최근 북한은 체제생존을 보장하는 수단으로 핵무기를 인식하기 시작한 것으로도 판단된다. 북한은 경제적으로 실패한 국가가 되어 체제의 안정성이 계속 위협받게 되었고, 이러한 상황에서 핵무기는 대내 결속 및 외부위협의 차단을 위한 유용한 수단일 수 있기 때문이다. 실제로 북한은 핵무기 개발이라는 치적으로 내부단결을 도모하고 있고, 핵무기를 둘러싼 국제사회와의 협상을 통하여 체제의 안정을 보장받고자 노력하고 있다. 북한은 2012년 4월 최고인민회의에서 개정한 헌법 서문에 "핵보유국"임을 명시하였고, 2013년 2월의 제3차 핵실험 성공 이후에는 대대적인 환영집회도 개최한 바 있다. 6자회담에서 북한이 요구한 최우선적인 사항은 그들의 안전보장이었고, 실제로 미국은 2005년 9월 제4차 6자회담에서 북한을 핵무기나 재래식 무기로 공격하지 않는다는 소위 소극적 안전보장(Negative Security Assurance)을 약속하기도 하였다(Cha 2009, 126).

최초에는 수세적 동기에서 출발하였다고 하더라도 핵무기를 보유하게 된 이후 북한은 공세적인 목적을 추가하고 있을 가능성이 높다. 핵무기는 그들이 지금까지 포기하지 않고 있는 한반도 적화통일을 달성하는 데 있어서 결정적인 수단이 될 수 있기 때문이다. 북한은 핵무기를 보유함으로써 남북한의 군사력 균형을 유리하게 만들었다고 판단할 수 있고, 그의 사용으로 위협하거나 부분적으로 사용함으로써 한국과의 전쟁에서 승리할 수 있다고 믿을 수 있다. 앞으로 북한이 핵무기 숫자를 증대시킬수록 이러한 목적은 더욱 강화될 것이다.

2. 북한 핵무기 개발의 노출과 실험

북한은 핵무기 개발에 관한 소련의 협조를 대가로 IAEA와 NPT에 가입하였고, 그 결과로서 1992년 IAEA와 '핵안전조치협정'을 체결하면서 핵사찰을 수용하였다. 그러나 1992년 5월부터 이듬해 2월까지 6차례에 걸친 IAEA 사찰 결과 북한이 신고한 플루토늄 추출량과 IAEA 추정량 사이에 수 kg의 차이가 존재한다는 사실이 발견되어 특별사찰을 요구받게 되었다. 북한이 이를 거부하자 북한의 핵무기 개발의도가 확실하게 노출되기 시작하였고, 특별사찰을 거부하면서 북한은 NPT를 탈퇴하였으며, 이로써 북한의 핵문제는 심각한 국제문제화되었다.

1994년 10월 미국과 북한은 "제네바 합의"를 통하여 미국이 북한의 기존 흑연감속로를 대체할 수 있는 1천 MW급 경수로 발전소 2기를 건설하여 제공하고, 1기 완공 시까지 연간 중유 50만 톤을 제공하기로 하였으며, 대신에 북한은 5MWe 원자로의 폐연료봉을 봉인한 후 제3국으로 이전하고, IAEA의 안전조치협정을 이행하면서 특별사찰을 수용하기로 합의하였다(국회도서관 2010, 6). 그러나 경수로 공사가 지연되면서 북한이 불만을 제기하기 시작하다가 2002년 10월 제임스 켈리(James Kelly) 미 국무부 동아태차관보가 북한을 방문하는 도중 북한이 고농축우라늄을 이용한 핵무기 개발 계획의 존재를 시인하는 발언을 하게 되었다. 이에 따라 미국은 2002년 12월 북한에 대한 중유 지원을 중단하기로 하였고, 북한은 1994년 합의한 핵동결조치를 해제함과 동시에 IAEA 사찰단을 추방하게 됨으로써 대화를 통한 북한 핵문제의 해결은 어려워지고 말았다(국회도서관 2010, 7~10).

2003년 4월 북한 핵문제를 해결하기 위하여 중국, 미국, 러시아, 일본, 한국과 북한으로 하는 6자회담의 구성이 합의되었고, 2003년 8월부터 북경에서 회담을 시작하였다. 2005년 9월 "9·19 공동성명"을 통하여 북한이 현존 핵 프로그램을 포기하고 NPT 및 IAEA 안전조치협정으로 복귀하는 대신에 미국이 북한을 공격할 의사가 없다는 점을 명시하면서 적절한 시기에 경수로를 제공하는 데 합의하였고(국회도서관 2010, 19), 2007년 2월에는 "2·13 합의"를 통하여 그의 이행을 위한 초기조치에 일부 합의하였다. 2007년 10월 "10·3 합의"를 통하여 "9·19 공동성명"의 2단계 조치에도 어느 정도 합의하였다. 그러나 2007년 12월 말까지 북한이 합의한 바에 의하여 현존 핵 프로그램을 "완전하고 정확하게" 신고하지 않음에 따라 합의는 이행되지 못하게 되었다(국회도서관 2010, 12~33). 그리고 2008년 8월 26일 북한이 전격적으로 "핵 불능화 중단 성명"을 발표함에 따라서 6자회담은 더 이상 기능하기가 어렵게 되었다.

더구나 6자회담이 진행되는 도중인 2006년 10월 9일 북한은 1차 지하 핵실험을 실시하였고, 이에 대한 제재로 유엔 안보리는 결의안 1718호를 채택하여 북한의 모든 핵실험과 탄도미사일 발사를 금지하는 등으로 북한제재에 착수하였다. 그러나 2009년 4월 5일 북한은 장거리 미사일 시험발사에 이어 IAEA 검증요원을 추방하고, 폐연료봉 재처리를 시작하였으며, 2009년 5월 25일 제2차 핵실험을 실시하였다(국회도서관 2010, 37~40). 이에 대하여 유엔안보리는 북한의 핵실험을 강도 높게 비난하면서 결의안 1874를 채택하였고, 북한 또한 우라늄 농축작업 착수, 새로 추출한 플루토늄의 전량 무기화 등을 공언함으로써 강경한 입장끼리 부딪치는 형국이 되었다.

2013년 2월 12일 북한은 한국을 비롯한 국제사회의 집요한 자제 노력에도 불구하고 제3차 핵실험을 실시하였다. 3차 핵실험을 실시한 후 북한은 "소형화·경량화된 원자탄을 사용했고, … 다종화(多種化)된 핵 억제력의 우수한 성능이 물리적으로 과시됐다"고 주장함으로써(조선일보 2013/02/13, A1) 개발한 핵무기를 탄도미사일에 탑재하여 공격할 수 있을 뿐만 아니라 우라늄으로 핵무기를 계속 제조하였을 가능성도 시사하였다. 유엔에서는 안보리 결의안 2094호를 채택하여 북한에 대한 제재를 강화하였으나 북한의 행동을 변화시키지는 못하고 있다. 북한의 핵미사일 개발과 이것을 자제시키려는 국제사회의 노력 중에서 지금까지는 전자가 계속 성공하는 모습을 보이고 있다고 판단된다.

II. 북한의 핵능력과 활용 형태

1. 핵능력

북한은 1970년대 중반 영변 지역에 독자적인 핵시설을 건설하면서 핵무기 개발을 본격적으로 추진한 이래 국제원자력기구(IAEA: International Atomic Energy Agency)의 사찰이나 미국을 비롯한 주변국들의 지속적인 압력에도 불구하고 결국 핵무기 개발에 성공하였다. 북한은 2006년 10월 9일 1차 핵실험을 실시하였고, 2009년 5월 25일 2차 핵실험을 실시하였으며, 2013년 2월 12일 3차 핵실험을 실시하였다.

지금까지 북한이 몇 개의 핵무기를 제작하였는지에 대한 확실한 정보는 없지만, 북한이 추출한 플루토늄 양의 경우 한국국방연구원에서는 총 40~50kg(김진무 2010, 334), 미 의회조사국에서는 30~50kg(Nikitin 2013, 4), 영국의 국제전략문제연구소(IISS)에서는 42~46kg(IISS 2012, 112~113)으로 추정한 바 있다. 핵무기의 숫자는 북한의 핵무기 제조기술이 어느 정도냐에 따라서 달라지고, 중간 가공과정에서 손실되는 양도 고려하여야 하지만, 미 과학자 연맹(Federation of American Scientists)에서는 대체로 10기 이하 정도를 만들었을 것으로 판단하고 있다.[2]

또한, 2010년 11월 북한은 헤커(Sigefried Hecker)를 비롯한 미국의 핵과학자들에게 천여 기 규모의 고속 원심분리기를 구비한 우라늄 농축 공장을 공개함으로써(2,000기 정도의 원심분리기로 추정) 우라늄으로 핵무기를 제조할 잠재력을 과시한 적이 있다. 북한은 우라늄 농축시설의 원심분리기가 설치된 건물을 기존의 2배로 확장한 상태로서 농축능력이 배가되었을 가능성도 있고(김동수 외 2013, 38), 다른 곳에 추가적인 농축우라늄 공장이 존재할 가능성도 배제할 수 없다. 미국의 일부 핵과학자들은 북한이 농축우라늄으로 핵무기를 제조하고 있고, 그렇게 되면 그 숫자가 기하급수적으로 늘어날 것으로 우려하고 있다. 통일연구원에서는 북한의 핵능력을 다음과 같이 평가하고 있다.

> 북한이 현재까지 5MWe급 영변 원자로를 이용하여 생산·추출한 플루토늄 양은 40±5kg 정도로 추정되고, 그동안 세 번의 핵실험에서 9~12kg의 플루토늄을 사용했다고 가정하면 북한이 현재 보유 중인 플루토늄 양은 30±5kg 정도가 될 것으로 추산된다. 이것을 충분히 활용한다면 플루토늄을 이용한 핵무기의 숫자는 6~7개 정도일 것으로 추정된다. 게다가 5MWe 영변 원자로가 정상적으로 가동된다면 매년 2~3개씩 증가하게 될 것으로 예상된다. 또한, 고농축 우라늄을 이용하여 매년 추가로 최소 6개의 핵탄두를 제조할 수 있을 것으로 판단된다(김동수 외 2013, x).

북한 핵무기의 성능에 대해서도 정확한 정보는 없지만, 2006년의 1차 핵실험 규모는 1kt 이하, 2009년 2차 핵실험은 4kt의 핵폭발장치 시험을 한 것으로 판단되고 있고(Klingner 2011, 3), 3차 핵실험에서 6~7kt으로 평가되고 있다(조선일보 2013/02/13, A1). 제3차 핵

---

2 FAS, Status of World Nuclear Force, at: http://www.fas.org/programs/ssp/nukes/nuclearweapons/nukestatus.html (검색일: 2014. 4. 1).

실험의 경우 그 위력이 20kt이라는 평가(Scheneider 2013, 5)도 존재하는 것으로 봐서 성능이 대폭적으로 향상된 것은 분명하다. 플루토늄탄이 아니라 고농축 우라늄탄이 사용되었을 가능성이 높다는 보고서도 있다(김동수 외 2013, 72~78).

　여기에서 중요한 사항은 북한이 탄도미사일에 탑재할 정도로 핵무기를 소형화하는 데 성공하였느냐는 것이다. 제2차 세계대전 시의 미국처럼 북한은 지금도 보유하고 있는 IL-28 폭격기, MIG-21, 23, 29 전폭기 등으로 핵무기를 투발할 수 있지만, 한국의 발달된 방공체계로 인하여 이들은 한국에 도달하기 이전에 요격될 가능성이 높다. 반면에 북한이 핵무기를 탄도미사일에 탑재하여 공격할 경우 한국은 탄도미사일 요격 능력이 없으므로 한국은 무방비 상태가 된다. 다만, 핵무기를 탄도미사일에 탑재하려면 탄도미사일 직경(스커드 B의 경우 90cm 정도)과 탑재 중량(스커드 B의 경우 1t 정도) 이하로 소형화해야 하고, 탄도미사일의 거리가 늘어날수록 대체로 중량은 더욱 줄어들어야 한다. 제3차 핵실험 후 북한 스스로 그 정도로 소형화하였다고 공표한 상태이고, 미 국방정보국(Defense Intelligence Agency)에서도 "북한은 현재 탄도미사일로 운반 가능한 핵무기를 보유하고 있다고 어느 정도는 자신감 있게(with moderate confidence) 평가한다"는 보고서를 국회에 제출하였다고 2013년 4월 11일 램본(Doug Lamborn) 상원의원이 발표한 바 있다(Scheneider 2013, 1). 또한, 북한이 탄두별 사용 플루토늄의 양을 증대시키면 핵무기의 전체 개수는 줄더라도 핵무기의 크기는 줄일 수 있어 탄도미사일 탑재는 더욱 용이해진다(김동수 외 2013, 82~84).

　핵무기를 탑재할 수 있는 북한의 탄도미사일 능력은 상당한 바, 북한은 1980년대 초 이집트로부터 확보한 소련제 스커드-B를 역설계하여 1984년에는 사정거리 300km의 스커드-B와 500km의 스커드-C를 생산하여 배치하였다. 1990년대에는 사정거리 1,300km인 노동미사일을 배치하였고, 2007년에는 사정거리 3,000km 이상의 중거리 탄도미사일을 배치함으로써 일본과 괌을 직접 타격할 수 있게 되었다. 또한, 북한은 1990년대부터 장거리 탄도미사일 개발에 착수하여 1998년 대포동 1호, 2006년, 2009년, 2012년에 대포동 2호를 시험 발사하였다. 대체로 북한은 스커드 미사일 600기, 노동 미사일 200기를 포함하여 1,000기 정도의 다양한 탄도미사일을 보유한 것으로 추정되고 있다.[3]

더구나 북한은 2010년 10월 노동당 창건 65주년 기념 군사 퍼레이드에서 사거리가 3,000~4,000km이고 차량에 탑재된 무수단 미사일과 120km의 단거리이기는 하지만 고체연료를 사용하는 이동식 탄도미사일인 KN-02 미사일을 공개하기도 하였고, 2012년 4월 15일 태양절 퍼레이드에서는 사거리 5천km 이상으로 추정되는 차량 탑재 신형 탄도미사일인 KN-08을 공개하기도 하였다(국방부 2012, 29). 무수단 미사일이나 KN-08의 경우 시험평가를 하지는 않았지만, 북한이 이동식 탄도미사일 전력을 지속적으로 강화하고 있는 것은 사실이다. 특히 북한은 핵미사일을 탑재하여 이동시킬 수 있는 차량(TEL: Transporter Erector Launcher)을 200대 이상 보유하고 있기 때문에(DoD 2013b, 15) 북한 핵미사일의 정확한 위치를 파악하여 타격하는 것도 매우 어려울 수 있다. 또한 북한은 잠수함발사 미사일

---

3 2012년 국방백서에서는 숫자가 제시되어 있지 않고, 2010년과 2008년 국방백서에서는 스커드 600발, 노동 미사일 200발 등 800여 기로 동일한 숫자를 제시하고 있다. 2008년 이후 북한이 어느 정도의 탄도미사일을 생산하였다고 판단하여 1,000기 정도로 추산하였다(국방부 2010, 282).

(SLBM: Submarine Launched Ballistic Missile)의 개발도 추진하고 있는 것으로 알려져 더욱 우려되고 있다.

2. 활용 형태[4]

이미 북한은 핵무기 보유 자체로 상당한 정치적 영향력을 행사하고 있다. 한국은 물론이고, 미국과 중국을 비롯한 6자회담 관련국들이 북한과 접촉하거나 북한에 대하여 지대한 관심을 두거나 수시로 만나서 북한 핵문제 해결을 위한 의견을 교환하는 것 자체가 북한의 정치적 영향력이 발휘되고 있는 것이다. 경제적으로 극도로 피폐해진 현재의 북한이 핵무기를 보유하지 않은 상태라고 할 경우 주변국들이 지금과 같은 정도의 관심을 북한에 대하여 갖겠는가? 중국이 국제사회의 비판을 받으면서도 북한의 잘못된 행동을 옹호해주겠는가? 아직도 북한에 대한 극단적인 제재의 유엔결의안이 합의되지 않은 것은 북한이 핵무기를 보유하고 있기 때문이라고밖에 설명할 수 없다. 이러한 위력을 북한도 이미 느끼고 있을 것이고, 따라서 핵무기를 포기하기가 어려운 것이다.

이제 북한은 핵무기를 한국과 국제사회를 협박하는 수단으로 활용할 수 있다. 이미 북한은 2013년 2월 제3차 핵실험 후 "정전협정 백지화", "제2의 조선전쟁", "제1호 전투근무태세", "핵 선제타격", "미사일 사격대기" 등의 섬뜩한 용어들을 사용한 바 있고, 앞으로도 이러한 경향은 계속될 것이다. 남북한 간에 어떤 갈등 상황이 발생하여 극단

---

4 본 내용은 권태영 외 2014, pp.187~189에서 필자가 설명한 내용을 재정리하였다.

적으로 악화될 경우 북한은 핵무기 사용으로 위협할 수 있다. 명시적인 위협이 없다고 하더라도 한국은 북한이 핵무기를 보유하고 있다는 사실을 염두에 두어 대북정책을 수립하지 않을 수 없고, 그것 자체가 한국으로 하여금 선택의 여지를 축소하도록 만들고 있다. 또한, 북한은 일본이나 미국과의 외교적 협상에서도 핵무기 카드를 사용할 수 있고, 이러한 경향은 북한이 핵무기를 증강하면 할수록 강화될 것이다.

북한이 남북한 간의 외교적이거나 정책적인 문제를 유리하게 해결하는 방안으로 핵무기 위협을 사용하는 것처럼 군사적 문제에 대해서도 그렇게 활용할 수 있다. 북한은 군사적인 갈등이나 충돌이 발생하였을 경우 핵무기 사용 가능성을 직접 및 간접적으로 암시함으로써 그들에게 유리한 방향으로 결과를 이끌어나가고자 노력할 것이다. 북한이 국지도발을 감행할 경우 한국이 단호하게 대응하기가 쉽지 않고, 그렇게 되면 북한은 더욱 잦은 도발을 시도할 수 있다. 실제로 2010년의 천안함 폭침과 연평도 포격은 북한이 2009년에 핵실험에 성공한 자신감이 바탕이 되었을 수 있고, 제3차 핵실험으로 핵미사일을 보유하게 되었다면 북한은 더욱 강력한 도발을 감행하면서도 한국이 보복하지 못할 것으로 판단할 가능성이 높다.

이러한 판단은 당연히 전면전에도 사용될 수 있다. 북한은 전면전을 감행하더라도 핵무기 사용으로 위협하면 한국이나 미국이 계획처럼 대규모로 반격하는 것이 어려울 것이라고 계산할 수 있다. 또는 그러한 계산을 바탕으로 국지전을 발발하였다가 전면전으로 점진적으로 확산하는 방식을 선택할 수 있다. 북한은 한국의 어느 부분을 기습적으로 공격하여 확보한 후 협상을 요구하면서 한미연합전력이 어떤 대응조치를 취할 경우 핵무기를 사용하겠다고 엄포하면서 그것을 기정사실로 할 수도 있다. 전면전을 수행할 수 있는 경제적 뒷받침이 없다고 할 경우 국지전 도발 후 중단, 또 다른 국지전 도발 후 중단을 반복할 가능성이 높다.

북한이 실제로 핵무기를 사용할 가능성도 배제할 수 없다. 이 경우 한국의 어느 도시에 그들의 핵무기 위력을 과시하는 목적으로 투하할 수도 있고, 남북한 간에 어떤 정책적 상충이 발생하였을 경우 한국의 양보를 강요하기 위하여 그들이 판단한 결정적인 표적을 타격할 수도 있다. 처음부터 치밀하게 계산한 후 핵무기를 사용할 수도 있지만, 남북한 간에 군사적 상황이 제대로 해결되지 못한 채 악화되는 과정에서 우발적으로 사용될 가능성도 배제할 수 없다. 또한, 북한은 한 발의 핵무기를 사용한 후 협상을 할 수도 있지만, 다수의 를 사용하여 전세를 결정적으로 종결시키고자 할 가능성도 배제할 수 없다. 어느 경우든 한국에는 치명적인 상황이 될 것이다.

북한은 국지도발이나 전면전쟁을 감행하면서 미군의 증원을 차단하기 위하여 핵무기 사용을 위협하거나 사용할 수도 있다. 북한은 지금도 주한미군 기지에 핵미사일을 발사할 수 있고, 괌도 공격할 수 있으며, 앞으로 장거리 탄도미사일 능력을 향상시킬 경우 하와이나 미 본토까지도 공격할 수 있다. 이 경우 북한의 핵무기는 한반도 유사시 미 증원군이 파견되지 못하도록 하는 데 결정적인 수단이 될 수 있다. 현재 북한이 장거리 탄도미사일 시험발사를 적극적으로 실시하는 것은 미국 본토를 핵무기로 공격할 수 있는 능력을 과시하여 미국이 한반도 유사시 증원하지 못하도록 위협하기 위한 목적이다.

Ⅲ. 북한의 핵무기 사용 가능성과 형태

1. 사용 가능성[5]

상당수 국민은 북한이 같은 민족인 한국에 대하여 핵무기를 사용하는 일은 없으리라고 생각한다. 북한의 핵무기는 미국을 공격하기 위한 것이고, 미국과 북한의 문제이지 한국의 문제는 아니라고 생각하기도 한다. 미국과 북한의 문제에 한국이 괜히 개입하는 것으로 생각할 수도 있다. 그러나 북한은 이미 6·25전쟁을 통하여 동족에게 총부리를 겨눈 적이 있고, 1987년에는 무고한 민간인을 태운 대한항공 여객기를 공중에서 폭파한 적도 있다. 자신의 주민들조차 제대로 돌보지 않는 북한 정권이 동족이라는 이유로 한국에 대하여 핵무기를 사용하지 않을 것이라는 생각은 순진한 생각일 뿐이다.

일부 국민들은 북한이 핵무기를 사용할 경우 미국의 대대적인 핵보복을 받을 것이고, 그리하여 북한 정권은 멸망하게 될 것임을 알기 때문에 북한의 정권 수뇌부들이 핵무기 사용을 결정할 수 없다고 생각한다. 이것은 북한 정권이 합리적이라고 가정함에 따른 추정이다. 그러나 대부분이 익히 체험하고 있듯이 북한 정권은 그다지 합리적이지 않다(Park 2008). 대규모 경제원조를 받을 수 있는 개방과 개혁을 수용하지 않은 채 핵무기 개발을 통한 고립의 길을 선택하는 북한을 어떻게 합리적이라고 말할 수 있을까? 잘 살 수 있는 모든 길을 마다하고, 독재와 가난의 길을 선택하고 있는 북한 정권을 어

---

5 본 내용은 권태영 외 2014, pp.190~192에서 필자가 설명한 내용을 재정리하였다.

떻게 합리적이라고 할 수 있을까?

일부의 국민들은 북한의 핵무기는 자신을 방어하기 위한 고육지책(苦肉之策)으로서 협박하기 위한 것일 뿐이라고 생각할 수도 있다. 실제로 북한으로서도 핵무기 사용을 결심하기는 쉽지 않을 것이다. 그러나 대부분의 전쟁이 그러하지만, 감정적 동기나 갑작스러운 상황악화가 돌발적 결심으로 연결될 가능성도 매우 높다. 스퇴싱어(John Stoessinger)가 최근의 10개 전쟁사례를 연구한 결과를 바탕으로 전쟁을 유발하는 것은 결정권자의 성격과 특성이 가장 큰 영향을 끼친다고 분석했듯이(Stoessinger 2011) 합리적 계산보다는 지도자의 성격적 결함, 자존심, 오판이 전쟁의 발발에 더욱 결정적 원인일 수 있다. 김정은과 같은 젊은 지도자일수록 상황을 오판할 가능성이 높을 것이다.

실제로 남북한 간에 어떤 국지적 도발이 발생하거나 심각한 견해차이가 발생하여 긴장이 최고도로 높아졌음에도 원래의 목적이 아니었다고 하여 북한이 핵무기 사용을 자제할 것으로 판단할 수는 없다. 또한, 북한의 한반도 통일 목표가 불변이라고 한다면 당연히 북한은 핵무기를 "당 규약에서 규정한 한반도에서의 공산혁명 과업의 달성 및 대남위협 수단"으로 인식할 것이다(함형필 2009, 98~99). 2013년 3월 27일 북한은 인민군최고사령부 명의의 성명을 통하여 전략로켓트군과 야전포병군을 "1호 전투근무태세"로 진입시켰다고 발표하면서 "강력한 핵 선제 타격이 포함된 것"이라고 주장하기도 하였다.

실제로 북한은 2013년 4월 1일 최고인민회의에서 채택한 "자위적 핵보유국의 지위를 더욱 공고히 할 데 대한 법" 제5조에서 "적대적인 핵보유국과 야합해 우리 공화국을 반대하는 침략이나 공격행위에 가담하지 않는 한 비핵국가들에 대하여 핵무기를 사용하거나 핵무기로 위협하지 않는다"고 밝히고 있는데, 이것을 역으로 해석하면 "적대적인 핵보유국"은 미국일 것이고, "적대적인 핵보유국과 야합해 우리 공화국을 반대"한다고 북한이 판단하는 국가는 한국일 것이며, 따라서 북한은 미국과 한국에 대해서는 핵무기를 사용할 수도 있다는 방침을 설정한 상태라고 할 수 있다.

〈표 1-1〉 "핵보유국의 지위 공고화" 법령 내용

- <1조> 조선민주주의인민공화국의 핵무기는 우리 공화국에 대한 미국의 지속적으로 가중되는 적대시 정책과 핵위협에 대처하여 부득이하게 갖추게 된 정당한 방위수단이다.
- <2조> 조선민주주의인민공화국의 핵무력은 **세계의 비핵화가 실현될 때까지** 우리 공화국에 대한 침략과 공격을 억제·격퇴하고 침략의 본거지들에 대한 **섬멸적인 보복타격**을 가하는 데 복무한다.
- <3조> 조선민주주의인민공화국은 가중되는 적대세력의 침략과 공격위험의 엄중성에 대비하여 핵억제력과 핵보복타격력을 질량적으로 강화하기 위한 실제적인 대책을 세운다.
- <4조> 조선민주주의인민공화국의 핵무기는 적대적인 다른 핵보유국이 우리 공화국을 침략하거나 공격하는 경우 그를 격퇴하고 보복타격을 가하기 위하여 조선인민군 **최고사령관의 최종명령**에 의하여서만 사용할 수 있다.
- <5조> 조선민주주의인민공화국은 **적대적인 핵보유국과 야합**하여 우리 공화국을 반대하는 침략이나 공격행위에 가담하지 않는 한 비핵국가들에 대하여 핵무기를 사용하거나 핵무기로 위협하지 않는다.
- <6조> 조선민주주의인민공화국은 핵무기의 안전한 보관 관리, 핵시험의 안정성 보장과 관련한 규정들을 엄격히 준수한다.
- <7조> 조선민주주의인민공화국은 핵무기나 그 기술, 무기급 핵물질이 비법적으로 누출되지 않도록 철저히 담보하기 위한 보관·관리 체계와 질서를 세운다.
- <8조> 조선민주주의인민공화국은 적대적인 핵보유국들과의 적대관계가 해소되는 데 따라 호상 존중과 평등의 원칙에서 핵전파 방지와 핵물질의 안전한 관리를 위한 국제적인 노력에 협조한다.
- <9조> 조선민주주의인민공화국은 핵전쟁 위험을 해소하고 궁극적으로 핵무기가 없는 세계를 건설하기 위하여 투쟁하며 핵군비경쟁을 반대하고 핵군축을 위한 국제적인 노력을 적극 지지한다.
- <10조> 해당 기관들은 이 법령을 집행하기 위한 실무적 대책을 철저히 세울 것이다.

2. 북한의 핵사용 형태[6]

그러면 어떤 상황에서 북한의 핵무기가 사용될 수 있을까? 이러한 것을 분석하는 것 자체가 자기충족적 예언(self-fulfilling prophecy)이 될 수 있어 꺼려지지만, 북한의 핵위협은 민족의 생존을 좌우할 수 있는 중대사라는 차원에서 언제까지나 회피할 수만은 없다. 그 가능성이 높은 것부터 열거해보면 다음과 같다.

가. 핵공격 위협으로 정치적·경제적 양보 요구

이것은 누구나 예상할 수 있는 시나리오이다. 북한은 핵무기를 적극적으로 사용하지는 않더라도 그 사용 가능성으로 한국을 위협함으로써 다양한 정치적, 경제적, 기타 양보를 요구할 수 있다. 북한이 핵무기를 보유하고 있다는 사실 자체만으로도 이러한 효과는 이미 나타나고 있다고도 할 수 있다.

북한은 핵무기 사용을 위협하면서 한국에 물자 및 재정적 지원을 요구할 수 있고, 보안법 철폐나 친북 정치범의 석방을 요구하는 등으로 남한 내 친북세력의 활동을 지원할 수 있으며, 정부의 정책 방향 변경이나 정부가 임명하는 인사의 변경 등을 요구할 수 있다. 그러할 경우 한국의 국론은 분열될 것이고, 잠시 상황을 진정시킨다는 차원에서 어떤 식으로든 북한의 요구를 들어주자는 의견이 우세일 가능성도 배제할 수 없다. 그리고 북한의 요구를 한국이 수용하는 모양을 갖출 경우 북한은 더욱 많은 사항을 요구할 것이고, 한 번 수

---

6 본 내용은 권태영 외 2014, pp.193~198에서 필자가 설명한 내용을 재정리하였다.

용하면 두 번, 세 번 요구하게 될 것이다. 그러한 과정에서 북한의 자만심은 더욱 높아질 것이고, 핵위협은 더욱 가중될 것이다. 극단적인 상황에서 핵무기가 사용될 가능성이 존재하는 것은 물론이다.

나. 국지도발 후 핵무기 사용 위협으로 한국의 보복 차단

이것도 상당히 가능성이 높은 시나리오이다. 북한은 서해5도를 비롯하여 다양한 지역에서 재래식 전력에 의한 군사적 도발을 감행한 후 한국이 응징할 경우 핵무기를 사용하겠다면서 위협할 수 있다. 그렇게 될 경우 한국은 응징보복(膺懲報復)[7] 여부를 격렬하게 토론할 수밖에 없고, 그러한 위협에도 불구하고 응징보복을 선택하기는 쉽지 않을 것이다. 북한은 한 번의 재래식 도발이 성공하면 반복할 것이고, 그 결과로 한반도는 점점 불안정해질 것이다.

북한의 재래식 도발에 한국이 단호하게 대처하여 응징보복함으로써 북한 측에 상당한 피해를 가했을 경우 북한은 그에 대한 책임과 배상을 조건으로 핵무기 사용을 위협할 수 있다. 이렇게 되면 국민들과 정부는 불안해지면서 격렬한 내부토론이 전개될 것이다. 이 경우 북한의 요구를 수용할 수도 있으나 강경책이 선택될 가능성도 배제할 수 없다. 북한의 위협이 반복될수록 한국이 강경책을 선택할 가능성은 높아지고, 이러한 과정에서 상황이 통제할 수 없을 정도로 악화되면서 핵무기가 실제 사용할 가능성도 배제할 수 없다.

---

7 응징과 보복은 유사한 의미이지만 동시에 응징은 잘못을 깨우치도록 벌을 준다는 명분의 정당성을 강조하고, 보복은 정당성은 약하지만 반격하는 행위 자체를 강조한다. 이 두 용어는 상호보완의 필요성이 있기 때문에 한국군에서는 통상 합성어로 함께 사용하고 있다.

다. 미국과의 직접 협상으로 한반도에서의 대표성 확보

이것은 북한이 이미 상당한 정도로 추구하고 있다. 핵무기를 확보한 북한은 한국 정부를 소외시키면서 미국과의 직접 협상을 강조할 것이고, 이러한 시도를 통하여 한반도에서 대표성을 확보하고자 할 것이다. 그렇게 되면 전쟁이나 핵무기 사용 없이도 북한 주도의 통일을 달성할 수 있다고 판단할 수 있다.

미국의 경우 최초에는 한국을 절대로 배제시키지 않겠다고 약속할 것이나 북한이 핵무기를 더욱 많이 확보하여 주한미군 기지나 괌, 나아가 하와이나 본토까지도 공격할 수 있다는 점을 암시할 경우 직접 대화에 나서지 않을 수 없고, 그러한 대화가 시작되면 한국의 입지는 점점 좁아질 것이다. 일단 대화가 시작되면 북한은 시간을 끌면서 한반도의 통일을 비롯한 모든 문제를 포함해 논의하게 될 것이고, 한국은 외교적으로 무기력한 상황에 빠질 수밖에 없다. 이와 같은 상황에 대한 불만으로 한국에서는 반미감정이 발생하고, 미국과의 동맹을 파기해야 한다는 의견이 높아질 것이며, 그러할수록 미국과 북한 간의 대화에서 한국이 배제될 가능성은 높아질 것이다. 북미 간의 협상이 북한의 의도대로 진행되지 않을 경우 북한은 미국이 아닌 한국에 핵무기를 사용하겠다는 위협을 할 수 있고, 상황이 악화되면 실제 사용될 가능성도 존재한다.

라. 한미동맹의 이간 및 미군의 증원 차단

이 또한 가능성이 낮지 않은 시나리오이다. 북한이 핵무기의 질과 탄도미사일의 사거리를 계속 향상시켜 괌을 공격할 수 있거나 하와이나 미 본토를 공격할 잠재력을 구비한 상태에서 미국의 군사적 압

박정책으로 막다른 골목에 몰렸다고 판단할 경우 실제로 미국을 공격하겠다고 협박할 수 있다. 미 중앙정보부장도 2012년 초에 북한이 군사적 패배라는 막다른 골목에 처하거나 통제력 상실이라는 위험에 처할 경우 미국 영토에 대해서도 사용할 수 있다는 점을 제시하고 있다(Nikitin 2011, 17). 이 외에도 북한은 미국에 다양한 정치적 및 경제적 지원을 요구하고, 그것이 수용되지 않을 경우 극단적인 행동을 할 수 있음을 강조할 것이다. 또한, 북한은 미국 본토에 대한 핵공격력을 과시함으로써 유사시 미국이 한반도를 증원하는 것을 차단할 수 있다.

당연히 미국은 북한의 요구를 수용하지 않을 것이나 북한의 탄도미사일 기술이 발달하여 미국의 핵미사일 방어망이 북한의 핵미사일을 모두 요격할 수 없다는 사실이 드러날 경우 다른 명분을 들어서 북한의 요구를 들어줄 가능성도 존재한다. 이렇게 되면 한미동맹은 더 이상 지속하기가 어려울 것이고, 그 과정에서 한국은 고립무원(孤立無援), 속수무책(束手無策)의 상황이 될 수 있다.

마. 대규모 공격과 핵무기 사용의 위협 병행

이 시나리오의 경우 가능성이 그다지 높다고 볼 수는 없으나 그렇다고 하여 배제할 수도 없다. 북한은 국지도발보다는 더욱 큰 규모의 제한된 공격(예를 들면, 수도권에 대한 공격)을 하면서 핵무기 사용을 위협하거나 6·25전쟁과 같이 전면전을 실시하면서 핵무기 사용을 위협할 수도 있다. 또는 가능성이 높지는 않지만, 일정한 지역에 핵무기를 사용하여 한국을 공황 상태로 빠뜨린 후 전면적인 남침을 실시할 수도 있다.

어느 경우든 한국은 심각한 곤란에 빠지게 될 것이고, 민족의 생존 자체가 어려워질 수 있다. 한국은 최선을 다하여 전쟁을 수행할 것이나 항상 북한의 핵무기 사용 가능성을 염두에 두어야 하므로 행동과 선택의 자유가 상당히 제한될 가능성이 높다.

바. 특정 도시에 대한 핵무기 공격

이것은 남북한 관계가 긴장 및 갈등상태로 계속되는 상황에서 그 가능성이 높지는 않더라도 배제할 수 없는 시나리오이다. 현재와 같이 남북한이 대화를 단절한 채 언론 등을 통하여 제한된 정도로만 소통하게 되고, 그러한 과정에서 상호 간의 감정이 극단적으로 대립될 수 있기 때문이다. 그러할 경우 북한 내에서는 한국의 잘못을 응징해야 한다는 강경파가 득세할 수 있고, 따라서 한국의 어느 도시를 선정하여 시범적으로 핵미사일을 발사할 수 있다. 한 발을 발사하고 나서 북한은 추가적으로 발사하겠다고 위협하면서 한국의 굴복을 요구할 것이다.

이러할 경우 한국으로서는 선택의 소지가 무척 제한된다. 한미동맹에 의하여 미국의 핵전력으로 응징보복을 하고자 하겠지만 그렇게 되면 다른 도시에 대한 추가적인 공격이 불가피하다. 미국 등도 확전을 원하지 않을 것이고, 그 정도 선에서 갈등을 봉합하고자 할 가능성이 높다.

Ⅳ. 결론

일부의 국민들은 제대로 인식하지 못하는 경향을 보이지만 북한의 핵미사일 보유는 한국이 직면하고 있는 미증유(未曾有)의 치명적인 위협이다. 지금까지 한국이 나름대로 대비해온 재래식 무기에 의한 남북한 군사력 균형을 완전히 뒤바꾸는 사태이기 때문이다. 아무리 재래식 무기가 강력하다고 하더라도 소수의 핵무기를 상대할 수 없다. 북한이 핵무기를 사용하거나 위협할 경우 한국으로서는 마땅한 대응책이 없을 수 있다. 이러한 상황으로 인하여 통일도 멀어질 수 있고, 상당한 국론분열이 나타날 수 있으며, 장기적으로는 국제사회에서의 한국 입지가 결정적으로 약화될 수도 있다. 이러한 위험을 몇 가지로 구분하여 추가적으로 설명하면 다음과 같다.

첫째, 상당수의 국민은 동족이라서, 또는 정권의 멸망을 각오해야 하므로 북한이 핵무기를 사용하지 않으리라고 판단하기도 하지만, 북한은 한반도 적화통일을 달성하는 데 개발된 핵무기를 적극적으로 사용할 수 있다. 다른 수단도 없는 상태에서 핵무기와 같은 효과적 무기를 끝까지 자제할 것으로 판단하기는 어렵기 때문이다. 북한의 핵무기에 대한 한국의 방어력이 취약할수록, 또는 북한이 다양한 양과 형태의 핵무기를 보유할수록 그것이 사용될 가능성은 높아질 것이다. 이러할 경우 한반도는 핵전장으로 변모할 것이고, 무수한 국민들이 살상당할 것은 물론, 민족의 생활터전이 생존 불가능할 정도로 오염될 수 있다.

둘째, 북한이 핵무기를 개발하거나 보유하고 있을 경우 한국의 통일은 점점 어렵거나 불가능해질 수 있다. 북한이 핵무기를 보유하고 있다는 것은 전체 군사력의 균형이 북한 쪽으로 유리하게 전환되는 것을 말하는데, 이러할 경우 군사력이 열세한 한국이 의도하는 방향으로 통일된다고 보기는 어렵기 때문이다. 경제력이 우위라고 하여 핵무기를 보유한 북한을 한국 주도로 통일한다는 것은 상상하기 어렵다. 또한, 주변국들이 통일에 동의해주기로 했다고 하더라도 북한 핵문제 처리가 주변국들의 이해를 상충시킬 가능성이 높고, 이러한 과정에서 합의에 도달하거나 합의를 구현하는 것이 어려워질 수 있다.

셋째, 북한이 핵무기를 보유하고 있고, 그것으로 지속적인 위협을 가할 경우 한국 내의 심각한 국론분열이 예상된다. 북한의 비핵화를 추구할 것인가에서부터 사람마다 생각이 다를 것이고, 그 해법에서도 백가쟁명(百家爭鳴)식 의견이 분출할 것이다. 일부에서는 북한과의 화해협력을 통하여 핵문제를 해결하자고 할 것이고, 일부에서는 강경한 대응만이 해결책이라고 말할 것이다. 북한이 핵무기 사용을 위협하면서 어떤 조건을 내세울 경우 국론분열은 최고조에 달할 수 있다. 일부에서는 북한의 조건을 수용하자고 할 것이고, 일부에서는 그것은 굴복이라면서 반대할 것이다. 따라서 앞으로 남남갈등은 더욱 심해질 것이고, 그 과정에서 북한에 대한 한국의 협상력도 점점 약화될 것이다.

넷째, 장기적인 측면에서 북한의 핵무기 포기 및 폐기를 위한 외교적 정책이 실패하거나 위험성이 커질 경우 미국을 비롯한 국제사회가 북한 핵무기를 용인하는 것으로 정책을 전환할 수 있는데, 이러할 경우 한국으로서는 국제적 고립 상태에 빠질 수가 있다. 국제사회가 북한의 핵무기 개발을 저지시키기 어렵거나 위험부담이 크다고 생각할 경우, 핵무기를 북한 바깥으로 확산시키지 않는 것으로 목표를 하향 조정할 가능성은 배제할 수 없기 때문이다. 이러할 경우 한국은 국제적인 위상이 위협받을 수밖에 없고, 혼자서 북한 핵무기를 상대해야 하며, 결국 어떻게 할 수 없는 속수무책의 상황에 빠질 수 있다. 장기적으로 북한이 경제회복에 성공할 경우 한국이 중국과 대만의 관계에서 대만과 같은 불리한 상황이 될 가능성도 전혀 배제할 수는 없다.

북한이 핵무기를 보유하였다는 사실은 과거의 대비태세를 산술적으로 강화하는 정도로 대처할 수 있는 위협이 아니다. 한반도의 안보지형을 근본적으로 전환시키는 사태로서, 전혀 새로운 안보 패러다임이 적용되어야 할 사태이다. 북한의 핵무기 보유는 지금까지 한국이 노력해온 군사적, 경제적 우위를 무의미하게 만들 것이고, 한반도에서의 주도성을 상실하게 할 것이다. 앞으로 북한이 어느 정도의 경제력을 보유하게 될 경우 한국의 주도성은 더욱 취약해질 것이다.

02 | 억제전략

비록 6자회담을 비롯한 외교적 노력이 북한의 핵개발을 막지 못하였고, 앞으로 계속되더라도 북한의 핵무기 포기 및 폐기라는 목표를 달성할 가능성이 높지는 않지만, 그렇다고 하여 중단할 수는 없다. 외교적 해결은 성공하면 노력에 비해서 성과가 무척 클 수 있고, 최소한 북한의 비핵화에 대한 확고한 국제적 공감대는 형성해나갈 수 있기 때문이다. 다만, 그동안의 경험을 통하여 외교적 해결이 쉽지 않다는 것을 깨달았다면, 이제는 북한이 보유한 핵미사일을 사용하지 못하도록 하는 방안, 즉 억제전략(deterrence strategy)[8]에도 점점 큰 비중을 두어야 할 것이다.

한국은 북한의 핵무기 사용 시 이에 상응한 응징보복을 할 수 있는 능력이 없으므로 미국의 핵무기를 빌려서 보복공격을 하는 방안,

---

8 상당수의 국제정치 학자들은 억지(抑止)라고 말하고, 국방부에서는 억제(抑制)라고 말한다. 두 용어의 의미를 다르게 설명하는 사람도 있으나 개인적 선호의 측면이 크다고 판단된다. 본 책자에서는 군사적 대응책이 차지하는 부분이 크기 때문에 국방부의 용법을 따르고자 한다.

즉 미국의 확장억제(extended deterrence)나 핵우산(nuclear umbrella)[9]
에 의존한다는 개념이다. 미국의 핵전력이 워낙 막강하고, 한미동맹
이 견고하기 때문이다. 이것은 북한의 핵무기 사용 억제에 상당한
효과를 발휘해오고 있고, 앞으로도 그러할 것이다. 다만, 미국의 입
장에서도 북한이 핵무기로 한국을 공격하였을 경우 대규모 응징보
복을 결정하기가 쉽지 않고, 특히 6·25전쟁의 경우처럼 북한이 미
국의 응징보복 의지가 없는 것으로 오해할 소지가 상존한다는 것이
문제이다. 따라서 한국은 한미동맹을 바탕으로 하면서도 자체적인 핵
억제전략의 개발과 구현에도 노력하지 않을 수 없고, 북한의 핵능력
이 강화될수록 자체의 억제력이 차지하는 비중은 커져야 할 것이다.

I. 핵억제이론 검토

억제는 시도해도 성공할 수 없거나 성공하더라도 기대되는 이익
보다 더욱 큰 피해를 입을 것이라는 사실을 상대방에게 인식시켜 공
격하지 못하도록 하는 '강압적 전략'(Freeman 2004, 26), 또는 '강요'
로서(Lebow 2007, 223~291; Roehrig 2006, 11~28), 상대가 파괴한
것보다 더욱 심각한 파괴를 가할 수 있음을 과시하거나(응징적 억제
력) 상대방의 공격을 무력화시킬 수 있음을 과시하는(거부적 억제력)

---

9 확장억제는 미국이 우방국에 대한 공격을 자국에 대한 공격으로 간주하여 응징하겠다는 일반적인 약속
으로서 NATO 국가를 비롯한 모든 동맹국에 공통으로 적용되는 사항이다. 핵우산은 그중에서 핵에 관
한 것만을 강조하는 용어로서 한미 양국은 매년 개최되는 연례안보협의회의 공동성명에서 이 조항을 넣
어 강조하였다. 그러다가 2006년 북한의 제1차 핵실험 이후 확장억제로 그 범위를 넓혔다. 이는 한편으
로는 억제수단의 포괄성이 커진 것으로도 볼 수 있지만 다른 한편으로는 미국이 비핵무기 위주로 응징
하겠다는 의도로도 볼 수 있고, 그렇게 되면 북한에 대한 억제력이 약화될 수 있다.

두 가지로 구분한다.

1. 응징적 억제

얼마 전까지도 핵미사일을 방어할 수 있는 기술이 개발되지 않았기 때문에 핵억제전략의 대부분은 "원하지 않는 행위를 상대방이 행할 경우 '감내할 수 없는 피해(unacceptable damage)'를 가할 것이라는 보복위협을 통해 상대방이 그 행위를 하지 못하도록 예방"하는 방향이었다(정재욱 2012, 139). 예상하는 이익보다 비용이 더욱 클 것이라는 점을 인식시켜 상대방으로 하여금 행동하지 못하도록 한다는 논리였다(Lebow 2007, 121). 이는 상대방에게 선택을 맡기되 행동에 대한 심각한 대가를 치를 것임을 위협하는 방법으로서(Freeman 2004, 37) '응징(보복)을 통한 억제(deterrence by punishment 응징적 억제)'로 불린다(Snyder 1961, 14~16).

응징적 억제를 구체적으로 설명해보면, 상대방이 대규모 핵미사일로 먼저 공격(제1격, the first strike)할 경우 우리는 이를 요격할 능력을 구비하지 못한 상태라서 심각한 피해를 볼 수밖에 없지만, 대신에 그 1격에서 생존할 만큼 충분한 핵무기를 확보하였다가 반격(제2격, the second strike)하여 상대 국가를 초토화시키겠다고 위협하는 방식이다. 이것은 핵미사일 요격기술이 없던 시대에 불가피하게 채택되었던 억제전략으로서, 이에 근거하여 미국과 소련은 상대방의 공격에도 생존하여 보복할 수 있는 대륙간탄도탄, 전략폭격기, 전략잠수함(당시에 미국은 이것을 '삼각축(Triad)'으로 명명하였다)을 집중적으로 증강하였고, 이러한 개념의 전략을 상호확증파괴전략

(MAD: Mutual Assured Destruction)이라고 명명하였다. 상대의 제1 격을 허용하더라도 상대방을 초토화시킬 수 있는 충분한 제2격 능력을 보존할 수 있다는 점을 서로에게 인식시키는 것이 이 전략의 핵심이었다.

응징적 억제는 보유하고 있는 핵전력의 규모에 따라 두 가지로 나뉘는데, 하나는 최대억제(maximum deterrence)이고, 다른 하나는 최소억제(minimal deterrence)이다(Sauer 2011, 9). 최대억제는 위에서 언급한 바와 같은 내용으로서 세계 5대 공식적 핵보유국 중에서 미국, 러시아, 중국이 채택하고 있다. 이와 달리 영국과 프랑스는 국력이 상대적으로 열세하여 대규모 핵전력을 확보할 수 없기 때문에 핵무기 공격을 받을 경우 상대방이 가장 소중하게 생각하는 결정적인 한두 개의 표적이라도 철저하게 파괴할 수 있다는 점을 과시하여 상대방의 공격을 억제한다는 개념을 채택하고 있고, 이것이 바로 최소억제전략이다. 이와 같은 전략개념이라서 미국, 러시아, 중국은 지상, 공중, 수중의 모든 핵무기를 골고루 보유하고 있지만, 영국과 프랑스는 적의 제1격으로부터의 생존성이 가장 높은 잠수함발사 핵미사일(SLBM: Submarine Launched Ballistic Missile)을 중점적으로 보유하고 있는 것이다.

2. 거부적 억제

응징적 억제는 핵시대에 들어선 인류가 대안이 없어서 채택한 것이기는 하지만, 'MAD=mad'라는 명칭에서 알 수 있듯이 끝없는 핵군비경쟁을 유발한다는 결정적인 단점이 있었다. 서로가 상대의 제1

격으로부터 생존하여 반격(또는 제2격)할 수 있는 충분한 핵무기를 구비해야 했고, 그러려면 상대방이 증강하는 것보다 더욱 높은 수준의 핵전력으로 증강해야 하는 악순환이 불가피하였기 때문이다. 또한, 미국과 같이 잃을 것이 많은 국가의 입장에서는 상대방이 공멸을 각오하면서 공격할 경우 대책이 없다는 점, 다른 말로 하면 "핵무기와 더불어 사는 삶(Living with Nuclear Weapons)"(Carnesale 1983)을 받아들이기가 어려웠다. 상대방의 자포자기나 분노, 또는 실수로 핵전쟁이 발발할 경우 속수무책이기 때문이었다.

동시에 응징적 억제의 실효성에 대한 비판도 제기되었다. 냉전 시대에 핵전쟁이 발발하지 않은 것이 응징적 억제가 작용한 결과라고 하지만, 실제로는 그것이 억제 노력의 산물인지 아니면 상대방이 애초부터 공격할 의사가 없었던 것인지는 불분명하기 때문이다. 즉, "상대방이 특정한 행동을 취하지 않았다고 해서 그것이 반드시 억제의 성공이라고 말할 수 있는가? 냉전 기간에 소련이 미국에 대해서 핵공격을 가하지 않았다고 해서 억제가 성공했다고 말할 수 있는가? 소련의 미국에 대한 핵공격 의도가 아예 없었던 것은 아닌가?(김태현 2004, 177)"와 같은 질문에 답변하기가 어려웠다. 어떤 사태가 왜 발생하였는가를 설명하기는 쉽지만 왜 발생하지 않았는가를 설명하기는 어렵다는 점에서(Dougherty and Pfaltzgraff 1990, 398) 공격하면 응징하겠다는 위협이 상대방의 공격을 억제했다는 주장에 대하여 명확한 근거를 제시하는 것은 어려울 수밖에 없다. 또한, 소련이 대규모 핵대피소를 구축함으로써 미국이 유사시에 소련을 초토화하는 것 자체가 어렵다는 점도 발견되었다.

그래서 1983년 미국의 레이건(Ronald W. Reagan) 대통령은 "전략적 방어구상[10](SDI: Strategic Defense Initiative)"이라는 용어로 공격해오는 상대방의 핵미사일을 요격하여 파괴하는 방어 개념으로 방향을 전환하기 시작하였다. 이 개념은 재래식 전쟁에 통상적으로 적용되던 거부적 억제(다른 말로 하면 방어)를 핵전략에 적용하는 것으로서 방어적 조치를 억제 차원에서 재조명 및 재구축하겠다는 결정이라고 할 수 있다. 즉, 공격해오는 상대방의 핵미사일을 공중에서 요격할 수 있는 능력을 구비함으로써 상대방에게 핵공격이 성공하지 못할 것이라는 인식을 심어주고, 이로써 상대방의 공격을 억제한다는 내용이었다. 이것은 공격자의 목표 확보 가능성 판단(estimate of probability)에 영향을 주는 방법으로서(Snyder 1961, 15), 공격자의 기도를 자제시킬 수 있을 만큼 충분한 방어태세를 갖추는 것이 핵심이다.

거부적 억제는 상황을 통제하는 가운데 강압을 달성하는 방법으로서(Freeman 2004, 37), 적이 도발하더라도 순수한 방어로 전환하면 되기 때문에 안전하면서도 확실한 방책이고, 군비경쟁이 없을 수는 없으나 응징적 억제처럼 대규모적이거나 급격하지는 않다는 유리한 점이 있다.[11] 거부적 억제 차원에서 시행되는 조치는 대부분 국제적으로 정당한 것으로 인정되고, 워게임(war game)을 통하여 상대방의 공격과 우리 측의 방어태세를 객관적으로 비교해볼 수 있어서

---

10 통상적으로 "전략방위구상"이라고 번역하지만, 여기에서 defense는 일반적인 방위가 아니라 상호확증파괴전략에서의 '공격 대(對) 공격'에서 '공격 대 방어'로 전환하는 분수령이라는 점에서 '방어'가 강조될 필요가 있다. 전략적이라는 수식어는 국가 또는 세계 차원을 말한다.

11 미국의 국가미사일방어(NMD) 구축에 미국의 민주당이 반대해왔던 근본적인 이유는 그것이 새로운 군비경쟁을 자극할 수도 있다는 우려였듯이 당연히 방패의 구축은 더욱 튼튼한 방패를 만들기 위한 경쟁이나 그 방패를 뚫을 수 있는 창을 만들기 위한 경쟁을 수반할 수 있다. 실제로 미국의 탄도미사일 방어체제 구축 후에 러시아도 자체의 요격미사일을 개발해오고 있는 것으로 추측되고, 미국의 탄도미사일 방어체제를 뚫을 수 있도록 종말단계에서 순항미사일처럼 비(非)탄도비행을 하는 탄도미사일을 개발하였다고 발표하기도 하였다. 그러나 이러한 군비경쟁의 정도는 응징적 억제에 바탕을 두었던 과거 상호확실파괴 시절의 미국과 소련의 그것에 비하면 훨씬 느리거나 덜 치열하다.

신뢰성도 클 수 있다. 다만, 상대방의 공격을 확실하게 방어할 수 있는 강력하면서도 포괄적인 군사력을 건설하는 데 투자되는 비용과 노력이 적지 않고, 상대방의 의도와 전략에 수동적으로 대응해야 한다는 불리함이 존재한다.

레이건 대통령이 제시한 핵무기에 대한 거부적 억제는 그것을 구현할 기술—공격해오는 상대의 핵미사일을 직격파괴(直擊破壞, hit-to-kill: 미사일의 몸체를 직접 타격하여 파괴하는 방법)할 수 있는 능력—이 제대로 뒷받침해주지 못하여 구현이 지체되다가 20년 정도 지난 부시(George W. Bush, 아들) 대통령 시대에 구현되었다. 부시 대통령은 직격파괴가 가능한 요격미사일을 개발하였고, 2004년부터 실전에 배치하기 시작하였으며, 지금은 상당할 정도로 그 수와 질을 향상시킨 상태이다. 이러한 핵미사일 방어는 이스라엘, 일본 등의 우방국들에도 확산되고 있고, 관심을 갖는 국가들이 증대되고 있으며, 러시아와 중국도 나름의 핵미사일 방어체제를 구축하고 있는 것으로 추정되고 있다.[12] 이제 세계는 핵무기에서도 응징적 억제와 거부적 억제가 동시에 작동하고 있다고 할 것이다.

Ⅱ. 한국의 억제태세 평가

북한이 한국에 대하여 핵미사일로 공격하겠다고 위협할 경우를 가정한 한국의 억제태세는 어떠한가? 구체적으로는, 자체적인 억제

---

12 세계의 탄도미사일 방어체제 구축 현황에 대해서는 Missile Defense Advocacy Alliance, http://www.missile defenseadvocacy.org/(검색일: 2014. 6. 25).

전략이 명확하게 정립되어 있는가? 응징적 억제와 거부적 억제의 능력(capabilities)은 어느 정도인가? 그러한 능력들이 북한에 신뢰성(confidence) 있게 인식될 것이냐? 특히 외부로 드러나는 것은 억제를 위한 능력이지만 셸링(Thomas C. Schelling)이 강조하듯이(1960, 10) 그러한 능력이 사용될 것이라는 신뢰성도 억제 효과의 창출에서는 무시할 수 없다.

1. 억제전략의 정립 정도

북한의 핵공격 가능성에 대한 한국의 억제전략은 무엇인가? 이 질문에 대하여 즉각적이면서 내용 있는 답변을 금방 떠올리기는 쉽지 않다. 대체적으로는 미국의 확장억제에 의존하면서 자체적인 억제력을 강화하는 것이라고 말할 수 있겠지만, 그렇다면 한국의 자체적인 핵억제전략은 없다는 것인가?

북한의 핵무기 위협이 가시화되자 한국 나름의 핵억제전략으로 최근에 논의되었던 것은 2010년 '국가안보총괄점검회의'에서 제시한 "능동적 억제전략"이다. 이것은 "북한이 핵이나 미사일 등 대량살상무기와 비대칭전력으로 도발하려 할 때 북한 지휘체계와 주요 공격수단을 미리 타격하거나 제거하는 능력과 의지"를 갖추는 것을 강조하는 것으로(조선일보 2010/09/04, A5) 선제타격을 중심으로 한 억제전략이다. 그러나 능동적 억제전략은 북한을 자극하거나 국내의 비판여론을 형성할 것 같다는 우려에서 국방부는 2011년 3월 8일 '국방개혁 307계획'을 발표하면서 능동적 억제의 취지는 반영하되 용어는 수정하여 '적극적 억제능력 확보'를 강조하였다(국방부 2011, 11).

그러는 사이에 북한이 제3차 핵실험을 실시하면서 북한 핵무기 위협이 더욱 가시화되자 국방부는 2014년 3월 "국방개혁 기본계획 14-30"을 발표하면서 '능동적 억제전략'으로 북한의 핵무기 사용을 억제하겠다고 공식적으로 발표한 바 있다(조선일보 2014/03/07, A1). 다만, 어떤 위협에 '능동적'이거나 '적극적'으로 대응하는 것은 당연하거나 공통적인 사항으로서, 이러한 용어로는 그 방향을 이해하기가 어려운 점이 있다.

능동적 억제전략에 해당하는 내용으로 국방부에서는 북한 핵무기 사용에 대비한 몇 가지 핵심적인 대비방향을 제시한 바가 있다. 국방부는 '한국형 미사일 방어체제' 구축을 약속하면서 이스라엘로부터 그린파인 레이더를 구매하고, 2016년까지 단거리(종말단계 하층방어) 요격미사일인 PAC-3 미사일을 획득한다는 결정을 내린 바 있다(조선일보 2014/03/13, A8). 또한, 북한 핵무기에 대한 '탐지－식별－결심－타격'의 과정, 즉 '킬 체인(kill-chain)'을 30분 이내에 완성하겠다는 방침도 제시한 바 있다(조선일보 2013/02/08, A5). 다만, 이러한 조치들이 구현되면 능동적 억제전략이 완성되는 것인지, 그 외에 다른 어떤 조치가 강구되어야 하는지, 그리고 능동적 억제전략과 통상적인 전략과의 차이가 무엇인지가 명확하게 설명되지는 않았다.

2. 응징적 억제태세

핵무기를 보유하지 못한 상태에서 북한의 핵무기에 대한 한국 자체의 응징적 억제태세가 충분하기는 어렵다. 한국은 북한지역을 공격할 수 있는 무기로 야포 5,200문, 다련장포 200문, 지대지미사일 30문, 전투함 120척, 잠수함 10척, 전투기 460대 등을 보유하고 있고(국방부 2012, 289), 이들의 질도 낮지 않다. 그러나 일거에 한국을 황폐화시킬 수 있는 핵무기에 비하여 비핵무기는 부분적인 피해를 끼칠 수밖에 없고, 따라서 억제효과도 제한될 수밖에 없다. 응징적 억제의 신뢰성을 볼 때도, 비록 재래식 도발과 핵도발이 동일할 수는 없지만, 북한이 1954년부터 2012년 11월까지 천안함 폭침 및 연평도 포격을 포함한 994건의 국지도발을 자행하였음에도(국방부 2012, 309) 그동안 한국이 엄격한 응징보복을 시행하지 않아서 한국의 응징보복 의지를 북한이 강하게 평가할 것으로 판단하기는 어렵다.

현실이 이러하기 때문에 북한이 핵무기로 공격할 경우 한국은 미국의 핵 및 재래식 무기를 통하여 응징보복할 것이고, 이러한 사실을 북한에 알려서 북한의 핵무기 사용을 억제한다는 개념에 의존하여 왔다. 이것이 바로 '핵우산' 및 '확장억제'의 개념이다. 다만, 미국의 핵 및 재래식 보복력은 누구도 부정할 수 없을 정도로 막강하지만, 그것이 약속대로 시행될 것이라는 신뢰성이 그만큼 높다고 보기는 어렵다. 다른 동맹국에 대한 신뢰의 문제, 한국에 존재하는 주한미군과 미국시민들을 고려할 때 미국이 적극적인 확장억제를 시행할 가능성이 높은 것은 사실이지만, 북한이 그렇지 않으리라고 오판할 여지가 전혀 없는 것은 아니다. 과거의 '핵우산'을 재래식 수단까지도 포함하는 '확장억제'로 용어를 바꾼 것에서 알 수 있듯이 미국은 될 수 있으면 핵사용을 자제하고자 하는 의도를 보이고 있고, 오바마(Barack Obama) 대통령이 "핵무기 없는 세상(The World without Nuclear Weapons)"을 주창하여 2009년 노벨 평화상을 수상하였듯이 미국은 핵무기 사용을 자제한다는 입장이며, 실제로 배치된 핵무기 숫자도 계속하여 감축시키고 있다. 자체적으로 핵미사일 방어체제를 구축한 미국의 입장에서는 핵무기를 통한 응징보복의 필요성이 더욱 낮아졌다고 할 것이다.

이렇게 볼 때 한미동맹을 바탕으로 한 응징적 억제태세가 낮지는 않으나 미국의 억제태세는 한국 것이 아니라서 확신하기 어렵고, 한국의 자체적인 응징적 억제태세는 금방 보강하기가 쉽지 않은 상황이다. 한국은 미국의 확장억제를 최대한 활용하면서도 자체에 의한 창의적 억제전략을 가미함으로써 전체 억제전략의 신뢰성을 높일 필요가 있다.

3. 거부적 억제태세

대부분의 국가와 같이 북한의 핵무기에 대한 한국의 거부적 억제태세는 미흡할 수밖에 없다. 공격해오는 핵미사일을 공중에서 요격하는 것은 현재의 기술로서는 너무나 어려운 과제이기 때문이다. 한국은 2013년 초부터 이스라엘로부터 사들인 그린파인 레이더 2기를 배치하여 북한 핵미사일에 대한 최소한의 탐지와 추적 능력은 갖추고 있지만 이의 범위와 능력도 여전히 제한적이고, 요격의 경우 직격파괴 능력이 없는 PAC-2 요격미사일 2개 대대를 보유하는 데 그치고 있다. 직격파괴 능력을 갖춘 PAC-3 요격미사일을 구매한다는 결정은 내렸으나 획득과 배치에는 다소의 시간이 걸릴 수밖에 없고, 그것을 확보한다 하더라도 한국의 좁은 지리적 여건상 북한의 핵미사일 공격으로부터 국민들의 생명과 재산을 방어하기는 쉽지 않다.

주한미군의 경우 직격파괴가 가능한 PAC-3 2개 대대를 보유하고 있지만, 고도 10~15km, 사거리 15~45km에 불과하여 자신들의 기지 이외에는 방호력을 제공하기 어렵다.

거부적 억제의 신뢰성도 높다고 보기는 어렵다. 무엇보다 한국의 경우 지리적으로 북한과 너무나 근접하여 요격을 위한 시간이 무척 제한된다. 또한, 현대의 탄도미사일 방어 기술 자체가 아직은 공격해오는 탄도미사일을 정확하게 파악하여 요격시키는 데 한계를 지니고 있고, 북한도 한국과 주한미군의 현 탄도미사일 방어 수준을 충분히 파악하고 있을 것이기 때문이다. 특히 북한은 200여 대의 이동식 탄도미사일 발사 차량을 보유하고 있다는 점에서 한국군과 주한미군의 탐지와 요격을 피할 수 있다고 판단할 것이다.

Ⅲ. 대북 핵억제전략의 방향

인정하기는 싫지만, 한국의 경우 북한의 핵무기 공격 가능성에 대한 응징적 억제와 거부적 억제의 어느 것도 확실한 방책이 될 수 없는 상황이다. 따라서 한국은 한미동맹을 바탕으로 미국의 핵억제력을 최대한 활용하면서 현재의 상황과 여건의 범위 내에서 창의적인 억제전략도 정립해나가야 할 것이다. 이러한 취지에서 한국이 고려할 필요가 있다고 판단되는 대북 핵억제전략의 기본방향, 명칭, 그리고 핵심적인 요소를 제시해보고자 한다. 이 중에는 이미 한국 정부가 추진하고 있는 조치들도 상당수 포함되어 있지만, 그 조치들의 비중과 우선순위를 정리하여 제시한다는 차원에서 포괄적인 내용으로 설명하고자 한다.

1. 기본방향

북한 핵미사일 사용에 대한 억제는 확실해야 하므로 한두 가지 요소에만 의존할 것이 아니라 가용한 모든 방안을 최대한 동원하여야 한다. 거부적 억제가 미흡한 한국의 입장에서는 최대억제 개념에 의하여 미국 핵무기의 응징력을 활용하되, 스스로의 역량 범위 내에서 최소억제 방안도 모색해야 한다. 장기적으로는 핵미사일 방어력을 향상시켜 거부적 억제력도 향상시켜 나가야 할 것이다. 동시에 억제가 실패할 경우를 대비한 조치—예를 들면, 북한의 핵무기 사용이 임박한 상황에서 선제타격을 통하여 사전에 무력화하는 방안—도 강구할 필요가 있다.

한국의 핵억제전략에서 핵심이 될 수밖에 없는 사항은 한미연합 억제이다. 핵무기를 보유하지 못한 한국 단독으로 북한의 핵공격을 충분히 응징보복할 수 없기 때문이다. 미국은 세계에서 가장 강력한 핵공격력을 보유하고 있고, 확장억제 개념을 통하여 한국을 대신하여 응징보복하겠다고 약속한 상태이며, 주한미군이 한반도에 주둔하고 있어서 연합 핵억제의 실효성은 적지 않다.

다만, 실제 북한이 한국을 공격할 경우 미국이 약속대로 보복할 것인가에 대해서는 불확실성이 존재하기 때문에 한국은 보유하고 있거나 금방 증강할 수 있는 비핵무기에 의한 응징보복 방안도 동시에 개발해나갈 수밖에 없다. 즉, 최대억제 개념에 의한 미국의 확장억제는 결정적인 경우를 대비한 방책으로 보유하면서, 한국은 최소억제 개념에 의하여 비핵무기에 의한 정밀타격으로 북한이 절대적으로 지키고 싶어 하는 표적을 공격함으로써 억제효과를 달성하고자 노력할 필요가 있다.

동시에 장기적이면서 안정적인 방책으로서 한국은 거부적 억제전력을 확충해나가야 한다. 이의 핵심은 핵미사일 방어체제를 구축하는 것인데, 비록 상당한 비용과 고도의 기술이 소요되고, 짧은 거리로 인하여 방어효과가 의문시되기는 하지만, 민족의 명운을 좌우할 수도 있는 핵전쟁의 위협을 억제하는 데 필수적인 요소라서 포기할 수는 없다. 한국의 상황과 여건에 부합되는 핵미사일 방어체제를 구축해나가고, 동시에 우방국과의 협력을 통하여 비용과 시간을 절약하고자 노력할 필요도 있다. 그리고 추진성과를 평가하면서 그 범위와 수준을 점진적으로 향상해나가야 할 것이다.

정승조 당시 합참의장이 2013년 2월 6일 국회 국방위에서 언급한 바와 같이, 한국의 응징보복 위협에도 불구하고 북한이 "핵무기를 사용한다는 명백한 징후가 있다면 선제타격"할 수밖에 없다(동아일보 2013/02/7, A1). 북한이 핵미사일로 공격한다는 확증이 있는데도 아무런 조치 없이 그것이 발사되도록 지켜볼 수는 없기 때문이다. 어떤 것이 국제사회가 수긍하는 명백한 징후일 것이냐가 논란거리이기는 하지만, 그러한 상황이라고 판단되었을 경우의 선제타격은 자위권 차원에서 불가피한 방어행위이다. 비록 북한의 이동식 탄도미사일발사대를 적시에 파악하기가 쉽지는 않지만, 북한의 대부분 탄도미사일이 액체연료를 사용하여 연료주입을 위한 시간이 필요하다는 점에서 선제타격을 위한 시간과 표적 확보가 어느 정도는 가능할 수 있다. 다만, 선제타격을 결행해야만 하는 조건, 계획, 북한 반발에 대한 재(再)대응 방책 등을 사전에 충분히 검토해두어야 할 것이다.

2. "협력적 정밀억제전략"

한국 핵억제전략의 기본적인 방향은 위와 같더라도 이에 대한 국민적 공감대를 확산하고, 이에 근거하여 일관성 있게 대비하고자 한다면 모든 사람이 쉽게 사용하고 금방 익숙해질 수 있는 간명한 용어로 대표시키는 것이 효과적이다. 사람의 경우 이름을 잘 짓는 것이 중요한 것과 같다.

미국의 경우에도 소련이 1949년 원자폭탄에 이어 1953년 수소폭탄을 개발하자 아이젠하워 대통령은 국가의 안보전략을 핵억제전략으로 전환하면서 '대량보복전략(Massive Retaliation Strategy)'을 발표하였고, 그 후 대통령이 교체될 때마다 조금씩 내용을 발전시키면서 그 명칭도 변화시켰다. 케네디 대통령 시절에는 '유연반응전략(Flexible Response Strategy)'이란 명칭하에 상황별로 적절한 수준으로 대응한다는 개념을 정립하였고, 닉슨 대통령 시절에는 '현실적 억제전략(Realistic Deterrence Strategy)'의 구호하에 동맹국들과의 분담을 통한 억제를 추구하였다. 카터 대통령 시절에는 '상쇄전략(Countervailing Strategy)'을 통하여 보복력과 민방위(civil defense) 등의 방어조치를 동시에 강화함으로써 핵전쟁에 대한 억제력을 실질적으로 강화하고자 하였다. 레이건 대통령부터는 거부적 억제를 추가하는 개념으로 발전하여 '전략적 방어구상'이라는 용어를 사용하였고, 부시(아버지) 대통령은 '제한공격에 대한 지구방어(GPALS: Global Protection Against Limited

Strikes)'로 개념을 수정하면서 국가미사일방어(NMD: National Missile Defense)와 전구(戰區)미사일방어(TMD: Theater Missile Defense)라는 용어를 만들었다. 그리고 이 개념이 클린턴 대통령을 거쳐 부시(아들) 대통령으로 연결되면서 '미사일 방어(MD: Missile Defense)'라는 용어로 통합되었고, 최근에는 '탄도미사일 방어(BMD: Ballistic Missile Defense)'라는 말을 대표적으로 사용한다.

한국의 경우에도 앞에서 언급한 바와 같이 '능동적 억제전략'이나 '적극적 억제전력 확보'라는 용어가 사용된 적이 있는데, 이 중에서 어느 것으로 통일해도 큰 문제는 없을 것이다. 다만, '능동적'이거나 '적극적'이라는 용어 자체는 의지나 태도의 강화는 암시하지만, 억제를 위한 방법론은 제시하지 못하는 단점이 있다. 억제전략의 명칭을 이왕 정립하고자 한다면 그것을 듣기만 해도 어느 정도의 방향과 방법이 암시되는 용어일 필요가 있다.

이러한 취지에서 본서에서는 한국의 핵억제전략으로 "협력적 정밀억제전략"이라는 용어를 제안하고자 한다. 이 용어는 '협력적'이라는 형용사를 통하여 한미동맹을 통한 억제를 강조하고 있다. 그것이 현실적으로 실현 가능한(feasible) 전략이기 때문이다. 다만, '협력적'에는 미국과의 협력뿐만 아니라 북한의 핵미사일 공격 억제를 위하여 유용할 수 있다면 일본, 중국, 러시아 등 다른 어떤 요소와의 협력도 모색할 수 있어야 한다는 융통성도 포함되어 있다. 또한, 이 것은 억제 자체도 협력적으로 추진되어야 하지만, 한국의 정밀억제도 협력을 추구할 필요가 있다는 의미를 내포하고 있다.

'정밀'이라는 단어는 한국이 지니고 있는 응징적 억제력이나 거부적 억제력의 한계를 극복하기 위해서는 정교하거나 정밀한 노력이 필수적임을 강조하고 있다. 특히 '정밀'은 한국 스스로의 능력으로 북한이 핵무기로 공격할 경우 북한 지도부들을 '정밀공격'함으로써 보복하겠다는 개념, 북한의 핵무기 발사에 관한 명백한 징후가 발견되었을 경우 공군이나 미사일에 의한 '정밀타격'으로 이를 파괴하겠다는 개념, 그리고 북한이 핵미사일을 발사했을 경우 요격미사일로 이를 정확하게 '직격파괴'하겠다는 내용을 포괄한다는 장점이 있다. 이 전략은 한국이 보유하고 있는 현재의 능력으로 어느 정도는 구현할 수 있지만, 앞으로 '정밀억제'에 부합되는 능력을 집중적으로 보강해야 한다는 과제도 제시하고 있다.

Ⅳ. '협력적 정밀억제전략'의 구성요소

이 장에서는 정밀억제전략을 구현하는 데 필요한 요소를 억제의 이론에 근거하여 제시해보고자 한다. 한국은 핵무기를 보유하지 못한 상태라는 점에서 응징적 억제는 최대억제와 최소억제로 구분하고, 거부적 억제에 이어서 이러한 억제 조치가 실패할 때를 대비한 선제적 조치를 추가하고자 한다.

1. 최대억제

핵무기를 보유하고 있지 않은 한국으로서는 지금 당장 북한이 핵미사일로 한국을 공격할 경우 미국의 대규모 응징보복에 기대할 수밖에 없다. 그래서 한미 양국 국방부 간에 '확장억제정책위원회'를 설치하였고, 지금도 이를 통하여 필요한 사항을 협의하고 있다. 추가적으로 이의 효과를 더욱 확실히 보장하기 위해서는 NATO의 '핵계획단(Nuclear Planning Group)'의 개념을 도입하여 한미 공동의 응징보복 계획을 평소에 적극적으로 개발해나갈 필요도 있다(전성훈 2010, 81~84).

미 핵무기에 의한 응징보복을 더욱 확실하게 한다는 차원에서 미국의 핵무기를 한반도로 재반입하도록 요청할 필요성도 없지는 않다.[13] 핵과 미사일의 기술발달로 현대의 핵무기는 그 위치가 결정적이지는 않지만, 미 본토보다 한반도에 배치되어 있으면 억제효과가 커지는 것은 분명하기 때문이다. 미 의회가 2013년 국방예산을 통과시키면서 미 국방성으로 하여금 서태평양 지역의 재래식 및 핵무기 추가 배치의 전략적 가치와 실행 가능성에 대한 보고서를 제출하도록 요구한 바와 같이(조선일보 2013/04/12, A5) 미국 내에서도 북한의 핵개발로 인한 전력증강의 필요성을 인식하고 있다. 다만, 오바마 대통령은 미국과 러시아의 핵무기를 1/3 수준으로 감축하자고 할 만큼 '핵 없는 세상'을 구현하기 위하여 노력하고 있고(홍현익 2013b, 6), 중국, 러시아, 전 세계 여론의 반발이 있을 수 있다는 점에서 한국에 핵무기를 재배치할 가능성은 크지 않아 보인다.

북한 핵공격 시 미국의 응징보복을 확실히 보장하는 방편으로서 2015년 12월 1일로 예정된 전시 작전통제권의 환수, 다른 말로 하면 한미연합사령부(ROK-U.S. Combined Forces Command) 해체 계획을

---

13 일부에서는 '전술핵무기'라는 용어를 사용하지만, 세계적으로 이 용어가 잘 사용되지는 않고, 강대국들의 대형 및 장거리 핵무기를 '전략핵무기'라고 하는 경우는 있다. '전술'이라는 용어가 작은 핵무기를 말하는 것인지, 핵미사일 이외의 핵포탄 등을 의미하는 것인지 확실하지 않고, 굳이 '전술'이라는 용어를 붙여야 하는 이유가 확실하지 않다.

조건에 의하여 재연기하기로 한 것은 타당한 결정이라고 판단된다. 한미연합사령부가 해체되어 미군이 지원(supporting) 역할로 전환되면 북한 핵위협에 대한 억제와 대응의 일차적인 책임을 한국군이 담당하게 되어 미국의 책임의식이 약해질 수 있고, 북한이 오판할 가능성도 커질 것이기 때문이다. 자주성을 중요시하는 국민적 감정을 이해할 수 없는 것은 아니나, 미군이 지휘관이 되어 유사시 본국의 핵억제력을 최대한 대규모 및 신속하게 전개하는 것이 북한에 대한 핵억제나 대응에 필수적일 수 있다.

동시에 한국은 자체적인 핵잠재력을 보유하고자 노력할 필요도 있다. 한국은 현재 플루토늄이나 농축 우라늄을 보유하고 있지 않지만, 앞으로 개정될 한미원자력협정을 통하여 사용한 핵연료를 재처리하거나 우라늄을 농축할 수 있게 된다면, 한국의 핵잠재력은 강화될 수 있다. 한국의 국력이나 기술 수준을 고려할 경우 절박한 상황에서 핵무기를 제작하는 데 소요되는 기간이 짧아질 수 있고, 이러한 잠재력 자체만으로도 어느 정도의 억제력을 확보한 상태가 될 수 있다.

2. 최소억제

'협력적 정밀억제전략'의 구현을 위하여 한국이 집중적으로 노력할 필요가 있는 과제는 제한된 여건 속에서도 실현 가능한, 즉 최소억제 개념에 의한 한국 나름의 응징보복 전략과 능력을 개발하는 것이다. 미국의 확장억제라는 최대억제 개념에만 의존할 경우 자칫하면 미국의 결정에 국가안보를 맡기는 상황이 될 수 있기 때문이다.

최소억제 차원에서 2003년 이라크전쟁에서 미국이 사담 후세인 (Saddam Hussein)을 사살하기 위하여 집중적으로 노력한 것처럼 북한이 핵미사일로 한국을 공격할 경우 한국은 정밀공격을 통하여 북한지도부를 사살(de-capitation)하겠다고 위협할 수 있다. 즉 "김정은 일가에 대한 신병을 부단히 확보하여 북한이 핵공격을 감행한다면 북한의 최고 지도자 일가를 비롯하여 대량보복을 가할 것임을 분명히 하는 것이다(홍현익 2013b, 6~7)." 지도자의 안위가 다른 어떤 사항보다 중요한 북한으로서는 한국이 이러한 개념을 정립한 상태에서 실행력을 구비하고 있을 경우 핵공격을 쉽게 결정하기는 어렵다. 따라서 한국군은 공군력, 미사일 전력, 특수부대 전력을 활용하여 불가피한 상황에서 핵무기 발사에 책임 있는 북한 수뇌부들을 사살할 수 있는 계획을 수립하고, 지하벙커 공격용을 비롯한 필요한 무기체계를 확보해야 할 것이다.

한국의 자체적인 응징보복 방안이 실제적인 효과를 거두기 위해서는 국민들도 북한이 핵미사일로 공격할 경우 어떠한 대가를 치르더라도 응징보복하겠다는 강력한 의지를 보유 및 과시하여야 할 것이다. 국민들은 북한의 핵무기 개발은 "남북분단 이후 직면한 가장 비정상적인 안보상황"이고, "그동안 한국이 안주해온 안보의 온실에 구멍이 뚫려서 비가 새고 매서운 찬바람이 들어오는 것에 비유할 수 있으며", 따라서 "발상의 전환과 결연한 의지"가 절대적이라는 점을 확실하게 인식할 필요가 있다(전성훈 2010, 84). 또한, 정부는 국민들에게 북한의 핵무기 개발현황, 핵무기의 위협 정도, 한국의 상황과 여건에서 가용한 대안과 제한사항을 정확하게 알려줄 필요가 있고, 한국이 단호하게 대응할 경우 예상치 않는 최악의 상황도 발생

할 수 있으며, 그것을 감수할 마음가짐을 가져야 함을 이해시켜야
할 것이다.

3. 거부적 억제

　북한 핵무기에 대한 거부적 억제의 핵심은 공격해오는 북한 핵미
사일을 공중에서 요격하는 능력이다. 이것은 억제전략의 하나로 인
식할 수도 있고, 별도의 독자적인 조치로 인식할 수도 있지만(그래
서 이 부분은 다음 제3장에서 더욱 상세하게 설명하고자 한다) 구비
하기만 한다면 가장 안전하고 평화적인 방법이다. 북한과 지리적으
로 근접하고 있는 한국의 환경에서 믿을 만한 결과를 보장할 핵미사
일 방어체제를 구축하기가 쉽지는 않지만, 앞으로 기술이 발달한다
고 가정할 경우 핵미사일 방어체제는 "북한의 핵사용과 위협 가능성
을 억제하는 데 가장 효과적인 방안"(한용섭 2007, 19)이 될 것이다.
단기적으로는 믿을 만한 역량을 확보하기가 쉽지는 않지만, 점진적
으로 핵미사일 방어체제의 범위와 질을 지속적으로 향상해나가고자
노력할 필요가 있다.
　한국은 미국이 전구(戰區)미사일방어에서 적용하고 있는 개념, 즉
부스트(Boost) 단계 방어, 상층방어(Upper Tier Defense), 하층방어
(Lower Tier Defense)로 구분한 상태에서, 우선은 하층방어 차원에서
미국의 PAC-3(사거리: 15~45km+, 고도: 10~15km)급을 도입하면
서, 상층방어용 무기체계인 지상의 THAAD(사거리: 200km+, 고도:
150km, 트럭탑재, C-17로 1개 포대 전체 이동)급이나 해상의 SM-3
(사거리: 500km, 고도: 160km)급 무기체계의 도입도 검토할 필요가

있다.[14] 다만, 이러한 무기체계들은 한국 상황에 대한 적합성과 비용 대 효과 측면을 면밀하게 검토하여 도입 여부를 결정하여야 할 것이고, 전체적인 조화도 중요할 것이다. 최근 미군의 THAAD 배치를 둘러싸고 논란이 가중되었지만, 정치적 측면보다는 군사적 효용을 중요시할 필요가 있다.

북한 핵미사일의 탐지 및 추적과 관련해서도 현재의 그린파인레이더를 최대한 활용하되 그 한계를 보완할 수 있도록 미국의 X-band 레이더를 본토에 설치하여 공유하고 있는 일본의 사례를 적용하거나 미·일과의 협력을 통하여 일본에 배치된 미국 X-band 레이더를 공동으로 사용하는 방안을 검토해볼 필요가 있다. 북한 핵미사일 위협이 가중될수록 이에 공동으로 대처하기 위한 한·미·일 협력의 필요성은 증대될 것이고, 그중에서 조기경보, 추적, 감시를 위한 협력은 가장 먼저 모색되어야 할 분야라고 할 것이다.

추가적으로 거부적 억제 차원에서 검토할 필요가 있는 사항은 북한의 핵폭발 시 피해를 최소화하기 위한 조치이다. 국민들은 핵무기가 폭발하면 모두가 전멸하거나 국토가 더 이상의 생존이 불가능한 곳으로 변모할 것으로 생각하지만, 현실적으로는 생존자가 더욱 많을 수 있고, 특히 사전에 필요한 조치를 강구할 경우 생존의 비율은 급격히 높아질 수 있다. 특히 생존율이 높아질 경우 북한은 공격해봐야 큰 피해를 주지도 못하면서 대규모 응징보복공격만 받을 것으로 판단할 수도 있다. 이것은 억제 이외에도 순수한 방어의 용도도

---

14 1999년 미 국방성이 분석한 바로는, 한국이 북한 핵미사일에 대응한 종말단계 하층방어만을 추진할 경우 필요한 규모는 약 25개 포대이고, 주변국 핵미사일을 비롯한 미래 위협에 대비할 경우 지상 상층방어체제 1개 포대와 해상배치 방어체제 1개 포대를 추가할 필요가 있다고 제시한 바 있다(Department of Defense 1999, 11).

겸한다는 차원에서 적극적으로 검토 및 추진할 필요가 있다.

4. 선제적 억제

핵무기에 대한 응징적 억제의 효과는 확신하기 어렵고, 거부적 방어력의 구축은 상당한 시간과 노력이 필요하므로 한국은 억제력이 충분히 구비되기 이전에 북한이 핵미사일로 공격하겠다고 위협할 경우도 가정하여 대응책을 모색하지 않을 수 없다. 이것은 억제전략의 하나로 인식할 수도 있고, 별도의 독자적인 조치로 부각시킬 수도 있지만(그래서 이 부분은 제4장에서 더욱 상세하게 설명하고자 한다), 이의 핵심은 북한의 핵무기가 발사되기 이전에 제거하는 것이다. 이 방안은 오판이나 확전의 위험성이 클 수밖에 없지만, 핵공격을 받아 수많은 국민이 사망하거나 국토가 황폐해진 후 응징하는 것보다는 바람직한 대안이다. 2008년 3월 26일 당시 김태영 전 합참의장도 국회청문회에서 선제타격밖에 대안이 없음을 설명한 바 있고(조선일보 2008/04/04, A1), 한국의 정승조 전 합참의장도 2013년 2월 12일의 제3차 핵실험 이전에 대응책을 묻는 질문에 대하여 "명백한 징후가 있을 경우" 선제타격하겠다고 밝힌 바 있다(조선일보 2013/02/27, A1).

북한의 핵미사일 공격이 임박하지 않은 상태에서 예방(preventive)[15] 차원에서 북한의 핵무기를 제거하는 방안도 완전히 배제할 수

---

15 이론적으로 선제와 예방은 명백하게 구분된다. 전자는 공격이 임박한(imminent) 상태에서 불가피하게 실시하는 것이고, 후자는 먼 미래에 예상되는 위험을 사전에 방지하기 위하여 실시하는 조치이다(강임구 2009, 44~48). 그러나 누구도 그 임박성을 증명할 수 없으므로 현실적으로는 구분하기가 쉽지 않다.

는 없다. 어떤 조치를 취하지 않을 경우 북한이 대규모의 더욱 정교한 핵무기를 개발할 것이고, 그렇게 되면 선제타격조차 불가능한 상황이 초래될 것으로 판단할 경우 사전에 행동하는 것이 불가피할 수 있기 때문이다. 예방공격은 남용의 위험이 커서 국제적으로 용인되기가 어려운 것은 사실이지만(Dersgiwutz 2010, 84), 1981년 이라크, 2007년 시리아의 핵발전소를 초기 단계에서 파괴한 이스라엘의 경우에서처럼 핵무기 위협에 대한 예방 차원의 조치가 가해진 사례도 있다. 1993년 3월 북한이 NPT를 탈퇴하여 초래된 제1차 북한 핵 위기 시에 한미 양국 군은 북한 핵시설에 대한 예방 차원의 정밀타격을 심각하게 고려한 바 있다(Carter and Perry 1999, 128).

선제 또는 예방은 너무나 중요한 사항이고, 어떤 국가지도자도 쉽게 결정할 수 있는 사항은 아니다. 그러나 그러한 어려운 결정을 해야 할 상황이 절대로 도래하지 않는다고 볼 수는 없다. 따라서 한국의 정치지도자는 그러한 상황에서 어떤 사항을 고려하여 어떤 결정을 내릴 것이고, 그 후 어떤 사태가 야기될 것인지를 심각하게 고민해볼 필요가 있다. 또한, 한국군은 국가지도자가 심사숙고하여 선제 또는 예방 차원에서 북한의 핵미사일을 제거해야겠다고 명령을 하달할 경우 성공적으로 실행할 수 있는 계획과 능력을 발전시켜 나가야 한다. 당연히 한국의 선제 또는 예방 조치로 사태가 극단적으로 악화되었을 경우에 대한 대비책도 강구할 필요가 있다.

V. 결론

6자회담을 비롯한 한국과 국제사회의 외교적 노력에도 불구하고 북한은 핵무기를 개발하였고, 탄도미사일에 탑재하여 공격할 수 있을 정도로 소형화하는 데 성공하였을 가능성이 크다. 북한은 앞으로 계속하여 핵무기의 수와 성능을 증대시켜 나갈 것이고, 그럴수록 한국이 선택할 수 있는 대안의 범위는 축소될 것이다. 외교적 노력이나 북한과의 대화를 통한 해결에도 적극적으로 노력해야 하지만, 동시에 북한이 핵무기 사용으로 위협할 경우를 대비한 억제전략의 개발과 구현에도 절박한 관심을 가져야 할 상황이다. 미국의 확장억제나 핵우산을 최대한 활용하면서도 한국의 상황과 여건에 부합되는 창의적인 핵억제전략을 정립 및 구현해나가야 할 것이다.

한국의 대북 핵억제전략으로 '협력적 정밀억제전략'을 검토해볼 필요가 있다. 한국은 독자적으로는 북한의 핵무기 사용을 억제할 수 없으므로 동맹 및 우방국과의 협력을 최대한 활용할 수 있어야 한다. 또한, 한국의 능력으로 억제하고자 할 경우에는 동맹 및 우방국들의 지원을 최대한 확보한 상태에서 최소한의 노력으로 최대한의 성과를 거둘 수 있도록 정밀해야 한다. 예를 들면, 북한이 핵무기로 공격할 경우 북한 지도부들을 '정밀공격'하여 사살함으로써 보복하겠다는 점을 사전에 공표하고, 북한이 핵미사일을 발사하고자 할 경우 이를 사전에 '정밀타격'할 수 있어야 하며, 북한의 핵미사일로 공격하더라도 공중에서 정밀하게 '직격파괴'한다는 점을 과시해야 한다.

생각할 수도 없는 최악의 상황이 발생할 때까지는 북한 핵무기 위협에 대한 억제가 작용하는 것으로 생각하기 쉽다. 지금 이 순간에도 우리의 핵억제책이 그런대로 기능하고 있는 것으로 생각할 수 있고, 따라서 추가적인 핵억제책 보강을 등한시할 수 있다. 핵억제에 관한 사항은 노력해도 표시가 금방 나지 않고, 반대로 노력하지 않아도 잘못되는 것으로 금방 드러나지 않는다. 그러나 당장 북한의 핵무기 공격이 없다고 하여 억제전략이 성공적으로 적용되고 있는 것은 아니다. 북한이 애초에 마음을 먹지 않았거나, 최적의 상황을 기다리고 있을 수도 있기 때문이다. 억제는 핵전쟁이 일어나지 않는 것이 아니라 상대방이 핵무기로 공격하고자 하는 마음을 먹더라도 할 수 없다고 판단하여 자제하도록 할 때 성공하는 것이다. 따라서 어느 순간에도 억제가 충분하다고 판단할 수는 없다. 억제이론에서 요구하고 있는 모든 조치를 강구할 뿐만 아니라 창의적인 방안을 추가하여 만전을 기할 때 억제가 '어느 정도'는 성공하고 있을 뿐일 것이다.

03 | 핵미사일 방어

북한이 핵미사일로 공격할 경우 한국의 입장에서 가장 안전하고 확실한 방책은 공격해오는 핵미사일을 공중에서 요격하여 파괴하는 것이다. 지리적으로 워낙 북한과 가까워 대응시간이 제한될 것이라서 실효성을 보장하는 것이 어렵지만, 한국은 북한의 핵무기라는 창에 대하여 방패를 구비하는 결과가 되기 때문이다. 미국은 이 분야에 대한 선도국으로서 2004년 미국을 공격하는 핵미사일을 공중에서 요격할 수 있는 무기체계를 일단 배치하였고, 그후 지속적으로 그 성능을 향상시키고 있다. 한국과 동일하게 북한의 핵미사일 위협에 대응해야 하는 일본은 1998년 북한의 대포동 1호 미사일이 일본열도를 넘어서 비행한 이후부터 핵미사일 방어체제 구축을 서둘러 현재 상당한 능력을 확보한 상태이다.

반면에 한국은 지금까지 "핵미사일 방어체제"[16] 구축에 관하여 충

16 세계적으로 가장 일반적으로 사용되는 말은 '탄도미사일 방어'지만, 한국에서는 '미사일 방어'라는 용어로 계속 토론하여 왔다. 다만, '탄도미사일 방어=미 MD 참여'라는 등식이 국민들 의

분한 토론을 전개하지 못하였고, 필요한 만큼의 노력을 경주하지 못하였다. 일부 학자와 시민단체들이 미국의 'MD(Missile Defense)'는 세계패권 장악을 위한 시도이기 때문에 이에 참여해서는 곤란하고, 한국이 그러한 방어체제를 구축하면 동북아시아의 긴장과 군비경쟁을 촉발하거나 북한을 자극하여 남북관계의 진전을 방해할 수 있으며, 그것은 대규모 예산과 고도의 기술이 소요되는 사업으로서 현실성이 없다고 주장하였고, 이러한 논리가 국민들에게 확산되어 있는 상태이기 때문이다.

I. 탄도미사일 방어의 개념과 세계적 실태

1. 탄도미사일 방어의 개념

한국에서는 대부분 "미사일 방어"라고 말하지만, 이 용어가 정확한 것은 아니다. 미사일은 크게 순항미사일(cruise missile)과 탄도미사일(ballistic missile)로 구분되는데, 로켓추진력을 계속 활용하여 등고선을 따라 비행함으로써 공격하는 순항미사일은 속도가 느려서 레이더로 포착하거나 기존의 대공무기로도 요격이 가능할 뿐만 아니라 조금만 손상을 받아도 비행을 멈추게 되고, 탑재 중량이 적어서 북한과 같은 초보적인 핵무기 개발국가에서 핵무기 투하용으로

식 속에 워낙 견고하게 자리 잡아서 이 용어로는 객관적인 토론이 불가능한 상황이다. 따라서 지나치게 포괄적으로 해석될 수도 있지만, 기존의 '미사일 방어'에 '핵'을 붙임으로써 현재까지의 논의도 존중하면서 새로운 인식하에 이 문제가 논의되기를 바라는 마음이다.

사용하기는 어렵다. 대신에 탄도미사일은 속도가 빨라서 탐지 및 요격이 어렵고, 부분적으로 손상시키더라도 여전히 표적 근처에 떨어지며, 탑재 중량이 많아서 초보적인 국가들도 핵무기 투하용으로 사용하기 쉽다. 특히 북한의 미사일은 대부분 탄도미사일이다. 따라서 세계는 물론이고 한국이 추진해야 하는 것은 '탄도미사일 방어', 그 중에서도 '핵을 탑재한 탄도미사일 방어'이고, 세계적으로는 그렇게 부르거나 이해한다.

다만, 한국에서는 '미사일 방어', 특히 'MD'라는 말로 이 문제를 토의하고 있는데, 이것들은 '탄도미사일 방어'라는 말을 줄여서 쉽게 말하는 것으로도 볼 수 있지만, 실제로는 2001년부터 시작된 미국 부시 행정부의 초대 국방장관이었던 럼스펠드(Donald H. Rumsfeld) 장관이 추진하였던 'MD(Missile Defense)'를 차용하면서 그에 대한 부정적 인식을 강조하기 위한 목적으로 사용하고 있는 용어이다. 럼스펠드 국방장관은 '국가미사일방어(NMD: National Missile Defense)'를 추진하면 새로운 군비경쟁이 시작된다고 야당이 반대하자 그것을 극복하는 방편으로 분쟁지역에 전진배치된 미군을 보호한다는 명분으로 야당도 찬성하였던 '전구미사일방어(TMD: Theater Missile Defense)'와 통합하는 아이디어를 내었고, 그래서 일반명사를 고유명사화한 Missile Defense를 사용하였으며, 'MD'라는 약어로 주로 불렀다. 럼스펠드 장관이 퇴진한 이후부터 미국은 MD라는 말을 사용하지 않고, 그전부터 사용해왔던 '탄도미사일방어(BMD: Ballistic Missile Defense)'라는 말을 다시 사용하고 있지만, 한국에서는 럼스펠드의 MD가 세계제패를 위한 제국주의적 시도라면서 반대했던 일부 지식인들의 선동이 지속되면서 'MD'라는 말로 굳어진 결과가 되었다.

일부 지식인들의 주장과는 달리 한국이 탄도미사일 방어체제를 구축한다고 하여 미국 MD의 일부분이거나 일부분이어야 하는 것은 당연히 아니다. 사람들은 한국이 탄도미사일 방어체제를 구축하면 중국이 미국을 대륙간탄도탄으로 공격할 때 대신하여 요격할 수 있을 것으로 생각하지만, 대륙간탄도탄의 비행고도가 워낙 높은 반면에 북한의 핵미사일 요격을 위하여 한국이 필요로 하는 요격미사일은 요격 고도가 매우 낮아서 그것은 기술적으로 불가능하다. 언론의 보도나 추측과는 달리 실제로 미국이 그들의 MD에 한국이 참여하도록 요청한 적도 없고, 미국의 탄도미사일 방어체제가 한국의 참여를 필요로 하는 것도 아니다. 미국의 관리들이 한국을 방문할 때마다 질문하는 언론에 대하여 한국의 상황이라면 탄도미사일 방어체제 구축이 필요하고, 미국과 협력하면 효율적일 수 있다는 입장을 피력하였고, 그렇게 되면 한국 언론에서는 미국이 그들의 MD에 한국이 참여하도록 종용했다는 내용으로 보도하곤 하였다.

대부분의 사람은 탄도미사일 방어를 공격해오는 적의 탄도미사일을 공중에서 요격하는 활동으로만 이해하고 있지만, 그것은 협의(俠義)의 개념으로서 원래는 적의 탄도미사일로부터 국민들의 생명과 재산을 보호하는 모든 활동을 포괄한다. 탄도미사일이 전쟁에 최초로 도입된 제2차 세계대전 시 영국이 취한 대응방법이나 1991년 걸프전쟁에서 이라크가 탄도미사일을 사용하였을 때 대응해온 방식을 보면 적의 공격해오는 탄도미사일을 발견하여 적 지상에서 파괴하는 활동, 공중에서 요격하는 활동, 그리고 적의 탄도미사일 공격으로부터 피해를 최소화하기 위한 노력을 모두 포함한다. 즉, 일반적인 또는 광의(廣義)의 탄도미사일 방어는 적의 탄도미사일기지를 발견하여 공격하는 공격작전(attack operations), 협의인 요격 중심의 적극방어(active defense), 그리고 적 탄도미사일 공격을 회피하기 위한 활동이라고 할 수 있는 소극방어(passive defense)로 구분한다.

공격작전은 적의 탄도미사일을 개발하고 생산하는 직·간접적인 시설은 물론이고, 탄도미사일 발사 지휘 및 통제시설, 군수 지원시설 등에 대한 공격 및 이동 또는 발사준비 중인 발사대를 공격함으로써 탄도미사일에 관한 작전능력을 저지, 무력화 및 파괴시키는 작전이다. 이 방법은 성공만 한다면 효율적인 파괴가 가능하고 아국에 대한 피해가 전혀 없다는 장점이 있지만, 적 탄도미사일의 위치에 대한 정확한 정보가 없이는 실행하기가 어렵거나 짧은 시간에 확실하게 성공해야 한다는 단점도 있다. 공격작전에는 유무인 항공기, 탄도 및 순항미사일, 특전부대 등을 포괄적으로 사용할 수 있다.

적극방어는 최근 들어서 탄도미사일 방어의 핵심으로 부상한 내용으로서, 적의 탄도미사일이 발사되어 표적에 도착하기 전에 그것을 요격(interception)함으로써 피해를 받지 않기 위한 모든 활동을 말한다. 이것은 항공기에 대한 방어개념을 탄도미사일에 적용하는 것으로서, 그 개념은 특정 국가가 처한 상황과 여건에 따라 달라질 수밖에 없다. 이 분야의 발전을 주도하고 있는 미국의 경우에는 대륙간탄도탄으로부터 본토를 방어하고자 부스트단계(boost phase),[17] 중간경로단계(midcourse phase), 종말단계(terminal phase)로 구분한 후 단계별로 다양한 무기체계를 개발 및 확보해나가고 있다. 다만, 외국

---

17 미국은 한때 부스트단계와 중간경로단계 사이에 상승단계를 추가한 적이 있다. 상승단계는 로켓의 연소가 종료된 이후 미사일이 최고정점(apogee)에 도달하기 전까지로서, 이 단계는 다탄두나 기만체가 분리되기 전이라서 경제적인 타격이 가능하다는 이유에서였다. 그러나 이에 대한 실제 요격수단 개발이 어려워 지금은 제외된 상태이다.

에 전개되어 있는 미군의 보호를 위한 '전구미사일 방어'의 경우에는 위협이 되는 탄도미사일이 단거리 및 중거리라서 중간경로단계가 짧기 때문에 부스트단계(boost phase)와 함께 상층방어(Upper-tier Defense: 상승단계, 중간경로단계, 그리고 종말단계의 상층 부분 포함)와 하층방어(Lower-tier Defense)로 구분한다.

탄도미사일 방어가 제대로 기능하기 위해서는 요격미사일을 구비하는 것만으로는 불충분하다. 공격해오는 적의 탄도미사일을 탐지 및 추적하는 레이더가 구비되어야 한다. 그래야 발사되는 탄도미사일의 정확한 위치를 파악하여 요격미사일로 하여금 격추시키도록 할 것이기 때문이다. 또한, 이러한 탐지 및 추적 능력은 조기경보 능력에 의하여 보강됨으로써 충분한 시간을 보장받거나 범위를 축소시키게 된다. 나아가 요격능력과 탐지 및 추적능력이 있다고 하여 탄도미사일 방어체제가 완성되는 것은 아니다. 효과적인 탄도미사일 방어를 위해서는 요격을 위한 효율적인 교전관리(battle management)와 C4I(command, control, communications, computers, and intelligence)가 필수적이다. 인간에 비유하면 두뇌이고, 포병에 비유하면 사격지휘소(FDC: Fire Direction Center)이며, 한국에서는 '미사일방어 작전통제소'라고 말한다. 이러한 작전통제소를 통하여 탄도미사일 방어에 관하여 필요한 사항을 결정 및 조치하고, 정보를 수집 및 전파하며, 결과를 평가 및 환류(feedback)시키게 된다.

소극방어는 적의 탄도미사일 공격에 대한 표적제공을 억제함으로써 공격의 가능성을 감소시키거나 적 탄도미사일 공격에 의한 피해를 최소화하려는 활동으로서, 탄도미사일 방어 논의에서는 그다지 주목받지 않지만, 실제로는 매우 중요하다. 이 방법은 비용 소요가 적고 간단하지만, 완전성이 미흡하고, 특정한 시설은 가능하더라도 인구중심지에 대한 소극방어는 한계가 있다는 단점이 있다. 적의 탄도미사일 공격에 대한 경보, 분산, 은폐와 엄폐, 모의 장비 설치, 벙커화, 기동력 향상 등 다양한 방안을 동원할 수 있다.

결국, 탄도미사일 방어는 공격작전, 적극방어, 소극방어를 어떤 비중과 정도로 조합시킬 것인가가 핵심이 된다. 그 조합의 형태와 방법은 국가별 상황과 여건에 따라 달라질 것이다. 요격을 위한 무기체계가 있으면 적극방어의 비중이 높아질 것이나 그렇지 않으면 공격작전이나 소극방어에 의존할 수밖에 없다. 다만, 소극방어는 어느 국가나 쉽게 할 수 있는 사항이고, 공격작전은 탄도미사일 방어의 일환으로 볼 수도 있지만, 별도의 영역으로 구분할 수도 있다. 특히 적극방어를 위한 기술개발이 가장 어렵거나 관건이기 때문에 현대의 탄도미사일 방어는 대부분 적극방어를 의미하는 것으로 한정하여 접근 및 추진된다.

개념적으로 명확하게 해둘 필요가 있는 것은 일반적으로는 탄도미사일 방어라고 하지만, 그 핵심은 '핵탄도미사일', 정확하게 말하면 "핵무기를 탑재한 탄도미사일에 대한 방어"이다. 고폭탄을 탑재한 통상적인 탄도미사일은 천문학적인 비용을 들여서 요격체제를 개발해야 할 정도로 위협적이지 않지만 핵탄도미사일은 수십만 또는 수백만의 국민들을 살상할 수 있고, 국토를 폐허로 만들 수 있기 때문이다. 1962년 유엔총회에서 미국의 케네디 대통령이 인류가 핵무기라는 '다모클레스의 칼(Damokles' Sword)' 아래 앉아 있다고 말한 것과 같은 극도의 불안을 벗어나야 하기 때문에 핵미사일 공격에 대한 방어가 미국을 비롯한 문명국들의 숙원이었고, 그리하여 탄도미사일 방어가 추진된 것이다. 한국에서도 박근혜 대통령이 '핵을 머리에 이고 살 수 없다'라고 하였듯이 북한이 핵무기를 보유하자 그 불안으로 벗어나야 하기에 한국에서도 탄도미사일 방어가 중요한 주제로 계속 논의되고 있는 것이다. 다만, '핵탄도미사일'은 용어가 길고, '핵미사일'로 대부분 통용되기 때문에 본서에서는 '핵미사일 방어'라는 용어로 이 문제를 설명하고자 한다(다만, 핵무기를 탑재한 탄도미사일에 대한 방어라는 의미를 명확하게 전달하기 위하여 '핵탄도미사일'이라는 용어로 정확성을 기할 필요도 있다).

2. 세계적 추세

세계에서 핵미사일 방어를 주도하고 있는 국가는 미국이다. 미국의 경우 레이건 대통령 때부터 '전략적 방어구상'으로 적의 핵미사일 공격에 대한 방어체제의 구축 필요성을 제기하였고, 이 과제를 사활적으로 인식한 부시(George W. Bush, 아들) 대통령은 2001년 당선될 때 공약으로 이를 포함시켰다. 그는 당선 후 미국에 대한 핵미사일 위협을 평가해온 위원회를 이끌었던 럼스펠드(Donald H. Rumsfeld)를 국방장관으로 임명하였고, 럼스펠드 장관은 강력한 추진력으로 이를 구현하였다. 럼스펠드 장관의 노력으로 미국은 2004년부터 미국을 향하여 공격해오는 상대의 핵미사일을 요격할 수 있는 요격미사일들을 실제로 배치하여 상당한 규모의 요격미사일을 배치한 상태이다.

미국의 경우 지상배치 요격미사일(GBI: Ground-based Interceptor)은 캘리포니아의 Vandenberg 공군기지에 4기, 알래스카의 Fort

Greely에 26기를 배치한 상태에서 북한의 핵미사일 위협에 대한 방어를 위하여 2017년까지 14기를 추가로 배치한다는 계획이다. 그리고 SM-3 요격미사일을 장착한 이지스함은 현재 33척으로서 태평양에 16척, 대서양에 17척을 투입한 상태이다. 그리고 종말단계 상층방어 요격미사일인 THAAD 포대는 2008년부터 시작하여 현재 7개 포대를 구매하였고, 그중 5개 포대가 전력화된 상태이다. 그리고 목표상에서 공격해오는 적 탄도미사일을 최종적으로 파괴하는 종말단계 하층방어 요격미사일인 PAC-3는 수십 포대가 전력화되어 전 세계적으로 전개되어 있다.[18] 미국이 구성하고 있는 핵심적인 요격미사일들을 간단하게 소개하면 다음과 같다.

> GBI는 미국 탄도미사일 방어체제의 가장 중추적인 역할을 하는 요격미사일로서 공격해오는 탄도미사일을 대기권 및 외기권에서 직격파괴한다. 3단의 고체연료 추진체와 외기권 파괴체(EKV: exo-atmosphere kill vehicle)로 구성된다. 고도는 2,000km, 사거리는 6,000km 정도이다.
> THAAD는 전 세계 어디든지 신속히 전개할 수 있도록 개발된 항공기로 수송 가능한 요격미사일로서 종말단계의 적 미사일을 대기권 내외에서 파괴시킬 수 있다. 이것은 지상에 배치되는 요격미사일로서 이동가능 X-밴드 레이더인 AN/TPY-2를 사용하여 비행해오는 적 미사일을 탐지, 추적, 식별한다. 사거리는 200km, 고도는 150km 정도이다.
> SM-3는 함정에 배치되어 공격해오는 적의 미사일을 요격하는데 지상에도 배치할 수 있다. Block IA/B는 사거리 700km와 고도 500km 정도, 그리고 Block IIA는 미국이 일본과 공동으로 개발하고 있는데, 사거리 2,500km와 고도 1,500km 정도까지 요격이 가능하다.

---

18 자세한 사항은 U.S. Missile Defense Agency, The Ballistic Missile System, at: http://www.mda.mil/system/system.html(검색일: 2015년 5월 5일).

PAC-3는 항공기와 미사일을 모두 파괴할 수 있는 요격미사일로서 미 육군이 운영하는 종말단계 하층방어 무기체계이다. 이것은 2003년 이라크전쟁 때도 전개되어 사용된 바 있고, THAAD와 함께 운용하여 중첩방어를 제공한다. 사거리는 20~40km이고, 고도는 15km이다.

미국 이외의 국가 중에서 일찍부터 탄도미사일 방어를 추진해온 국가는 이스라엘이다. 이스라엘은 한국과 같이 영토가 협소함에 따라 공격작전에 의존할 수밖에 없는 상황이지만, 적극적 방어의 가능성도 모색하지 않을 수 없었기 때문이다. 이스라엘은 미국의 지원을 바탕으로 1988년부터 애로우(Arrow) 미사일 개발에 착수하여 1992년 9월 최종 시험을 완료한 후, 1994년에는 애로우-2 프로그램으로 전환하였다. 애로우-2는 1998년 9월 시험에 성공한 후 텔아비브 및 하이파 등 주요 도시지역을 방어하도록 배치되었다. 나아가 이스라엘은 애로우-3를 개발하면서 미국의 종말단계 상층방어 요격미사일인 THAAD를 도입하는 방안도 검토하고 있다.[19] 이 외에도 이스라엘은 하층방어의 일환으로서 70~300㎞ 거리에서 공격해오는 적의 미사일과 로켓을 격추시키기 위해 데이비드 슬링(David's Sling)을 개발하여 실전 배치하였고, 전방지역에서 공격해오는 적의 포탄, 로켓탄, 단거리 미사일을 요격할 수 있도록 아이언 돔(Iron Dome)을 개발하여 배치하였다.

이 외에 정보가 공개되지는 않지만, 러시아도 자체 개발한 핵미사일 방어체제를 구축하고 있는 것으로 판단되고, 중국도 시험에 성공하였다는 보도가 나온 적이 있으며, 인도의 경우에도 파키스탄이 핵미사일을 개발함에 따라 자체 요격미사일의 개발에 노력하여 몇 번의

---

19 이스라엘의 미사일 위협과 추진노력에 대해서는 다음의 이스라엘 미사일 방어국 홈페이지 참조. http://imda.org.il/English

시험을 실시한 상태라고 한다. 유럽국가들은 물론이고, 중동의 국가들도 핵미사일 방어에 관심을 보이고 있고, 미국의 핵미사일 방어를 위한 무기체계 구매를 검토하고 있다. 이처럼 점점 세계는 핵미사일 방어력을 구비해나가고 있고, 점점 가속화될 것으로 판단된다.

Ⅱ. 일본의 핵미사일 방어

세계적 추세에 포함해 분석할 수도 있으나 별도로 분석해야 할 정도로 한국에 유용할 수 있는 사례는 일본의 핵미사일 방어체제 구축에 관한 과정과 현황이다. 일본은 한국과 동일하게 북한의 핵미사일 위협에 노출되어 있고, 또한 미국과 동맹관계를 맺고 있기 때문에 일본이 어떤 개념과 형태로 핵미사일 방어를 추진하느냐는 것은 한국에게 소중한 교훈을 제공할 것이다.

1. 추진경과

1980년대에 미국의 레이건 대통령이 '전략적 방어구상'으로 핵미사일 방어를 추진하였을 때 일본은 기업 차원에서만 협조한다는 자세였다. 그러다가 1998년 북한의 대포동 미사일이 일본의 영토를 넘어서 비행하자 일본은 정부 차원에서 탄도미사일 방어체제 구축을 심각하게 검토하기 시작하였다. 일본은 1998년 미군과 해군전역방어(NTWD: Navy Theater Wide Defense)에 관한 연구를 공동으로 실시하기 시작하였고(Norifumi 2012, 1), 그 연구결과를 바탕으로 2003

년부터 탄도미사일 방어에 관한 예산을 편성하기 시작하였다. 2003년 12월에는 안전보장회의와 각의의 결정을 통하여 미국이 개발하고 있었던 지상의 PAC-3 요격미사일, 해상의 SM-3(Block IA) 요격미사일을 획득하여 기본적인 탄도미사일 방어체제를 구축하기로 결정하였다. 또한, 일본은 2005년 10월 미국과 통합운용조정소(BJOCC: Bilateral Joint Operation Coordination Center)를 구축하는 데도 합의하였다(Rinehart 2013, 11). 일본의 탄도미사일 방어체제 구축에 관한 노력을 일본 방위성에서 공개한 자료를 통하여 소개하면 <표 3-1>과 같다.

〈표 3-1〉 일본의 탄도미사일 방어노력 추진 경과

1995	일본의 방공태세에 관한 포괄적 검토와 미·일 간 탄도미사일 방어에 관한 연구 시행
1998	북한이 일본 영토 상공으로 탄도미사일 발사 해상발사 상층방어체계의 부분으로서 탄도미사일 방어에 관한 미·일 간의 협력적 기술연구에 관한 안전보장회의와 각의의 승인
1999	첨단 요격미사일의 4가지 주요 부분에 대한 미·일 간의 협력적 기술연구 착수
2002	미국이 최초의 탄도미사일 방어체계 배치 결정
2003	안전보장회의와 각의에서 탄도미사일 방어 체계의 도입과 관련 조치를 승인하고, 일본 내 탄도미사일 방어체계 배치에 착수
2005	안전보장회의와 각의에서 탄도미사일 첨단요격체에 관한 미·일 간의 협력적 개발 승인
2006	북한이 해상으로 7기의 탄도미사일 발사
2007	· PAC-3 부대의 배치 시작 · 이지스함에서의 SM-3 발사시험 시작
2009	· 2009년 4월 북한이 태평양으로 탄도미사일 1기를 발사하고, 7월 해상으로 7기 발사 · 처음으로 탄도미사일 파괴조치를 위한 명령 하달
2010	· PAC-3가 3개의 방공미사일단으로 배치되고, 훈련부대 창설 완료 · 이지스함에서의 SM-3 발사시험 종료(4척의 이지스 구축함에 대한 탄도미사일 방어능력 추가 완료)
2011	· FPS-5(총 4식의 레이더)의 배치 완료
2012	· 북한은 4월과 12월에 "위성"이라고 말한 미사일을 발사 · 방위상이 탄도미사일에 대한 파괴조치를 완료하라는 작전명령을 하달

출처: MoD 2013, 184.

2. 능력

일본의 탄도미사일 방어는 미국의 전구미사일방어(TMD) 개념을 참고하여 상층방어와 하층방어를 중심으로 하는 "다층방어(multi-tier defense)"를 기본개념으로 하고 있다. 일본의 경우 한국보다는 멀더라도, 북한과의 거리가 가까워 부스트단계의 요격이 가장 이상적이지만 전수방위(專守防衛)를 원칙으로 하는 일본이 발사 중인 다른 국가의 탄도미사일을 파괴하는 것이 정당하냐가 논란이 될 수 있다는 차원에서 현재는 제외하고 있는 상황이다(Norifumi 2012, 12). 따라서 일본의 경우 하층방어는 지상의 PAC-3 요격미사일이 담당하고, 해상에서의 상층방어는 SM-3 미사일을 장착한 이지스함이 담당하며, 미흡한 부분은 미국의 역량을 통하여 보완된다.

가. 하층방어

일본은 국토 전역을 방어하는 개념이 아니라 주요 전략적 시설에 대하여 선별적으로 하층방어를 제공한다는 개념하에 PAC-3 요격미사일을 미국으로부터 획득하여 동경을 비롯한 주요 지역을 방어할 수 있도록 17개 포대를 배치하였다. 주일미군의 PAC-3 포대들도 일본의 하층방어를 어느 정도 지원할 수 있다. 아직 일본의 하층방어는 전 국토를 방어하기에는 그 수가 턱없이 모자라고, PAC-3 요격미사일의 경우 속도가 빠른 북한의 노동미사일을 효과적으로 방어할 수 있을지가 의문이며, 방어에 성공해도 잔해가 일본에 낙하한다는 제한사항을 지니고 있다.

나. 상층방어

일본은 현재 해상 상층방어체계만을 구비하고 있는데, SM-3 요격 미사일을 장착한 구축함인 콩고(Kongo), 초카이(Chokai), 미요코(Myoko), 키리시마(Kirishima)의 이지스 구축함 4척을 보유하고 있고, 2018년까지 2척, 그 후 2척을 또 추가하여 총 8척을 운영한다는 개념이다. 나아가 일본은 3단로켓과 대형 탄두를 장착함으로써 단거리 및 중거리 탄도미사일을 타격할 수 있는 SM-3 Block ⅡA를 미국과 공동으로 개발하고 있는바, 2018년에 자위대가 인도받을 것으로 예상된다.

또한, 일본은 지상 상층방어체계도 확보한다는 결정을 내린 상태로서, 2014년 예산에 THAAD 획득을 검토하기 위한 예산을 반영하였고, SM-3 요격미사일을 지상에 설치하는 방안도 검토하고 있는 것으로 알려지고 있다.

다. 탐지 및 추적과 조기경보

공격해오는 탄도미사일의 탐지 및 추적을 위하여 일본은 자체의 레이더를 개발하였다. 현재 운용되고 있는 것은 FPS-3와 FPS-5 레이더로서, 이 중에서 FPS-5는 일본이 보유하고 있는 레이더 중에서 최신형으로 2004년 원형(prototype)을 개발한 이후 2008년부터 배치되어 현재 4식(式: 한국군에서 시스템의 단위로 사용한다)이 배치되어 있고, 7식의 개량형 FPS-3가 배치되어 있다. 그리고 이 레이더가 담당하지 못하는 부분은 2개소에 배치된 미국의 X-밴드 레이더가 보강하고 있고, 미국 조기경보위성의 지원을 받고 있다. 일본은 장기적으로 자체의 조기경보 레이더를 배치하는 방안도 검토하고 있다.

라. 지휘통제 능력

탄도미사일 위협이 대두될 경우 일본은 방공사령관이 지휘관이 되는 '탄도탄방어 합동특수임무부대(Joint Task Force-BMD)'를 구성하고, 그 사령관이 JADGE(Japan Aerospace Defense Ground Environment)를 통하여 지휘하도록 하고 있다. 일본은 미국과도 '통합운용조정소(BJOCC)'를 구축하여 유사시 탄도미사일 방어에 관한 미·일 간의 공조를 보장하고 있다. 미국과 일본은 "Keen Edge"라는 탄도미사일 방어에 관한 연례적인 지휘소 연습을 시행하고 있고, 해상 이지스 시스템에 관한 무기 시험 및 연습을 시행하고 있다(Rinehart 2013, 11).

탄도미사일 방어와 관련하여 일본은 법적인 측면을 세부적으로 검토 및 발전시켰다. 일본은 외부에서 발사된 탄도미사일이 무장공격(armed attack)이라고 판단되는 경우나, 무장공격이 아니라도 일본을 향하여 비행해오고 있을 경우에는 수상의 승인을 받은 방위상이 해당 부대에 파괴명령을 하달할 수 있도록 자위대법을 개정하였다. 또한, 탄도미사일이 어디를 지향하는지에 대한 정보가 제대로 확인되지 않았거나 고장이나 사고에 의하여 갑자기 위험한 상황으로 발전될 가능성에도 대비하여 방위상이 수상의 승인을 받아 해당 자위대 부대에 사전명령을 내려서 격추를 준비할 수 있도록 하였다. 탄도미사일이 일본에 낙하할 경우 국민들에게 직접적인 피해가 가해질 수 있기 때문에 민간인에 대한 경보전파나 대피에 관한 사항도 세부적으로 규정하여 내각이 조치할 수 있도록 법적인 사항들을 정비하였다(JMD 2013, 186).

마. 실제의 조치 사례

일본은 2009년 4월 5일 북한의 장거리 탄도미사일 시험발사 시 탄도미사일 방어에 관한 제반 조치들을 실제로 시행하였다. 3월 12일 국제해사기구(IMO: International Maritime Organization)로부터 북한이 "실험 차원의 통신위성"을 발사할 것이라는 통보를 받자마자 일본 자위대는 정보수집 및 감시 수준을 격상시켰다. 3월 27일 일본 방위상은 탄도미사일이나 그 부품이 낙하할 경우 파괴시키기 위하여 준비하고, 필요하면 파괴할 수 있도록 명령을 하달하였다. 이에 따라 일본 자위대는 2척의 SM-3 탑재 이지스구축함을 전개시키고, 다수의 PAC-3 포대들을 주요 일본 자위대 기지와 도쿄 도심 지역을 방어할 수 있도록 배치하였다(Sugio 2012, 12).

2009년 4월 5일 오전 11:30분 북한이 동해를 향하여 실제로 탄도미사일을 발사하였고, 11:37분경 일본자위대는 그것이 본토를 통과한 후 태평양으로 향할 것으로 판단하였다. 일본 방위성과 자위대는 이 사실을 수상에게 신속하게 보고하였고, 가용한 모든 자산에게 필요한 정보를 획득하도록 지시하였다. 다만, 북한 탄도미사일을 실제로 요격하지는 않았고, 2009년 4월 6일 방위상은 탄도미사일에 대한 파괴조치를 종료한 후 부대들을 복귀시켰다(JMD 2013, 189).

2012년 4월 13일의 북한 장거리 탄도미사일 시험발사 시에도 2012년 3월 19일 국제해사기구에서 북한이 "지구관측위성"을 발사한다고 통보하자, 3월 27일 일본 방위상과 자위대는 필요시 파괴시키기 위한 준비에 착수하였다. 3월 30일 방위상은 파괴명령을 하달하였고, SM-3 이지스함과 PAC-3 요격미사일을 필요한 지역에 전개시켰다. 4월 13일 07:40분 방위상은 북한에서 탄도미사일이 발사되었다는 사실을 보고받았으나 1분 정도만 비행 후 스스로 파괴되어 버려 추가적인 조치는 불필요해졌다. 이 당시 미국의 조기경보 위성으로부터 전달받은 정보가 자위대방공사령부와 자위대본부에 동시에 보고되어 전개된 탄도미사일 방어부대들에 즉각적으로 하달됨으로써 탄도미사일 방어에 관한 기민성과 정확성을 확인할 수 있었다(NIDS 2013, 11).

2012년 12월 12일의 북한 탄도미사일 시험발사에서도 일본은 2012년 4월과 유사한 조치를 강구하였고, 이때는 관련 기관 간 정보 공유의 속도와 적극성이 훨씬 증대되었다(JMD 2013, 189~190).

3. 일본 탄도미사일 방어의 특징

일본이 추진해오고 있는 탄도미사일 방어의 특징은 여러 가지 측면에서 분석할 수 있다. 한국이 상당한 정도의 핵미사일 방어체제를 구축한 상태라면 기술적인 측면에서 일본 탄도미사일 방어의 교훈을 도출해야 하겠지만, 한국의 핵미사일 방어는 아직 초보적인 수준이기 때문에 정책적인 교훈 위주로 분석해보면 다음과 같다.

첫째, 일본은 다른 어느 국가보다 핵미사일의 위협을 심각하게 인식하고 있다. 그의 직접적인 대상은 북한의 탄도미사일, 특히 핵탄도미사일로서 일본은 이로부터 국민들의 생명과 재산을 보호하기 위한 모든 조치를 적극적으로 강구하고 있고, 이에 관하여 한국과 같은 반대여론이 제기되지 않았다. 또한, 일본은 주변국, 특히 중국의 핵 또는 비핵미사일 위협에 대한 대비의 필요성도 염두에 두고 있는 것으로 판단된다. 나아가 일본은 탄도미사일 방어체제를 구축하여 미국의 핵 확장억제(extended nuclear deterrence)에 대한 의존도를 줄임으로써 자주성을 강화하고, 기술개발의 과정에서 경제적인 파급효과를 기대하고 있으며, 이를 기회로 미국과의 안보협력을 강화한다는 의도도 보유하고 있다고 판단되고 있다(Nofifumi 2012, 4~5).

둘째, 일본의 탄도미사일 방어는 미국과의 협력을 최우선적으로 고려하여 추진되고 있다. 일본은 미국으로부터 PAC-3나 SM-3 요격미사일을 구매하는 것은 물론이고, 미국의 X-밴드 레이더를 일본에 배치하도록 하여 활용하고 있다. 2004년 12월 일본 내각은 탄도미사일 방어를 위한 미국과의 기술협력을 위하여 1976년부터 모든 국가로 확대하여 적용해오던 1967년의 무기수출 3원칙(공산권 국가, 유엔결의로 무기수출이 금지된 국가, 분쟁 당사국에 대한 수출을 금지한다는 원칙)을 탄도탄방어체제에는 적용하지 않는 것으로 결정하기도 하였다(JMD 2013, 188). 일본은 탄도미사일 방어의 작전적인 측면에서도 미군과 긴밀하게 협력해오고 있는바, 일본 자위대와 미군 간에는 '통합운용조정소'가 구축되어 운영되고 있을 뿐만 아니라 필요시에 훈련도 시행하고, 탄도미사일 방어능력에 대한 정비, 개발 및 최적화 노력도 공동으로 수행하고 있다(JMD 2013, 187).

셋째, 일본의 탄도미사일 방어는 관료들이 주도적으로 추진함으로써 정치지도자의 교체와 상관없이 일관성 있게 추진되었다. 즉, "일본의 강력한 관료체제가 탄도미사일 방어체계를 향상시키는 데 가장 중요한 요소였다. 일본의 잦은 정부 전환에도 불구하고 탄도미사일 방어에 대한 정부의 정책이 장기적인 일관성을 유지하는 데는 관료체제가 중요한 역할을 했다. 더욱 구체적으로 말하면, 탄도미사일 방어에 대한 일본 정부의 장기적 입장은 일본 안보정책 결정 과정의 결과로서, 이 과정에서 일본 방위성과 외무성의 관료들이 명확한 결정을 내리거나 정책을 입안하는 책임을 담당하였다(Nofifumi 2012, 2)." 특히 일본의 군인과 관료들은 탄도미사일 방어와 같은 군사대비태세가 정치권이나 국민 여론에 영향을 받아서는 곤란하다면서 방위성이나 자위대가 책임을 지고 결정해야 한다는 입장을 견지하였고, 이를 통하여 탄도미사일 방어에 관한 정치적 논란의 소지 자체를 봉쇄하였다(Nofifumi 2012, 7).

넷째, 탄도미사일 방어의 여부에 대한 토론보다는 어떻게 구축할 것이냐를 둘러싼 실질적인 토론이 전개되었다. 일본에서는 한국에서 제기된 것처럼 미국 탄도미사일 방어체제에 대한 참여 여부의 토론이 없었고, 대신에 법적이면서도 실제적인 내용을 둘러싸고 논쟁이 진행되었다. 즉, 탄도미사일 방어가 국가의 교전권을 인정하지 않는다는 일본 헌법의 9조를 위반하는 것인지, 일본이 개발한 탄도미사일 방어 기술을 한국이나 대만을 비롯한 우방국에 이전하는 것이 가능한지, 그리고 일본이 상층방어 체계를 구축하는 것이 우주의 평화적 이용에 관한 1969년의 일본 의회 결의안을 위반하는 것인지 등이 집중적으로 토론되었다(Nofifumi 2012, 2).

다섯째, 일본은 북한의 탄도미사일 시험발사를 자국 탄도미사일 방어체제의 유용성과 현실성을 시험하는 기회로 적극적으로 활용하였다. 2009년 4월의 북한 탄도미사일 시험발사와 2012년 4월의 탄도미사일 시험발사의 대응 사례에서 보듯이 일본은 북한이 탄도미사일을 발사하는 실제 상황을 바탕으로 방위성의 요격명령, 탄도미사일 방어를 위한 특수임무부대 편성, 다양한 추적 및 감시 자산을 통한 정보의 수집, 분석, 전파와 같은 모든 활동을 시험하였고, 그 결과 현실성을 높일 수 있었다.

Ⅲ. 한국의 핵미사일 방어 실태

1. 추진 경과

한국은 1980년대에 미국의 레이건 대통령이 '전략적 방어구상'에 대한 협조를 요청하였을 때 두 차례에 걸쳐 조사단을 파견하는 등 탄도미사일 방어에 관심을 갖기 시작하였으나 추진을 위한 결정에 이르지는 못하였다. 그러다가 북한과의 화해협력을 중요시하는 김대중 정부가 들어서면서 탄도미사일 방어를 추진하게 되면 어렵게 시작한 남북한 간의 화해협력 분위기를 저해할 수 있다고 판단하였고, 따라서 북한의 탄도미사일 위협은 그다지 부각되지 않게 되었으며, 그 결과로 탄도미사일 방어체제 구축에 관한 사항을 적극적으로 토의하지 않게 되었다(Klingner 2011, 7). 1999년 3월 5일 천용택 당시 국방장관이 외신기자와의 간담회에서 한국은 탄도미사일 방어체제를 구축할 의도나 경제력도 없다고 언급하면서 그에 대하여 토론하지 않는 것이 일반적인 경향이 되고 말았다. 그 결과 그동안 한국의 지도층들은 북한 탄도미사일의 위협에 관하여 "최대한 발언을 자제하거나 드러난 사실만을 언급"하는 경향을 보여 왔고,[20] 한국의 탄도미사일 방어는 제대로 토론되지 못한 채 시간만 흘러가게 되었다.

---

20 이상훈, 「북한의 탄도미사일 개발과 주변국 인식」, 『군사논단』, 통권 제46호(2006), pp.153~154.

2001년 미국의 부시 대통령(아들)이 탄도미사일 방어를 선거공약으로 내걸고, 'MD'라는 용어로 국가미사일방어(NMD)와 전구미사일방어(TMD)를 통합하여 적극적으로 추진하게 되자 한국에서도 이에 대한 관심이 재개되었다. 그러나 시민단체들이 미국의 MD는 세계패권 장악을 위한 시도이기 때문에 반대해야 하고(정욱식 2003), 이에 참여할 경우 동북아시아의 긴장과 군비경쟁을 촉발하거나 북한을 자극하여 남북관계의 진전을 방해할 수 있으며, 미사일 방어는 대규모 예산과 고도의 기술이 소요되는 사업으로서 현실성이 없다고 주장하였고(평화와 통일을 여는 사람들 2008), 이것이 상당할 정도의 영향을 끼쳤다고 할 수 있다. 국방부에서도 정부의 대북한 화해협력정책을 고려하고, 대규모 예산 필요성과 제한된 종심이라는 현실적 제한성으로 인하여 미국과 같은 개념의 탄도미사일 방어를 적극적으로 검토 및 추진하는 것에 대하여 부담을 갖게 되었다. 따라서 한국은 "한국형 공중 및 미사일 방어체계(KAMD)"를 구축한다는 방향을 정립하였다.

2006년 10월 북한이 제1차 핵무기 실험을 하게 되면서 핵무기에 의한 위협이 실제화되었고, 결국 2008년 이명박 정부는 탄도미사일 방어역량을 강화하고자 노력하였다. 그러나 "태도의 변화는 있었지만 행동의 변화는 없었다(A Change in Attitude, but Not in Action)"는 평가에서 나타나듯이(Klingner 2011, 8) 강구된 실질적인 조치는 많지 않았다. 여전히 국내에서는 탄도미사일 방어에 대한 소극적 여론이 강했다. 결국, 한국은 항공기 방어용인 PAC(Patriot Advanced Capabilities)-2 요격미사일 2개 대대를 독일로부터 구매하고, 해군의 이지스함도 마찬가지로 항공기 방어용의 SM-2 요격미사일을 장착하는 데 그쳤다. 2011년 3월 "국방개혁 307계획"을 발표하면서 국방부는 "탄도미사일 방어체계 보강"을 중요한 과제의 하나로 포함시키기는 하였지만, "적 비대칭 위협 대비능력 강화"라는 과제 중의 소과제로 구분하여 추진하는 정도였다(국방부 2011, 23).

그러면서도 국방부에서는 북한 핵미사일 방어의 심각성을 인식하여 나름대로 노력을 기울여 왔다. 국방부는 2012년 이스라엘로부터 그린파인 레이더 2식을 구매하고, 2016년까지 단거리(종말단계 하층방어) PAC-3 요격미사일을 획득한다는 결정을 내렸다(조선일보 2014/03/13, A8). 다만, 아직 한국 핵미사일 방어체제의 전반적 청사진은 제시되지 않은 상태이고, 국방부와 합참에서 핵미사일 방어를 전담하는 부서나 요원도 충분하지 않으며, 핵미사일 방어를 둘러싼 육군과 공군 간의 책임한계가 명확하게 정리되지 못한 상태이다. 그래서 2009년 4월 5일, 2012년 4월 13일과 12월 12일에 북한이 탄도미사일 시험발사를 실시하였을 때 일본은 미국과 함께 직격파괴 능력을 갖춘 요격미사일인 PAC-3 미사일과 SM-3 미사일을 전개시키면서 '파괴명령'을 사전에 하달하는 등 어느 정도의 탄도미사일 방어능력을 선보였지만, 한국은 '예의주시'할 수밖에 없었다.

2. 오해와 그 영향

국방예산의 제한, 기술 수준의 미흡, 지리적 협소성 등 현실적인 제약요인의 영향도 상당하지만, 지금까지 한국의 핵미사일 방어체제 구축을 지연시켜 왔고, 아직도 불필요한 논란을 일으키고 있는 한국 사회의 토론 주제는 '미 MD에 참여하느냐, 하지 않느냐'이다. 한국의 탄도미사일 방어망이 미국 MD의 일부가 될 수 있다는 우려가 제기되었기 때문이다. 그래서 핵미사일 방어에 관한 정부의 노력은 '미 MD 참여'로 해석되어 언론에서 의혹을 제기하였고, 상당수 국민들도 이에 동조하였다.

아직도 국방부는 한국의 고유한 상황과 여건에서 북한의 핵미사일을 공중에서 요격하기 위하여 어떠한 방어체제를 구축해야 하는가를 토의하기보다는 '미 MD 불참'이라는 점을 국민들에게 설명해야만 하는 상황이다. 2013년 10월 2일에 서울에서 개최된 제45차 SCM 직전 언론에서 미 국방장관이 MD 참여를 요구할 것이라는 추측을 부각시킴으로써(조선일보 2013/10/01, A3)[21] 국민의 의혹이 발생하자 2013년 10월 16일 김관진 장관은 특별 기자회견을 통하여 "미 MD에 참여할 의사도 없고, 미국이 요청한 적이 없다"는 내용을 발표한 바 있다. 아직도 일부 시민단체는 물론이고 언론에서도 계속해서 미 MD 참여 여부를 의심하고 있다.

'미 MD 참여'라는 오해를 불식시키고자 한국군은 PAC-3 요격미사일을 중심으로 하는 종말단계 하층방어체계만 구축한다고 약속함으로써 한국의 핵미사일 방어계획은 불완전한 청사진을 갖게 되었다. PAC-3 요격미사일을 통한 한 번의 요격만으로 공격해오는 핵미사일로부터 국가를 방어할 수는 없지만, '미 MD 참여'라는 주장을 믿고 있는 국민 여론은 그 이상으로 확대하는 것을 허용하지 않고 있기 때문이다. 탄도미사일 방어는 기술적으로 한계가 많아서 모든 국가는 부스트단계, 상승단계, 중간경로단계, 종말단계 상층방어, 종

---

21 이 외에도 10월 1일의 대부분의 신문과 방송에서 유사한 용어와 내용을 보도하였다.

말단계 하층방어 등으로 다층방어(multi-layered defense)를 하여 수차례의 요격기회를 보장하고 있고, 이러한 측면에서 한국은 최소한 THAAD(지상)나 SM-3(해상)와 같은 종말단계 상층방어 무기체계도 검토해야 하지만, '미 MD 참여'라는 오해를 불러일으킬 것 같아서 그에 관한 논의를 자제하고 있는 상황이다. 미군이 자체 방호용으로 THAAD를 배치하는 문제에 대해서 상당한 논란이 발생하기도 하였다.

또한, 한국의 야당, 언론, 일부 학자들은 탄도미사일 방어체제를 구축하면 미국과 전략적 경쟁 관계에 있는 중국을 자극하여 협력관계가 훼손될 것이고, 동북아시아의 긴장과 군비경쟁을 촉발할 것이라는 우려를 표명하고 있으며, 미사일 방어체제는 대규모 예산과 고도의 기술이 소요되는 사업으로서 현실성이 없다는 주장도 적지 않다(평화와 통일을 여는 사람들 2008).[22] 미군의 THAAD 배치에 관한 논란도 이러한 인식을 배경으로 제기된 것이다.

3. 분석

한국의 핵미사일 방어체제 구축을 지체시켜 온 주장 중에서 비용 대(對) 효과에 관한 비판은 일리가 없지 않다. 미국의 경우 1985년부터 2013년까지의 누적 투자금액이 1조 5,780억 달러(환율 1,000원으로 계산했을 때 1,578조 원), 2013년도의 경우도 83억 달러(8조 3천억)에 달할 정도로[23] 핵미사일 방어체제 구축은 대규모 비용이 소요

---

22 위의 글.

23 Missile Defense Agency, "Historical Funding for MDA FY85-13", available at: http://www.mda.mil/global/documents/pdf/histfunds.pdf(검색일: 2013. 10. 28).

된다. 일본도 530억 달러 규모의 2013년 국방예산 중에서 32억 달러(3조 2천억)를 탄도미사일 방어에 사용하였다(Klingner 2013). 이러한 투자에도 불구하고 아직 미국의 핵미사일 방어체제는 완벽하지 않고, 일본도 여전히 불안하기 때문에 계속적으로 이지스함과 THAAD 요격미사일의 추가확보를 검토하고 있다.

한국이 핵미사일 방어체제를 구축하면 중국을 자극할 수 있다는 판단의 경우에는 오해와 지레짐작에 근거한 측면이 크다. 일부에서 주장하듯이 한국의 핵미사일 방어체제가 "중국을 포위 봉쇄"하는 데 사용되거나 "중국의 핵, 미사일 및 우주 사이버 전력을 파괴, 무용화하는 … 최전선 기지"로 사용되거나 "우리 경제력으로는 감당할 수 없는 무한 군비경쟁에 휘말리게(유영재 2012, 26)" 되도록 하는 것은 아니기 때문이다. PAC-3 요격미사일은 고도가 15km에 불과하여 중국에 전혀 위협이 되지 않고, THAAD나 SM-3 요격미사일도 고도가 1,000km를 상회하는 중국의 대륙간탄도탄을 요격시킬 수는 없다. 일본처럼 미국의 X-밴드 레이더를 한국에 배치할 경우 부분적으로 중국에 영향을 줄 수는 있으나, 그래도 중국 내륙에서 발사하는 대륙간탄도탄을 탐지 및 추적하는 것은 불가능하다. 중국에게는 한국보다 더욱 민감한 존재인 일본이 탄도미사일 방어체제를 구축하였지만, 그 과정에서 중국이 공식적으로 강력한 반대의견을 제기한 적이 없다. 중국의 부정적 반응은 한국이 그러할 것으로 추측한 측면이 크다. 더군다나 중국이 반대한다고 하여 북한의 핵미사일 위협으로부터 국민의 생명과 재산을 보호하는 조치를 제대로 시행하지 않는 것은 논리적으로 맞지 않다.

더욱 심각한 오해는 "한국의 탄도미사일 방어=미 MD 참여"라는 등식이다. 김관진 국방장관이 밝힌 것처럼 지금까지 미국이 그들의 탄도미사일 방어체제에 한국이 참여하도록 요청한 적도 없고, 참여하고 싶어도 참여할 것이 없기 때문이다. '참여'라는 말이 미국을 공격하는 다른 국가의 탄도미사일을 한국이 대신 요격해주는 것을 의미한다면 그것은 앞에서 설명한 바와 같이 사거리가 짧아서 불가능하고, 한국이 구축한 탄도미사일 방어체제를 미국이 통제하는 것을 의미한다면 사실이 아니다. 2013년 10월 헤이글(Chuck Hagel) 미 국방장관이 "명백하게 미사일 방어는 한국군 역량의 커다란 부분"이라고 말하였을 뿐인데도, 한국 언론에서는 "미 MD 참여 요구"로 해석하였듯이(조선일보 2013/10/01, A3),[24] 미국의 관리가 미사일 방어에 관하여 언급하면 이를 '미 MD 참여 종용'으로 해석하여 전달한 경우가 대부분이다. 앞에서 언급한 바와 같이 MD라는 말 자체를 미국이 사용하지 않고, 일본의 탄도미사일 방어체제도 미국 MD의 일부가 아니다. 미국은 북한의 핵미사일 위협으로부터 한국을 방어해야 하는 자신들의 부담을 줄이거나 주한미군의 보호에도 유리하다고 판단하여 한국의 핵미사일 방어체제 구축이 필요하다는 말을 한 것일 뿐이다.

Ⅳ. 한국의 탄도미사일 방어 추진방향

정상적이라면 한국 핵미사일 방어체제의 골격은 이미 수년 전에

---

24 헤이글 장관이 missile defense라고 일반명사로 사용하였음에도 한국에서는 계속 MD라는 럼스펠드 장관 시절의 고유명사화된 약어로 왜곡하여 번역하고 있다.

완성되었어야 하고, 현재는 기술적인 문제를 세부적으로 논의하는 상황이어야 한다. 그러나 현실은 아직 그에 관한 정책적인 사항에 관하여 논란을 벌이고 있는 상황이다. 답답하지만 핵미사일 방어에 관한 기초적인 과제부터 충족시켜 나갈 수밖에 없다.

1. 핵미사일 방어체제 본격화

무엇보다 먼저 국민들은 북한의 핵미사일이 언제라도 발사되어 한국의 국토를 타격할 수 있는 위험한 상황임을 인식하여야 한다. 냉전 기간의 미국과 같이 한국은 '말총에 매달린 칼 아래 앉아 있는 다모클레스'처럼 핵미사일 공격에 무방비로 노출되어 있다. 냉전 시대의 미국은 충분한 보복력을 보유하고 있었지만, 한국은 그렇지도 못하니 더욱 위험한 상태이다. 모든 국민은 현재 상태를 민족의 최대 위기로 인식하고, 그러한 위험에서 벗어날 장기적이면서 안정적인 방도를 강구하는 데 집중적인 관심을 기울일 필요가 있다. 앞으로 기술만 고도화된다면 핵미사일 방어는 북한의 핵공격이라는 방패로부터 국민들의 생명과 재산을 보호하는 장막이 될 수 있고, 그렇게 되면 북한의 핵무기를 무력화시키는 결과가 된다.

특히 국민들은 한국이 핵미사일 방어체제를 구축하는 것은 미국의 탄도미사일 방어와는 전혀 상관이 없는 자주적인 사안임을 명확하게 인식할 필요가 있다. "한국의 탄도미사일 방어체제 구축=미 MD 참여"라는 등식은 전혀 타당하지 않은 말이다. 중국이 반대한다는 것도 과장된 지레짐작의 가능성이 크고, 더군다나 중국이 반대할 것 같다고 하여 국가안보의 결정적 수단인 핵미사일 방어체제를 구축하지 않는다는 것은 말이 되지 않는다.

"거리의 폭정(tyranny of distance)"으로도 일컬어지듯이(Slocombe, et al. 2003, 18), 한국은 비무장지대로부터 40km 정도에 수도 서울이 있고, 남북 약 380km, 동서 약 260km로 매우 협소하여 핵미사일 방어를 위한 지리적 종심이 매우 제한되는 것은 사실이다. 북한은 핵미사일 이외에도 대규모 장사정포를 통하여 수도권을 언제든지 타격할 수 있다. 그렇다고 하여 북한의 핵미사일이 발사되었을 때 아무런 조치를 강구할 수 없는 현 상태를 방치할 수는 없는 것이다. 단방약(silver bullet)이 없기 때문에 핵미사일 방어는 더욱 어려운 것이다.

2. 한국 고유의 핵미사일 방어개념 정립 및 무기체계 확보

당연히 한국은 직면하고 있는 상황과 여건에 부합되는 핵미사일 방어의 개념과 형태를 확정하고, 이를 구현할 수 있는 무기체계들을 확보해나가야 할 것이다. "짧은 반응허용 시간, 근접한 거리, 서울의 취약성, 북한의 의도 파악의 곤란성"이라는 한국 특유의 제한사항을 (Allen 2000, 33) 극복할 수 있는 창의적인 핵미사일 방어체제가 필요하다고 할 것이다.

기본적으로 한국은 미국이 전구미사일방어(TMD)에서 적용하고 있는 개념, 즉 부스트단계(Boost Stage), 종말단계(Terminal Stage)의 상층 부분을 통합하는 상층방어(Upper Tier Defense), 그리고 종말단계의 하층 부분인 하층방어(Lower Tier Defense)의 세 가지 단계로 구분하되, 하층방어에 중점을 둘 수밖에 없다. 북한의 단거리 탄도미사일은 상층방어 요격미사일(예를 들면, THAAD)의 최저교전고도

(minimum engagement altitude)인 40km 정도에서 정점(頂點, apogee-미사일이 최고로 높이 올라가는 고도)에 이르기 때문에 상층방어 요격미사일로 파괴하기에는 고도가 낮다(DoD 1999, 11). 다만, 하층방어의 경우 수직으로 빠르게 하강하는 탄도미사일을 격파하는 것이라서 기술적으로 쉽지 않고, 성공해도 파편이 국내에 떨어지며, 무기체계의 배치소요가 늘어나는 단점이 있다. 그럼에도 불구하고 가능한 방편은 하층방어뿐이라는 이유로 인하여 한국은 주요 전략시설부터 하층방어 무기체계를 조기에 배치하고, 그 한계를 보완하기 위한 다양한 방책을 강구해야 할 것이다.

이러한 한계를 극복하는 방법으로 한국은 장기적으로는 한국의 상황과 여건에 부합되는 상층방어체계를 개발 또는 확보함으로써 또 한 번의 요격 기회를 추가할 필요가 있다. 아마도 최저 교전고도가 THAAD보다 낮아야 할 것이고, 북한 탄도미사일의 특성에 부합되어야 할 것이다. 그 외에도 한국은 공군의 폭격기, 순항미사일, 특전부대팀 등을 최대한 동원하여 부스트단계에서 적의 핵미사일을 파괴할 수 있는 창의적인 방안을 강구하는 데 집중적인 노력을 기울여야 할 것이다.

3. 핵미사일 방어를 위한 조직 정비

한국은 정부 전체 차원에서 북한의 핵미사일 위협에 관한 사항을 종합적으로 분석하고 핵미사일 방어를 비롯한 다양한 대응책을 강구하는 조직을 창설할 필요가 있다. 북한의 핵미사일 위협은 국가 차원에서 모든 노력을 집중하여 대비해야 할 사활적인 문제가 되었기 때문이다. 미국의 미사일 방어국(MDA: Missile Defense Agency)과 같은 기구를 마련할 경우 업무추진의 독립성과 집중성이 강화될 수 있을 것이다.

국방부와 합참도 북한의 핵미사일 위협을 분석하고, 그에 대한 군사적 대응책을 강구하는 부서를 집중적으로 보강함으로써 정부의 조직과 긴밀한 협조체제를 구축해야 할 것이다. 핵미사일 방어와 관련하여 육군과 공군 간의 업무분장을 명확하게 설정하고, 각 군에서도 필요한 전략과 무기체계 소요를 연구하도록 독려할 필요가 있다. 탄도미사일 방어에 관한 전군적인 노력을 효과적으로 통합 및 추진할 수 있도록 '합동방공사령부(또는 연합방공사령부)'를 구성할 필요가 있다.

국방 관련 연구소의 연구 중점도 북한 핵미사일 대응으로 조정해 나가야 할 것이다. 핵미사일 위협과 같은 치명적인 위협이 대두된 상태에서도 과거와 같은 일상적인 연구를 수행하는 것은 맞지 않다. '한국 국방연구원'도 핵미사일 위협과 그에 대한 방어책 마련에 연구역량을 집중시킬 필요가 있고, '국방과학연구소'도 관련된 기술을 집중적으로 발전시키는 방향으로 우선순위를 조정해야 할 것이다. 필요할 경우 추가적인 연구소를 설립하거나 민간 및 외국 연구소와의 협력체제를 강화할 필요도 있다. 이러한 연구소들은 정부의 핵미사일 정책부서, 그리고 국방부/합참 및 각 군의 실무부서 및 관련 부대들과 긴밀하게 연계되어야 할 것이다.

4. 미국 및 일본과의 협조

핵미사일에 대한 방어체제 구축이 시급하다면 한국은 당연히 그에 관한 개념적·기술적 선도국인 미국과 적극적으로 협력해야 한다. 한국과 미국은 동맹국이기 때문에 협조가 용이할 것이고, 이러한 협력을 통하여 한국은 필요한 무기체계를 쉽게 확보할 수 있으며, 어느 정도는 기술 이전도 가능할 수 있을 것이다. 실제로 한국과 미국은 2010년 "국방협력지침"을 통하여 "미국이 핵우산, 재래식 타격능력 및 미사일 방어능력을 포함한 모든 범주의 군사능력을 운용하여 대한민국을 위해 확장억제를 제공"하는 데 합의하였으므로(국방부 2010, 305~310), 핵미사일 방어를 위한 협력의 근거도 마련되어 있다. 북한에 대한 전면전의 억제와 방어를 위하여 구축하고 있는 한미 간의 연합방위태세는 당연히 북한 핵미사일 위협의 억제와 대응으로까지 확대되어야 할 것이다.

미국과의 협력에서 핵미사일 방어에 관한 기술을 확보하거나 필요한 무기체계를 획득하는 것도 중요하지만, 조기경보체제의 구축이 더욱 근본적인 과제일 수 있다. 북한의 핵미사일이 언제 어디에서 발사되는지를 파악하지 못한 상태에서는 효과적인 대비 자체가 불가능하기 때문이다. 이 경우 기존 레이더는 고속으로 비행하는 핵미사일을 제대로 포착하지 못하기 때문에 X-밴드 레이더를 확보하여야 한다. 현재 한국군은 이스라엘로부터 그린 파인 레이더를 2대 도입하여 활용 중이나 탐지거리 자체가 제한되기 때문에 일본의 경우에서처럼 미군의 레이더를 활용하는 방안을 강구하거나 글로벌 호크와 같은 무인정찰기는 조기에 확보해야 할 것이다.

국민 정서 측면에서 수용하기가 쉽지 않은 측면이 있을 수 있지만, 핵미사일 방어에 관한 일본과의 정보 공유나 협력도 필요할 수 있다. 북한의 핵미사일에 대하여 한국과 일본은 유사한 위협을 느끼고 있고, 한국과 일본이 상호보완할 경우 정보의 정확성이 높아지거나 대응의 효율도 커질 수 있기 때문이다. 나아가 미국을 중심으로 한·미·일 3국이 협력할 경우 북한 핵미사일에 대한 대응의 질은 훨씬 커질 것이다. 1999년부터 2004년까지 한·미·일 간에 "대북정책조정감독그룹(TCOG: Tri-lateral Coordination and Oversight Group)"을 설치하여 한국, 미국, 일본이 북한 문제의 해결을 위하여 긴밀하게 협의해왔던 경험을 활용함으로써, 북한 핵미사일 위협 대응을 위한 3국 간의 실질적인 협의와 협력을 위한 체제를 구축할 필요가 있다.

V. 결론

북한이 탄도미사일에 탑재할 수 있도록 핵무기를 소형화하는 데 성공하였을 가능성이 매우 높은 현재 상황에서 한국이 더 이상 핵미사일 방어체제 구축을 지체할 경우 심각한 안보위협에 무방비로 노출될 가능성이 적지 않다. 한국은 북한이 핵미사일로 한국의 주요 도시를 타격하거나 그러하겠다고 위협할 경우 제대로 대응할 수 있는 능력을 아직 갖추지 못하고 있기 때문이다.

우선 한국은 서울과 핵심 전략시설을 방호할 수 있는 정도의 PAC-3 요격미사일을 최단 기간 내에 획득할 필요가 있다. 이것으로 충분하지 않은 것은 사실이지만, 보유의 사실 자체가 북한의 핵미사일 억제에 유용할 수 있고, 지속적인 개량을 위한 단초로 작용할 것이기 때문이다. 그런 연후에 한국은 현재의 상황과 여건에서 최선이라고 판단되는 핵미사일 방어체제의 개념을 정립하고, 단계적으로 구축해나가는 방안을 연구 및 정립해야 할 것이다. 특히 한국의 상황과 여건에 부합되는 상층방어 무기체계 개발을 통하여 최소한 두 번의 요격 기회는 확보할 필요가 있다.

동시에 한국은 국가 및 군사적인 수준에서 북한 핵미사일의 위협에 대응할 수 있는 방향으로 조직을 전면적으로 정비할 필요가 있다. 국가 수준에서 이러한 임무를 수행하는 조직을 창설하고, 국방부와 합참의 조직을 전면적으로 정비해야 할 것이다. 국방 관련 연구소들의 연구 중점도 핵미사일 대응 위주로 조정하고, 핵미사일 요격에 관한 육군과 공군 또는 해군 간의 업무분장도 명확하게 하며, '합동방공사령부' 구축 등 각 군의 노력을 효과적으로 통합하는 방안을 강구할 필요가 있다.

04 | 선제타격

　　　　　　평화애호의 국민 정서 때문에 제대로 토론되지
못하고 있지만, 지금 당장 북한이 핵미사일로 공격하겠다고 위협할
경우 한국에게 가용한 유일한 방책은 북한의 핵미사일을 선제타격
(先制打擊)하여 파괴시키는 것이다. 북한이 핵무기를 공격하겠다는
것은 억제가 실패한 것이고, 핵미사일이 일단 발사되면 요격능력이
없는 한국은 피할 방법이 없기 때문이다. 그래서 2013년 2월 북한의
3차 핵실험 전후에 한국은 물론 미국과 일본에서도 선제타격의 가
능성이 언급되었고, 당시 정승조 합참의장은 "그것(핵무기)을 먼저
얻어맞고 하는 것보다는 선제타격을 하고 (전쟁을) 하는 게 낫다"면
서 선제타격의 불가피성을 강조하였다.

　　일반 국민들은 선제타격을 '선공(先攻)'으로 오해하여 민주주의국
가가 시행하기 어려운 대안으로 생각하는 측면이 적지 않다. 그래서
2008년 3월 26일 당시 김태영 합참의장 내정자가 국회청문회에서

북한의 핵에 대해서는 "적이 그것을 사용하기 전에 타격하는 것"이 최선이라고 답변하였을 때 상당수 국민이 전면전을 초래할 수도 있는 망발이라면서 이를 극력 비판하였다. 그러나 선제공격은 선공이 아니라 적이 핵미사일을 발사할 것이 명백할 경우 핵공격을 당할 수 없어서 자위권 차원에서 불가피하게 취하는 방어적 조치이다.

I. 선제타격의 개념

선제(先制)의 사전적 의미는 "손을 써서 상대방을 먼저 제압"하는 것이다. 그래서 통상적으로 국민들은 적보다 미리 공격한다는 의미로 사용하고, 6·25전쟁의 경우에도 북한의 '선제공격'으로 시작되었다고 말한다. 이 경우 선제공격은 기습공격이나 미리 공격하는 '선공'의 의미로 사용된 것이다.

'선제'와 관련하여 다양한 합성어가 있는데,[25] '선제공격'의 경우 대규모 전쟁에서부터 전술적 행위에 이르기까지 폭넓게 적용되는 일반적인 용어이지만, 민주주의국가에서는 '공격'이라는 용어에 대한 거부감으로 사용하기를 꺼리는 경향이 있다. 9·11 이후 미국에서는 '선제행동(조치)(preemptive action)'이라는 용어를 통하여 공격적인 이미지를 감추면서 용어의 융통성과 범위를 넓히기도 했고, 군사 분야에서는 타격의 형태에만 치중하여 '외과수술적 타격(surgical strike)'이라는 용어를 사용하기도 한다. 한국의 경우에는 미리 행동

---

25 선제와 관련된 다양한 용어의 개념 정리와 비교에 대해서는 (권태영·신범철 2011, 11~18) 참조.

한다는 의미와 공군기나 미사일을 통한 정밀타격의 의미를 결합하여 '선제타격'이라는 용어를 일반적으로 사용한다.

한국에서 '선제'로 번역하는 영어의 'preemption'은 조건이 명확하게 전제된 전문적인 용어로서 '상대의 공격적 행위가 임박한 상태'에서 먼저 행동하여 그것을 못 하도록 한다는 불가피성이 핵심이다. 미군은 '선제공격(preemptive attack)'을 "적의 공격이 임박하였다는 논란의 여지가 없는 증거에 기초하여 시작하는 공격(An attack initiated on the basis of incontrovertible evidence that an enemy attack is imminent)"으로 정의한다(DoD 2010, 288). 따라서 preemption에 해당하는 선제는 정당하고, 유사시에 이를 실행하기 위한 준비도 필요하다. '선공'을 의미하는 선제와의 구별을 위하여 한때 국방대학교에서는 preemption을 '자위적 선제'라고 번역한 적도 있다.

대부분의 국민이 일반적으로 이해하는 선공 차원의 선제는 '예방적(preventive)' 조치를 의미한다. 예방적 조치는 현재는 공격이 임박하지 않았지만, 시간이 지나면 상대방이 공격할 가능성이 높고, 특히 나중에는 효과적인 대응이 불가능해지는 상태라고 판단하여 실시하는 공격으로서 전체적인 불가피성은 이해되지만 당장의 상황에서는 불가피성이 명확하지 않은 것이다. preemption에 비하여 당장의 공격에 대한 '명백한 징후'가 '없는' 상태에서 시행되는 공격행위라고 할 수 있다. 즉, 예방은 "혹시나 있을 수 있는 상대의 행위나 의도를 방지하기 위해 지나쳐 버릴 수도 있는 기회를 활용하려는 것"(강임구 2009, 46)이고, 미래에 우리를 공격하거나 우리에게 피해를 끼칠 수 있는 적의 수단에 대하여 군사력을 사용하는 것이다(Sofaer 2010, 9). 그래서 "'선제공격'은 자위를 위한 무력행위로서

어느 정도 '정당방위'로 인정되는 반면, '예방전쟁'은 '과잉방어'로
서 부당한 군사행동으로 인식된다"(강임구 2009, 37). 비록 예방공격
의 논리도 전혀 이해되지 않은 바가 아니지만, 먼 미래의 공격 가능
성을 어떻게 판단하느냐를 둘러싼 자의성이 워낙 크기 때문이다. 따
라서 이제부터 국제화 시대에 효과적으로 적응하고자 한다면 한국
은 '선제'는 'preemption'에 해당하는 의미로 한정하여 사용함으로써
예방과 구분해야 할 것이다.

다만, 개념적으로는 공격을 위한 명백한 징후의 유무를 기준으로
선제와 예방을 구분할 수 있다고 하더라도 현실의 조치 중에서 어떤
것이 선제이고, 어떤 것이 예방이라는 것을 구분하는 것이 간단한
것은 아니다. 공격의 임박성이나 징후의 명백성 모두 주관적으로 판
단될 수밖에 없고, 어떤 국가의 조치가 선제라거나 예방이라고 결정
해줄 수 있는 권위를 지니고 있는 기구도 세계에는 존재하지 않기
때문이다. 선제가 성공하면 적의 공격 징후도 없어지기 때문에 사후
에 그 불가피성을 입증하기도 쉽지 않다. 그래서 대부분의 국가에서
는 선제공격이나 선제타격을 공세적으로 인식하여 회피하거나 시행
을 망설이는 것이다.

II. 선제타격에 관한 국제법적 근거와 사례

1. 국제법적 근거

선제공격의 적법성은 현재의 국제법에서 논란의 소지가 큰 문제

중의 하나로 남아 있는데 그 핵심은 자위권(right of self-defense)의 범위이다. 자위권이란 "외국으로부터 급박 또는 현존하는 위법한 무력공격이 발생한 경우 공격을 받은 국가가 이를 배제하고 국가와 국민을 방어하기 위하여 부득이 필요한 한도 내에서 무력을 행사할 수 있는 권리이다"(강영훈·김현수 1996, 42). 따라서 1945년 유엔헌장에는 제51조, 즉 "이 헌장의 어떤 규정도, 유엔 회원국에 대하여 무력공격(armed attack)이 발생할 경우, 안전보장이사회가 국제평화를 유지하기 위해 필요한 조치를 취할 때까지 개별적 또는 집단적 자위의 고유한(inherent) 권리를 침해하지 아니한다"는 조항이 포함되었다. 다만, 문제가 되는 것은 어떤 상황에서 어떤 수준으로 행사하는 것이 자위권이냐에 대한 합의를 이루기가 쉽지 않다는 것이다. 모든 국가는 자위권 차원에서 군사행동이 불가피했다고 할 것이기 때문이다.

실제로 국제사회가 자위권의 범위와 내용에 대하여 완전한 인식의 일치를 이루고 있는 것은 아니다. 자위권은 고유한(inherent) 권한이기 때문에 유엔헌장에 근거하여 해석한다는 것 자체가 잘못되었다는 비판이 적지 않고, 실제로 어떤 군사적 충돌이 발생하였을 경우 그것이 자위권 차원인지 아닌지를 판단해줄 명확한 기관도 존재하지 않는다. 국제사법재판소조차 유엔헌장에 명시된 사항이 자위권에 관한 유일한 기준이 되어서는 곤란하고 관습 국제법도 함께 고려해야 한다는 견해를 밝히고 있다(김찬규 2009, 6~7). 자위권의 정당성 여부는 여전히 그 당시의 상황에 따라 판단되어야 할 사항으로서, 아직도 1837년 영국군이 캐나다 반군이 무기운송용으로 사용한 미국의 Caroline호를 격침하면서 미국이 사상자 발생에 항의하는 과정에서 미국 국무장관 웹스터(Daniel Webster)가 자위권에 대하여 규정한 사항, 즉 자위권의 행사는 그 필요성이 즉각적이고(instant), 압도적이며(overwhelming), 다른 수단의 선택 여지가 없고(leaving no choice of means), 숙고할 여유가 없는 경우(no moment for deliberation)에만 허용되어야 한다는 점이 강조되고 있다(김동욱 2010, 37).

엄밀하게 보면 선제공격은 적이 공격하기 전에 타격하는 것이기 때문에 자위권의 개념을 그대로 적용할 수는 없다. 자위권의 대상인 공격이 발생하지 않았기 때문이다. 이러한 점에서 선제공격과 관련하여 적용할 수 있는 개념은 '예상 자위(Anticipatory Self-defense)'[26]인데, 이것은 핵무기와 같이 치명적인 공격을 허용해버리면 자위권을 행사하는 것이 무의미하므로 제기된 개념이다. "고성능, 고도의 명중률, 고도의 파괴력, 장거리 공격 등을 갖춘 신무기가 발달함에 따라 자위권을 무력공격이 발생한 후로만 한정한다면 선제공격자를 오히려 유리하게 만드는 모순이 발생할 수 있다"는 인식이다(김현수 2004, 258). 즉, 적 공격이 핵무기와 같이 치명적일 경우 예상하여 미리 대응하는 것도 자위권으로 볼 수 있다는 개념이 예상 자위권이다. 이것은 핵전쟁의 가능성을 느끼게 했던 1962년 쿠바 사태 이후 국제사회에서 활발하게 논의되기 시작하였고, 2001년 9·11 테러 이후 광범위하게 확산되었다.

예상 자위권의 행사가 국가적 정책으로 선언된 적도 있다. 2001

---

[26] 한국에서는 이를 '예방적 자위'로 번역하여 사용하고 있지만, '선제'와 비교되는 중요한 개념인 '예방'과 혼동될 수 있다. 서양에서는 Preventive Self-defense라는 용어는 사용하지 않는다. 선제적·우선적·선행적 자위로 의역하는 것도 나중에는 혼란을 초래할 가능성이 크다. 따라서 본 연구에서는 직역하기로 하였는데, '예상적'이라는 말은 거의 쓰지 않기 때문에 '예상 자위'로 사용하고자 한다.

년 9·11 테러를 당한 이후 미국은 참사를 당하고 나서 보복해봐야 의미가 없다고 판단하여 테러분자들의 근거지를 찾아내어 사전에 제거하겠다는 정책을 강조하였는데, 그에 따라 2002년 발간된 그들의 『국가안보전략서(The National Security Strategy of the United States of America)』에서 "국가안보 위협에 대한 선제조치(preemptive actions)" 방안을 보유하고 있다는 점을 공식화한 적이 있다(The White House 2002, 15). 이에 대하여 다른 국가들의 비판도 있었지만, 미국은 이 정책을 포기하지 않은 상태이다.

세계적으로도 예상 자위권에 대한 논의와 인정이 증대되는 경향을 보이고 있다. 그중 가장 권위 있는 사례는 2004년 유엔 사무총장실의 보고서로서, 여기에서는 "위협되는 공격이 '임박'하고, 다른 수단으로 그것을 완화시킬 수 없으며, 행동이 비례적일 경우(as long as the threatened attack is *imminent*, no other means would deflect it and the action is proportionate)", "오랫동안 정립되어 온 국제법에 의하면, 위협받은 국가는 군사적 조치를 강구할 수 있다"는 입장이 표명된 바 있다(United Nations 2004, 63).[27] 영국의 국제법학자들도 '자위권에 의한 국가의 군사력 사용에 관한 국제법 원칙'을 설정하면서 "어떤 공격이 임박(imminent)했다는 것이 만장일치는 아니더라도 광범위하게(widely) 수용될 경우 그 위협을 회피하고자 행동할 권리를 국가는 보유하고 있다"는 의견을 발표한 바 있다(Szabo 2011, 2). 조지타운 대학의 아렌드(Clark Arend) 국제법 교수도 유엔헌장 51조가

---

[27] 대신에 위 보고서에서는 상대의 핵무기 개발과 같이 위협이 실제적이지만 임박하지 않은 상태에서 예방적(preventively) 조치를 취하는 것에 대해서는 유엔안전보장이사회에 회부하여 허가를 받을 것을 강조하고 있다.

쓰일 당시에는 핵무기 및 화생무기와 같은 대량살상무기를 고려하지 못하였다면서, 그 필요성이 즉각적이거나 압도적이고 다른 수단을 선택할 수 있는 여지가 없을 때는 단독적으로라도 자위권 차원의 선제적 무력사용이 필요하다고 주장하고 있다(Arend 2003, 102). 미국 후버연구소의 저명한 국제법학자인 소퍼(Abraham D. Sofaer) 역시 유엔헌장 51조가 '임박한(imminent)' 위협에 대한 자위 차원의 군사력 사용을 제한하는 것으로 이해되어서는 곤란하다면서 위협의 성격과 크기, 선제조치를 취하지 않으면 위협이 현실화될 가능성, 군사력 이외 대안의 가용성과 소진(消盡), 유엔헌장 및 적용 가능한 국제합의의 조건 및 목적과의 합치 여부 등의 평가기준을 제시하였고, 대량살상무기가 사용될 우려가 있는 상태에서 합리적인 수단을 모두 사용해도 해결이 되지 않을 때의 선제조치는 타당하다고 설명하고 있다(Sofaer 2003).

최근 국내에서도 예상 자위권에 대한 분석이 활발해지고 있다. 북한이 핵무기를 개발함에 따라서 핵공격을 받은 후 반격하는 것은 의미가 없고, 사전에 행동하지 않을 경우 수많은 국민이 살상당하면서 국토가 폐허가 될 것이기 때문이다. 유엔헌장과 상관없이 관습 국제법의 중요한 요소인 "선제적 자위권"은 존속하고 있다는 견해가 발표된 바도 있고(김찬규 2009, 7), 급박한 무력공격의 위협이 객관적으로 존재하거나(제성호 2010a, 73) 공격징후가 확실할 경우(김현수 2004, 260)에는 예상 자위권이 행사될 필요가 있다는 주장도 제기되었다. "필요성(necessity)의 원칙과 비례성(proportionality)의 원칙, 그리고 전자의 자연적 귀결로서의 급박성(imminence)의 원칙"으로 예방적 자위권의 요건이 제시된 바도 있다(최태현 1993, 206-207).

남용의 위험성이 커서 선제공격을 위한 국제법적 근거가 공식화되기는 어렵다고 판단되지만, 그렇다고 하여 핵공격과 같은 치명적인 공격이 예상되는 상황에서 아무런 조치를 취하지 않을 수는 없다. 결국, 선제공격의 여부는 특정 국가가 그 당시의 상황과 여건에 맞춰서 판단 및 결심해야 할 사항이고, 그 이후의 국제적 비난이나 논란도 스스로가 감당할 몫이라고 할 것이다.

2. 선제공격의 사례

선제공격과 관련해서는 이스라엘과 아랍국가들 간의 사례가 빈번하게 언급된다. 1956년 이스라엘은 이집트의 수에즈운하 봉쇄를 사전에 차단하기 위하여 이집트를 공격하여 성공하였고, 1967년에도 주변 아랍국가들에 대한 선제공격을 통하여 결정적인 우세를 확보하였다. 특히 1967년의 제3차 중동전쟁 또는 '6일 전쟁'에서 이스라엘은 선제공격의 진수를 과시하였다. 그 당시 이집트는 시나이반도 주둔 병력을 10만 명으로 증강하고, 시리아군과 요르단군도 준비태세를 갖추었으며, 알제리는 총동원령을 선포하였다. 리비아와 수단도 전시태세로 전환하였고, 사우디아라비아, 튀니지, 쿠웨이트 등도 동참하기 시작하였으며, 이스라엘에 우호적이었던 요르단마저 5월 30일 이집트와 상호방위조약을 체결하였고, 6월 2일 아랍연합군사령관이 전투명령을 하달하여 부대들이 이동을 개시한 상황이었다. 이에 이스라엘은 거국내각을 구성하여 다얀(Moshe Dayan) 장군을 국방상으로 임명하였고, 다얀은 군사적으로 더욱 불리해지기 전에 선제공격해야 한다고 건의하여 승인을 받았다(권혁철 2012, 89∼

90). 이스라엘군은 6월 5일 아침 7시 45분 이집트, 시리아, 요르단 비행장에 주둔 중인 항공기들에 대한 기습공격을 필두로 공격을 하였고, 선제의 효과에 힘입어 6일 만에 전쟁에서 승리한 후 정전에 합의하게 되었다. 아랍국가들의 공격이 어느 정도 임박했었는지에 대해서는 시각에 따라 다르지만, 이스라엘의 논리와 입장은 국제사회에서 어느 정도 인정되어 비난이 격화되거나 유엔에서 결의안이 채택되지는 않았다.

미국도 선제 또는 예방 차원의 군사적 조치를 취한 사례가 있다. 1962년 10월 쿠바사태 시 미국은 소련이 쿠바에 미사일을 설치하면 나중에 큰 위협이 될 것으로 판단하여 그 부품의 수송 자체를 거부하는 해상봉쇄(quarantine) 명령을 내린 바가 있다. 또한, 미국은 리비아가 테러를 자행할 것이 확실하다는 정보를 입수하자 이를 중지시키고자 1968년 4월 14일 리비아 대통령의 집무실을 폭격하였다(이영규 1990, 141~143). 2003년 이라크에 대한 공격도 핵개발의 증거를 찾지 못하여 미국이 국제적으로 비난을 받았듯이 이라크의 핵사용을 사전에 차단하기 위한 명분으로 시작되었다.[28] 이러한 조치로 인하여 국제적 비판이 부분적으로 야기되기는 하였으나 제재와 같은 극단적인 조치는 없었다.

재래식 전쟁에 관한 선제공격의 사례는 역사를 통하여 그 수가 적지 않겠지만, 핵무기에 대한 선제공격의 사례는 아직 없다. 이스라엘이 1981년 이라크와 2007년 시리아의 핵발전소를 폭격한 것은 예

---

28 이것은 미국의 도덕적 우월성과 이상주의적 사명감에 바탕을 둔 예외주의(Exceptionalism)로 보기도 한다(이명희 2006, 75~77). 이러한 예외주의는 이스라엘에도 적용될 수 있고, 그래서 두 개 국가가 국제적 비난을 받을 가능성이 높은 선제타격과 같은 대안도 상대적으로 쉽게 결심하는 것으로 볼 수 있다.

방공격으로써 선제공격의 개념과는 다소 다르다. 다만, 상대가 핵무기로 공격할 징후가 명백할 경우의 선제공격 필요성은 재래식 선제공격의 필요성보다는 훨씬 클 수밖에 없다. 그것은 국민들의 대규모 살상을 예방하기 위한 불가피한 조치의 성격이 되기 때문이다. 이스라엘이 이라크와 시리아의 핵발전소를 공격하였음에도 국제사회가 극단적인 제재에까지 이르지 않았다면, "만일 북한정권이 핵무기를 실전에 배치하고, 그 핵의 사용을 알리는 객관적인 정보를 입수한 상황이라면, 핵무기에 대한 선제공격은 합법적인 무력사용이라고 봐야 한다"(권태영·신범철 2011, 23~24). 즉 북한의 평소 의도나 언사로 미뤄볼 때 핵미사일로 공격할 것이 명백하다고 판단하여 한국이 선제타격으로 이를 무력화시킬 경우 국제사회에서 정당성을 인정해줄 가능성은 적지 않다고 할 것이다.

Ⅲ. 북한 핵공격 위협 시 대응방안의 현실성

1. 억제 및 방어 대안의 현실성

만일 북한이 핵미사일로 공격하겠다고 위협할 경우 한국은 선제공격 이외에 어떠한 유효한 대안을 보유하고 있을까? 먼저 한국은 응징적 억제 차원에서 받는 피해보다 더욱 큰 피해를 주겠다고 위협할 수 있다. 그러나 한국은 핵무기를 보유하고 있지 않기 때문에 북한이 끼친 피해보다 더욱 큰 피해를 줄 수 없고, 이것은 북한도 잘 알고 있다. 항공기, 미사일, 야포 등의 다양한 비핵무기가 아무리 첨단의 위력을 지니고 있다고 하더라도 핵무기에 의한 피해를 초과할 만큼의 피해를 줄 수는 없기 때문이다. 따라서 한국의 응징적 억제는 제대로 작용하기 어렵다.

결국, 한국은 미국의 핵무기로 응징보복하겠다는 개념, 즉 미국의 핵우산이나 확장억제 개념에 의존할 수밖에 없다. 북한이 핵미사일로 공격할 경우 미국의 대규모 핵전력이 대량의 응징보복을 할 것이라고 위협하는 방법이다. 미국의 핵전력이 워낙 막강하기 때문에 이러한 위협이 어느 정도의 억제효과는 있겠지만, 북한의 위협을 멈출 수 있다고 확신하기는 어렵다. 한국이 북한으로부터 핵공격을 받았다고 하여 미국이 자동적으로 북한을 핵무기로 공격할 것인가는 불확실할 수밖에 없고, 북한도 그렇게 인식할 것이기 때문이다. 미국의 입장에서도 북한을 핵무기로 대량보복하는 것은 너무나 중대한 사안으로서 중국과의 관계를 비롯한 국제정치 측면을 다각적으로 고려하지 않을 수 없고, 국민들의 다양한 여론도 충분히 수렴하지 않을 수 없을 것인데, 반드시 긍정적인 결과로 연결된다는 보장이 없다. '찢어진 핵우산'이라거나(조선일보 2011/01/11, A34; 2011/01/19, A4) 미군의 핵무기를 사전에 한반도에 배치해야 한다는 주장(전성훈 2010)은 이러한 의구심에서 도출된 제안이다. 또한, 북한의 핵미사일 공격을 받은 후 미국의 확장억제에 의하여 응징보복할 경우에는 한국은 북한 핵무기에 의하여, 북한지역은 미국의 핵무기에 의하여 타격을 받아 불모지대로 변모하여 민족의 생활터전 자체가 없어질 수 있다. 더구나 한미 양국 군의 대규모 응징보복으로 북한이 아무리 초토화되더라도 핵공격을 받아서 사망한 한국의 국민들을 살릴 수는 없다.

응징적 억제가 작용하지 않을 경우 한국의 입장에서 선택할 수 있는 방안은 공격해오는 북한의 핵미사일을 공중에서 파괴시키는 것, 즉 핵미사일에 대한 요격이다. 이것은 화살의 위협에 대비하여 방패를 제작하거나 항공기에 대한 방어개념을 핵미사일에 적용하는 개념으로 가장 상식적이면서도 안전한 대책이다. 그러나 한국의 경우 핵미사일 요격능력은 매우 제한적이고, 단기간에 확충될 가능성도 높지 않다. 나름대로 노력하여 어느 정도 그 수준을 높인다더라도 북한과 워낙 가까이에 대치하고 있어서 핵미사일 방어의 신뢰성을 높이기는 무척 어려운 상황이다. 한국이 상대의 핵미사일 공격으로부터 국민들의 생명과 재산을 확실하게 보호할 수 있는 방패를 갖추는 것은 이론만큼 쉽지 않다.

결국, 북한의 핵미사일 위협에 대하여 한국이 국민들을 보호할 수 있는 유일한 대안은 북한의 핵미사일이 발사되기 전에 선제타격하여 지상에서 파괴하는 방법이다. 그렇게 되면 핵미사일은 아예 발사되지도 못하거나 북한지역에서 폭발할 것이고, 한국은 낙진(落塵, fallout) 등의 부수적 피해 이외에는 큰 피해를 모면하게 된다. 선제타격이 성공한 것과 실패하여 남한과 북한이 북한의 핵무기와 미국의 핵무기에 의하여 공격받는 상황을 비교해보면 성공적인 선제타격은 한반도를 핵재앙으로부터 모면하도록 하는 최선의 예방책인 셈이다. 특히 선제타격은 핵미사일 본체가 아닌 발사에 필요한 제반 시설의 일부분을 타격하더라도 북한의 핵미사일 투발을 예방할 수 있기 때문에 그만큼 표적의 융통성이 클 수 있다.

다만, 선제타격의 경우 한국이 과도하게 판단하여 일어나지 않을 핵전쟁을 초래할 위험성도 존재한다. 북한이 핵미사일을 탑재한 차량을 전개하여 연료를 주입하는 것을 발견하였을 경우 위협만 하는 것인지 실제로 사용하고자 하는 것인지를 판단하기 어렵기 때문이다. 즉, 지나치게 명백한 상황까지 기다리다가 늦을까 봐 가급적이면 조기에 선제타격을 결심하고 싶은 동기가 있고, 그렇게 되면 북한의 핵미사일 사용을 억제하기 위한 노력이 등한시되면서 성급한 타격이 결정될 수 있다는 것이다.

그러므로 한국은 핵무기 공격이 명백하다고 판단할 수 있는 다양한 조건들을 사전에 탐구하고, 누가 주체가 되어 그 조건의 충족성을 평가하며, 어떤 과정을 거쳐서 선제타격을 건의 및 결정한다는 제반 사항을 사전에 충분히 검토 및 정립해놓을 필요가 있다. 특히 국민들은 선제타격과 같은 조치가 위험하거나 호전적이라고 판단하여 논의 자체를 회피할 것이 아니라 핵공격으로부터 생명과 재산을 보호하기 위한 불가피한 방법임을 이해하고, 정부의 결정에 대해서는 적극적인 지지와 지원을 보낼 수 있어야 할 것이다.

2. 선제타격의 현실성

선제타격의 장점은 성과가 확실하면서도 금방 나타난다는 것이다. 수 시간 내에 성공과 실패가 판가름 나고, 성공할 경우 수년 동안 핵무기 위협을 걱정할 필요가 없다. 북한이 수십 기까지 핵무기를 생산하지 않은 상태라면, F-15 2개 대대나 순항미사일을 포함한 한국군의 능력으로도 충분히 타격하여 파괴할 수 있고, 한미연합전력을 활용할 경우 성공 가능성은 더욱 높아진다.

그러나 선제타격은 정확한 정보가 확보되지 않을 경우 실패할 가능성이 높고, 실패 시 잔존한 핵무기로 북한이 공격하게 되면 핵전쟁이라는 최악의 상황악화를 초래하는 결과가 된다. 또한, 선제타격에 성공하게 되면 북한이 공격하고자 했다는 증거도 없어지기 때문에 예방공격과의 차이를 입증하기 어려워 공격적 행위로 국제적으로나 국내적으로 비판을 받을 가능성도 있다. 국내 여론도 선제타격을 지지할 것으로 판단하기 어려워 정치지도자에게는 정치생명을 건 도박일 수 있다. 다만, 북한의 핵미사일 공격이 명백한 상황에서도 아무런 조치를 취하지 않을 경우에는 대량의 국민살상과 국토의 황폐화가 초래될 수도 있다는 점에서 망설일 수만은 없는 상황이다.

충분하다고 볼 수는 없지만, 한국이 보유하고 있는 2개 대대 규모의 F-15 전투기는 마하 2.5의 속도와 1,800km 이상의 전투반경을 자랑하고 있을 뿐만 아니라 다양한 정밀유도무기를 장착하고 있어서 북한지역의 방공망을 회피하여 북한의 핵시설을 파괴시킬 수 있다. 또한, 탄도미사일(ballistic missile)의 경우에는 앞으로도 더욱 많은 시간과 기술이 투자되어야만 핵미사일 타격에 필요한 정밀성을 구비할 수 있다고 하더라도, 한국의 순항미사일(cruise missile)은 고도의 정밀도를 확보한 상태이기 때문에[29] 식별된 북한의 핵무기 시설을 정확하게 타격할 수 있다. 또한, 수년 내에 한국이 F-35 스텔스 전투기를 확보하게 되면 한국의 선제타격 능력은 더욱 확충될 것이다. 비록 북한이 더욱 많은 핵무기를 제작하거나 이동식 탄도미사일

---

29 한국군이 보유하고 있는 순항미사일의 경우 비행속도가 느리다는 단점은 있지만, 사거리가 1,500km로서 북한 전역을 타격할 수 있고, 컴퓨터에 입력한 지도를 따라 비행하다 최종 순간에 적외선 영상 방식으로 목표물을 확인하여, 1~3m 크기의 창문틀 안에 들어갈 정도로 정확하고, 이동식은 발사차량은 물론이고 함정에서도 발사할 수 있다고 국방부가 발표한 바 있다 (조선일보 2012/04/20, A4).

발사대를 증대시키는 등으로 핵공격 능력을 발달시킬 경우 점점 어려워질 수는 있지만, 현 상황에서도 한국은 충분히 선제타격을 시행 및 성공할 수 있다. 현재 상황에서 한국이 공군기를 동원하여 북한의 핵미사일 기지를 타격하는 공격 각본을 상상해보면 다음과 같다.

정보판단에 의하면 북한의 핵무기는 평남 지역의 A기지, 평북 지역의 B기지, 그리고 함북지역의 C기지에 분산되어 있는 것으로 판단되었다. 한국군은 세 개의 기지를 동시에 공격한다는 계획을 수립하였고, 각각의 표적에 대하여 F-15와 F-16으로 공격편대군을 구성하였다. F-15는 공격을 실시하고, F-16은 적방공망 제압을 위한 임무와 출동하는 적의 항공기를 격추하는 임무를 수행하도록 하였다. F-15 항공기에는 지대지 공격을 위한 정밀유도포탄을 장착하였다. 적의 방공망 위협을 최소화하기 위해 전체 공격 편대군이 동해를 통하여 함경남도로 접근한 후 특정한 지점부터 할당된 임무에 따라 목표지역으로 분산하도록 하였다. 함경남도로 접근할 동안 추가적인 F-16 2개 편대가 호위를 하고, F-15 2개 편대가 만일의 사태를 대비하여 뒤따르도록 하였다. 전투피해 확인을 위한 정찰기가 편대군 뒤를 후속하도록 하였고, 서해지역에서 3개 공격편대가 기만공격을 연출하여 적의 주의를 분산시키도록 계획하였다. 공격의 성공을 보장하고자 공군기 타격 10분 전에 순항미사일로 해당 표적을 먼저 타격하도록 하였고, 공군기 공격 후 추가타격을 위하여 탄도미사일도 대기하도록 하였다. 공군기는 순항미사일 공격을 확인하면서 미흡한 부분을 집중적으로 공격하도록 하였고, 예상하지 않았던 표적도 공격할 수 있도록 융통성을 부여한다는 개념이었다. 공격을 완료한 항공기는 최단시간 내에 탈출할 수 있도록 경로를 선정하였다(박휘락 2012b, 133).

Ⅳ. 선제타격 관련 정책 방향

1. **선제타격의 불가피성과 조건에 대한 적극적 논의**

　무엇보다 한국 국민들은 선제타격의 불가피성을 냉정하게 이해해야 한다. 핵공격을 받은 후 미국의 확장억제에 의하여 응징보복함으로써 승리하였다고 하더라도 승리 자체가 의미 없을 정도로 남북한의 상처가 클 수 있다. 따라서 응징적 억제는 필요한 대안 중의 하나이기는 하지만 지나치게 의존할 수는 없다. 가능하기만 하면 최선이지만 핵미사일 방어체제는 상당한 비용과 기술이 소요될 뿐만 아니라 북한과 인접하고 있는 한국의 현 상황에서 어느 정도로 기술이 개발되어야 충분한 보호를 보장할지 알 수 없다. 상황이 이러하기 때문에 한국에게 선제타격은 생존을 위한 필사의 조치이고, 남북한 모두가 핵폭발로 불모지대가 되는 것을 예방하는 방법이며, 핵공격을 받는 것보다는 유리한 대안이다.

　선제타격과 관련하여 실질적으로 중요한 사항은 어떤 조건이 되었을 때 선제타격을 할 것이냐에 대한 연구와 국민적 합의이다. 현재 한국군의 공식적 입장은 북한이 핵무기를 사용한다는 '명백한 징후'가 있으면 선제타격한다는 것이지만, 어떤 것이 그러한 상태이냐를 판단하기는 쉽지 않기 때문이다. 어떤 사람은 북한이 핵미사일로 공격한다는 위협을 한 상태에서 발사를 위한 구체적인 준비를 할 때, 어떤 사람은 북한이 핵미사일에 연료를 주입하기 시작하였을 때, 또 어떤 사람들은 연료주입이 종료된 후 로켓에 점화하고자 할 때를 명백한 징후라고 생각할 것이다. 빠른 시기에 선제타격을 할수록 성공의 가능성은 높아지지만, 성급하게 상황을 악화시키거나 국제적 및 국내적 여론의 지지를 받지 못할 수 있다. 대신에 기다릴수록 징후는 더욱 명백해지지만, 성공의 가능성도 낮아지고 그만큼 위험해진다. 결국, 다양한 상황에 대한 냉정한 이해와 다수의 솔직한 토의를 통한 의견의 수렴이 필수적이라고 할 것이다.

이제 한국은 국가 차원에서 다양한 상황을 검토하여 어떠한 조건에 도달하면 선제타격 하겠다는 방침을 정해두고, 누가 어떻게 건의하여 결정할 것인지에 대한 절차를 발전시킨 후, 이를 규정화하여 사전에 정해둘 필요가 있다. 북한의 핵미사일 공격이 임박한 상황을 평가하는 데 필요한 척도(measure)를 설정하고, 그러한 척도를 종합한 결과가 어느 수준에 이르게 되면 선제타격을 고려하도록 할 수도 있다. 특히 선제타격을 할 수밖에 없는 조건을 금지선(red line) 개념으로 설정하여 북한에 통보함으로써 선제타격의 조건도 확실하게 설정하면서 북한의 핵미사일 공격을 사전에 억제하는 효과도 달성할 수 있다.

당연히 한국군은 정치지도자가 선제타격의 결정을 내렸을 때 이를 착오 없이 수행할 수 있도록 선제타격을 위한 세부적인 계획을 발전시키고, 필요한 능력을 함양해나가야 할 것이다. 선제타격을 공식적인 북한 핵무기 대응방안의 하나로 선정하여 군사교리에 포함시킬 필요도 있을 것이다. 특히 최근 거론되고 있는 '킬 체인'과 같이 외국군의 개념을 무비판적으로 수용하기보다는 한국의 상황과 여건에 부합되는 선제타격의 개념과 계획을 발전시켜 나가야 할 것이다.

2. 북한 핵미사일에 대한 충분한 작전정보 획득

북한의 핵무기나 탄도미사일 개발에 대한 일반적인 정보만으로는 선제타격의 성공을 보장하기는 어렵다. 실제적으로 선제타격을 실시하여 성공하는 데 필요한 구체적이면서 행동을 가능하게 하는 정보(actional intelligence), 즉 작전정보가 획득되어야 한다. 즉, 북한이 몇 개의 핵무기를 개발하여, 어떤 형태로, 어디에 배치 또는 보관하고 있고, 그것을 어디로 이동시키고 있는지를 정확하게 알아야 타격에 성공할 수 있기 때문이다. 따라서 한국은 가용한 국가 및 군 정보자산들을 최대한 활용하여 이러한 정보의 수집과 분석에 주력해야 하고, 국제적인 정보협력도 전개하며, 필요할 경우 첨단의 새로운 정보역량을 확충하여야 할 것이다. 북한의 핵무기에 대해서는 세계 어느 국가보다 한국이 가장 정확한 정보를 확보하고 있어야 주도적인 조치가 가능하다.

핵미사일에 관한 작전정보의 획득을 위한 관건은 인적정보(Humint: Human Intelligence) 자산의 적극적인 운영일 수 있다. 핵무기와 같은 극비의 정보를 영상이나 신호와 같은 기술정보(Techint: Technical Intelligence)만으로 획득하기는 어려울 것이기 때문이다. 2012년 12월 12일 북한이 장거리 탄도미사일 시험발사를 할 때 북한이 천막으로만 가렸는데도 한국과 미국은 그 속에 탄도미사일이 있는지 없는지를 파악하지 못한 채 북한의 기습적인 탄도미사일 발사에 놀라고 말았듯이, 기술정보는 적의 기만작전에 취약할 수 있다. 한국은 국가의 존망을 좌우할 중대한 사항이라는 인식하에 북한 핵무기와 탄도미사일의 위치, 수량, 변동사항에 관한 종합적인 데이터베이스를 구축하고, 적극적인 인적정보자산 활용을 통하여 한 가지 한 가지씩 파악하여 채워나가야 할 것이다. 하나의 핵무기, 한 기의 탄도미사일도 놓치지 않도록 철저한 정보력을 갖춰야 할 것이고, 이것이 정부의 최우선 과제가 되어야 할 것이다.

3. 선제타격 계획과 전력 발전

선제타격은 일단 시행될 경우 100% 성공하여야 한다. 따라서 한국군은 선제타격의 지시가 하달될 경우 성공을 보장할 수 있도록 체계적이면서 현실적인 계획을 작성해두고, 필요시 연습하며, 이를 구현하는 데 필요한 첨단의 전력을 확보해나가야 한다. 당장 국가수뇌부에서 명령이 하달될 경우 공격대형을 어떻게 편성하고, 북한의 방공망을 어떻게 회피하며, 표적을 어떻게 할당하고, 타격 후 어떻게 귀환할 것인가에 대한 구체적인 계획을 작성하고, 시행을 연습하며, 현실성 측면에서 계속 보완하여 성공 가능성을 강화할 수 있어야 한다. 이러한 계획의 수립과 연습이 전쟁기획에서 가장 중요한 주제로 논의되어야 할 것이다.

당연히 한국은 선제타격의 성공을 보장할 수 있는 제반 전력을 증강하는 데 집중적인 노력을 기울일 필요가 있다. F-15 2개 대대를 포함한 한국의 현 공군력으로도 어느 정도의 선제타격은 가능하지만, 성공의 가능성을 높이고자 한다면 미군의 F-22나 F-35와 같은 스텔스기를 확보하거나 스텔스 무인공격기를 확보해야 할 것이다. 또한, 북한에 대한 표적 정보를 획득하려면 다양한 무인 및 유인정찰기, 인공위성, 그리고 레이더도 필요할 것이다. 타격수단의 경우 순항미사일은 정확도는 높지만, 표적정보가 불확실할 경우 성공의 가능성이 떨어지고, 한국이 보유하고 있는 탄도미사일은 정확도가 낮다는 점에서 미사일에 의존하는 것은 마땅치 않다. 이러한 점에서 조종사가 상황을 판단하여 계획을 상황에 맞게 수시로 조정할 수 있고, 방어나 공격 등의 모든 임무에 동원할 수 있는 공군기를 확보하는 것이 선제타격에는 더욱 유리한 대비책일 것이다.

선제타격을 결행할 경우 그에 대한 북한의 반발도 예상하여 철저한 대비책을 강구하지 않을 수 없다. 선제타격을 당하고도 북한이 아무런 대응조치를 강구하지 않지는 않을 것이기 때문이다. 한국이 북한의 핵시설을 타격할 경우 북한은 잔존한 핵무기로 한국을 공격할 수 있고, 모든 핵무기가 파괴되었다고 하더라도 갱도포병과 장사정포로 전방지역의 표적은 물론 수도권까지 공격할 수 있으며, 보유하고 있는 1,000발 정도의 다양한 탄도미사일로 한국의 도시들을 공격할 수 있다. 북한은 화포와 탄도미사일에 화생무기를 탑재하여 공격할 수도 있다. 이러한 반발을 우려하여 1994년 페리 국방장관은 당시 검토하던 북한의 영변 핵시설에 대한 정밀타격 방안을 대통령에게 건의하지 않았다고 설명하고 있다(Carter and Perry 1999, 129). 이러한 우려로 인하여 선제타격을 결행하기가 어려운 것이다. 앞에서 반복적으로 설명한 바와 같이 선제타격은 최선의 대안이 아니라 불가피하여 실시하는 것이라는 점에서 북한의 반발에 따른 위험까지도 충분히 고려하지 않을 수 없고, 그러한 반발을 억제하거나 조기에 무력화시킬 수 있는 방안까지 강구해야 할 것이다.

4. 한미연합 대응 노력

선제타격의 경우 국제적인 파급효과도 걱정해야 하므로 동맹 및 우방국과의 협의가 중요할 수 있다. 한국은 동맹관계인 미국과 긴밀하게 협의함으로써 국제적 비판에 대비할 필요가 있다. 미국의 지원을 받을 경우 성공의 가능성이 높아지고, 북한도 함부로 반발할 수 없을 것이다. 협의는 당연히 간섭을 수반하게 되겠지만, 기대되는 이점이 그것을 상회할 가능성이 크다. 한국은 불가피할 경우 단독으로라도 선제타격을 실시한다는 단호한 태도를 견지하되 가능하면 미국과 공동으로 시행하고자 노력할 필요가 있다.

미국도 수만 명의 주한미군과 자국민들의 안전을 고려할 때 북한이 핵무기를 사용하겠다고 위협할 경우 선제적인 조치를 계속 미루기는 어렵다. 미국은 1994년 북한의 핵시설을 정밀타격으로 제거하는 방안을 적극적으로 검토한 바도 있지만, 2009년 9월 영변의 핵발전소에서 증기가 다시 올라오면서 북한이 재가동한다는 정보가 있자 이것이 '레드라인(red line: 금지선)'을 넘은 것이라고 언급한 바 있고(조선일보 2009/05/27, A1). 2012년 4월 17일 미 태평양 사령관인 새뮤얼 라클리어(Samuel Locklear)도 정밀타격(surgical strike)을 포함한 "잠재적인 모든 방안(potentially all options)"을 고려하겠다고 밝힌 바 있다(조선일보 2012/04/18, A5). 한국은 선제타격이 불가피하다고 판단되는 구체적인 조건을 미국과 함께 사전에 협의하고, 양국이 협의 및 시행하는 절차를 사전에 정립해둘 필요도 있다.

이러한 점에서 한미 양국은 국방부 간에 설치된 협의기구를 통하여 적극적으로 협의하고, 미국과 NATO 간에 설치된 핵기획단

(NPG: Nuclear Planning Group)[30]과 같이 북한의 핵위협에 대한 평가와 미 핵전력의 운용까지도 포함하는 한미 양국의 대응방안을 더욱 실질적으로 논의하는 방안도 모색할 필요가 있다. 북한의 핵미사일 도발에 대하여 미국이 어떤 전력으로 어떻게 대응할 것인가에 대한 방향과 계획을 한국 수뇌부가 정기적으로 보고받도록 협조할 필요도 있다.

5. 최악의 상황을 가정한 국민적 조치

한국이 선제타격에 성공하지 못할 경우 북한은 핵무기로 한국을 공격할 것이고, 그렇게 되면 한반도에서 핵무기가 폭발하는 상황이 발생할 수도 있다. 국민들이 선제타격을 위험한 방안이라고 판단하는 이유가 이것이다. 다만, 선제타격을 하지 않으면 핵폭발의 위험성은 더욱 커진다. 따라서 핵폭발이라는 최악의 상황에서 국민들의 생존성을 보장할 수 있도록 핵대피(核待避), 또는 핵민방위(核民防衛)를 추진할 필요가 있다. 사실 이것은 선제타격과 관련해서만 검토해야 하는 과제가 아니고, 북한이 핵무기 개발에 성공하게 되는 순간부터 고려 및 실천했어야 할 사항일 것이다.

정부는 국민들에게 핵대피가 불가피해진 상황임을 설명하고, 그에 관한 구체적인 지침을 발전시켜 교육할 필요가 있다. 북한의 핵

---

30 1966년부터 미국과 NATO 간에 설치되어 소련의 핵공격에 대한 대응방안과 핵전력의 사용정책 및 절차를 논의하였다. 프랑스를 제외한 모든 NATO국가 국방장관들이 1년에 1~2회 정기적으로 만나서 필요한 사항을 결정하고, 평시에는 참모단 및 미국 중심의 고위급단(High Level Group)에서 주도한다. 냉전 종료 이후에는 비확산(non-proliferation)으로 주제의 비중이 전환되고 있다.

공격이 임박하였거나 발생하였을 경우 어떤 식으로 경보할 것이고, 국민들은 어떤 장소로 어떤 절차를 통하여 대피해야 한다는 구체적인 계획을 작성하여 배포해야 할 것이다. 매월 실시하고 있는 민방공훈련에서 핵공격 대비에 중점을 두는 등으로 실제적인 대비훈련을 해야 할 것이다. 국민들도 이것을 불안 및 불편하게 생각할 것이 아니라 북한의 핵무기 개발에 대한 만전지계(萬全之計)임을 이해하여야 한다. 스위스는 영세중립국이고 핵무기로 공격하겠다는 국가도 없지만, 국민 모두를 대피시킬 수 있는 핵대피 시설을 구축해두고 있다.

정부는 북한의 핵미사일 공격을 가정하여 어느 정도의 대피시설이 필요하거나 최선인가를 분석하고, 유사시 국민들이 사용할 수 있는 대피시설을 지정하며, 추가적으로 건설하거나 보완해야 할 소요를 판단하여 완전성을 향상시킬 필요가 있다. 한국의 경우 도시별로 지하철이 발달하여 있다는 점에서 이것을 효과적으로 활용할 필요가 있고, 지하시설을 구축할 때 미리 핵폭발 상황을 가정하여 최소한의 추가조치를 병행시킬 수도 있다. 아파트 단지 및 대형빌딩들에 구축된 지하주차장을 핵대피시설로 어떻게 보완할 것인가를 연구할 필요도 있을 것이다.

V. 결론

북한이 핵미사일로 공격하거나 공격하겠다고 위협할 경우 현 상태에서 한국에게 가용한 방안은 공군력, 순항미사일, 탄도미사일 등 가용한 모든 전력을 동원하여 북한의 핵미사일 자체, 발사대, 발사 관련 시설을 파괴하여 발사 자체가 불가능하도록 만드는 방법밖에 없다. 비핵무기밖에 보유하고 있지 않은 한국의 응징보복이 북한의 핵미사일 사용을 억제시킬 수 없고, 한국은 공격해오는 핵미사일을 공중에서 직격파괴 시킬 수 있는 능력을 보유하지 못한 상태이기 때문이다. 당연히 한국군은 명령이 하달될 경우 완벽하게 성공할 수 있는 계획과 능력을 갖춰나가야 할 것이다.

다만, 다수의 국민이 선제타격을 '미리 공격하는 것'으로만 이해하여 위험하다고만 생각하고 있고, 이러한 국민 여론이 반영되어 선제타격 방안은 한국에서 제대로 토론되지 못하고 있으며, 결과적으로는 한국의 가용한 대안의 범위를 제한하고 있다. 선제타격은 불가피한 상황에서 선택할 수밖에 없는 유일한 대안이라는 점을 국민들이 충분히 이해해야 하고, 정부와 군대는 그의 성공에 필요한 제반조치를 철저하게 강구해둘 필요가 있다. 무엇보다 북한 핵미사일의 수량과 질, 배치현황, 이동 상태, 취약성 등을 포함하는 구체적이면서 실질적인 작전정보를 확보해야 하고, 이에 근거하여 유사시 타격할 수 있는 구체적인 계획을 수립하며, 그러한 계획을 구현할 수 있도록 연습을 하고, 부족한 전력이 있다고 판단할 경우 최우선 순위를 부여하여 증강할 수 있어야 한다. 특히 한국은 어떤 상황에서도 북한의 핵미사일이 한국을 공격하는 상황이 있어서는 곤란하다는 차원에서 단독으로도 선제타격을 할 수 있는 준비를 하되, 한미동맹에 입각하여 미국과 사전에 협의하고 공동으로 준비함으로써 성공의 가능성을 높일 수 있어야 할 것이다.

북한이 핵미사일로 한국을 공격할 수 있고, 한국이 효과적으로 방어하기 어려운 현재의 상황은 통상적인 접근으로 대응할 수 있는 상황이 아니다. 국가안보에 대하여 새로운 패러다임(paradigm)을 적용해야 하거나 게임의 차원이 바뀐(game changer) 절박한 상황이다. 북한의 핵미사일이 한국에서 폭발하는 것을 허용할 수 없다면, 북한이 핵미사일로 공격할 것이라는 '명백한 징후'가 존재할 경우의 선제타격은 국민들과 민족의 생존을 위한 불가피한 조치일 수 있다. 선제타격이 공세적이거나 위험해 보인다고 하여 논의 자체를 꺼릴 경우 북한의 핵사용 가능성은 높아지고, 국민들이 핵공격에 노출될 위험성은 더욱 커질 것이다.

05 | 핵대피

        예기치 않은 방향으로 남북한 관계가 극단적으로 악화되어 북한이 핵미사일로 한국을 공격하면 어떻게 하나? 이러한 상황을 가정하는 것 자체가 자기충족적 예언(self-fulfilling prophecy)이 될 우려가 없는 것은 아니지만, 언제까지 이 질문을 회피할 수는 없다. 핵무기 공격을 받더라도 국가의 독립과 국민들의 생존은 계속되어야 하고, 수발의 핵무기가 폭발한다고 하여 모든 국민이 사망하거나 국토가 불모지대로 변모하는 것은 아니기 때문이다. 핵폭발의 위력이 크기는 하지만 어느 정도의 예방조치를 강구하거나 필요한 조치를 즉각적으로 강구할 경우 피해를 줄일 수 있다.

  장기적으로 볼 때 핵대피 조치는 핵전쟁의 억제에도 도움이 될 수 있다. 우리가 효과적 대피조치를 강구하였을 경우 상대는 공격의 효과도 거두지 못하면서 국제적인 지탄을 받거나 대규모 보복에 직면하게 될 것으로 생각하여 쉽게 핵공격을 결심하기 어렵기 때문이다.

권투 시합에서도 상대의 맷집이 강할 경우 함부로 공격하기 어려운 것과 같다. 그래서 냉전 기간에 미국과 소련은 대규모 민방위(civil defense) 조치를 강구하였던 것이다. 내키지 않는 과제지만, 최악의 상황을 가정하는 것이 국가안보라고 한다면 핵폭발에 대비한 대피 조치도 언제까지 회피할 수는 없다.

I. 핵무기 폭발에 의한 피해

1. 핵폭발의 위력

핵무기가 폭발하면 폭풍(blast), 열(heat), 방사선(radiation)이 발생하여 인명과 시설을 살상 및 파괴시킨다. 핵무기가 폭발하면 지상에 대형의 구덩이가 발생하고, 대규모 화염이 발생하며, 폭풍이 빠르게 확산되고, 버섯 모양의 구름이 형성된다. 그 과정에서 열복사선이 빛의 속도로 전파되면서 화재를 발생시키고, 강력한 폭풍이 인명을 살상하거나 건물을 파괴시킨다. 또한, 초기방사선으로서 감마선과 중성자가 발산되고, 낙진(落塵)이 잔류방사능을 발산하면서 광범위한 지역을 오염시킨다. 각 효과의 비중은 폭발형태에 따라서 달라지지만 대체로 폭풍 효과가 가장 크고, 다음으로는 열과 방사선이다. 전자기파(EMP: Electromagnetic Pulse)가 발생하여 전기 및 전자기기들을 무력화시키기도 한다.

핵폭탄의 위력(yield)은 주로 TNT 양으로 표시되는데, 1945년 8월 일본의 히로시마는 약 16kt, 나가사키에는 약 20kt 위력의 원자폭탄이 투하된 바 있고, 그 결과 히로시마에서는 90,000~166,000명, 나가사키에서는 60,000~80,000명 정도가 사망한 것으로 알려졌다. 미국과 러시아는 수십mt(megaton) 위력의 핵무기를 개발하기도 하였지만, 북한의 경우에는 아직은 수십kt의 위력에 국한될 것으로 판단하고 있다.

2004년 미국의 환경기구인 NRDC(Natural Resources Defense Council)의 맥킨지(Matthew G. McKinzie)와 코크란(Thomas Cochran) 박사의 발표에 의하면, 1945년 히로시마와 나가사키에서 폭발한 핵무기와 동일한 형태로(지상 500m 공중폭발) 서울에 핵무기 공격이 있을 경우 서울은 인구밀도가 높아서 6배 정도 많은 사상자가 예상된다고 한다. 지면에서 폭발할 경우에는 10배가 넘는 사상자가 발생하고 전국토가 오염될 것으로 분석하고 있다. 즉, 15kt의 핵무기가 서울 500m 상공에서 발생하면 62만 명의 사상자, 100미터 상공이면 84만 명의 사상자, 지면폭발이면 125만 명의 사상자가 발생한다는 분석이다(McKinzie & Cochran 2004).

한국 국방연구원에서도 독자적 시뮬레이션을 통하여 핵무기 폭발 시의 피해를 판단해본 적이 있다. "통상적인 기상조건에서 서울을 대상으로 20kt급 핵무기가 지면폭발 방식으로 사용된다면 24시간 이내 90만 명이 사망하고, 136만 명이 부상하며 시간이 경과할수록 낙진 등으로 사망자가 증가한다. 100kt의 경우 인구의 절반인 580만 명이 죽거나 다친다. 용산 상공 300m에서 20kt급 핵무기가 폭발하는 경우 30일 이내에 49만 명이 사망하고 48만 명이 부상당할 것이고, 100kt급 핵무기를 300m 상공에서 폭발시키는 경우 180만 명이 사망하고 110만 명이 부상당할 것으로 예상된다"(김태우 2010, 319)

는 것이다.

핵무기가 서울과 같은 밀집된 도시에서 폭발할 경우 상상하기 어려운 대규모 피해가 발생하는 것은 말할 필요가 없다. 피해규모는 북한이 핵무기의 숫자와 질을 향상시킬수록 늘어날 것이다. 다만, 냉정을 되찾아서 살펴볼 경우 15~20kt의 핵무기 1발이 사용되어 100만 명 정도의 피해가 발생한다면, 1,000만 명 정도의 서울 거주 인구를 고려할 때 생존자가 더욱 많다는 것이고, 사전에 대피조치를 강구할 경우 그 피해는 더욱 줄어들 수 있다. 따라서 핵무기가 폭발하기만 하면 모든 것이 끝났다고 생각하는 대신에 피해를 최소화할 수 있는 방안을 모색하는 것이 합리적이라고 할 것이다.

2. 핵피해의 형태

핵무기에 의한 공격을 받을 경우 가장 즉각적이면서 치명적인 피해는 핵폭풍에 의하여 발생하는데, 핵폭발 원점을 중심으로 생성된 강한 압력이 시속 수백km 속도로 사방으로 분산되어 나가면서 강한 폭풍을 일으켜 인명을 살상하고, 건물 등을 파괴한다. 원점 근처에서는 대형 빌딩도 붕괴될 정도로 위력이 크다. <표 5-1>은 10kt 핵폭발 시의 압력과 바람의 속도인데, 최고풍속이 음속과 유사한 수준에 이르고, 700m 이내의 빌딩은 대부분 파괴된다. 핵폭풍과 함께 강력한 열복사선이 방사되어 화재를 유발하거나 화상을 입힐 것이다.

최대 압력(psi)	원점에서의 거리(km)	최대 풍속(km/h)
50	0.29	1,503
30	0.39	1,077
20	0.48	808
10	0.71	473
5	0.97	262
2	1.8	113

- 0.1~1psi: 빌딩에 대한 소규모 피해, 유리창 정도 파손
- 1~5psi: 빌딩에 대한 상당한 피해, 원점 방향의 부분 피해
- 5~8psi: 빌딩에 대한 심각한 피해 또는 파괴
- **9psi 이상: 튼튼한 빌딩만 심각한 피해 후 건재하고, 나머지 빌딩은 파괴**

출처: National Security Staff Interagency Policy coordination Subcommittee 2010, 16.

노력할 경우 상당할 정도로 피해를 감소시킬 수 있는 것은 낙진에 의한 방사능 오염이다. 낙진은 천천히 광범하게 떨어지기 때문이다. 낙진의 방사능은 시간이 흐름에 따라 급격히 약화되기 때문에 일정한 기간만 대피하면 피해를 크게 줄일 수 있다. 낙진의 방사능은 핵폭발 1시간 후 1,000R(렌트겐; roentgens)/H이라면 7시간 이후에는 100R/H, 14시간 이후에는 43R/H, 그리고 48시간 이후에는 18R/H까지 떨어지고, 2주 후에는 1R/H까지 떨어진다(Kearny 1987, 11~12). 암기하기 쉽도록 "7-10 규칙(seven-ten rule)"이라고 하는데, 이는 7시간 이후에는 1/10, 49(7×7)시간 이후에는 1/100으로 떨어진다는 설명이다(FEMA 1985, 5). 대체로 2일만 견디면 간헐적인 활동이 가능하고, 2주 후에는 전반적인 활동이 가능할 수 있다.

방사능에 노출되었다고 하여 모두 사망하는 것이 아니라 개인별 건강상태에 따라 시간과 치명성의 정도가 다를 수 있다. 대체로 450R/H를 받은 사람 중에서 1/2 정도가 사망하는 것으로 되어 있다

(Kearny 1987, 13). 다만, 대피소 등에서 오랜 기간 불편한 생활을 함으로써 영양이 부족하거나 스트레스가 많을 경우 이보다 적은 양에 노출되어도 피해가 발생할 수 있다. 방사능에 노출된 정도별 증상을 정리하면 <표 5-2>와 같다.

〈표 5-2〉 방사능 노출 시 증상

방사능 노출 정도	증상
50~200R (Roentgen)	1/2 이하가 24시간 이내에 어지럼증과 구토 증상. 일부는 쉬 피로해지고, 5% 미만이 치료 필요. 다른 병이 있을 경우 합병증으로 사망 가능
200~450R	이 정도의 방사능에 잠시 노출되어도 1/2 정도가 수일 동안 어지럼과 구토 증상. 1/2 이상이 머리가 빠지고, 목 따가움 등 질병 발생. 백혈구의 파괴로 면역이 약해짐. 대부분이 치료를 받아야 하나, 1/2 이상은 치료 없이도 생존 가능
450~600R	수일에 걸쳐 심각한 어지름 및 구토 증상. 입, 목구멍, 피부로부터 다량의 출혈 및 머리 빠짐. 목감기, 폐렴, 장염과 같은 질병 발생. 치료 및 입원 필요. 최선의 치료에도 1/2 이하만 생존
600~1,000R 이상	심각한 어지럼증과 구토 증상. 약을 처방하지 않으면 이 증상은 수일 또는 사망 시까지 계속. 출혈이나 탈모 증세도 없이 2주 후에 사망 가능. 최선의 치료에도 생존 가능성 희박
수천 R	노출 직후 쇼크 발생. 수 시간 또는 수일 내 사망

* 방사능에 노출될 경우 초기에는 식욕 감퇴, 어지럼증, 구토, 피곤, 허약, 두통과 같은 증세가 나타나다가 나중에는 입이 따가움. 탈모, 잇몸출혈, 피하출혈, 설사 등이 발생함.

출처: FEMA 1985. 7~8.

핵폭발이 다른 어느 무기보다 치명적인 피해를 야기하는 것은 분명하지만 그렇다고 하여 노출된 모든 사람이 사망하는 것은 아니다. 또한, 핵무기가 폭발하더라도 적절한 사전 및 사후 조치를 강구할 경우 피해를 상당히 감소시킬 수 있는 것은 사실이다. 미국에서도 워싱턴(Washington D.C.)에 10kt의 핵무기가 투하되었을 경우 30만 정도는 사망하더라도 나머지 대부분은 생존하고, 생존자 중에서

250,000명 정도가 낙진에 의한 피해를 당할 가능성이 있는데, 사전에 대비조치를 강구해둔 상태이거나 폭발 당시라도 적절한 노력을 기울이면 90% 정도의 피해는 예방할 수 있다고 분석하고 있다 (Connor 2013).

II. 핵폭발 시 대피조치의 형태

핵폭발로부터 피해를 최소화하기 위한 노력은 크게 세 가지로 구분해볼 수 있다. 그중에서 우선적인 것은 핵공격에 대한 경보/안내 (warnings and communications)이고, 실제적 대피의 두 가지 형태는 소개(疏開, evacuation)와 대피소(shelter)이다.

1. 경보와 안내

경보와 안내는 핵공격이 임박하거나 일어났다는 사실, 그리고 국민들에게 핵공격 이후 진행되고 있는 상황을 알리거나 피해를 줄일 수 있는 행동방향을 제시해주는 활동으로서, 핵폭발 시 정부가 가장 긴급하게 조치해야 할 사항이다.

경보의 경우 전략적 경보(strategic warning)와 전술적 경보(tactical warning)로 나눌 수 있다(Kearny 1984, 22). 전략적 경보는 상대가 핵무기를 발사할 준비를 하고 있음을 알려 예방조치를 강구하도록 하는 활동으로서 수일 전에 내려지는 것이 통상적이다. 전략적 경보가 내려지면 사람들은 다른 지역으로 소개하거나 대피소를 구축 및 보강하고, 그 외에 피해를 최소화하기 위하여 필요한 조치들을 강구해야 한다. 모든 국민은 정부의 경보와 안내를 청취할 수 있는 수단을 확보하고, 핵폭발 시 대처요령을 강구하며, 대피소의 위치를 확인하거나 이동하고, 2주 정도 대피소에서 생활하는 데 필요한 준비를 하거나 대피소에서 생활하고 있어야 할 것이다.

전술적 경보는 상대의 핵미사일이 발사되었다는 사실에 대한 경보로서, 상대국과의 거리에 따라서 다를 수밖에 없다. 전략적 경보가 선행된 후 전술적 경보가 하달될 경우 피해를 줄일 수 있고, 수분의 전술적 경고라고 하더라도 국민들이 응급조치를 취하는 데 유용할 수 있다. 미국의 경우 해양으로 이격되어 있어서 상대의 핵미사일이 발사된 사실을 확인한 후 최소한 15~20분 정도의 시간이 주어지지만, 한국의 경우에는 거리가 짧아서 전술적 경보가 수 분 또는 거의 주어지지 않을 가능성이 높다. 경보가 전혀 없는 상황에서 핵폭발이 일어났다고 하더라도 섬광을 본 후 폭풍이 도착하기까지의 수 초 동안이라도 건물의 안쪽으로 신속히 이동한다든지, 지상에 눈을 감고 엎드린다든지, 귀를 막는다든지, 잎에 손수건이나 천을 넣어서 문다든지 하는 행동만으로도 생존의 가능성을 상당할 정도로 높일 수 있다.

국민들에게 적시적인 경보와 안내를 전달하기 위해서는 텔레비전, 라디오, 공공기관의 확성기 등 가용한 모든 수단을 동원해야 한다. 국민 각자도 건전지용 라디오를 사전에 준비함으로써 정전 상태에서라도 경고 및 안내 방송을 들을 수 있도록 준비해야 한다. 유사시 정확한 경보와 안내를 보장하고자 한다면 사전에 이에 관한 내용을 작성해두었다가 당시 상황에 맞도록 일부를 조정하여 전달하는 것이 효과적이다. 경보와 안내를 실시하거나 청취하는 훈련을 간헐적으로 실시하고, 미흡한 점이 있으면 도출하여 지속적으로 개선해나갈 필요가 있다.

핵공격에 대한 경보를 받은 국민들은 각자가 핵폭발로부터 피해를 최소화하는 데 필요한 조치를 시행해야 한다. 거리에서 있을 경우에는 바로 대피소나 집으로 이동해야 할 것이고, 직장에 있을 경우에는 빌딩의 지하실이나 깊숙한 곳으로 대피해야 할 것이다. 집에서는 가스, 전기, 기름을 끄거나 잠그고, 창문과 커튼을 닫은 후 대피소로 이동해야 한다. 생사를 좌우하는 상황이라서 국민 각자가 필사적인 조치를 강구할 가능성이 높다는 점을 유의하여, 정부는 통제보다는 당시의 상황과 그에 따른 적절한 행동방향을 적시적이면서 정확하게 알려주고, 국민들은 그를 기준으로 각자가 판단하여 최선의 선택을 하여야 할 것이다. 전체적인 안전을 위하여 정부에서 강제할 사항이 있을 경우에는 철저하게 통제할 수 있어야 할 것이다.

2. 소개

소개는 핵무기 폭발의 위험이 있는 지역으로부터 그렇지 않은 지역으로 주민들을 옮기는 활동이다. 핵무기는 통상 도시나 주요 군사시설을 대상으로 사용될 것이기 때문에 핵공격이 임박해질 경우 위험성이 높은 지역에 있는 사람들을 덜 위험한 지역으로 강제적 및 자발적으로 이동시킬 수 있다. 다만, 핵무기가 어디에 투하될지, 그리고 바람 방향이 어떠할지를 확실하게 아는 것이 어렵고, 오히려 이동하는 도중에 방사능에 노출될 위험성도 클 수 있다. 정부에서 치밀한 계획을 수립해두지 않았을 경우 소개 자체가 상당한 혼란을 초래할 수 있고, 위기의 상황에서 계획대로 시행된다는 보장도 없다. 따라서 현 위치가 핵공격의 표적이라는 확실한 정보가 있고, 이동하여 머물 안전한 지역이 있으며, 도로가 막히거나 통제되지 않고, 이동수단이 확실할 때만 소개를 선택하는 것이 합리적이다(Connor 2013, 3).

소개할 경우 이동하는 데만 치중해서는 곤란하다. 소개하여 수일 또는 수 주일 생활하는 것까지도 고려하여 준비해야 한다. 소개하는 도중에 대피호를 구축해야 할 수도 있다. 따라서 정부에서 지시를 하든, 개인이 판단해서 시행하든 소개 시에는 <표 5-3>에서 제시되는 바와 같은 물품을 휴대할 필요가 있다.

〈표 5-3〉 소개 시 준비물

범주	종류	품목
1	생존 관련	대피호 구축 및 생존 관련 지침, 지도, 소형 배터리 라디오와 예비 배터리, 방사능 측정 도구, 기타 관련 인쇄물
2	도구류	삽, 곡괭이, 톱, 도끼, 줄, 펜치, 장갑, 기타 대피호 구축에 필요한 도구
3	대피호 구축 재료	방수물질(플라스틱, 샤워커튼, 천, 기타) 등 대피소 구축에 필요한 모든 재료. 환기통 등
4	식수	소형 물통, 대형 물통, 정수제
5	귀중품	현금, 신용 카드, 유가증권, 보석, 수표책, 기타 중요 문서
6	불	플래시, 초, 식용유를 이용한 램프 제작 재료(유리병, 식용유, 헝겊), 성냥과 성냥 보관을 위한 상자
7	의류	방한화, 덧신, 덧옷, 우의와 판초, 활동복과 활동화
8	침구류	슬리핑백 또는 1인당 모포 2장
9	음식	유아용 음식(분유, 식용유, 설탕), 무요리 취식 가능 음식, 소금, 비타민, 병따개, 칼, 뚜껑 있는 냄비 2개. 개인별로 컵, 밥그릇, 수저 한 벌. 급조난로 또는 만들 재료 1
10	위생물품	배설물 보관 용기, 오줌통, 화장지, 생리대, 기저귀, 비누

| 11 | 의약품 | 아스피린, 응급처치물품, 항생제 및 소염제, 환자가 있을 경우 처방약, potassium iodide, 예비 안경, 콘택트렌즈 |
| 12 | 기타 | 모기장, 모기퇴치약, 읽을 책 |

출처: Kearny 1984, 33.

3. 대피소

핵무기의 공격이 예상되거나 감행되었을 경우 소개할 수 없으면 피해를 덜 받을 수 있는 시설로 이동해야 한다. 이 경우 사전에 마련된 공공대피소를 활용하거나, 개인적으로 준비한 대피시설을 이용하거나, 필요할 경우에는 급조로 대피시설을 구축해야 한다. 대피소는 핵폭발 시 폭풍으로부터 안전을 보장할 수 있으면 최선이지만 이를 위해서는 강력한 압력과 바람을 견딜 수 있는 벽과 출입문을 구축해야 하므로 상당한 비용을 감수해야 하고, 구축이 쉽지 않다. 그래서 대부분의 대피소는 '낙진 대피소(fallout shelter)'로서, 방사능을 차단할 수 있는 물질로 둘러싸여 있으면서 낙진의 방사능이 자연적으로 감소되는 시간까지 생활을 지속할 수 있는 공간을 제공하는 형태이다. 이 경우 <표 5-4>에서 그 공간을 둘러싼 벽이 어떤 물질로 구성되느냐가 중요하고, 경보가 내려진 이후라도 미흡한 부분은 보강할 수 있어야 한다. 일반적으로 물질이 단단할수록 방호력이 큰데, 대부분의 방사능을 차단하기 위해서는 벽돌벽은 40cm 이상이 되어야 하고, 흙은 90cm 이상이 되어야 한다.

<표 5-4> 물질별 방호 정도

재료명	동일 방사선 차단 두께	99% 방사선 차단 두께
강철	5cm	13cm
콘크리트	10cm	30cm
벽돌	13~15cm	40cm
모래와 자갈	15cm	45cm
흙	18cm	60~90cm
시멘트블록	20cm	80cm
물	25cm	90cm
책	35cm	
나무	45cm	

* 출처: FEMA 1985, 18; Kearny 1984, 15; Connor 2013, 4~5.

핵공격이 임박할 경우 국민 각자는 공공대피소를 찾든지 아니면 집 근처에서 가용한 대피소를 찾거나 구축해야 한다. 공공대피소의 경우에는 제대로 구축되었을 경우에는 대피효과가 클 수 있지만, 사람이 많아서 지속적인 생활이 어려울 수 있고, 가정 및 개인대피소의 경우에는 대피효과가 미흡할 수 있다. 공공대피소의 경우 국가기관에서 별도로 구축할 수도 있지만, 지하철, 터널, 지하시설, 고층건물의 중간 부분을 공공대피소로 지정하거나 보완할 수 있다(FEMA 1985, 16). 제대로 구축된 공공대피소가 없을 때는 개인이 최선의 공간을 찾아야 하는데, 도시 지역에서는 근처 빌딩의 지하실이나 중간층의 중간지대를 활용할 수 있고, 아파트 지역에서는 지하주차장도 유용할 수 있다.

자신이 거주하는 가옥의 지하실 등 가용한 공간을 보강하여 활용하는 것도 상당히 중요하다. 비록 대피효과는 적을 수 있으나 신속한 대피와 장기간의 생활여건이 보장되기 때문이다. 지하실의 경우 측면은 흙으로 보호되어 있을 것이므로 윗부분과 출입구를 흙마대 등으로 보강할 필요가 있고, 지하실이 없을 때는 집 마당에 땅을 파서 대피호를 만들 수도 있다. 아파트를 비롯한 도시에서는 대피호를 구축하기가 어려운데, 이 경우도 가장 내부에 있는 방을 선택하여 취약한 벽이나 창문을 흙마대나 기타 가용한 물질로 쌓아서 보강한 후 대피소로 사용할 수 있다. 아파트나 복층주택의 꼭대기 층이나 가장자리, 1층짜리 단독주택의 경우에는 아무리 노력해도 한계가 있기 때문에 가운데 층의 이웃과 협조하여 대피공간을 공유해야 할 것이다. 이 경우에도 방 안에 테이블이나 가용한 소재로 또 하나의 공간을 만들고 그 위에 가용한 물질을 쌓은 후 그 속에 거주함으로써 방사능 노출을 더욱 줄일 수 있다.

대피소의 경우 환기, 식수, 음식, 용변에 대한 대책이 필수적이다. 공공대피소든 개인대피소든 전기가 끊어진 상태에서 환기를 보장할 수 있도록 필요한 장비를 사전에 준비하든가 응급조치를 통하여 만들어야 하고, 인원별로 계산하여 2주 정도 견딜 수 있는 식수를 준비해야 하며, 요리하지 않은 채 먹을 수 있으면서 장기간 보관이 가능한 캔류의 식품과 최소한의 식사 도구를 준비해야 한다. 배터리로 가동되는 휴대용 라디오를 준비하고, 보온이 가능한 옷을 준비하며, 약품과 담요도 준비해야 할 것이다. 다수의 사람이 불편을 최소화하면서 지내기 위한 생활규칙도 정립해야 하고, 식수나 음식이 부족할 경우 추가적으로 확보하거나[31] 균등하게 절약하여 사용할 수 있어야

---

31 집의 냉장고에 있는 음료, 우유, 과일, 온수통이나 변기 위 물통에 있는 물, 집의 수도관 속 남아 있는 물 등을 사용할 수 있고, 의심되는 물의 경우에는 천으로 여과한 후 가라앉혀 끓이거나 정수제를 투입한 후 사용할 수 있다.

할 것이다. 대소변의 경우 특별 용기에 보관하였다가 안전해진 후 바깥에 묻을 수 있도록 해야 한다.

Ⅲ. 핵대피와 억제

핵대피는 거부적 억제의 일환으로 인식 및 활용될 수 있는바, 공격해오는 적 미사일을 공중에서 타격하는 것을 거부적 억제의 능동적(active) 조치로, 핵대피를 위한 민방위를 그의 수동적(passive) 조치로 보기도 한다(Green 1984, 2~3). 상대방이 핵무기로 공격하더라도 별로 피해를 당하지 않는다면 상대방이 공격을 자제할 것이기 때문이다. 만약 완벽한 핵대피가 보장된다면 상대방의 공격력은 효과가 없는 상태가 되면서 우리는 피해받지 않은 상태에서 반격할 수 있고, 그렇게 되면 상대방은 일방적인 보복공격을 받을 것을 예상하여 공격을 감행할 수 없다는 논리이다. 튼튼한 민방위 태세를 갖추고 있다는 것은 제2격을 적극적으로 감행하겠다는 의지를 나타내는 것이고, 상대방에게 그 의지를 전달함으로써 핵전쟁을 억제할 수 있다(Green 1984, 11). 그래서 핵폭발에 대한 민방위는 유사시에 사상(死傷)과 피해를 최소화하는 보험(insurance)이면서도 다른 한편으로는 적의 핵사용에 영향을 끼치는 군사전략(military strategy)이라고 평가되는 것이다(Panofsy 1966). 특히 비핵국가의 경우에는 핵무장한 상대방에게 비핵무기로 보복하겠다는 위협 자체가 통하지 않을 것이기 때문에 민방위밖에 대안이 없을 수 있다.

다만, 핵대피를 지나치게 논의하는 것은 억제가 실패할 것이라는 점을 상대방에게 전달하는 효과도 야기하기 때문에 상대의 핵공격을 부추길 위험성이 있다(Delpech 2012, 43). 핵공격자는 상대에게 처참한 피해를 줌으로써 국제사회로부터 비난을 받는 것이 두려울 것인데, 이쪽의 핵대피 조치로 사상자가 최소화일 것이라면 공격할 수도 있기 때문이다. 상대가 갑옷을 입고 있으면 칼을 과감하게 휘두를 수 있는 것과 같은 것으로, 이것이 바로 핵민방위의 역설(paradox)이다(Delpech 2012, 43). 더욱 문제가 되는 것은 핵민방위 또는 대피에 사용되는 천문학적인 비용이다. 국가적 차원에서 수많은 핵대피시설을 만들어야 하고, 유사시에 그러한 것들이 바로 사용되도록 유지하기 위한 비용도 만만치 않으며, 국민들을 대상으로 주기적인 훈련도 시행해야 할 것이기 때문이다. 그래서 그 필요성은 인정하면서도 대부분의 국가가 시행을 꺼리게 되는 것이다.

이러한 점에서 냉전 시대 미국과 소련의 민방위는 상당히 대조적이었다. 미국은 핵민방위의 역설로 인하여 확신을 갖지 못한 채 주저해온 반면에 소련은 핵공격으로부터 생존하기 위한 노력을 적극적으로 경주하였기 때문이다. 소련은 방어를 강화하는 것이 억제를 강화하는 것이라면서 민방위와 억제를 보완적으로 인식하였고(Green 1984, 7), 1966년 제23차 당대회에서부터 민방위를 위한 별도의 조직을 구축하였으며, 그 결과 핵전쟁이 일어나더라도 인구의 2~3% 정도 희생되는 수준으로까지 필요한 조치가 강구된 것으로 평가받고 있다(Wolf 19790). 상호확증파괴전략이 기능하기 위해서는 미소 양국이 핵에 대하여 동일한 피해를 입어야 하는데, 미국이 이 분야에 소련만큼 노력을 기울이지 않음으로 하여 심각한 문제가 발생하였고, 그리하여 레이건 대통령의 전략적 방어구상(Strategic Defense

Initiative)이 도출되었다는 추측도 가능할 수 있다.

한국의 경우 억제 효과를 거둘 정도로 철저한 대피를 하기는 쉽지 않다. 인구집중도가 높은 도시로 구성되어 있어서 대피활동 자체가 제대로 이루어지기가 쉽지 않고, 그 정도로 대피소를 구축하려면 비용이 엄청날 것이기 때문이다. 한국의 대피 수준이 높다고 하여 북한이 공격을 자제할 것인가도 의문이다. 오히려 한국이 핵대피 노력을 본격적으로 추진할 경우 북한의 핵미사일 공격을 자극할 수도 있다.

그러나 억제 차원에서 효과가 불확실하다고 하여 대피조치 자체가 불필요하다는 것은 아니다. 핵공격이 발생하더라도 민족의 생존은 계속되어야 하고, 이를 보장하고자 한다면 최악의 상황에서도 최소한의 피해로 국한시키기 위한 조치를 강구해둬야 할 것이기 때문이다. 더구나 핵대피를 위한 한국의 현 대비수준이 낮은 것이 장단점을 계산한 결과로 그렇게 된 것은 아니다. 정책 결정자들이나 국민들이 핵위협의 심각성이나 핵대피의 방법에 대하여 제대로 알지 못한 채 방치한 결과일 가능성이 더욱 높다. 정부는 우선 핵무기의 위험 정도, 북한의 사용 가능성, 핵피해의 정도를 있는 그대로 국민들에게 알리고, 핵대피의 방법과 결과를 개발하여 국민들에게 적극적으로 설명하며, 그 결과로써 모든 국민이 충분한 지식을 갖춘 상태에서 핵대피에 대한 준비 여부를 판단하도록 할 필요가 있다.

Ⅳ. 핵대피에 대한 외국 사례와 한국의 실태

냉전 시대에 서구에서는 핵전쟁의 가능성을 염두에 두어 대대적인 민방위(civil defense) 활동을 전개하였다. 1945년 일본의 히로시마와 나가사키에 대한 핵공격의 피해를 경험한 서구에서는 1949년 원자폭탄, 1953년 수소폭탄의 실험에 성공한 소련의 핵공격 가능성을 심각하게 고려하지 않을 수 없었기 때문이다. 서구에서는 전통적으로 민방위의 개념이 있었지만, 핵전쟁의 공포로 인하여 그 비중과 체계성이 급격히 강화되었다고 할 것이다. 그리하여 미국, 영국, 독일을 비롯한 NATO 국가들은 물론이고, 스위스나 스웨덴과 같은 중립국들도 핵공격 시 피해를 최소화하는 데 필요한 다양한 방안을 강구하기 시작하였다.[32] 특히 핵공격 시 낙진으로부터의 피해 최소화를 위한 대피소, 특히 지하대피소 구축이 핵심이었다. 이 중에서 대표적으로 냉전 시대에 소련과 대적했던 미국과 영세중립국이면서도 세계에서 가장 철저한 대피시설을 갖춘 스위스의 경우를 소개하고자 한다.

1. 스위스

스위스는 국토가 41,277㎢, 인구가 8백만 명 정도에 불과한 작은 국가이고, 영세중립국이지만 다른 어느 국가보다 철저한 국방노력을 기울이고 있다. 스위스에서 19~26세의 남자는 의무적으로 군 복무를 해야 하고, 18세 이하 남자와 여자는 원할 경우 군복무를 할 수 있다. 스위스 남자는 최소 260일 이상을 군복무를 해야 하는데, 최

---

32 냉전 시대에 소련은 핵전쟁에서도 승리할 수 있다는 인식에서 핵피해를 최소화하기 위한 노력을 적극적으로 경주하였고, 1986년 체르노빌(Chernobyl) 핵발전소 폭발 시에도 소련의 키예프 국민방위여단(Kiev Civil Defense Brigade)이 방사능 제거에 관한 임무를 수행한 적이 있다.

초에는 18주의 훈련을 받고, 이후 10년간은 3주의 소집훈련을 7번 받게 되어 있다(CIA Factbook).[33] 60세 이상의 국민 중에서 면제되지 않은 남자들과 자원한 여자 및 청소년들은 모두 민방위대로 편성된다. 스위스의 경우 민방위 관련 조직이 1,200여 개에 이르고, 편성된 인원수가 300,000만 명에 이르며, 고정식 및 이동식 경보장치만 8,000여 개소에 설치되어 있는 등(국립방재연구원 2012, 31) 전 세계에서 가장 모범적인 민방위 태세를 갖추고 있다.

스위스는 전 국가적으로 광범한 핵대피소를 구축해두고 있다. 1950년대부터 새 건물을 건축하거나 인구 1,000명 이상이 되는 지역에는 방공호를 설치하도록 의무화하였고, 정부가 소요되는 경비의 30%를 보조하면서 기준에 맞게 설치하는지 심사할 수 있도록 하였다. 그 결과 스위스는 1990년에 이미 국민의 100%가 대피할 수 있는 핵대피 시설을 확보하였다(한국건설기술연구원 2008, 66). 2006년경 스위스에는 300,000만 개의 핵대피소가 구축되어 있었고, 공공 대피소도 5,100개에 달하였는데, 이는 모든 국민을 대피시키고도 남을 용량으로서, 국민 70~80%의 대피시설을 구비한 북유럽 국가들보다도 훨씬 높은 수준이다(Mariani 2009). 그중의 대표적인 소넨베르그(Sonnenberg) 터널은 2만 명을 동시에 수용할 수 있고, 출입문의 두께도 1.5m가 넘으며, 자체 급수시설과 발전시설을 갖추고 있고, 2주간을 견딜 수 있게 되어 있다. 스위스는 가정별로 지하실 등 대피시설을 구축해두고, 환기 및 필터를 갖추고 있으며, 국민들은 무기 사용, 응급조치, 대피소 관리, 구호 활동 등에 관하여 지속적으로 교

---

33 at: https://www.cia.gov/library/publications/the-world-factbook/geos/sz.html(검색일: 2014. 4. 2).

육 및 훈련을 받고 있다. 대피훈련도 주기적으로 시행된다.

냉전이 종식된 1990년대부터 시작하여, 2001년 9·11 사태 발생에 더욱 자극받아서 스위스에서는 핵대피보다는 재해나 테러 등의 비상사태가 지니는 비중이 증대되고 있고, 민방위 활동에서도 경찰, 소방서, 의료기관, 기술 분야와의 협력을 강조하고 있다(Federal Council to the Federal Assembly 2001, 1~27). 그러나 국가적 차원에서는 여전히 핵대피에 중점을 두고 있고, 재해나 비상사태는 주(Canton)에서 담당하는 것으로 임무를 구분하고 재원도 분담하고 있다(Federal Council to the Federal Assembly 2001, 27).

2. 미국

미국의 민방위는 제2차 세계대전 시 독일이 본토에 대하여 전략폭격을 감행할 경우를 대비하여 민방위실(OCD: Office of Civilian Defense)을 창설함으로써 비롯되었다. 본격적인 민방위는 1949년 소련이 핵실험에 성공한 후 시작되었는데, 1950년 연방 민방위법(Federal Civil Defense Act)을 제정하고, 연방 민방위청(FCDA: Federal Civil Defense Administration)을 창설하였다(Homeland Security National Preparedness Task Force 2006, 5~7). 이 당시 중점은 핵공격에 대한 대피호 마련, 경보체계 구축, 보급품의 집적, 민방위에 대한 교육이었다.

핵폭발로부터의 생존성 향상은 케네디 대통령이 크게 강조하였다. 그는 '비합리적인 적'에 의한 억제의 실패 가능성을 언급하면서 핵대피 노력을 중요시하였다. 민방위는 적이 오판할 경우에 대비한 보험이라는 주장이었다(Homeland Security National Preparedness Task

Force 2006, 11~12). 케네디 대통령은 대통령 직속으로 비상계획실(OEP: Office of Emergency Planning)을 창설하고, 공공대피소로 사용할 수 있는 시설들을 식별하여 지정하기 시작하였다. 따라서 4천700만 개의 대피소를 지정하고, 그중 9백만 개에는 필요한 물품을 저장하기도 하였다(Homeland Security National Preparedness Task Force 2006, 12).

미국이 핵폭발 대비 노력을 강화한 결정적인 계기는 카터 행정부 시절인 1979년 3월 28일에 발생하였던 펜실베이니아 주에서의 핵발전소 사고였다. 사고 당시 정부의 대응이 체계적이지 못하였다는 비판이 제기됨에 따라 카터 행정부는 1979년 7월 20일에 연방비상관리국(FEMA: Federal Emergency Management Agency)을 창설하였고, 이 기관이 얼마 전까지 미국의 모든 핵대피 활동을 책임져 왔다. FEMA는 클린턴 행정부 시절에 내각급으로 격상되기도 하였다.

부시 행정부 시절인 2001년 9·11 테러로 인하여 2002년 11월 25일 국토안보부(Department of Homeland Security)가 창설되면서 FEMA 등도 통합되었다. 그 후 테러로부터의 국민보호가 우선 사항으로 부상하였고, 대신에 핵대피의 비중은 상대적으로 줄어들었다. 또한, 적의 핵미사일을 공중에서 요격할 수 있는 탄도미사일 방어망을 구축함에 따라 핵폭발의 가능성이 낮아졌고, 따라서 핵폭발 시 국민보호의 필요성도 낮아진 상황이라고 할 수 있다.

미국의 경우 핵대피소의 구축 수준이 스위스나 유럽국가 정도로 높은 편이 아니다. 핵대피소 구축을 강조하거나 대피소를 지정하기는 하였지만, 충분한 예산이 할당되지 않았기 때문이다. 다만, 냉전 기간을 거치면서 어느 정도의 시설은 구축 또는 지정된 상태이고,

미국인들의 생활방식이 지하실을 구비하거나 적극적으로 사용하는 형태이며, 토네이도 등의 대피를 위하여 지하시설을 구축해둔 곳도 적지 않아 조금만 보완하면 효과적인 핵대피 시설로 전환할 수 있다. 정부 차원에서는 유사시 공공기관의 대피를 위한 시설을 어느 정도 구축해두고 있는데, 예산도 절감하면서 대피효과도 기대할 수 있도록 폐광산이나 건물의 지하층을 활용하는 방식을 선호하고 있다(한국건설기술연구원 2008, 74).

3. 한국

한국은 1970년대부터 민방위 개념을 활성화하여 전쟁상황에 대비하고 있으나 핵대피에 관한 개념은 아직 반영되지 않았다. 베트남의 멸망 사례에서 교훈을 도출하여 1975년 제정된 "민방위기본법"에 의하면 민방위는 "전시・사변 또는 이에 준하는 비상사태나 국가적 재난으로부터 주민의 생명과 재산을 보호하기 위한(제1조)" 활동으로서, "정부의 지도하에 주민이 수행하여야 할 방공(防空), 응급적인 방재(防災)・구조・복구 및 군사 작전상 필요한 노력 지원 등의 모든 자위적 활동(제2조)"으로 구성된다. 국가 및 지방자치단체는 민방위를 위한 계획을 수립・시행하고(제3조), 정부에는 중앙민방위협의회(제6조), 특별시・광역시・도, 시・군・구, 읍・면・동 단위로 민방위협의회가 편성되게 되어 있다(제7조).

북한에 대한 화해협력정책을 추진하면서 한국은 민방위 훈련이나 업무를 축소해왔다. 한국에서는 20세에서 40세까지의 모든 남성은 민방위대에 편성되게 되어 있어 현재 약 4백만 명에 달하는데, 이들에 대한 교육은 1977년도에는 29시간까지 증대되었으나 현재는 4시간으로 축소된 상태이다. 민방위 훈련도 매월 실시하던 방식에서 연 8회만 실시하면서 그 중점도 민방공훈련 3회, 방재훈련 5회로 다변화시켰다. 민방위 폐지론까지 대두될 정도로 그 조직과 업무가 축소되는 경향을 보이고 있고(정수성 2011, 15), 편성과 운영, 시설과 장비, 교육훈련 등의 모든 분야에서 상당한 문제점이 드러나고 있는 상태이다(국립방재연구원 2012, 41~46).

항공기에 의한 공습 상황을 상정하여 한국은 1999년 4월까지는 중대형 건축물을 건축할 때 지하층을 건설하도록 의무화하였다.[34] 그러나 이 조항은 1999년 5월 규제완화 차원에서 삭제되었고, 현재의 건축법에서는 피난 등에 관한 일부 규정이 존재할 뿐이다.[35] 2006년 북한이 제1차 핵실험을 실시한 이후 국정감사에서 지하 핵 대피 시설의 의무화에 대한 법률 개정안이 상정된 적도 있으나(정수성 2011, 6), 법률로 통과되지는 못하였다. 정부에서는 필요한 시설의 221%나 되는 민방위 대피시설이 확보되어 있다고 하지만(정수성 2011, 6), 방공 측면에서 평가한 결과일 뿐이다. 그나마 1등급으로 평가된 시설은 전국적으로 총 20여 개소에 불과하고 그 면적도 매우

---

34 당시 건축법 제44조에는 "① 건축주는 대통령령이 정하는 용도 및 규모의 건축물을 건축하는 경우에는 지하층을 설치하여야 한다. ② 제1항의 규정을 적용할 행정구역과 지하층의 규모·구조 및 설비에 관하여 필요한 사항은 대통령령으로 정한다"고 되어 있었다. 1999년 4월 개정되기 이전의 건축법 시행령 62조와 63조에서는 유사시에 지하시설을 대피시설로 활용한다는 개념을 바탕으로 지하실의 규모와 구조, 벽의 두께, 환기통 설치 등에 관한 사항을 상세하게 규정해두고 있다.

35 건축법 제49조 (건축물의 피난시설 및 용도제한 등) ① 대통령령으로 정하는 용도 및 규모의 건축물과 그 대지에는 국토교통부령으로 정하는 바에 따라 복도, 계단, 출입구, 그 밖의 피난시설과 소화전(消火栓), 저수조(貯水槽), 그 밖의 소화설비 및 대지 안의 피난과 소화에 필요한 통로를 설치하여야 한다. 제50조의2(고층건축물의 피난 및 안전관리) ① 고층건축물에는 대통령령으로 정하는 바에 따라 피난안전구역을 설치하거나 대피공간을 확보한 계단을 설치하여야 한다. 이 경우 피난안전구역의 설치 기준, 계단의 설치 기준과 구조 등에 관하여 필요한 사항은 국토교통부령으로 정한다.

적다(한국건설기술연구원 2008, 34). 1등급 시설의 경우에도 수용인원이나 환기 등 세부적 기준에서 핵대피소로는 상당히 미흡한 수준이고, 그나마도 점차 다른 용도로 전용되어 가고 있다(한국건설기술연구원 2008, 35~46). 현재의 민방위 대피시설을 핵대피로 전환하려면 상당한 보완작업이 추가되어야 할 것이다.

V. 핵대피에 관한 한국의 정책 방향

누구도 좋아하지는 않지만, 최악의 상황을 가정한 대비는 언제나 필요하다. 역사에서 우리 민족이 다수의 전란을 당한 것은 최악의 상황을 상정하여 대비하는 데 망설였던 탓도 있다. 북한이 핵미사일을 보유하게 된 현실에서는 국민들이 불평하거나 다소의 비용이 들더라도 핵대피 문제를 심각하게 다루지 않을 수 없다.

1. 핵대피에 대한 논의 착수

핵무기로 공격당하는 것은 끔찍한 재앙이지만, 이 때문에 모든 국민이 죽는 것은 아니고, 노력하면 살 수도 있다(Kearny 1987, 11). 정부, 국방전문가, 국민들은 이러한 사실을 냉철하게 인식한 상태에서 생존을 위한 조치의 필요성과 방향을 점진적으로 논의해나갈 필요가 있다. 북한이 10개 정도의 핵무기를 보유한 상태에서 탄도미사일에 탑재하여 공격할 능력까지 갖추었음에도 그것이 사용될 가능성을 부정하거나 대피문제를 계속 방치할 수는 없다.

핵대피를 논의하는 용어부터 통일시킬 필요가 있다. "민방위"라는 용어와의 연계성을 고려하여 "핵민방위(核民防衛)"라고 할 수 있을 것이고, 항공기 공습에 대한 "방공(防空)"이나 "민방공(民防空)"이라는 용어와 같이 "방핵(防核)" 또는 "민방핵(民防核)"이라는 용어를 만들 수도 있다. 새로운 용어를 만들 경우 처음에는 어색함이 있겠지만, 이 문제를 강조하는 효과는 기대할 수 있을 것이다. "핵대피"라는 일반적 용어를 그대로 사용할 수도 있다. 어느 것으로든 하나로 통일한 상태에서 그 개념과 범위를 정립 및 발전시켜 나가야 할 것이다.

심층 깊은 논의를 한 후 결정해야 할 사항이지만, 한국의 현 상황에서 어떻게 하는 것이 최선의 핵대피 방법인가에 관하여 기본적인 윤곽은 결정할 필요가 있다. 소개에 중점을 둘 것인지, 대피에 중점을 둘 것인지를 결정하고, 공공대피소를 건설할 것인지 하지 않을 것인지, 가정별로 대피소를 구축하도록 권장할 것인지 하지 않을 것인지, 지하철이나 대형 건물을 구축할 때 핵대피를 고려하거나 대피를 위한 시설을 포함하도록 할 것인지, 핵대피를 위한 대국민 훈련을 시행할 것인지 하지 않을 것인지를 검토할 필요가 있다. 미리 결정할수록 그만큼 시행착오를 최소화시킬 수 있을 것이다. 국토가 좁고, 인구가 밀집된 한국의 상황에서 미국과 같은 소개의 개념은 적용하기 어려울 것이고, 따라서 대피를 중심으로 한 정책 방향 설정이 필요하다.

2. 책임소재의 구분과 체제 구축 검토

정부에서는 먼저 핵대피에 관한 기관별 책임소재부터 명확하게 규명할 필요가 있다. 2014년 11월 국민안전처가 창설됨으로써 그 예하에 민방위과가 편성되어 있어 핵대피의 기본적인 책임은 국민안전처가 담당해야 한다. 그러나 이 문제는 국민의 생사와 직결된 문제라서 당연히 국방부를 비롯한 다른 정부부처도 긴밀하게 협력해야 할 것이다. 한국의 현 상황에서 핵폭발로부터 국민들의 안전을 보장하는 것만큼 중요하거나 절박한 사항이 없다는 차원에서 국민안전처는 핵대피를 새로이 부각된 중요한 임무로 간주하고, 이를 담당할 조직을 창설하거나 기존 조직에게 명확하게 임무를 부여하는 방안 등 수행방법을 고민해야 할 것이다. 북한의 핵공격 가능성이 높아질수록 이 임무가 차지하는 비중을 높여야 할 것이다.

현재 상태에서 국민안전처에서는 민방위조직을 더욱 정비 및 확충하는 방안을 검토해볼 필요가 있다. 민방위 조직에 관하여 현재 드러나고 있는 문제점을 시정하고, 나아가 핵대피 차원의 요구도 반영해야 할 것이기 때문이다. 최소한 국민안전처에서는 핵폭발이 발생하였을 경우 정부의 각 기관과 국민들이 무엇을 어떻게 해야 할 것인지를 정립하여야 할 것이다. 핵폭발이 임박하거나 핵폭발이 발생하였을 경우 국민들이 어떻게 행동 및 대응해야 할 것인지에 관한 사항을 정리하여 국민들이 읽을 수 있도록 배포하는 것이 시급하다. 필요하다면 민방위법의 개정 등 법령의 제·개정 필요성도 검토할 필요가 있다.

핵대피와 관련하여 건축법의 개정 여부도 심각하게 고려해볼 필요가 있다. 1999년 폐지된 조항을 되살려 다층건물, 아파트, 고층건물 등을 건설할 때 지하 대피공간을 구축하도록 지도해야 대피소 구축이 확산될 것이기 때문이다. 대피소의 경우 해당 건물에 거주하는 사람들이 2주 이상 방사능에 노출되지 않은 채 생활할 수 있는 공간을 보장할 수 있도록 출입구와 창문, 환기 및 자체 발전시설 등을 갖추도록 지도할 필요가 있다. 건물을 신축할 때 유리의 사용을 최소화하도록 지도하거나 지하주차장의 출입구와 창문을 보강하도록 지도하는 것으로도 대피효과를 강화할 수 있을 것이다.

3. 핵폭발 시 대응요령에 대한 국민교육

국민들은 핵무기가 폭발하면 어떤 피해가 발생하고, 어떻게 하면 그에 대한 피해를 최소화할 수 있는지를 제대로 알고 있지 못하다는 차원에서 핵대피에 관한 최소한의 지식을 국민들에게 알리고, 그로 인하여 국민들 각자가 판단하여 필요한 조치를 강구하도록 기회를 제공할 필요가 있다. 핵대피에 관한 사항을 알리는 것은 국민의 알 권리를 충족시키는 중요한 사항일 수 있다. 미국에서도 핵공격에 대한 민방위 활동을 전개하면서 가장 먼저 시행한 사항이 "Alert America"라는 슬로건으로서 1951년부터 시작하여 국민들에게 핵민방위의 중요성을 홍보하고, 단체별·가정별·개인별로 필요하다고 생각하는 조치를 강구할 것을 계몽한 바 있다(Davis 2007, 23~51). 국민 개개인이 나름대로 판단하여 필요한 조치를 강구할 경우 정부의 부담도 줄고, 조치의 실질성도 높아질 수 있을 것이다.

그 정도는 상황에 따라 융통성 있게 조정해야 하겠지만, 정부는 다양한 프로그램과 방법을 동원하여 국민들에게 핵무기 폭발의 위력, 피해의 범위와 형태, 대피의 필요성, 구체적인 대피요령 등을 알려줄 필요가 있다. 핵심적인 사항들을 팸플릿으로 작성하여 모든 가정에 배달할 수도 있고, 대피소로 사용되는 곳에 사전에 부착하거나 비치해둘 수도 있다. 경찰서나 동사무소 등에 관련 책자나 팸플릿 등을 비치하여 방문하는 국민들이 가지고 가도록 할 수도 있다. 인터넷의 홈페이지나 동영상 및 문서파일을 활용하여 전파하는 것도 효과적일 수 있다. 필요하다고 판단할 경우 학교에서도 수업시간을 통하여 학생들에게 핵무기가 무엇이고, 폭발하면 어떻게 되며, 그로부터 대피하려면 어떻게 해야 하는지를 가르치고, 필요한 행동 및 조치 요령을 습득시킬 수 있다.

지역별로 핵대피 및 응급조치를 위한 체험장을 구축하여 관람하거나 실습하도록 하는 것도 효과적일 수 있다. 표준적인 공공대피소를 만들어서 대피하는 요령을 체험하게 할 수도 있고, 가정별 대피소를 어떻게 구축하며, 아파트 지하주차장이나 단독주택의 지하실을 어떻게 보완하면 되는지를 실습시킬 필요가 있다. 대피소 내에서 용변은 어떻게 처리하고, 음식물과 식수는 어떻게 확보 및 분배하며, 환자가 발생하였을 때 응급처치는 어떻게 할 것인지 등 구체적인 사항에 대하여 국민 대부분이 실천적인 지식을 갖도록 만들어야 할 것이다. 가정에서도 전기가 공급되지 않을 경우 무엇이 불편해지고, 어떻게 하면 극복할 수 있는지를 실습하도록 할 수 있다.

범국민적인 교육 못지않게 중요한 사항은 핵대피에 관한 전문가들을 육성하거나 담당 공무원들의 전문성을 향상시키는 것이다. 이들로 하여금 핵대피에 관한 사항을 지속적으로 발전시켜 구현되도록 해야 하고, 유사시에는 국민들의 대피를 지도할 수 있어야 한다. 따라서 핵대피와 관련한 전문교육과정을 설치하고, 소정의 과정 수료와 경험을 기준으로 자격증을 부여하거나 인센티브를 제공하는 등의 제도를 발전시킬 필요가 있다(국립방재연구원 2012, 37).

4. 경보와 안내체제 구축

현재 상황에서도 핵폭발 시를 대비한 경보와 안내체제는 바로 구축해두어야 할 것이다. 이것은 현 민방위 경보 체제를 조금만 보완하면 가능하고, 적을 자극할 소지도 적기 때문이다. 정부에서 경보방송을 할 경우 95%의 국민들에게 전달되는 데 3∼7분이라고 한다면(한국건설기술연구원 2008, 13), 한국의 경우 적의 핵미사일이 발사된 이후 경고해봐야 소용이 없고, 적의 핵미사일 발사가 임박할 때 경보가 이루어져야 한다. 따라서 북한의 핵미사일 동향에 대하여 정확한 정보를 획득하는 능력이 최우선적으로 구비되어야 할 것이다.

경보와 관련하여 새로운 핵공격용 사이렌을 지정할 필요도 있다. 현재와 같은 단순한 사이렌으로는 핵공격인지, 적 공군기의 공습인지, 자연재해인지를 식별하지 못할 수 있기 때문이다. 별도의 사이렌을 지정함으로써 그 사이렌을 듣는 국민들은 조건반사적으로 섬광, 폭풍, 방사선으로부터 피해를 최소화할 수 있는 장소를 찾거나 최소한의 조치를 강구하도록 해야 한다. 경보로부터 실제 공격 사이의 얼마간이 결정적인 영향을 미칠 수 있다는 점에서 핵대피에서는 신속성과 정확성을 강조할 필요가 있다. 또한, 바람에 따라서 낙진이 이동하기 때문에 핵공격 사이렌과 유사하면서도 차이가 나는 형태로 낙진 경보를 위한 사이렌도 설정하고, 또한 낙진의 위험이 종료되었다는 사이렌도 만들어야 할 것이다. 이를 통하여 사이렌 소리만으로도 국민들이 현재 상황을 바로 알고, 필요한 조치를 하도록 만들어야 한다.

그 외에도 핵공격의 경보가 각 개인에게 신속하면서도 정확하게 전달되는 다양한 방법을 강구해둘 필요가 있다. 텔레비전이나 라디오, 지역 및 구내방송 등으로 전파할 수도 있고, 휴대폰 등으로 동시에 문자를 발송할 수도 있다. 다만, 핵폭발로 전기가 차단될 경우 텔레비전 방송 자체가 어렵거나 핵폭발 지역에서는 수신되지 않을 것이기 때문에 라디오를 주된 통신으로 선정하고, 각 가정에서는 건전지로 들을 수 있는 라디오를 비치하도록 권장할 필요가 있다. 휴대폰의 경우 개인별 전파가 가능하다는 장점은 있지만, 핵폭발로 기지국이 제 기능을 못 하거나 휴대폰의 배터리가 금방 소모될 수 있다는 점도 고려해야 한다. 특히 핵공격 경보가 있으면 모든 국민이 주변 사람들에게 서로 알리도록 권유함으로써 사각지대가 발생하지 않도록 할 필요도 있다. 어느 경우든 당시 상황을 정확하게 설명해야 하고, 달라진 내용이 있으면 바로 수정함으로써 과도한 경보가 반복되어 신뢰성을 상실하지 않도록 해야 한다.

정부나 지방단체는 상황별로 필요한 경보 및 안내 방송의 내용을 사전에 정립해둠으로써 신속한 방송과 정확한 내용을 보장하고, 혼란을 최소화할 필요가 있다. 핵폭발이 발생한 후 안내해야 할 메시지를 급하게 작성해야 할 경우에는 정확하지 않을 가능성도 높지만, 기관별로 내용이 상이하여 혼란을 줄 수도 있기 때문이다. 미국의 경우 핵공격 직후부터 상황에 따라 계속해서 방송할 다양한 내용을 사전에 준비해두고 있는데, 그중에서 최초 방송을 위하여 준비한 내용을 소개하면 다음과 같다.

〈표 5-5〉 핵폭발 직후 방송할 메시지

- 핵폭발이 ○○도시의 ○○에 발생하였습니다.
- 시내에 있는 분은 안전성이 높은 빌딩 안으로 즉시 이동하십시오.
- 신속하게 다음 조치를 따름으로써 생존의 가능성을 높이도록 하십시오.
  - 안쪽으로 깊숙이 들어가십시오.
- 블록이나 콘크리트로 지은 가장 가까운 건물을 찾아서 안쪽으로 들어가 바깥의 방사능을 피하도록 하십시오.
- 더욱 좋은 대피소인 고층빌딩이나 지하실을 수 분 내에 도달할 수 있을 경우 즉시 그곳으로 가십시오.
- 지하로 가든가 고층건물의 중간층(예를 들면, 10층 건물의 5층이나 20층 이상 건물의 10층)으로 가십시오.
- 여러분들은 본능적으로 위험한 지역으로부터 소개(疏開)하고 싶을 것이나 다음과 같이 조치하는 것이 방사선 노출을 줄일 수 있습니다. 바깥의 방사선 물질과 당신 사이에 빌딩벽, 블록, 콘크리트가 있도록 하세요. 방사능 물질이 떨어지는 외벽, 지붕, 지상으로부터 가급적 멀리 떨어지세요.
  - 안쪽에 머무르세요.
- 당국이나 비상조치요원이 지시하기 전까지는 바깥으로 나오지 마십시오.
- 학교나 유아원은 폐쇄해야 합니다. 내부에 있는 학생들도 위 지시대로 보호조치를 강구해야 합니다. 비상조치요원의 지시가 있을 때까지는 어떤 이유로도 바깥으로 나오면 안 됩니다.
  - 텔레비전이나 라디오를 켜서 중요한 상황변화를 들으십시오.
- 국영방송에 채널을 맞추어 정보를 확보하십시오.
- 지시가 바뀔 수 있으므로 방송을 계속 틀어놓으십시오. 핵폭발 후 방사능은 매우 위험하지만, 그 수준은 수 시간 또는 수일 내에 급격히 떨어집니다. 방사능이 가장 위험할 때 내부에 있는 것이 방사능 물질과 이격되어 가장 안전합니다.
- 소개하는 것이 최선일 때는 그렇게 지시할 겁니다.
- 방사능 물질이 이동하는 경로에 있는 사람들(폭발의 바람 방향)도 보호조치를 강구하도록 지시될 수 있습니다.

출처: Nuclear Detonation Response Communication Working Group 2010. 3.

적극적인 경보/안내는 국민들의 심리적 안정을 보장하는 데도 중요하다. 핵폭발이 발생하여 주변이 폐허가 되고, 수많은 사람이 처참하게 죽어 있는 상황에서 대피소에 갇혀 생활하는 것이 간단한 일은 아닐 것이기 때문이다. 따라서 국민들의 사기와 생존 의지를 고양할 수 있는 내용을 계속하여 방송할 필요가 있고, 휴대폰이나 전화 등으로 쌍방향 통신이 가능할 경우에는 애로사항을 들어서 조언하거나 지원을 할 수 있어야 한다. 필요할 경우에는 전단(傳單)을 사전에 준비해두었다가 일정한 시간이 지난 이후에 살포할 수도 있을 것이다.

5. 대피소 지정 또는 구축

대피소의 지정과 구축은 국가안보와 적에 대하여 상당한 영향을 끼칠 수 있는 사항이기 때문에 다양한 요소를 복합적으로 고려하여 그 여부와 정도를 결정하여야 한다. 특히 한국의 경우 국토가 좁고 인구가 밀집되어 있어 소개가 대안이 되기는 어려우므로 핵대피 활동 중에서 가장 실질적인 사항은 대피소의 구축이 될 수밖에 없다.

한국은 공공대피소를 지정 및 구축해나가는 문제를 심각하게 고려하지 않을 수 없다. 북한의 핵공격 가능성을 계속 무시할 수는 없는 상황이기 때문이다. 다만, 어느 정도의 긴박성으로 추진할 것이냐는 것은 신중하게 결정할 필요가 있다고 판단되는데, 별도의 공공대피소 구축보다는 기존의 민방위 시설을 핵대피가 가능하도록 보완하거나 대형건물의 지하공간(지하상가 등)이나 지하철 공간을 공공대피소로 활용하는 방안을 검토해볼 수 있다. 이들의 경우 출입문과 창문만 일부 보강하면 핵폭풍에서도 안전을 보장할 수 있고, 환기시설만 보강하면 치명적인 이틀은 견딜 수 있으며, 식수와 음식을 보강하면 다수의 인원이 2주일간 견딜 수 있기 때문이다. 핵폭발까지 견디는 대피소, 낙진을 2주 동안 견디는 대피소, 낙진을 이틀 동안 견디는 대피소, 제한된 낙진방호만 제공하는 대피소 등으로 등급을 매기고, 수용인원도 정확하게 판단하며, 개인이 쉽게 찾아갈 수 있도록 표시해둬야 할 것이다.

한국의 경우 공공대피소로 이동할 시간조차 주어지지 않을 가능성이 적지 않기 때문에 아파트 단지나 가정별 대피소를 적극적으로 검토할 필요가 있고, 지하 주차장 등을 일부 보강하면 방호효과를 높일 수 있다. 스위스의 경우 모든 가정이 가족단위 방호시설을 구비하고 있고, 비상시에 대비해 각종 의약품과 비상식량, 방독면 등 필요한 물품을 갖춰두고 있다(한국건설기술연구원 2008, 88). 아파트단지의 경우 지하주차장의 출입문과 창문만 보완하더라도 폭풍효과에서도 상당한 피해를 줄일 수 있고, 취약한 벽면만 부분적으로 보완해도 방사능 방지 효과가 클 수 있으며, 환기, 식수, 음식만 준비할 경우 상당한 기간 대피생활을 보장할 수 있다. 개인주택의 경우 지하실이 있으면 이를 보강하여 대피소로 활용하도록 하고, 지하실이 없는 상태에서도 가장 안전한 공간을 선택하여 벽면을 사전에 보강해도 대피효과가 상당히 증대될 수 있다. 시골 지역의 경우에는 땅을 파서 사전에 대피호를 구축해두도록 하거나 유사시에 대피호를 만들 수 있도록 지도할 수 있다. 그리고 새로운 건물을 지을 때 핵대피를 위한 설계 및 건축의 기준을 제시하거나 이를 위한 예산지원 또는 세제감면 등의 금전적 혜택을 부여할 수도 있다(국립방재연구원 2012, 37).

대피소를 구축하는 것도 중요하지만, 그것이 제대로 기능하도록 하는 것은 더욱 중요하다. 따라서 대피소별로 환기, 식수, 음식, 수면, 용변에 대한 해결방법을 제시 및 교육시키고, 필수적인 품목은 대피소별로 비치하도록 하거나 목록을 만들어 유사시에 선택하는 데 문제가 없도록 하여야 한다. 방사능 측정기구와 같이 개인별로 확보하기 어려운 것은 국가에서 실비에 공급하거나 무상으로 분배할 수도 있을 것이다. 또한, 공공 및 가정별 대피소 내에서 다수가 생활함에 따른 규칙도 사전에 잘 정해두고, 필요할 경우 훈련시킬 수도 있으며, 질서를 지키지 않을 경우 처벌할 수 있는 조치도 강구해둘 필요가 있다. 열악한 조건 속에서 다수가 수일 또는 수 주를 함께 생활할 경우 질서가 없으면 상당한 문제점이 발생할 수 있기 때문이다.

Ⅵ. 결론

6자회담과 같은 외교적 노력을 통하여 북한의 핵무기를 폐기할 수 있다면 최선이고, 한미동맹을 바탕으로 북한의 핵사용을 효과적으로 억제만 해도 차선책은 된다. 그럼에도 불구하고 북한과 같은 비합리적 국가가 핵무기를 보유하고 있을 경우 한국은 극단적 상황까지도 고려하지 않을 수 없다. 어떠한 상황에서도 국민들의 생명과 재산을 보호해야 하는 것이 국가의 사명이라면, 핵폭발 시 국민들의 피해를 최소화하는 방안도 고민해야 할 상황이다.

수 개의 핵무기가 한국에서 폭발한다고 하여 국가나 국민의 존속이 중단되는 것은 아니다. 수많은 사람이 죽고, 상당한 면적의 국토가 폐허가 되겠지만, 여전히 생존자와 오염되지 않은 국토는 남아 있을 것이고, 새로운 생존을 도모해야 한다. 더구나 사전에 조금만 대비해두면 상당할 정도로 핵 사상자를 줄일 수 있다. 국민들이 최소한의 상식만 가지고 있어도 낙진에 의한 피해는 상당히 감소시킬 수 있다. 그래서 미국과 서부 유럽국가들은 핵폭발 시 어떻게 경보를 하달하고, 어떻게 소개시키며, 대피소를 어떻게 준비할 것인지를 고민하고, 노력해오고 있다.

한국의 경우 아직 핵대피에 관한 필요성은 물론이고, 개념에 관한 논의조차 제대로 이루어지지 않고 있다. 민방위 제도는 존재하지만 핵대피는 포함되어 있지 않고, 국민안전처나 국방부에서도 이를 본격적으로 검토하고 있지 않다. 따라서 무엇보다 먼저 한국은 핵폭발 시 대피에 관한 사항의 논의부터 착수해야 할 필요가 있고, 어느 수준으로 어떻게 추진할 것인지에 관한 대체적인 방향과 국민적인 공감대를 형성해야 할 것이다. 특히 "방핵(防核)" 또는 "민방핵(民防核)"이라는 새로운 용어를 만들거나 "핵민방위"나 "핵대피"와 같은 일반적 용어를 사용하는 등 용어부터 통일시킬 필요가 있다. 국민안전처를 핵심으로 하여 핵대피에 관한 정부부처의 책임소재를 명확하게 구분하고, 국민들에게 핵대피란 무엇이고, 어떻게 해야 한다는 사항을 알려줘야 할 것이다. 다양한 수단과 방법으로 범국민적 교육을 시행하고, 학교교육을 활용하거나 지역별로 체험장을 구축하여 실습하는 기회를 부여하는 방법도 검토해볼 필요가 있다.

핵대피에 관한 실질적인 조치로서 핵공격이 임박하거나 발생하였을 때 이를 국민들에게 경보할 수 있는 체제를 구축하고, 내용을 준비하며, 국민들도 유사시 경보수신이 가능하도록 건전지 라디오를 가정별로 비치하도록 할 필요가 있다. 한국의 경우 국토가 좁고, 사회적 혼란이 적지 않을 것이라는 점에서 소개보다는 대피소의 지정 및 구축이 우선될 필요가 있다. 국가 차원에서 지하철 공간이나 대형 빌딩의 지하공간을 부분적으로 보완하여 공공대피소로 지정 또는 구축하는 방안을 모색할 필요가 있고, 각 아파트 단지 및 가정에서도 지하실이나 지하주차장 등의 출입문을 보강하거나 장기간 생활대책을 강구하는 등으로 대피소로 활용할 수 있도록 보완해나가야 할 것이다.

제
2
부
평
화
와
통
일

06 | 한반도 평화체제

한국의 일부에서는 한반도의 평화를 정착시키기 위한 조건의 하나로서 현재의 정전체제[36]를 평화체제로 전환해야 하고, 이를 위해서는 우선 평화협정[37]을 체결해야 한다고 주장한다. 오랫동안 북한의 전쟁 위협에 시달려온 국민들에게 '평화', '평화체제', '평화협정'과 같은 말은 너무나 솔깃할 수밖에 없다. 그렇다면 평화, 평화체제, 평화협정이란 과연 무엇인가?

평화체제 또는 평화협정을 통하여 현재보다 더욱 나은 평화를 추

---

36 정전(停戰)과 휴전(休戰)에 관하여 정전은 영어의 ceasefire 또는 truce를 번역한 것으로, 휴전은 영어의 armistice를 번역한 것으로 구분한 후 후자에 비해 전자가 더욱 임시적이라고 설명하기도 한다. 그러나 영어와 한글 모두 실제에 있어서 명확한 차이를 판별하기가 어렵다. 한국의 경우에도 정전과 휴전은 명확하게 구분하지 않은 채 함께 사용하고 있다. 다만, 과거에는 휴전협정으로 불렸던 armistice agreement를 최근 정전협정이라고 바꿔 부르듯이 선호도가 달라진 것으로 판단된다. 본 책자에서는 어느 것이든 하나로 통일될 필요가 있다는 점을 제기하면서, 용어를 둘러싼 논란을 회피하고자 휴전선 등 관례화된 말 이외에는 최근의 추세를 따라 정전이라는 말을 사용하고자 한다.

37 조약(treaty)과 협정(agreement)의 차이는 전자는 국회의 비준을 받는 것이고, 후자는 정부 간에 체결하는 것으로서 전자가 더욱 공식적이다. 다만, 현재 한국에서 평화협정이라고 하는 것은 조약과 협정의 그와 같은 형식의 차이를 염두에 두고 있다기보다는 포괄성을 강조하고 있는 것으로 판단된다.

구하고자 하는 의도는 충분히 이해할 수 있다. 그러나 남북한 또는 미국을 포함하는 평화협정을 체결한다고 하여 평화체제가 구축되거나 평화가 보장되는 것은 아니다. 1938년 9월의 뮌헨협정이나 1973년 1월 파리평화협정의 경우에서 보듯이 평화협정은 무력을 내세운 상대에게는 아무런 의미가 없었다. 과연 평화체제가 무엇으로 구성되고, 평화협정은 어떤 역할을 할 수 있는가에 대해 냉정하면서도 정확한 이해가 있어야 선동가들에게 현혹되지 않을 것이다.

I. 평화와 평화체제에 대한 이론적 검토

1. 평화의 개념

자유나 정의와 같이 평화도 주관성이 큰 개념이라서 명확하게 정의하기가 쉽지 않다. 국립국어원의 『표준국어대사전』에서는 평화를 "1) 평온하고 화목함. 2) 전쟁, 분쟁 또는 일체의 갈등이 없이 평온함, 또는 그런 상태"라고 정의하고 있고, *Merriam Webster* 사전에서도 "평화(peace)"를 "전쟁이나 싸움이 없거나 전쟁을 종결짓는 협정이 존재하는 상태, 전쟁이나 싸움이 없는 기간"이라고 설명한다. 국제정치학에서 일반적 정의와 유사하게 평화는 "전쟁의 부재(absence of war)"로 규정하고 있다(Webel and Galtung 2007, 6~7; 이종석 2008, 8). 대체로 평화는 전쟁과 대비하여 정의되고, 평화를 "전쟁과 전쟁 사이의 일시적인 안정"에 불과하다는 입장도 적지 않다(김준형 2006, 26).

전쟁이 없는 상태가 평화의 기본적인 요건이지만 그 정도에 만족하기 어려운 것도 사실이다. 전쟁은 없지만 전쟁보다 더욱 비참한 사회적 불행이 존재할 수 있고, 더욱 나은 평화를 위한 노력은 필요하기 때문이다. 이러한 점에서 노르웨이의 갈퉁(Johan Galtung)은 '전쟁의 부재'에 국한된 평화를 '소극적 평화(negative peace)'로 규정하면서 진정한 평화를 '적극적 평화(positive peace)'라고 불렀다. 그에 의하면 진정한 평화는 전쟁뿐만 아니라 "폭력이 없는 상태 (absence of violence)"도 포함되어야 한다면서(Galtung 2003, 69) 이를 위해서는 정치적 억압, 경제적 착취, 문화적 폭력과 같은 사회의 "구조적 폭력(structural violence)"을 제거해야 한다는 것이다(Galtung 2000, 22). 최고의 번영과 자유가 보장된 사회가 평화적인 사회라는 것이다. 여기에서 "negative peace"를 "소극적 평화"라고 번역하고, "positive peace"를 "적극적 평화"로 번역함으로써 한국어로만 보면 후자가 더욱 바람직하거나 전자가 미흡한 상태로 인식될 수 있지만, 실제로는 그렇지 않다. 영어의 "negative"는 무엇을 하지 않는다는 것으로 기존에는 전쟁을 "하지 않는" 측면이 강조되었기 때문에 "negative"라는 용어를 붙였고, 적극적 평화는 번영과 자유를 증진 "하는" 측면을 강조하기 때문에 "positive"라는 용어를 붙였을 뿐이다.[38] 또한, 적극적 평화는 소극적 평화를 배제하는 것이 아니라 그 기초 위에 추가되는 것이다.

한국에서 평화체제나 평화협정을 주창하는 사람들은 적극적 평화.

---

[38] 예를 들면, 법이나 교통신호의 경우 "좌회전 금지"와 같이 "하지 않는 것"을 강조하는 서양의 형태는 negative system이라고 하고, "좌회전 허용"과 같이 "하는 것"을 지시하는 한국과 같은 형태는 positive system이라고 한다. 그러나 실제에 있어서 전자는 금지된 것 이외에는 허용되고, 후자는 허용된 것만 할 수 있다는 점에서 전자가 더욱 개인의 자율권을 존중하는 형태로 인식된다.

가 한 차원 높은 평화라고 인식하여 이를 지향하지만(이경주 2010, 90~91), 그것은 용어만으로 판단한 것으로 적극적 평화의 진정한 의미와 한국에 대한 적합성 여부를 충분히 이해하지 못한 상태일 수 있다. 현 상태에서 한국이 적극적 평화를 지향해야 한다는 주장은 한국이 이미 전쟁이 없는 상태, 즉 소극적 평화는 달성되었다고 생각하는 것으로 이것은 현실과 부합되지 않는다. 현재에 대한 불만족과 비판에서 더욱 나은 평화를 위하여 문제를 제기하는 의도는 이해하지만, '평화'라는 단어의 추상적 의미에서 더 이상 나가지 못한 수준으로서 현실성은 부족하다고 할 것이다.

2. 평화체제

평화체제도 사람에 따라 다양하게 설명할 수 있으나 평화라는 단어에 체제라는 단어가 추가된 것으로만 본다면 그것은 평화를 제도화 및 구조화한다는 의미이다. 그리고 평화적 절차에 의존하여 문제를 해결한다고 서로가 약속하는 문서가 필요할 것으로 생각하여 강조하고 있는 것이 평화협정이다. 그 다음에는 그러한 협정을 서로가 준수하도록 하는 어떤 장치가 필요할 것이고, 그러한 협정과 장치들이 가동되어 평화상태가 지속되는 일정한 기간이나 성과가 있어야 할 것이다. 그래서 평화체제는 어떤 특정한 상태라기보다는 평화상태를 창출해나가는 과정으로 봐야 한다(임명수 2007, 75). 또한, 더욱 중요한 것은 평화라는 용어가 포함되어 있느냐가 아니라는 사실이다. 용어나 형식이 아니라 내용이 평화를 보장해야 평화협정, 평화체제, 평화기간으로 불릴 수 있다.

가. 평화를 위한 협정

통상적으로 평화협정은 정전협정을 거쳐서 체결되는데, 후자는 군사적인 사항을, 전자는 정치적인 사항들을 규정한다. 제1차 세계대전의 경우 독일이 항복함으로써 1918년 11월 7일 독일과 연합군이 콩피에뉴 숲에서 정전협정을 체결하였고, 이를 기초로 1919년 6월 28일 파리 평화회의를 개최하여 베르사유조약(Treaty of Versailles)을 맺었다. 제2차 세계대전의 경우에는 태평양 전역(戰役)에서 1945년 9월 2일 미주리함 상에서 일본이 항복문서에 서명한 후 후속조치로 1951년 8월 13일 샌프란시스코 조약을 체결하였다. 다만, 유럽 전역에서는 1945년 5월 7일 독일의 요들(Alfred Jodl) 참모총장이 항복문서에 서명함으로써 종전은 되었으나 평화조약은 후속되지 않았다.

여기에서 살펴볼 필요가 있는 것은 평화협정을 체결한 아시아─태평양 지역과 그렇지 않은 유럽지역을 비교할 때 현재 어디가 더욱 평화롭다고 생각하느냐는 것이다. 유럽은 유럽연합까지 만들어서 서로 간 전쟁의 가능성은 거의 사라진 상황이고, 아시아의 경우에는 남북한은 물론이고, 중국과 일본 간에도 치열한 세력경쟁이 진행되면서 점점 불안해지고 있다. 유럽에서는 1919년 베르사유조약 이후 평화조약을 통한 전쟁의 종결방식이 퇴조하는 현상을 보여 왔고(김명섭 2013, 18), 이러한 유럽과 아시아의 대조적인 결과는 "20세기 현대사에서 평화조약이나 평화협정의 유무(有無)가 반드시 평화의 유무를 결정하지 않았다는 것을 방증하고 있다"(김명섭 2013, 19에서 재인용). 1991년 걸프전쟁과 2003년의 이라크전쟁의 종결과 관련해서도 평화협정과 같은 어떤 정치적 협정이 체결된 것은 아니다.

국제법학자들도 평화와 관련하여 실질적 상태를 중요한 요소로 고려하고 있다. 백스터(Richard R. Baxter)는 포로 교환에 관한 규정들을 포함한 정전협정은 평화조약과 유사성을 지니는 것으로 간주하고 있고, 피츠모리스(Gerald G. Fitzmaurice)는 제2차 세계대전 후 정전이 점차 예비적 평화조약의 성격을 띠게 되었다고 설명하고 있으며, 스톤(Julius Stone)도 전쟁종료 방식의 하나로 승전국에 의한 일방적 선언을 포함시키고 있다(Baxter 2013; Fitzmaruice 1973, 김명섭 2013, 20에서 재인용).

실제로 조약만으로는 평화를 보장하기가 어려운 것이 사실이다. 1925년 10월 로카르노조약(The Locarno Treaties)을 체결하여 독일과 벨기에, 독일과 프랑스의 불가침을 영국과 이탈리아가 보장하였고, 이를 체결하는 데 기여한 사람들이 노벨평화상까지 수상하였지만, 제2차 세계대전 시 독일이 제일 먼저 벨기에와 프랑스를 침공하였다. 1938년 당시 영국 체임벌린 총리는 독일 히틀러와 뮌헨협정을 체결한 뒤 귀국하면서 "우리 시대를 위한 평화(peace for our time)"를 외쳤지만, 결국 그다음 해에 독일은 폴란드를 침공함으로써 제2차 세계대전이 발발하였다. 1973년 1월 베트남에서의 전쟁종결과 평화회복(Ending the War and Restoring Peace in Viet-Nam)을 위한 파리협정이 체결되어 정전(제2조), 협상을 통한 문제해결(제10조), 평화적 및 단계적 통일 실현(제15조)에 합의하였으나(양영모 2009, 350~351), 2년 후 남베트남은 정복되고 말았다.

나. 평화를 보장하기 위한 장치

평화협정은 쌍방이 지키고자 할 때만 유효하므로 그의 준수를 보장하기 위한 장치들의 중요성은 아무리 강조해도 지나치지 않다. 이에 대한 정형이 있는 것은 아니지만, 베르사유조약에서처럼 전쟁을 일으킨 국가의 군대규모를 제한하거나 중립지대를 설치하는 방안, 그리고 이행을 감시하는 기구의 설치, 조약(협정)을 위반하였을 때의 제재조치가 중요하게 포함된다. 1977년 체결된 이집트와 이스라엘의 평화조약에서도 시나이 반도를 비무장지대로 지정하거나 유엔의 휴전감시 조직을 설치하는 등의 장치를 마련하였다.

최근 이러한 장치의 효과에 대해서도 신뢰성이 낮아지고 있다. 미국이 이라크전쟁을 종료한 후 이러한 장치를 만들지 않았듯이, 그것이 없더라도 상대가 도발하지 못할 것이라고 확신할 수 있기 때문이다. "모든 평화를 끝낸 평화(A peace to End All Peace)"라는 말처럼 (Fromkin 1989) 제1차 세계대전의 경우에는 평화를 보장하기 위한 장치들이 오히려 전쟁의 원인이 되기도 하였다. 이런 이유로 제2차 세계대전 이후에는 평화협정 등을 통한 재발방지책 마련보다는 전쟁을 발발한 국가를 동맹으로 편입하려는 노력을 하게 되었고, 독일과 일본의 경우를 보면 이러한 노력은 상당한 성과를 거두었다고 볼 수 있다.

제1차 세계대전의 혹독한 제한에도 불구하고 독일이 비밀리에 제2차 세계대전을 위한 준비를 추진하여 전쟁을 발발하였듯이 평화협정은 물론이고, 그를 위한 장치들이 결합되어도 평화를 완벽하게 보장할 수는 없다.

다. 평화상태의 지속

실제적인 평화는 평화상태가 지속 및 누적되어야만 한다. 이것은 기능주의(functionalism)로 볼 수 있는데, 이의 기초를 이루는 것은 전쟁의 억제이다. 서로가 전쟁하고 싶은데도, 전쟁을 일으켜봐야 성공하지 못하거나 얻을 수 있는 것보다 더욱 많은 것을 잃을 것이라고 할 때는 전쟁을 하지 않게 되고, 그것이 누적되면 평화라고 평가할 수 있다는 것이다. 따라서 평화를 위한 평소의 노력은 전쟁억제의 노력이 된다고 할 수 있다.

이론적으로 전쟁의 억제는 거부적 억제(deterrence by denial)와 응징적 억제(deterrence by punishment)로 구분되는데, 거부적 억제는 상대방에게 성공할 수 없다는 사실을 알려서 전쟁을 일으키지 못하게 하는 방법이다. 철저한 방범 대책이 범죄를 억제하는 것과 같다. 다만, 이것은 가능하기만 하면 최선이지만 지나치게 많은 노력이 들고, 완벽성을 기하기가 어렵다. 이와 대조되는 응징적 억제는 상대방에게 예상하는 이익보다 비용이 더욱 클 것이라는 점을 인식시켜 어떤 행동을 하지 않도록 하는 방법이다. 강력한 형벌이 범죄를 억제하는 것과 같다. 다만, 응징적 억제는 상대방이 합리적이지 않거나 오판을 해버리면 기능하지 못한다.

통상적인 억제이론으로 포함시키지는 않지만, 도발하지 않을 경우 상응한 보상(reward)이 있음을 인식시켜 자제시키는 과정이나 행위, 즉 보상에 의한 억제도 전혀 고려할 수 없는 것은 아니다 (Roehrig 2006, 12). 상대방에게 경제적 원조나 각종 편의를 제공함으로써 도발하지 않는 것이 이익이라는 점을 인식시켜 억제를 달성한다는 것이다. 다만, 범죄를 자제한 대가를 보상하는 것이 용납되기 어렵듯이 이 방법은 비도덕적인 유화정책(appeasement policy)으로 비난받을 수 있고, 한 차례의 보상은 더욱 큰 보상요구를 초래할 위험성이 크다.

Ⅱ. 한반도의 평화상태 평가

앞에서 설명한 평화의 개념, 평화체제를 구성하는 협정과 장치, 그리고 평화상태의 지속 측면에서 현재의 한반도는 어느 정도일까? 과연 평화롭다고 평가될 수 있을까?

1. 평화의 정도

1953년 이래로 한국에서 전쟁은 발발하지 않았지만, 현재 상태가 소극적 평화의 완성이라고 보기는 어렵다. 남북한의 대규모 군사력이 휴전선을 중심으로 일촉즉발의 형세로 대치하고 있고, 2010년 3월 북한 잠수정에 의한 천안함 폭침이나 2010년 11월 연평도에 대한 북한 포격의 사례에서 보듯이 양측은 금방이라도 군사적 충돌을 불사할 수 있는 태세이기 때문이다. 특히 북한은 핵무기를 지속적으로 개발했고, 2013년 2월 12일에는 3차 핵실험을 실시한 후 탄도미사일에 탑재할 정도로 핵무기를 "소형화·경량화"하는 데 성공하였다고 발표하였다. 한국은 다른 어느 국가보다 전쟁의 위험성이 크고, 따라서 "전쟁의 부재"라는 소극적 평화의 조건이 충족되었다고 보기는 어렵다.

그럼에도 불구하고 1953년 7월 27일 정전이 합의된 이후 60여 년 동안 한반도에서 전쟁이 발발하지 않은 것은 사실이다. 그동안 북한이 수많은 도발을 자행하고, 전쟁으로 악화될 위기가 없었던 것은 아니지만, 어쨌든 전쟁은 발발하지 않았다. 한반도는 공산주의와 민주주의가 대결한 냉전(cold war)과 유사하게 "이루어질 수 없는 평화와 일어날 것 같지 않은 전쟁"이 공존하는 "차가운 전쟁이면서 긴 평화이기도 한" 상황이다(김명섭 2013, 18). 그렇다면 한반도에서는 전쟁이 발발하지 않도록 하는 장치, 다른 말로 하면 평화를 보장하기 위한 최소한의 장치가 가동되고 있다고 할 수 있다.

이처럼 외형적 평화 상태가 존재하기에 한국의 학자들은 적극적 평화라는 개념을 도입할 수 있다고 판단하였다. 2002년 한국 평화학회는 『21세기 평화학』이라는 책자를 발간하였는데, 이것은 적극적 평화 개념에 의하여 저술된 책으로 전체 17편의 논문 중에서 소극적 평화, 즉 전쟁이나 군사를 언급하고 있는 논문은 2편에 불과하다(하영선 2002). "세계평화포럼"이라는 단체에서도 2000년부터 "세계평화지수"를 산출하여 발표하고 있는데, 이것도 적극적 평화에 기초하여 정치, 사회, 경제 등의 다양한 요소들을 망라하여 평가하고 있다.

그러나 소극적 평화도 확실하게 보장되지 않은 상태에서 적극적 평화로 관심을 분산하는 것은 위험할 수 있다. 적극적 평화가 아무리 진전되더라도 소극적 평화가 깨지면 엄청난 불행이 초래될 것이기 때문이다. 북한이 도발을 자행하고, 핵무기를 보유하고 있는 상태에서 한국에게 필요한 것은 소극적 평화를 확실하게 달성하는 것, 즉 전쟁의 위협이 현재와 같이 즉각적이지 않도록 하는 것일 것이다.

2. 평화를 위한 협정

가능하다면 1953년 7월 체결된 정전협정이 평화협정으로 대체되는 것이 바람직할 수 있다. 정전협정에서도 3개월 이내에 정치적 사항들을 타결하도록 규정되어 있고, 아직 남북한 간에는 상호에 대한 인정이나 국경에 관한 정치적 합의가 이루어지지 못한 것이 사실이며, 평화협정이 합의된다는 것은 남북한이 평화적으로 문제를 해결하는 기초가 될 수 있기 때문이다. 그러나 지금까지 성공하지 못한 것에서 알 수 있듯이 평화협정은 체결하기가 쉽지 않고, 오히려 이것을 협의하는 과정에서 새로운 갈등이 발생할 수도 있다. 전쟁에 대한 책임소재를 비롯하여 다양한 사항에서 이견이 발생할 것이기 때문이다. 장기적인 평화를 위한 환경을 조성하거나 미래의 전쟁도 예방할 수 있는 방향으로 더욱 건설적인 평화협정을 체결하고자 할수록(Klingner 2010b, 158) 평화협정에는 더욱 합의하기가 어려워질 것이다.

현실적으로 한반도에는 평화를 위한 유효한 협정이 이미 존재하고 있음을 인정할 필요가 있다. 1953년 정전협정으로서, 백스터는 이것은 '준 평화조약(a quasi-treaty of peace)'이라고 평가하고 있다(Baxter 2013, 김명섭 2013, 20에서 재인용). 정전협정으로 인하여 60여 년 동안 한국에서 전쟁이 발생하지 않았고, 잠정적이지만 국경선이 지켜지고 있다면, 이것이 평화협정으로 기능해온 셈이다.

정전협정이 결여하고 있다고 비판받는 정치적 협정도 이미 체결되어 있다. 1991년 12월 13일 체결된 『남북한 기본합의서』, 즉 "남북 사이의 화해와 불가침 및 교류·협력에 관한 합의서"로서, 남북 간의 상호 인정(제1조), 파괴 및 전복 행위 금지(제4조), 무력 불사용(제9조), 평화적 해결(제10조), 불가침 경계선과 구역(제11조) 등 평화협정 체결 시의 주요 쟁점이 거의 다 포함되어 있다(Dlrudwn 2010, 104). 남북한은 핵무기의 시험·제조·생산·접수·보유·저장·배비(配備)·사용을 금지하는 '한반도의 비핵화에 관한 공동선언'에도 합의함으로써 "남북한 기본합의서"는 더욱 보강되었다. 이 것들이 제대로 준수되지 않고 있다는 것이 문제이지, 평화를 위한 정치적 협정 자체가 없는 것은 아니다. 이 외에도 한미상호방위조약 (1954), 북한과 중·소 간의 상호원조조약(1961), 중국의 유엔가입 (1971), 남북한의 유엔 동시가입(1991), 한중수교(1992) 등으로 한반도 평화를 보장한다는 목적으로 다양한 국제적 협정도 체결되어 있다.

평화를 위하여 중요한 사항은 조약이나 협정의 존재 여부가 아니다. 그러한 것들이 준수되느냐, 그 결과로 평화상태가 유지되고 있느냐이다. 남북한이 정전협정을 철저하게 준수하고, 기본합의서와 비핵화 선언에 명시된 대로 실천했다면, 거의 완전한 평화상태가 구축되었을 것이고, 그러한 협정, 합의서, 선언들을 통틀어서 남북한 평화협정이라고 불렀을 것이다. 그러나 그렇게 불리지 않는 것은 그것들이 만족할 정도로 지켜지지 않고 있기 때문이다. "휴전체제의 국제법적 근간을 이루고 있는 정전협정을 평화조약이나 평화협정으로 대체하기만 하면 마치 '마법의 부적'처럼… '상대적 평화'를 '영구적 평화'로 바꾸어줄 것이라는 미신은 경계해야 한다(김명섭 2013, 21)."

3. 평화보장을 위한 장치

현재까지 한반도에서 전쟁이 발발하지 않도록 한 실질적인 요소는 정전상태를 유지하도록 하는 장치인데, 그중에서 가장 중요한 것은 유엔군사령부(UNC: United Nations Command)의 존재이다. 유엔군사령부는 정전협정의 서명 당사자이면서 북한이 휴전협정을 어겼을 경우 유엔의 힘을 동원하여 제재할 수 있는 책임과 권한을 지니고 있는 기관이기 때문이다. 그렇기 때문에 한반도 전체를 공산화하려고 했던 소련은 1970년대 중반부터 유엔군사령부를 해체하고자 노력하였고, 이에 대응하여 한국과 미국은 1978년 한미연합사령부(CFC: ROK-US Combined Forces Command)를 창설하게 되었던 것이다. 한미 양국은 한미연합사령관과 그 참모들이 유엔군사령관과 그 참모를 겸직하도록 함으로써 유엔군사령부가 해체 및 축소되더라도 기능을 수행하는 데 문제가 없도록 장치를 만들어두었다. 유엔군사령부의 실제적인 규모는 상징적인 수준에 불과하지만 그 사령관이 한미연합사령관을 겸직하기 때문에 한미연합사 예하의 병력을 사용할 수 있어 북한의 정전협정 위반에 충분히 대응할 수 있다.

정전협정 준수의 물리적인 토대는 비무장지대(DMZ: Demilitarized Zone)이다. 남북한은 정전협정에 근거하여 군사분계선을 표시하고, 그 이남 및 이북으로 2km씩 총 4km 폭의 비무장지대를 설치하였으며, 서로가 상당한 규모의 병력을 배치하여 상대방의 위반을 감시하고 있다. 비무장지대는 지속적으로 강화되어 현재 남방한계선에는 3중, 북방한계선에는 5중의 철조망이 설치되어 있고, 곳곳에 지뢰지대가 설치되어 있으며, 중요지역마다 초소가 설치되어 서로의 움직임을 감시하고 있다. 따라서 남북한 누구라도 상대를 쉽게 공격할 수 없고, 따라서 정전상태가 유지되고 있는 것이다.

정전협정 준수의 강력한 실행력은 주한미군(USFK: US Forces in Korea)과 한국군이다. 주한미군의 경우 그 규모는 28,500명밖에 되지 않지만, 미국의 동맹공약 이행을 보증하고 있고, 일부는 전방지역에 배치되어 미군 개입을 위한 인계철선(trip wire) 역할을 수행함으로써 전쟁의 억제와 정전협정 준수를 보장하고 있다. 북한이 집요하게 주한미군의 철수를 주장하는 것도 이러한 이유 때문이다. 당연히 60만에 달하면서 첨단 무기와 장비로 무장된 한국군의 존재도 정전협정의 준수에 중요한 역할을 하고 있다.

판문점에서의 대화와 소통도 정전상태의 유지에는 긴요하다. 시기별로 그 정도는 다르지만, 남북한(유엔과 함께)은 정전협정을 위반한 사례나 중요한 사태가 발생할 경우 판문점에서 만나서 서로의 입장을 교환하고, 어떤 타결점을 모색해왔다. 1976년 8월 18일의 판문점 도끼만행 사건이 일촉즉발의 사태까지 악화되었지만 양측은 판문점에서 만나 대화를 통하여 해결한 바도 있다.

이 외에도 한반도의 정전상태가 유지되도록 하는 장치들은 적지 않다. 지금은 그다지 적극적인 기능을 수행하지 않지만, 중립국 감시위원회도 중요한 역할을 수행했고, 한국이 참전국들의 공로를 잊지 않고 기념하거나 적극적인 친선관계를 가지는 것도 정전협정의 준수에 기여하였으며, 국제적인 여론도 보이지 않는 가운데 쌍방에 압력을 행사하고 있다. 최근 유엔군사령부의 규모 축소, 중립국 감시위원회의 유명무실화 등 결함도 일부 나타나고 있으나 위에서 언급한 요소들이 복합적으로 작용하여 60년 이상 휴전상태가 지속되고 있는 것이다.

이와 대조적으로 1991년 체결된 남북기본합의서는 그 내용의 탁월함에도 불구하고, 그것을 준수하도록 하는 제도적 장치가 구성 및 기능하지 못하고 있고, 앞으로도 그러할 가능성은 높지 않다. 이렇게 볼 때 좋은 내용으로 합의하였다고 하여 평화가 정착되는 것이 아닌 것은 분명하다.

4. 평화상태의 지속

정전협정 체결 이후 2012년 11월까지 북한은 천안함 폭침 및 연평도 포격을 포함한 994건의 국지도발을 자행하였듯이(국방부 2012, 309) 휴전선을 중심으로 한 긴장이 현저하게 낮아졌다고 볼 수는 없지만, 어쨌든 한반도에서는 60년 이상 전쟁이 발생하지 않았다. 이것은 북한이 원래 전쟁을 일으킬 마음이 없었던 것이 아니라 한국이 전쟁을 효과적으로 억제해왔기 때문이다. 실제로 김일성은 1965년 경에 남침을 하겠다고 결심한 상태에서 1962년부터 이를 위해 상당한 준비를 해오기도 하였고, 1975년 4월에도 중국을 방문하여 제2의 남침을 요청했다는 것이 중국 외교문서를 통하여 드러나기도 하였다(조선일보 2013/10/24, A3).

지금까지 한국이 적용해온 전쟁억제의 방법은 거부적 억제였다. 한국은 휴전선을 중심으로 물샐틈없는 경계태세를 유지하였고, 60만에 달하는 대규모 군대를 유지함으로써 철저한 전투준비태세를 과시하였으며, 첨단 무기와 장비를 갖춘 주한미군을 전방지역에 배치하였고, 북한이 도발 시 미국의 증원군이 신속하게 전개할 수 있도록 계획을 수립하여 연습하기도 하였다. 이러한 한미 양국 군의 전쟁억제 노력은 한미연합사령부에 의하여 체계적으로 계획 및 통합되고, 결국 북한은 성공할 수 없다고 판단하여 전쟁을 발발하지 못하였다.

그러나 북한이 핵무기를 개발함으로써 이러한 상황은 급격히 달라졌다. 북한은 2006년 10월 9일 1차, 2009년 5월 25일 2차, 2013년 2월 12일 3차 핵실험을 실시하였는데, 3차 핵실험을 실시한 후 "소형화·경량화된 원자탄을 사용했고… 다종화(多種化)된 핵 억제력의 우수한 성능이 물리적으로 과시됐다"고 발표한 바 있다. 그리고 북한이 보유하고 있는 플루토늄 양으로 판단할 때 10개 정도의 핵무기를 보유하고 있는 것으로 추정하고 있다. 또한, 북한은 스커드 미사일 600기, 노동 미사일 200기를 포함하여 1,000기 정도의 다양한 탄도미사일을 보유하고 있는 것으로 추정되고 있다. 북한의 '핵미사일' 위협이 새롭게 대두된 상태이다.

북한의 핵미사일 위협에 대한 한국의 거부적 억제태세, 즉 공중에서 요격할 수 있는 능력은 매우 미흡하다. PAC-2 요격미사일 2개 대대를 보유하고 있으나, 이는 탄도미사일에 대한 직격파괴 능력이 없고, 고도 15km와 사거리 20~40km 정도에 불과하여 방어범위가 매우 좁다. 특히 북한은 탄도미사일들을 이동시킬 수 있는 차량(TEL: Transporter Erector Launcher)을 200대 이상 보유하고 있기 때문에 (DoD 2013b, 15) 핵미사일 공격에 대한 탐지와 요격이 쉽지 않다.

결국, 한국은 북한이 핵무기로 공격할 경우 미국의 핵 및 재래식 무기를 통하여 응징보복한다는 개념, 즉 응징적 억제에 의존하고 있다. 이것은 핵우산(nuclear umbrella)이나 확장억제(extended deterrence)의 개념으로서, 북한이 핵무기로 한국을 공격할 경우 미국에 대한 핵무기 공격으로 간주하여 미국이 대규모 응징보복을 가한다는 개념이고, 이러한 사실로 북한을 위협하여 핵공격을 생각하지 못하도록 하는 것이다.

다만, 이러한 응징적 억제의 경우 북한이 보복을 감수하면서 한국을 공격해버리면 방법이 없다. 북한은 미국의 확장억제가 지켜지지 않으리라고 오판할 수도 있고, 막다른 골목에 처한 상황에서 초래될 결과와 상관없이 극단적인 선택을 할 수도 있다. 이 경우 다른 동맹국에 대한 신뢰의 문제나 한국에 존재하는 주한미군과 미국시민들을 고려할 때 미국이 확장억제를 실천할 가능성이 높은 것은 사실이지만, 실제 상황에서는 자제할 가능성도 있는 것이 사실이다. 북한의 핵공격을 응징한다는 것은 중국과의 핵전쟁까지 각오한다는 것인데, 미국의 입장에서 이러한 위험을 감수한다는 것이 단순한 사안은 아니기 때문이다. 실제로 미국이 전통적으로 사용해오던 '핵우산'이라는 용어를 '확장억제'로 바꾼 것을 보면, 북한이 핵무기를 사용하더라도 미국은 핵무기가 아닌 비핵무기로도 대응할 수 있다는 것이고, 북한의 입장에서는 그만큼 미국의 응징보복 의지가 약화된 것으로 해석될 수 있다.

비록 핵위협이 새롭게 발생하여 위험하게 만들고 있기는 하지만, 1953년 정전 후 한반도에는 절대적인 평화는 아니라고 하더라도 상대적인 평화(relative peace)는 구축되었다고 판단된다(김명섭 2013, 21). 그리고 이것은 한국과 미국의 철저한 전쟁억제 노력의 덕분일 수 있다.

III. 실질적 평화체제 구축을 위한 과제

그렇다면 이제 한국은 어떻게 해야 할 것인가? 앞에서 살펴본 바에 의하여 판단해본다면 새로운 협정이나 체제를 구축하는 것이 최선은 아니다. 전쟁억제, 특히 북한의 핵무기 사용 억제에 최우선적인 노력을 집중하여 현재의 평화상태를 지속시키는 것이 중요하다.

따라서 한국의 입장에서 평화를 위한 노력은 한반도에서 전쟁이 발발하지 않도록 하는 측면에서 잘되고 있는 것은 더욱 강화하고, 잘못되고 있는 것은 시정하는 것이라고 할 것이다.

1. 실질에 중점을 둔 평화논의

한반도의 평화와 평화체제의 지속적인 가동을 위하여 우선적으로 요구되는 사항은 구호가 아니라 성과로서의 평화이다. '평화', '평화체제', '평화협정'이라는 용어에 집착하거나 그러한 용어들로 국민들의 호감을 얻는 데 치중한다면 진정한 평화를 보장하기는 어렵다. 현재의 평화상태를 더욱 증진시키고, 장기적인 평화를 보장할 수 있는 현실적인 대책을 강구하는 데 평화논의의 중점이 두어져야 한다.

평화와 전쟁을 상충되는 개념으로 생각하거나 군대를 부정적으로 생각하는 평화논의는 타당하지 않다. 한반도에서의 현 소극적 평화가 전쟁을 효과적으로 대비, 예방, 억제함으로써 달성되었다면, 평화논의는 전쟁과 군대에 대한 연구를 더욱 적극적으로 포함해야 한다. 평화를 주창하거나 연구하는 사람들이라면 전쟁이란 과연 무엇인가, 그리고 한반도에서 전쟁을 어떻게 하면 예방 및 억제할 것인가, 나아가 전쟁이 발발하였을 때 어떻게 하면 승리해야 할 것인가를 적극적으로 연구 및 학습해야 할 것이다. 평화연구(Peace Studies) 또는 평화학(Renology)부터가 제2차 세계대전의 참화를 반복하지 않아야겠다는 의식, 즉 "제3차 세계대전을 방지하기 위한 학문, 즉 '인류 생존의 과학'으로서 미국에서 탄생"(김승국 2009, 11)했고, 평화연구로 유명한 미국 미시간 대학의 연구소 명칭도 "분쟁해결연구소

(Center for Research and Conflict Resolution)"이며, 발간하는 학술지도 『분쟁해결논집(Journal of Conflict Resolution)』이라는 점을 주목할 필요가 있다.

적극적 평화 개념을 무비판적으로 수용하지 않도록 유의할 필요가 있다. 적극적 평화에 관심을 갖는 배경은 충분히 이해하지만, 소극적 평화가 위태로운 한국의 상황에서 적극적 평화를 지나치게 강조할 경우 본말이 전도될 수 있기 때문이다. 북한의 재래식 도발에 대해서는 어느 정도 대책이 강구된 상태이지만 핵미사일 공격에 대하여 한국은 유효한 방어수단을 구비하지 못한 상태인데, 전쟁의 발발 가능성이 거의 없는 북부 유럽에서 발전된 적극적 평화의 개념을 적용하는 것은 평화를 위한 노력만 분산시킬 것이다. 특히 '전쟁→소극적 평화→적극적 평화→완전한 평화'로 단계화하면서 한반도 평화체제를 '소극적 평화를 넘어 적극적 평화를 구현할 수 있는 메커니즘 구축'을 지향해야 하는 것으로 주장하는 것은(장용석 2010, 128) 적극적 평화에 대한 오해에 기인한 것이다. 적극적 평화는 전쟁의 위협이 없어진 상황에 추가하여 정치적·경제적·문화적 폭력까지도 제거해야 한다는 개념으로서, 현재의 정전체제를 정치적 협정으로 격상시키고, 전쟁의 위협을 최소화하자는 한반도의 평화 논의와는 거리가 먼 개념이다.

2. 형식보다 내용 중심의 평화체제 구축 지향

평화를 주장하거나 평화협정을 체결한다고 하여 평화가 정착되는 것이 아니라는 것은 베트남 전쟁을 비롯한 여러 국제적 사례에서 확인되었다(장용석 2010, 125). 평화체제의 경우 보편적으로 적용되는 어떤 정형이 존재하는 것이 아니라 평화를 지속시키는 어떤 체제가 있다면 그것을 개별적 또는 집합적으로 평화체제라고 부르는 것이다. 따라서 한국의 평화체제 논의는 형식보다는 내용과 기능을 중요시하는 방향으로 합리성을 강화할 필요가 있다.

일부에서 다양한 평화협정의 문안을 만들어 제시하기도 하듯이[39] 평화협정에 지나치게 집착해서는 곤란하다. 현재의 휴전협정도 평화협정의 하나이고, 이 외에도 한국은 북한과 1991년 상호존중 및 불가침, 그리고 비핵화를 위한 기본합의서를 체결한 상태이다. 실제로 북한과 평화조약이나 협정을 체결하고자 하면, 한국의 헌법이나 조선노동당 규약을 수정해야 하고, 6·25전쟁에 관한 원인에 대하여 남북한의 합의가 이루어져야 하며, 구체적인 전쟁재발 방지책이 마련되어야 하는데(김명섭 2013, 25), 이에 대한 합의가 어려울 뿐만 아니라 이를 둘러싼 논쟁이 새로운 갈등으로 비화될 수 있다. 또한, 동북아시아 지역 차원에서 국제적인 평화체제를 구축하는 사항까지 고려해야 한다면(이경주 2010, 26), 평화조약(협정)의 체결은 너무나 큰 과제가 되어 성사될 가능성은 그만큼 낮아질 것이다. 통일까지 포함하는 평화체제를 지향해야 한다는 의견의 경우(이경주 2010, 119) 바로 통일을 위한 협의나 합의로 나갈 것이지 굳이 평화협정을 거칠 필요가 없다.

평화협정 체결을 위한 시간과 노력을 전쟁억제 체제의 발전과 강화에 투자하는 것이 더욱 효과적일 수 있다. 한미연합사령부와 '작

---

39 몇 가지 협정안에 대한 분석과 비교에 관해서는 이경주 2010, 95~103 참조.

전계획 5027'을 기준으로 북한의 정규전 도발을 억제하는 데 더욱 진력하고, 천안함 폭침이나 연평도 포격이 재발하지 않도록 국지도 발 대비태세를 강화해나가는 것이 더욱 시급하다. 2011년 6월 15일 "서북도서방위사령부"를 창설하여 서해5도 지역에 대한 대비태세를 강화해왔는데, 이러한 조치가 평화에 더욱 기여하고 있는 것이다. 그리고 한미동맹을 바탕으로 미국의 억제력을 최대한 활용해야 할 것이고, 국제적 평화보장 장치를 강화하기 위한 외교적 노력도 활발하게 전개해야 할 것이다. 박근혜 정부가 국가안보실을 청와대에 구성하였듯이 국가 및 군의 위기관리(crisis management) 체제를 체계적으로 구성 및 운영함으로써 비상시 즉각적이면서 효과적으로 조치를 보장하고, 확전을 방지하는 것도 평화체제의 실질적 내용일 수 있다.

3. 한미동맹의 강화

한반도에서의 평화와 전쟁억제를 위하여 한미동맹만큼 중요하고 효과적인 장치는 없다. 한국과 동맹을 맺고 있는 미국은 세계 최강의 군사력과 영향력을 보유하고 있고, 주한미군과 한미연합사가 존재하여 유사시 미군의 즉각적인 개입을 보장하고 있기 때문이다. 북한이 주한미군의 철수를 끈질기게 요구하고 있는 것도 그것과 그를 통한 미 증원군의 전개가 그들의 전쟁도발을 가로막는 가장 심각한 장애물이기 때문이다.

국민들은 이러한 한미동맹의 중요성을 인식하고, 서로에게 호혜적인 이익이 되도록 계속해서 강화해나갈 필요가 있다. 부분적인 불편향에 기인한 지나친 반미의식은 한반도의 평화와 전쟁억제에 도움이 되지 않는다. 미국을 활용한다는 용미(用美) 차원에서 접근할 필요가 있다. 특히 "동맹의 필요성(necessity)"이 큰 국가는 어느 정도의 방위비분담을 할 수밖에 없는 것이라면(Kim 2012, 94~95) 북한의 핵위협에 노출된 한국으로서는 방위비분담을 다소는 적극적으로 부담할 필요가 있다. 냉전 시대의 서독은 어려운 경제여건 속에서도 연합국 주둔비용의 대부분을 분담하였고, 현재 일본도 한국에 비해서 4~7배 정도의 방위비분담을 하고 있다는 점을 고려할 필요가 있다(Klinger 2010, 162).

현재 상태에서 중요한 사항은 한미연합사령부의 중요성을 모든 국민이 이해하고, 이것을 존속하는 것은 물론 전쟁억제와 유사시 승리에 기여할 수 있도록 지속적으로 강화하는 것이다. 북한의 핵미사일 위협에 대하여 자체적으로 유효한 대응책을 구비하지 못하고 있는 한국으로서는 미군 대장에게 한미연합사령관의 직책을 계속 수행하도록 하여 핵공격을 포함한 한반도 전쟁억제와 유사시 전쟁승리에 관하여 전적인 책임을 지도록 하고, 그러한 책임과 권한으로 유사시에 자국의 전력을 최대한 요구하도록 만들어야 한다. 이러한 점에서 이번 박근혜 정부가 2015년 12월 1일로 예정되었던 전시 작전통제권 환수 및 한미연합사 해체를 또다시 연기하기로 한 것은 한국안보에 매우 중요한 조치라고 할 것이다.

4. 북한의 핵무기 대응에 집중

충분하다고 말하기는 어렵지만, 한반도에서의 재래식 전쟁억제는 제대로 기능해왔고, 북한의 제한된 경제력을 고려할 때 그 위험이 낮아진 상태이며, 앞으로도 높아질 가능성은 크지 않다. 60년 이상 지속해온 전쟁억제가 정착되려는 경향을 보이고 있다. 다만, 그 사이에 북한은 핵무기를 새롭게 개발하였고, 한국은 이를 위한 억제책을 충분히 구비하지 못하고 있다는 것이 문제이다. 냉전이 종식되면서 시작된 한반도의 평화체제 구축을 위한 노력은 북한의 핵무기 개발이라는 암초를 만나 좌초된 상태로서, 이의 해결 없이는 평화체제 구축 자체가 어려운 것이 현실이다(황지환 2009, 114~115). 미국의 경우에도 핵문제 해결 없이는 평화체제에 관한 논의는 불가능하다는 입장이고(Klingner 2010b, 162), 한국도 마찬가지이다(최강 2011, 89~90).

한국은 북한의 핵문제를 외교적으로 해결하고자 노력해왔지만, 지금까지의 성과는 좋지 않다. 그렇다면 이제는 군사적 대응책에 대한 의존성을 증대시킬 수밖에 없다. 그것이 안전하면서도 실질적인 방책이기 때문이다. 특히 한국은 응징적 억제 차원에서 미국의 핵우산이나 확장억제에 의존할 수밖에 없다는 현실적 인식하에 미국을 잘 활용하여야 할 것이다. 이러한 점에서 앞에서 말한 바와 같이 한미연합사령부도 계속 유지시키고, 한미억제정책위원회와 같은 양국의 실질적인 협의기구도 효과적으로 활용할 수 있어야 할 것이다.

동시에 한국 스스로도 북한의 핵공격으로부터 국민들의 생명과 재산을 보호할 수 있는 만반의 태세를 구비하고자 노력하지 않을 수 없다. 한국 자체의 능력으로 북한의 핵무기 사용을 억제하기 위한 전략개념부터 수립하여야 할 것이고, 북한이 핵무기로 공격 시 북한 수뇌부를 사살(decapitation)하겠다는 식으로 한국식 응징보복 개념을 개발해나갈 필요가 있다(박휘락 2013b, 171). 나아가 정승조 당시 합참의장이 2013년 2월 6일 국회 국방위에서 언급한 바와 같이, 북한이 "핵무기를 사용한다는 명백한 징후가 있다면 선제타격(동아일보 2013/02/07, A01)"할 수 있는 준비를 하여야 할 것이다.

다만, 응징적 억제의 경우 북한이 보복을 감수하면서 공격해버리면 속수무책이기 때문에 거부적 억제에도 지속적으로 노력하지 않을 수 없다. 이의 기본은 탄도미사일 방어망의 구축으로서 기술적으로 어렵고 상당한 비용이 요구되더라도 한국의 상황과 여건에 부합되는 체제를 구축해야 한다. 한국에 비해서 위협받는 정도가 적을 수도 있는 일본은 나름대로 상당한 탄도미사일 방어능력을 구비하였음을 참고할 필요가 있다. 한국은 PAC-3 요격미사일을 구매하여 주요전략시설에 대한 최소한의 탄도미사일 방어체제를 구축한 상태에서 THAAD나 SM-3와 같은 더욱 방어범위가 넓은 요격무기체계의 획득을 검토해야 할 것이다.

5. 남북한 간 교류와 협력의 증진

북한과의 관계증진에도 지속적으로 노력하지 않을 수 없다. 진정한 평화는 어떤 체제에 의하는 것이 아니라 교류와 협력의 관행이 누적됨으로써 가능해지기 때문이다. 이것은 보상적 억제 측면에서 필요한 노력일 수도 있다. 우선은 민간 차원의 협력을 중심으로 북한과 접촉을 유지하고, 정부 차원의 공식 및 비공식적 접촉을 조심스럽게 시도할 필요가 있다. 북한이 잘못되어 있다고 하여 계속 경색된 관계를 유지할 수 없다는 것이 한국이 지니고 있는 딜레마임을 이해할 필요가 있다.

이를 위해서는 북한 정부와의 대화 및 신뢰회복부터 추진해야 한다. 2013년 12월의 장성택 처형에서 보듯이 김정은 정권이 독재적이고 비인도적인 것은 분명하지만, 그래도 북한을 대표하는 것은 김정은 정권이기 때문이다. 한국과 북한은 수십 년 동안 서로 불신하는 가운데 대치해왔기 때문에 어느 한쪽이 평화로운 조치를 취하고자 해도 상대가 이를 순수하게 받아들이기가 쉽지 않다. 이제부터라도 남북한은 서로 약속한 것은 지키고, 상호비방을 자제함으로써 신뢰의 사례를 계속 누적해나가야 한다. 이러한 점에서 한국은 북한이 수용할 수 있는 공통의 의제를 제의하고, 이를 통하여 서로 간의 협력과 이해의 폭을 넓혀갈 필요가 있다. 일본의 팽창주의, 동북아시아의 세력각축 등에 남북한이 함께 대응하자는 등으로 남북한 간의 유대관계를 넓힐 수 있는 의제를 개발 및 제안하고자 고민할 필요가 있다.

경제적 측면에서도 남북한 간의 교류와 협력을 지속적으로 확대할 필요가 있다. 북한이 경제적으로 발전할 경우 핵무기 개발을 위한 자금이 증대되는 위험이 없는 것은 아니지만, 그렇다고 하여 무작정 교류와 협력을 중단할 수는 없기 때문이다. 국제사회와의 협력을 통하여 핵무기 개발을 위한 기술 및 물자 유입은 계속적으로 차단하면서 개성공단을 비롯한 남북한 경제적 협력을 조심스럽게 관리 및 확대해나갈 필요가 있다. 특히 남북 간의 경제협력이 미흡할 경우 북한은 중국과 교류 및 협력할 수밖에 없고, 그렇게 되면 남북 간의 화해와 협력은 더욱 멀어질 수 있음을 고려하여야 할 것이다.

북한에 대한 인도적 지원은 현재보다 더욱 확대할 필요가 있다.

북한이 핵무기를 포기하지 않고 있고, 남북한 간에 수시로 정치적이거나 감정적인 대결이 있는 상태에서 이를 지속하기가 쉽지는 않지만, 정치적 사안과 인도적 지원은 될 수 있으면 분리할 필요가 있다. 인도적 지원에 관한 사항은 국제기구 등에 맡기고 한국은 필요한 재정만 지원하는 것도 하나의 방법일 수 있다. 이러한 노력을 통하여 남북한이 동일체감을 가질 수 있다면 한반도의 전쟁억제와 평화의 바탕으로 기능할 것이기 때문이다. 1990년 예멘공화국으로 통일되었지만 1994년 내전이 발발하여 결국 무력으로 통일된 예멘의 사례에서 보면 국민적 통일기반이 취약한 상태에서의 형식적 통일은 내전이나 갈등을 초래하여 진정한 평화체제를 구축할 수 없다는(양영모 2009, 361~362) 점을 잊지 말아야 할 것이다.

Ⅳ. 결론

한반도의 평화는 무엇으로 유지 및 강화해나갈 수 있을 것인가? 당연히 어느 하나의 방법이나 수단만으로는 어려울 것이다. 어떤 사람의 건강이 단방약(單方藥)으로 해결될 수 없는 것과 같다. 사람의 건강이 그를 위한 수많은 노력과 활동이 합해진 결과이듯이 한반도의 평화도 가능한 모든 수단과 방법을 동원한 결과로써 오랜 기간에 걸쳐 달성될 것이다. 건강해져야 한다는 구호로 건강해지지 않듯이 평화를 위한 구호로 평화스러워지지 않는 것은 당연한 것이다.

전쟁과 평화는 동전의 양면과 같다. 정서상으로는 전쟁에 관한 논의를 회피하고 싶지만, 논리적으로 보면 전쟁을 예방 및 억제해야 평화가 보장된다. 전쟁을 억제하는 것이 평화를 위한 가장 기본적인 조건이고, 전쟁에 대하여 제대로 아는 것이 평화를 연구하거나 평화를 위하여 노력하는 사람들의 기본적인 과제이다. 건강을 증진하고자 하는 사람이 병에 대하여 먼저 알아야 하는 것과 같다. 정전상태이고, 북한이 핵무기를 개발한 현 상황에서 한국이 적극적 평화와 같은 이상에 지나치게 집착하여 중점을 분산하는 것은 곤란하다.

한반도의 평화정착을 위한 가장 중요한 요소는 여전히 한미동맹이라는 점에서 이를 지속적으로 강화하는 것은 당연하다. 용미(用美)차원에서 반미감정 등은 자제할 필요가 있고, 한미연합사령부는 기능적으로 더욱 강화해나가야 할 것이다. 장기적으로는 한국 스스로에 의한 응징적 억제와 거부적 억제력을 구비해나가야 하지만, 우선은 한미동맹을 통하여 북한의 핵미사일 위협에 효과적으로 대응하는 것이 필수적이다.

일반적인 국민들이 한반도의 평화에 기여하는 방법은 총력안보의 의지와 태세를 고양하는 것이다. 1960년대와 1970년대에 북한의 전쟁위협이 가장 높았을 때 한국이 경제건설에 박차를 기하면서도 전쟁억제에 성공할 수 있었던 것은 국민들의 총력안보 의지와 태세가 확립되었기 때문이다. 당시 한국 국민들의 반공 의지는 확고하였고, 향토예비군 창설이나 민방위 훈련에서 볼 수 있듯이 자신의 땅과 가족은 자신이 지킨다는 의식이 충만했었다. 최근 사회 일각에서 드러나고 있는 종북(從北)주의의 경우, 결국은 바로잡혀지겠지만, 더욱 확산되거나 지속되지 않도록 유의할 필요가 있다. 정신적으로 단결되지 않는 국가는 외부의 침략자에게는 좋은 먹이로 보일 수 있기 때문이다.

건강과 유사하게 단기간에 평화를 보장할 수는 없다. 지금까지 어렵게 평화를 유지해온 정부와 국민들의 노고를 인정하면서, 잘되는 점은 계승 및 강화하고, 잘못되고 있는 점은 개선하는 노력을 지속함으로써 평화는 서서히 달성될 것이다.

07 | 북한 급변사태에 대한 이해

한국 국민들의 지속적인 염원에도 불구하고 한반도의 통일은 가시화되지 않은 채 북한은 핵무기를 개발하여 민족의 생존을 위협하고 있고, 남북관계는 계속 경색되고 있다. 그리하여 국민들은 북한이라는 체제가 붕괴되어야 통일이 가능하다는 생각을 하게 되었고, 그래서 논의하게 된 것이 북한의 "급변사태"이다. 경제적으로 빈곤한 독재국가에서 지도자의 갑작스러운 사망은 북한 내부의 급격한 변화를 초래하게 될 것이고, 그것을 수습하는 과정에서 통일의 기회를 포착할 수 있을 것이라는 희망에서였다. 이러한 이유로 김일성 사망, 김정일 와병설, 김정일 사망 때마다 한국에서는 북한 급변사태에 대한 논의가 활성화되었다.

그러나 국민들의 기대와는 다르게 김일성과 김정일의 사망 이후 북한에서 급변사태는 발생하지 않았다. 2013년 12월 약관의 김정은이 장성택이라는 실세를 처형하면서 북한 내부의 모순이 드러나 급

변사태에 대한 기대가 커진 적이 있지만, 북한은 붕괴 조짐보다는
미사일 및 포탄 발사, 무인기 침투, 험악한 언사 등으로 대결태세를
강화하고 있다.

I. 급변사태에 대한 논의 경과와 평가

1. 논의 경과

급변사태의 개념은 사람에 따라 다양할 수밖에 없지만, 다양한 논
의들을 종합해볼 경우 대체적으로 북한에서 어떤 심각한 상황이 발
생하여 외부의 지원 없이는 안정되기 어려운 상태를 의미하는 것으
로 판단된다. 즉, "다양한 국가비상사태 중 북한 정권이 상황을 통제
하기 어렵거나 통제할 의지가 없어서 주변국을 비롯한 국제사회가
개입할 가능성이 큰 사태(홍현익 2013a, 11)"라는 것이다. 미국 학자
중에서 북한의 급변사태를 집중적으로 연구하고 있는 랜드연구소의
베넷(Bruce Bennett) 박사도 급변사태로는 북한 지도체제에 어떤 변
고가 발생하는 체제붕괴(regime collapse)로는 부족하고, 북한 정부의
통치력이 없어진 상태인 정부붕괴(government collapse) 정도는 되어
야 한다고 설명하고 있다(Bennett 2013, 5~6).

한국에서 북한의 급변사태가 본격적으로 논의되기 시작한 계기는
1994년 김일성이 사망하고 1995년 대규모 홍수가 발생한 후 주한미
군사령부에서 북한의 '붕괴(collapse)' 가능성을 강력하게 제기한 것
이었다.[40] 당시 주한미군은 북한이 7단계의 붕괴 과정 중에서 2단계

에서 3단계로 넘어가는 과정이라고 평가하였고(조선일보 1996/03/25. 1), 럭(Gary Luck) 사령관은 1996년 3월 미 의회에서의 증언을 통하여 "(북한 붕괴에 관한 문제는) 붕괴할 것이냐는 것이 아니라, 어떻게 붕괴할 것이냐, 즉 내부붕괴냐 외부붕괴냐, 그리고 언제 붕괴할 것이냐이다(The question is not will this country disintegrate, but rather how it will disintegrate, by implosion or explosion, and when)"라고 증언하였다(조선일보 1996/03/17, 1). 그리하여 처음부터 한국의 급변사태 논의는 발생 여부보다는 발생하였을 경우 어떻게 대응할 것이냐에 초점이 모아지게 되었다.

그러나 주한미군이나 한국의 학자들이 예측한 바와는 달리 김일성 사후의 수년 동안에 북한사회의 붕괴나 급변사태는 발생하지 않았고, 따라서 급변사태에 대한 논의도 점진적으로 위축되었다. 그러다가 2000년대 후반 김정일의 건강에 문제가 있다는 분석이 제기됨을 계기로[41] 급변사태에 대한 토론이 또다시 활발해지기 시작하였다.[42] 이전의 소강상태를 보충이라도 하려는 듯 다수의 학자가 북한의 급변사태 가능성과 한국의 대응책을 분석하였고(김연수 2006; 라미경·김학린 2006; 신범철 20080; 김수민 2008; 이상근 2008; 박창희 2010), 국회에서 연구용역을 제기하기도 하였으며(정낙근 외

---

40 1990년대 초반부터 1995년까지 한국에 발표된 북한 급변사태 연구논문은 한자릿수에 머물렀으나 1996년에는 39편, 1997년에는 58편으로 증대되었고, 그 이후 10여 편으로 감소되는 경향을 보이고 있다(황주희 2012, 20).

41 김정일은 뇌졸중으로 한 번 쓰러진 적이 있고, 만성화된 후두염과 신장 질환 등을 앓고 있어서 그 수명이 길어야 앞으로 3년 정도일 거라는 분석이 한미 양국에서 보도된 바 있다(조선일보 2010/07/10, A6).

42 2000년대 초반에 한국에 발표된 북한 급변사태 연구논문은 10~30편 수준이었으나 2008년도부터 급증하여 2008년 4편, 2009년 66편, 2010년 65편이 발표되었고, 그 이후에는 감소하는 경향을 보이고 있다(황주희 2012, 21).

2008, 이수석 외 2009), 미국에서도 논의가 재개되었다(Scobell 2008; Stares and Wit 2009; Center for U.S.-Korea Policy 2009; Klingner 2010a). 2009년 하순 한미 양국 군은 북한의 급변사태에 관하여 '개념계획 5029'를 '작전계획'으로 발전시킨 것으로 보도되기도 하였다(조선일보 2009/11/02, A6). 그렇지만 북한에서 급변사태는 발생하지 않았고, 시간이 흐르면서 그에 대한 논의도 축소되었다.

2011년 12월 19일 북한의 김정일 국방위원장이 심근경색으로 사망하여 약관의 김정은에게 권력이 갑자기 인계되자 급변사태에 대한 기대는 또다시 높아졌다. 김정은 정권이 오래 지속되기는 어려울 것이라는 전망이 대부분을 차지하였고, 그러는 와중인 2013년 12월 북한의 2인자였던 장성택이 전격 처형됨으로써 북한 권력 내부의 불안정성이 노출되기도 하였다. 중국의 전문가들까지 급변사태 발생 가능성을 인정하기 시작하였다(조선일보 2013/12/30, A2).

그러나 김정일 사망 이후 수년이 흘렀지만, 북한 내부가 불안해질 기미는 보이지 않고, 오히려 결속도가 강해지는 양상을 보이고 있다. 북한에 대사관을 둔 영국대사의 말처럼 "북한 내 급변 사태가 일어난다면 매우 빠르고(very quickly) 또 부지불식간에(with very little notice) 벌어질 수"도 있지만(동아일보 2014/04/09, A18), 현재까지 북한정권은 건재하고 있다. 다만, 극심한 경제난이 지속될 경우 체제의 결속력은 약화될 것이고, 그 결과로 급변사태가 발생할 가능성은 존재한다.

2. 평가

예상하지 못하였던 북한 내부의 변화가 발생할 때마다 한국에서는 급변사태에 대한 관심이 커지고, 그를 통한 통일의 가능성이 거론되곤 하였지만, 지금까지 기대했던 변화는 발생하지 않았다. 지금도 급변사태를 기대하는 사람들이 적지 않지만, 그 숫자가 점점 줄어들고 있는 것은 사실이다. 북한과 같은 국가가 이 정도로 지속되는 것이 불가사의하지만, 현실에서 북한은 건재하고 있고, 급변사태에 관한 연구의 생산성은 높지 않은 것으로 드러나고 있다.

한국의 급변사태 연구가 현실에 부합되지 못한 것은 그동안의 연구들이 급변사태의 발생 가능성에 대한 연구는 생략한 채 바로 발생하였을 경우 어떻게 대처 및 활용하느냐에 중점을 두었기 때문이다. 황주희는 1999년부터 2012년까지 북한 급변사태에 관하여 연구한 학위논문들을 주제별로 분류한 후 총 39편 중에서 대응방안 25편, 주변국 개입 7편, 통일방안 3편, 논의연구 4편이라는 분석결과를 제시하고 있다(황주희 2012, 25). 급변사태의 발생 가능성이 어느 정도인지에 대한 현실적인 탐구는 거의 없었던 것이다. 북한 급변사태에 대한 미국의 권위 있는 연구로 국내에서 평가되고 있는 베넷(Bruce W. Bennett)의 보고서도 북한이 붕괴하였다는 가정과 그것을 활용하여 한국이 통일을 추진할 것이라는 두 가지 가정 위에서 연구를 진행하고 있음을 밝히고 있다(Bennett 2013, 2).

이제라도 한국은 급변사태의 발생 여부를 포함한 기본적인 사항들을 체계적으로 재점검하고, 그에 기초하여 연구의 비중과 방향을 설정할 필요가 있다. 부분적으로 급변사태 발생의 실제적인 가능성

(한병진 2012), 한국 개입을 위한 명분(정재욱 2012),중국의 군사개입 가능성(김열수 2012), 지도자의 사망 이외의 다양한 급변사태 원인(박휘락 2011, 428) 등에 관한 연구가 시도되고 있기는 하지만, 아직은 제한적인 수준이고, 따라서 급변사태 논의는 '소망'에 머물러 있는 측면이 크다.

3. 비판

지금까지 전개되어 온 한국에서의 급변사태 논의들은 대체로 다음과 같은 논리에 근거한 것으로 정리할 수 있다. "북한에서 지도자의 사망과 같은 갑작스러운 사태가 발생하면, 북한 내부의 정세가 급격하게 불안정해질 것이고, 그렇게 되면 한국이 개입하여 사태를 안정시킨 후 통일로 연결시킨다"는 것이다. 이것은 일견 무리가 없어 보이지만, 다음과 같은 비판도 가능하다.

첫째, "북한에서 지도자의 사망과 같은 갑작스러운 사태가 발생하면 북한 내부의 정세가 급격하게 불안정해질 것"이라는 것은 지금까지 실제로 일어난 상황과는 차이가 있다. 1994년 7월 8일에는 김일성이, 2011년 12월 19일에는 김정일이 동일한 원인인 "심근경색"으로 갑작스럽게 사망하였지만, 그 직후 권력층 내부의 갈등이나 북한 사회의 혼란은 거의 없었다. 김정일의 경우에는 준비된 상태에서 지도자로 등장하였기 때문이라고 말할 수는 있지만, 김정은은 그렇지 못하였음에도 아직 불안정의 기미는 보이지 않고 있다. 장성택 처형의 경우 붕괴의 징조가 아니라 오히려 김정은의 권력이 얼마나 공고하고, 북한 체제가 얼마나 일사불란한 것인가를 나타내는 사례로도 해석이 가능하다.

둘째, "한국이 개입하여"라는 논리도 희망에 치우친 측면이 크다. 한국 국민들의 정서나 헌법에 의하면 북한은 한국의 일부이고, 따라서 북한문제에 대하여 한국은 하시라도 개입할 수 있다. 그러나 국제법이나 국제사회의 인식은 그렇지 않다. 남북한은 유엔에 동시에 가입한 상태라서 한국의 개입은 내정불간섭을 규정하고 있는 유엔헌장에 부합되지 않기 때문이다. 한국의 높은 무역 의존도나 주변국들과의 관계를 고려할 때 한국이 국제법을 무시하고 개입을 강행할 경우 감수해야 할 위험이 너무나 크다.

셋째, "한국이 개입하여"와 관련하여 무엇으로 어떻게 개입할 것인지에 대해서도 세밀한 검토가 선행될 필요가 있다. 외교적 수단에 국한되는 개입이라면 모든 국가가 그렇게 하는 것으로서 문제가 없지만, 그것으로 북한의 정세를 통일에 유리한 방향으로 유도해나갈 방법은 없다. 북한의 불안정 사태를 한국이 주도적으로 안정시키고자 한다면 군대를 투입할 수 있어야 할 것인데, 이것을 다른 국가들이 허용 또는 묵인해줄 가능성은 높지 않다. 155마일 휴전선은 남북한 양측이 3~5중의 철책으로 막아놓은 상태이고, 지뢰마저 설치되어 있으며, 경계임무에 투입된 부대를 제외할 경우 급변사태에 동원할 부대도 많지 않아 북한사회를 안정시키는 데 충분한 규모의 군대를 휴전선을 넘어서 전개시키는 것도 현실적으로는 쉽지 않다.

넷째, "사태를 안정시킨 후 통일로"라는 것도 국제적 관행을 존중할 경우 그대로 될 것으로 확신하기 어렵다. 국제적 관행을 따르면 북한을 안정시킨 후 북한 주민들에 의한 새로운 정부를 구성시켜야 하고, 그 새 정부로 하여금 주민들의 합의를 도출하도록 한 후 통일을 추진해야 할 것인데, 이 경우 북한의 새 정부나 주민들이 한국과의 통일에 동의할 것이라고 자신할 수는 없다. 그들의 입장에서 보면 한국 주도의 통일은 그들 체제의 소멸과 기득권의 포기일 것인데, 손쉽게 의견을 통일시키지 못할 수도 있다.

다섯째, "통일로 연결시킨다"는 것이 최종목적이라면 급변사태라는 용어나 그를 통한 논의는 합목적적이지 않다. 북한 지도자의 갑작스러운 사망이나 한국의 일방적 개입을 가정하는 자체가 북한의 지도층과 주민들을 두려워하거나 의심하도록 만들어 통일에 대한 거부감을 갖게 할 것이기 때문이다. 급변사태 논의에 대한 지금까지의 북한 반응을 통하여 드러났듯이 자국에 변고가 발생한 틈을 활용하여 통일하겠다는 한국에 대하여 북한의 지도층과 주민들이 협조적이기는 어렵다. 급변사태를 통하여 통일을 달성하고자 한다면 이에 관한 논의는 최소화하거나 비밀리에 수행해야 할 것이다.

이렇게 볼 때 지금까지 한국에서 수행해온 급변사태에 관한 논의에서는 근본적인 문제들이 간과되었고, 그로 인하여 그동안에 논의해온 사항들이 생산성이 높지 않았다. 그 가능성과 현실적 요소들을 충분히 검토하여 해답을 도출한 후 구체적인 분야로 연구를 확대하지 않을 경우 급변사태 논의는 부작용만 초래할 수 있다.

Ⅱ. 급변사태에 관한 현실성 점검

그렇다면 급변사태가 과연 발생할 것이고, 그 경우 한국의 개입은 가능하며, 어떤 수단으로 개입할 수 있고, 정말 통일로 연결될 수 있을 것이며, 현재의 급변사태 논의가 통일에 도움이 되는가?

1. 급변사태 발생 가능성

급변사태 논의의 전제는 북한 지도자의 사망과 같은 돌발적 변화는 북한사회의 심각한 불안정으로 연결된다는 것이다. 그러나 1994년 7월에는 김일성, 2011년 12월에는 김정일이 심장질환으로 갑작스럽게 사망하였지만, 심각한 불안정 사태는 북한에서 발생하지 않았다. 1984년 출생한 김정은의 나이를 고려할 때 지도자의 사망을 전제로 하는 급변사태의 가능성은 매우 낮아졌다.

그렇기 때문에 최근에는 북한 권력체제에 변화가 발생하여, 다른 말로 하면 쿠데타가 발생하여 북한 사회가 불안정해지는 것을 고려하기도 한다. 북한의 경우 지도자인 김정은은 엘리트들이 단결하여 그를 제거할까 봐 불안해하면서 의심하고, 엘리트들은 김정은에 의하여 언제든지 제거당할 수 있다는 불안감을 지니고 있어 안정되기 어려운 구조라는 인식이다(박영자 2012, 151~152). 상식적으로는 이 가능성이 낮지는 않지만, 현재까지 북한에서 이러한 기미는 보이지 않고 있다.

실제로 최고 지도자의 유고나 쿠데타 등과 같은 권력체제의 급격한 변동이 발생하더라도 그것이 북한사회 전체의 불안정으로 악화되기보다는 어느 단계에서 수습될 가능성이 더욱 높다. 예를 들면, 북한 급변사태가 "① 경제난 등으로 북한주민의 불만이 고조된 가운데, ② 북한 권력층 내의 갑작스러운 변화가 발생하고, ③ 권력의 자연스러운 승계가 실패하면서 권력공백이나 권력투쟁이 발생하며, ④ 그 과정에서 공산당의 통제력이 약화되면서 대규모 민중 봉기가 발생하고, ⑤ 민중봉기의 결과 또는 진압과정에서의 상황악화로 인하여 내란 또는 무정부 상태로 악화되며, ⑥ 상당한 기간 사태가 진정되지 않는 가운데 무차별한 약탈과 살생이 발생"하는 것이라고 할 경우(박휘락 2010, 69), 그 과정 중 어느 단계에서 수습될 가능성이 높다는 것이다. 즉, ①이 전제된 상태에서 ②가 발생할 경우 최종의 ⑥ 단계로 이행할 확률은 각 단계에서 수습되지 않을 확률을 곱한 결과가 되어 급변사태 발생 가능성은 매우 낮아진다.[43]

한국에서 급변사태를 논의하게 된 배경에는 1990년대 동부 유럽에서 발생한 극적인 변화가 북한에서도 일어날 수 있다는 기대도 포함되어 있었다. 그러나 당시 동구권에는 공산주의와 냉전체제의 붕괴라는 세계 수준의 거대한 시대적 변화가 발생한 상태였고, 이들 국가는 그 전에 개방과 개혁정책을 추진하여 민주적인 토양이 어느 정도 구축되었으며, 지리적으로 인접하여 이웃국가에서 발생한 사태가 도화선으로 작용할 수 있었다. 그러나 지금은 냉전체제 붕괴라는 시대적 충격이 사라진 상황이고, 북한에는 동구권 국가들과 같은 정도의 민주적 토양이 존재하지 않으며, 북한은 한반도에 고립되어 외부의 변화 추세가 유입될 가능성이 낮다. 남북한의 경우 비무장지대를 중심으로 수 겹의 철조망으로 물리적으로 단절된 상태라서 동구권에서 발생하였던 것과 같은 단기간의 대규모 인구이동이 발생할 가능성은 높지 않다.[44]

---

43 예를 들면, ①이 전제된 상태에서 ②가 발생할 경우, ③ 즉 권력투쟁이 발생할 가능성은 50% 정도로 볼 수 있고, 그에 후속하여 대규모 민중봉기, 즉 ④의 발생 가능성은 낮게 봐서 30%, 민중봉기가 진압되지 못하고 더욱 악화될 가능성도 낮다고 봐서 ⑤의 발생 가능성은 40%, 혼란이 상당기간 지속될 가능성 즉 ⑥의 발생 가능성은 반반으로 봐서 50%로 설정할 경우, 북한 권력체제의 변화가 급변사태로 연결될 확률은 각 상황의 가능성을 곱한 결과, 즉 50%×30%×40%×50%=3%이다.

44 동독의 경우 1989년 9월부터 11월 9일에 베를린 장벽이 무너지기까지 약 22만 명의 동독 주민이 서독으로 이주하였다고 한다(정상돈 2011, 1). 그러나 남방한계선에 3중의 철책, 북방한계선

2. 북한 급변사태 시 군사적 개입의 가능성

북한에 급변사태가 발생하였을 경우 한국이 적극적으로 개입하여 안정시키는 것이 과연 가능할 것인가? 이에 대한 대답은 '개입'을 어떤 형태와 수준으로 인식하느냐에 따라서 달라진다. 한국이 외교적·경제적·사회적인 방법과 수단만으로 개입할 경우에는 문제가 없다. 그러나 이러한 개입으로 한국이 북한을 주도적으로 안정시킬 수는 없다. 급변사태에서 상정하고 있는 개입은 북한주민들의 행동에 결정적인 영향을 끼치는 것인데, 그를 위해서는 군사력이 사용되거나 사용될 수 있는 상태라야 한다. 강제력 없이는 혼란해진 북한 상황을 안정시키거나 필요한 지원을 체계적으로 제공하거나 북한사회 재건을 주도할 수 없을 것이기 때문이다.

그러나 국제법에 의하면 북한이 심각한 불안정 상태에 있다고 하더라도 한국이 군대를 투입할 수는 없다. 유엔헌장 제2조 제4항은 "모든 회원국은 국제관계에 있어 다른 국가의 영토보전이나 정치적 독립에 반하거나 국제연합의 목적과 양립할 수 없는 다른 어떠한 형태의 무력 위협 또는 무력행사를 삼간다"라고 규정되어 있기 때문이다. 한국이 북한에 군대를 투입할 수 있다면 중국을 비롯한 다른 국가들도 군대를 투입할 수 있다. 한국 정부가 북한지역은 한국의 영토로서 "미수복 불법점유지역"이고, "대한민국의 헌법과 법률은 휴전선 남방지역뿐만 아니라 북방지역에도 적용되어야" 한다면서(제

에 전기가 흐르는 4~5중의 철책, 지뢰가 다수 매설된 4km의 비무장 지대를 통과하여 그 정도의 인구가 한국으로 이동한다는 것은 물리적으로 거의 불가능하고, 선박을 이용하여 이동할 수는 있으나 그 규모는 제한적일 수밖에 없다.

성호 2010b, 22), 국내에서의 군대이동이라고 주장하더라도 국제사회가 이를 수용할 가능성은 낮다.

북한이 심각한 불안정 상태라서 한국이 군대를 보내어 안정시킨다고 할 때 미국, 중국, 러시아, 일본 등 주변국들이 이를 수용할 가능성도 매우 낮다. 미국의 경우 동맹관계를 바탕으로 한국의 입장을 묵인할 가능성은 있겠지만, 중국을 비롯한 다른 국가들은 명백하게 반대하거나 자신들도 군대를 투입시킬 가능성이 높다. 북한이 불안정해진 결과로 인권유린의 사태가 발생할 경우 국제사회의 보호책임(R2P: Responsibility to Protect)을 근거로 한 유엔 개입이 논의될 수는 있지만, 북한이 완전한 무정부 상태로 혼란스러워지기 이전에는 국제사회의 개입이 관철될 가능성은 낮을 것이다(정재욱 2012, 145).

한국의 군대가 북한지역으로 진입하는 가장 상식적인 조건은 북한의 정부가 요청하는 것이다. 그러나 내부정세가 심각하게 불안정해진 상황에서 어느 정파(政派)가 북한을 대표하는지 명확하지 않을 수 있고, 식별되었다고 하더라도 그 정파가 한국의 지원을 적극적으로 요청할 것인지는 확신할 수 없다. 1953년 휴전 이래도 남북한 간에 적대적인 관계가 지속되어 한국에 대하여 북한 지도층이 우호적인 인식을 가질 가능성이 높지 않고, 그들은 한국 주도로 사태가 해결되고 난 후 단죄를 받을 위험성을 우려할 것이기 때문이다. 북한의 엘리트들은 통일에 반대하여 투쟁할 것이라고 예상하기도 한다(Bennett 2013, 51).

만난(萬難)을 무릅쓰고 한국 정부가 군사적 개입을 결정하였다고 하더라도 국내 여론이 이것을 지지할 것이냐의 여부도 검토될 소지가 많다. 군사적 개입은 워낙 위험한 조치이고, 국민들의 통일에 대한 열정도 상당히 줄었기 때문에 군사적 개입에 찬성하는 국민여론이 압도한다고 기대하기는 어렵기 때문이다. 이와 관련하여 국회의 동의를 받아야 할 경우 심각한 반대가 발생하거나 지루한 논의로 인하여 시기를 상실할 가능성이 높다.

일견으로는 북한이 불안정해져서 힘의 공백이 발생하면 한국군이 진입하면 될 것 같지만, 국제적 상황은 그것을 허용하지 않는다. 북한이 요청할 가능성도 높지는 않고, 특히 국민들이 이를 적극적으로 지지할 것이냐도 불확실하다고 할 것이다.

이러한 현실적 제약요인에도 불구하고, 또는 무리를 무릅쓰더라도 한국이 북한의 급변사태에 군사적으로 개입하고자 한다면, 한국으로서는 중국의 개입 저지, 북한의 도발에 대한 반격, 동일민족인 북한 주민의 참상을 구한다는 인도주의적 명분, 개성공단을 비롯한 북한 내에 당시 거주하게 될 한국국민들의 보호, 대량난민의 차단 또는 보호, 대량살상무기인 핵무기 통제 등을 명분으로 군대를 보낼 수는 있을 것이다(박휘락 2014, 65~72). 그러나 이들의 대부분은 정당성이 약하거나 위험성이 커서 통일에 대한 사명감으로 뭉쳐진 용기 있는 국가지도자가 아닐 경우 결정하기는 어렵다.

3. 북한 급변사태 시 투입을 위한 군사력의 가용성

한국이 군대를 보낸다는 결정을 내렸다고 하더라도 북한지역으로 이동시키기는 쉽지 않다. 우선, 북한군이 비협조적인 상황에서 남방한계선에 설치된 3중의 철조망, 북방한계선에 설치된 5중의 철조망, 그리고 4km 폭의 미확인 지뢰지대인 비무장지대를 극복하기는 쉽지 않다. 비무장지대 북쪽은 물론이고 남쪽에도 기동 가능한 도로가 제한되어 대규모 군대가 이동하는 데 상당한 어려움이 있을 것이다. 개성공단으로 내왕하는 통로를 활용할 수는 있지만, 북한군은 이를 집중적으로 방어할 것이다. 북한군이 협조해주지 않는 상황에서는 비무장지대 통과 자체가 하나의 어려운 군사작전일 것이고, 준비와 시행에 상당한 시간이 소요될 것이며, 그러한 과정에서 개입의 적정 시기가 경과해버릴 수 있다. 또한, 해상으로 이동하는 방법도 고려할 수 있지만, 한국군의 경우 수송수단도 제한되고, 이동 시 공격에 취약하다. 한국은 1개 대대규모를 동시에 상륙시킬 수 있는 상륙함인 독도함과 소형의 상륙선박을 보유하고 있지만, 이것으로 북한의 급변사태를 안정화시키는 데 필요한 대규모 병력을 수송할 수는 없다. 민간선박 등을 이용할 경우 이의 동원 및 준비에 상당한 시간이 필요하고, 특히 민간선박은 적의 공격에 매우 취약하다.

60만의 한국군이라서 가용 병력이 문제가 되지는 않을 것 같지만, 현 휴전선 경계부대를 북한지역으로 진격시키지 않는 한 별도의 병력을 확보하기는 쉽지 않다. 주민 1,000명당 13명 정도의 군인이 필요하다는 미군의 경험에 근거하여 베넷과 린드는 북한 지역 안정화를 위해서는 312,000명 정도가 필요하다고 제시한 바 있다(Bennett Lind 2011, 93). 남쪽으로부터 부분적으로 안정화시킨 후 북쪽으로 점진적으로 확대해나가는 방법을 사용하더라도 최소 144,500명의 병력이 필요하다고 한다(Bennett Lind 2011, 96). 후자의 경우라도 대략 10개 사단 이상의 병력이 소요된다는 것인데, 이 정도의 병력을 마련하려면 예비군을 동원해야 할 것이고, 그렇게 되면 상당한 시간이 소요될 수밖에 없다.

한국군이 북한지역으로 진입한다고 해서 북한지역이 금방 안정된다고 보기도 어렵다. 전체를 조기에 안정화시킬 수 있는 대규모 병력을 전개시키기도 어렵지만, 산악지형, 주체사상에 세뇌된 북한주민, 무장력을 갖춘 북한군의 존재를 고려할 때 안정화작전 자체가 장기간이 소요될 수 있다. 북한군이 보유한 핵무기와 화생무기 등 대량살상무기를 사전에 제거하려면 상당한 시간과 노력의 투입이 선행되어야 한다. 북한 정부군의 저항이 예상되는 적대적 환경에서는 군사개입에 따르는 인적손실의 부담이 클 것이기 때문에, 북한군에 대한 저항세력이 압도적인 우세를 점하는 등으로 개입에 우호적인 상황이 조성되기 전에는 군사개입이 실제적으로는 어렵다(정재욱 2012, 145).

더군다나 한국군이 북한지역으로 진입할 경우 중국군도 개입할 가능성이 높아지고, 그렇게 되면 한국군과 중국군 사이에 군사적 충돌이 발생할 수 있다. 이러한 상황까지 대비할 경우 한국군은 북한지역에 대한 군사력 전개에 더욱 신중하지 않을 수 없다. 중국과의 충돌에 대응할 수 있는 병력까지도 전개시켜야 한다면 필요한 군사력의 규모는 더욱 늘어난다. 중국의 지상군이 총 160만 정도에 달하고, 이 중에서 북한지역에 개입할 수 있는 선양군구, 베이징군구, 지난군구, 난징군구의 군사력도 총 990,000명 정도에 달한다고 한다면(Bennett 2013, 263), 총동원령을 선포하지 않는 한 북한 개입을 위한 충분한 병력을 확보하는 것은 어렵다.

4. 군사적 개입을 통한 북한의 안정화와 통일

지금까지 한국에서 급변사태를 논의해온 전제는 한국군이 북한지역에 진입하여 북한사회를 안정되도록 만들면 저절로 통일이 달성된다는 판단이다. 북한지역은 불법적으로 점유된 한국의 영토이기 때문에 한국군이 장악한 지역을 한국의 행정구역으로 편입하면 된다고 생각하기 때문이다. 그래서 한국은 '이북5도청'과 도별 지사 등 행정요원을 서울에 편성하여 유지하고 있다. 그러나 이러한 방식은 국제사회의 통념과는 차이가 있다.

독일의 통일사례를 바탕으로 한국에서는 북한이 동독과 같이 붕괴될 경우 통일이 가능할 것으로 기대하고 있지만, 당연히 독일과 한반도의 환경은 다르다. 독일과 달리 한반도는 국제체제가 냉전의 구도를 그대로 지니고 있어서 통일에 대한 주변국들의 합의를 이끌어내기 어렵고, 동서독에 비해서 남북한 간은 교류와 협력의 양과 질이 매우 낮아서 통일로 연결될 가능성은 높지 않을 수 있다(한관수·김재홍 2012, 20). 인도적 차원에서 국제사회가 개입할 경우 정권교체까지 추진하여 통일로 연결시키는 것은 보호책임(R2P)의 원래 목적과는 어긋난다고 분석되기도 한다(정재욱 2012, 146).

독일 통일의 과정에 적용되었듯이 국제적으로 용인되는 통일의 절차는 북한사회가 안정된 후 북한을 대표하는 새로운 정부가 수립되고, 그 정부가 북한 주민들의 의견을 물어서 남한과의 통일에 합의하는 것이다.[45] 이 경우 북한의 새 정부가 한국이 원하는 방향으로

---

45 통일연구원의 손기웅도 "북한주민의 개혁·개방 요구를 받아들이지 않은 북한정권이 붕괴되고, 북한주민의 자결에 의해 민주개혁 정권이 등장한다. 한국정부는 이들과 통일협상을 진행하고 마

주민의 의견을 물어줄지, 그리고 북한 주민들이 한국으로의 통일에 동의할지를 확신할 수는 없다. 일단 안정을 되찾으면 북한의 새 지도자들은 한국과의 통일에 관한 득실을 계산할 것이고, 그들의 지위가 상실될 우려가 있거나 불이익이 많다고 판단할 경우 통일의 진행을 지체시킬 수 있으며, 북한 주민들도 찬성하지 않을 수 있다.

한국이 국제사회를 설득시키거나 북한 정부를 움직여서 일방적으로 통일을 달성하였다고 하더라도 예상치 못한 혼란이 발생하거나 또다시 분열될 가능성도 배제할 수는 없다. 통일의 흥분이 가시고 나면 한국 사람들은 지나치게 큰 비용이 소요된다고 불평할 것이고, 북한 사람들은 자신들이 소외되거나 무시되고 있다고 불평하게 될 것이다. 이 때문에 남북한 간 갈등이 불거지거나 또 다른 분쟁이 발생할 수 있다.

5. 통일에 대한 급변사태 논의의 합목적성

한국은 통일을 위하여 급변사태를 논의하고 있지만, 이러한 논의가 전통적인 통일정책과 양립될 수 있는지는 의문이다. 사용되는 명칭과 상관없이 한국의 통일정책은 남북한 간에 평화공존을 확보한 다음, 다양한 분야에서의 협력을 강화시켜 기능적 통합을 이룩하며, 그러한 연후에 정치적 통합을 달성하는 것이다. 한국의 공식적 통일방안인 "민족공동체통일방안"은 "화해협력→남북연합단계→통일국가"의 3단계 과정을 거치게 되어 있는데,[46] 이것은 "북한의 개혁·

침내 남북한 합의에 의해 한반도 통일이 이루어진다"고 통일과정을 가정하고 있다(손기웅 2012, 105).
46 통일부 홈페이지. http://www.unikorea.go.kr/index.do?menuCd=DOM_000000101009000000 (검

개방을 통한 연착륙(soft landing)을 전제로 북한의 단계적·점진적 변화를 통해 선(先)통합 후(後)통일의 과정을 염두에 두고 있다(조영기 2014, 29)", 그러나 한국이 논의하고 있는 급변사태는 "선(先)통일 후(後)통합"으로서 북한을 "경착륙(hard landing)"시키는 것으로서(조영기 2014, 29), 한국의 공식적 통일방안과 반대이고, 통일이라는 결과만 중요시하는 편의주의로 평가될 수 있다. 이러한 방식에 의한 통일은 예멘의 경우처럼 통일 과정이나 후에 문제가 발생하거나 재분열시킬 개연성도 내포하고 있다.

더욱 중요한 것은 급변사태 논의로 인하여 평화통일 노력이 소홀해지는 현상이다. 최근 통일의 당위성을 강조하는 언사는 많지만 그를 달성하기 위한 구체적인 전략과 방안의 발표가 드문 것은 급변사태에 대한 기대와 희망 때문일 수 있다. 이러한 상황이 장기간 지속되다가 급변사태마저 발생하지 않을 경우 한국은 통일논의에 관한 심각한 기회비용(opportunity cost)을 부담해야 할 수도 있다. 박근혜 대통령이 2014년 3월 28일 "인도적 문제 해결, 민생 인프라 구축, 동질성 회복" 등의 3대 제안을 비롯한 평화적 통일을 위한 '드레스덴 선언'을 발표하였지만, 북한은 2014년 4월 12일 최고권력기구인 국방위원회의 대변인 담화를 통하여 이를 "흡수통일 논리이자 황당무계한 궤변"으로 매도하면서 거부하였는데, 그동안 한국에서 급변사태가 강조되어 온 영향도 없다고 할 수 없다.

"급변사태"라는 용어의 경우에도 사전적 의미로는 "여건이나 상태가 갑자기 달라짐" 또는 "별안간 일어난 변고"로서(민중서림

<hr>

색일: 2014. 6. 20).

2006, 350) 지도자의 사망과 같은 북한의 불안정 사태를 활용하여 한국이 북한을 흡수통일하는 의도로 이해되어 북한 지도자들이나 주민들로 하여금 통일에 비협조적이게 만들 수 있다. 또한, 통일과 관련하여 집중적인 연구가 필요한 것은 북한 지배세력이 바뀌는 '체제붕괴'가 아니라 북한 정권의 통치력이 없어지는 '정부붕괴'라야 하는데(Bennett 2013, 5~6), '급변사태'는 체제붕괴에 중점을 두는 용어로서 연구대상이 좁다.

실제로 2008년 11월 이상희 당시 국방장관이 국회에서 '작전계획 5029'의 필요성을 설명한 데 대하여 북한의 노동신문은 전면적 대결태세에 진입할 것과 남북 사이의 합의사항을 무효화할 것이면서 반발한 바 있다(정성장 2009, 6~7). 또한, 2010년 1월 13일 한국 언론이 북한 급변사태에 대비한 한국 정부의 '부흥계획'이 존재한다고 보도하자 북한은 국방위원회 명의의 성명서를 통하여 "청와대를 포함해 이 계획 작성을 주도하고 뒷받침한 남조선 당국자들의 본거지를 날려 보내기 위한 거족적 보복 성전이 개시될 것"이라고 위협하기도 하였다(조선일보 2010/01/15, A1) 이명박 정부가 통일세 신설을 검토한다고 하자 북한은 "역도가 떠벌린 통일세란, 어리석은 망상인 '북 급변사태'를 염두에 둔 것"이라면서, "불순하기 짝이 없는 통일세 망발의 대가를 단단히 치르게 될 것"이라고 비난한 바 있다(조선일보 2010/08/18, A1).

Ⅲ. 북한 급변사태에 대한 바람직한 논의 방향

급변사태와 관련하여 인정해야 할 '불편한 진실'은 지금까지 가정해온 기초적인 사항들이 그렇게 될 가능성이 높지 않다는 사실이다. 급변사태가 발생할 가능성부터 없다고 볼 수는 없지만 높게 보기는 어렵고, 급변사태가 발생해도 한국의 군사적 개입을 위한 근거가 충분하지 않으며, 개입을 위한 충분한 군사력의 확보나 이동도 현실적으로 쉽지 않고, 개입하여 북한을 안정화시켰다고 하여 통일로 자동적으로 이행된다고 보기도 어렵다. 통일을 위한 급변사태 논의가 오히려 통일을 어렵게 만드는 측면도 있다. 이러한 점에서 앞으로 급변사태 논의는 더욱 조심스럽게 진행되어야 할 것이다.

1. 현실에 입각한 급변사태 논의

실제로 급변사태가 발생하거나 그러할 경우 한국이 적극적으로 개입하여 통일로 연결시키기는 어렵다. 앞으로의 급변사태 논의는 이에 대한 명확하면서도 냉정한 인식에 기초하여 이루어져야 한다. 그러할 경우 급변사태에 대한 논의가 적정한 수준으로 자제될 것이고, 급변사태에 대비하는 동시에 대화와 타협을 통한 평화공존과 기능적 통합도 소홀히 하지 않을 것이며, 그렇게 되면 다양하면서도 융통성 있는 통일논의가 보장될 것이기 때문이다. 급변사태를 완전히 무시할 수는 없지만, 지나치게 기대해도 곤란하고, 그것이 평화통일을 위한 한국의 노력을 저해해서는 곤란하다고 할 것이다.

급변사태를 논의하더라도 그것을 활용한 통일보다는 북한이 불안정해질 경우 북한의 통치체제를 안정시키고 주민들을 보호하기 위한 순수한 관심임을 부각시킬 필요가 있다. 실현 가능성도 높지 않으면서 북한의 지도층이나 주민들에게 거부감만 불러일으키는 통일 지향적인 급변사태 논의에서 벗어날 필요가 있다는 것이다. 그래야 북한 주민은 물론이고 북한 관리들과 공무원들의 신뢰를 얻어나갈 수 있을 것이고, 남북한의 평화공존도 당겨질 것이다. 이러한 신뢰와 공존이 누적되어 북한의 지도층과 주민들이 한국과의 통일을 선택하도록 기다릴 수 있어야 할 것이다.

이러한 점에서 필자는 논의의 명칭부터 "북한의 심각한 불안정 사태"로 일반적 용어를 사용하거나, 명칭을 붙이고자 한다면 "북한 재건지원 사태"나 "북한 안정지원 사태" 등과 같은 우호적인 용어로 변경할 것을 제안한 바가 있다(박휘락 2011, 428). 북한의 안정과 발전을 지원하고자 하는 한국의 선의를 전달함으로써 북한의 관리와 주민들의 마음을 얻어야 한다는 것이다. "북한 급변사태에 대해 대비한다고 하는 것이 오히려 북한을 자극해 한반도 안보상황을 악화시킨다면 이는 '의도하지 않은 결과'를 초래"(정성장 2009, 8)한다는 고언(苦言)을 참고할 필요가 있다.

2. 유사시 한국 개입을 위한 명분 및 여건 강화

국민들은 북한지역도 한국 영토의 일부분이기 때문에 북한지역에서 통제력의 공백이 발생할 경우 군대 등을 보내어 한국의 행정권을 회복하는 것은 당연하다고 생각할 것이다. 그러나 국제법이나 국제사회의 공론은 그와 같지 않고, 한국이 이를 무시해버릴 정도로 국력이 강력한 것은 아니다. 이러한 점에서 한국은 군사력을 개입하더라도 최소한의 저항을 받을 수 있도록 국제사회의 인식을 변경하기 위한 노력을 꾸준히 강구해나가야 한다.

"전 한국에 단일의 독립적이고 민주적인 정부를 수립"하기로 한 1950년 유엔총회 결의를 비롯하여 여러 차례의 유엔 결의가 한반도에 단일국가 건설을 규정하였고, 한국의 헌법에도 한반도 전체가 하나의 국가로 규정되어 있으며, 신라의 삼국통일 이래로 동일한 역사, 문화, 언어, 풍습으로 살아온 민족이 자결권에 의하여 통일할 권리가 있다는 점 등을 적극적으로 주장하고 홍보할 필요가 있다(홍현익 2013a, 46~47). 1991년 남북 간에 합의된 '남북기본합의서'에도 남북관계가 "잠정적 특수관계"로 명시되어 있다는 점,[47] 남북교역이 민족 내부 거래로 인정되고 있다는 점 등도 설득력이 있을 것이다. 또한, 국제사회에 대한 북한의 모든 책임과 부채를 한국이 부담하고, 통일된 한국은 모든 국제규범을 철저히 준수하겠다는 점을 적극적으로 설명할 필요가 있다. 이러한 노력을 통하여 한국 주도의 통일이 동북아시아는 물론이고 세계평화에 유익할 것이라고 국제사회가 인식하도록 유도해야 할 것이다.

미국, 중국, 러시아, 일본을 비롯한 동북아시아 주변국들의 태도도 매우 중요하므로 이들이 한국의 개입을 묵인할 수 있도록 적극적인 외교노력을 기울일 필요가 있다. 통일하더라도 일방적으로 북한을 흡수하지 않고 국제적 관행을 따라 북한 주민들의 의사를 물어서 시행하겠다는 점, 통일 이후 한국은 중립의 외교노선을 걷겠다는 점,

---

47 남북기본합의서 전문에는, "쌍방 사이의 관계가 나라와 나라 사이의 관계가 아닌 통일을 지향하는 과정에서 잠정적으로 형성되는 특수관계라는 것을 인정하고…"라고 되어 있다.

북한이 개발한 핵무기는 국제사회에 인계하여 모두 폐기되도록 하겠다는 점 등 주변국들이 지니는 우려를 사전에 파악하여 해소할 필요가 있다. 한국의 평화애호 이미지를 적극적으로 형성 및 확산시켜 통일된 한국이 주변국들에게 위협이 되지 않을 것이라는 점을 확신시킬 수 있어야 할 것이다. 통일을 위해서는 동북아시아의 국제체제가 "세력균형론적 현실주의"에서 벗어나 "다국적 자유주의"로 변화되는 것이 중요하다는 점에서(한관수·김재홍 2012, 21), 동북아시아의 다자협력체제를 형성해나가는 데도 적극적으로 노력해야 할 것이다.

한국의 개입 명분을 획득하는 것 이상으로 중요한 사항은 중국의 개입을 억제 및 차단하는 것이다. 중국군이 혈맹관계나 피난민 차단이라는 명분으로 평양으로 진군하거나 상당한 넓이의 완충지대를 점령해버릴 경우 한국의 대안은 극히 제한될 것이기 때문이다. 실제로 중국은 북한과 접경하고 있는 선양군구를 중심으로 다양한 훈련을 시행하고 있고, 2014년 1월에는 100,000만 명 이상이 참가하는 대규모 훈련을 백두산 부근에서 실시하였는데, 이것이 급변사태 대비와 관련이 있는 것으로 보도되기도 하였다(조선일보 2014/01/13, A1, A8). 김태준은 중국은 "북한난민들의 중국 대량유입을 예방 또는 최소화, 중국에 인접한 북한지역에 대한 신속한 통제와 안정화, 중국인 안전과 광산/경제특구 권리 보장, 핵과 미사일 등 대량살상무기 및 시설 접수, 한반도 통일방해와 친중세력의 대체정권 수립" 등의 군사목표로(김태준 2014, 40~41) "관망단계, 수색정찰과 난민 차단, 진입로 및 거점 확보, 핵미사일 등 WMD 시설 접수, 지휘부와 평양접수"의 단계로 개입할 것이며(김태준 2014, 50~52), 군사개입시 100~150km의 완충지대를 설치할 것이고, 15공정군단 예하의 3개 사단이 신속대응부대로 공중으로 투입될 수도 있다고 분석하고 있다(김태준 2014, 51~52). 정재욱도 국경통제를 명분으로 중국이 신속대응군을 파견하는 등으로 개입할 가능성을 높게 평가하면서 이를 방지하려면 유엔이 난민촌을 위한 완충지대 설치 명분으로 먼저 한·만(韓滿) 국경 지역을 점령해야 한다고 강조하고 있다(정재욱 2012, 148~149).

중국의 개입을 예방하기 위하여 한국은 "중국과의 전략대화를 통해서 북한급변 사태 시 한·중 간의 이익충돌을 최소화하는 방안을 논의할 필요가 있고(김연수 2006, 89)", "한·중 위기관리 협력지침"을 만들거나(소치형 2007, 81) 협의기구를 설치하여(Bennett 2013, 274~277) 북한 급변사태에 관한 제반 사항을 상호 조정할 필요가 있다. 특히 중국이 완충지대 설치의 명분으로 북한 영토를 분할하고자 할 경우 국제사회가 이를 거부하도록 설득하고, 유엔평화유지군을 한·만 국경 지역에 수년에 걸쳐 주둔시키는 방안을 제안할 필요도 있다(홍현익 2013a, 51). '하나의 중국(One China Policy)'으로 대만문제에 대한 외부의 개입을 반대하는 것이나 센카쿠열도 분쟁에서 미일동맹이 적용되지 않아야 한다는 중국의 논리를 역이용하여 한반도 문제에 대한 중국의 개입이 부당하다는 점을 설득하고자 노력할 수도 있다(김태준 2014, 53). 다만, 중국의 개입은 한국만의 노력으로는 구현하기 어려울 것이기 때문에 한국은 동맹관계인 미국과 긴밀하게 협력해야 할 것이다. 가능하다면 한국·미국·중국 간에 북한 급변사태에 관한 공동대비 계획을 작성할 수도 있을 것이다(Bennett and Lind 2011, 118).

3. 북한주민의 지지 획득

북한의 급변사태와 관련하여 한국이 평소부터 지속적으로 노력해 나가야 할 사항은 북한주민들의 마음을 획득하는 것이다. 어떤 과정과 방법을 통하든 북한주민들의 동의 없이 한국이 북한의 내부문제에 개입하거나 그 결과를 통일로 연결시킬 수는 없기 때문이다. 특히 한국군이 북한 내로 진입하기 위해서는 북한 정부의 요청이 절대적인데, 이를 위해서는 평소에 북한 정부 및 주민들과 신뢰 및 협조 관계를 형성해두지 않을 수 없다. 따라서 한국은 북한 정부와 화해 협력을 지속적으로 추진하지 않을 수 없고, 비방을 자제하며, 신뢰를 구축해나갈 필요가 있다. 나아가 북한주민들과의 동질감과 공동체 의식을 강화하기 위한 노력도 지속해나가야 할 것이다.

이러한 차원에서 북한과의 관계에서는 인내가 중요할 수 있다. 지금까지의 경험으로 봤을 때 하나의 기습적인 조치나 일방적인 양보로 형성된 일시적인 남북관계 개선은 지속되기 어렵기 때문이다. 박근혜 정부가 내건 "신뢰 프로세스"도 이러한 문제의식에서 출발한 것인데, 금방 성과가 나타나지 않더라도 원칙을 지키면서 상황이 긍정적으로 변화하기를 기다릴 필요가 있다. 다만, 인도적 차원의 북한 지원활동은 정치적인 사안과 분리하여 지속적으로 추진하면서, 장기적인 차원에서 화해협력을 위한 기반을 묵묵히 조성해나갈 필요가 있다. 특히 독일 통일에서 서독이 평시에 구축해놓은 동독 내 대화창구가 긴요하게 작용했듯이(정상돈 2012, 1), 정부는 북한 내 권력자 및 관리들과 의사소통 채널을 모색하고, 한국에 우호적인 인맥을 형성 및 관리할 필요가 있다(이수석 외 2009, 15).

급변사태를 통일로 연결시키는 데 있어서 실질적으로 중요한 과제는 북한의 공무원과 군인들의 협조를 확보하는 것이다. 이들이야말로 북한의 정책을 건의하고, 시행하는 주체이기 때문에, 이들이 우호적일 경우 남북한 간의 변화가 제도화될 가능성이 크다. 이들 중의 상당수는 한국 주도로 통일된 이후 처벌받을 것을 두려워할 것이기 때문에 한국과 협조하거나 북한의 민주화를 위하여 노력할 경우 나중에 사면 등으로 포용하겠다는 방침을 선언할 필요도 있다(홍현익 2013, 51). 급변사태가 발생하여 북한지역으로 진입하였을 경우에도 이들을 최대한 활용함으로써 공을 세울 기회를 제공할 수 있을 것이다.

4. 군사적 개입에 관한 실질적 과제 토의 및 대비

군사적 개입과 관련하여 우선적인 사항은 군사적 개입을 위한 나름의 명분을 사전에 만들어두는 것이다. 중국의 개입을 저지하거나 북한의 도발에 대응하는 등의 명분도 가능할 것이고, 인도주의적 차원에서 북한주민을 구호한다거나 개성공단의 한국인 근로자와 재산을 보호한다든가, 대량난민을 차단 또는 보호하기 위한 목적 등도 가능할 것이다. 특히 개성공단에는 1,000명 정도의 한국인 근로자가 있기 때문에 북한이 불안정해질 경우 이들의 보호 명분으로 개성공단 부근지역을 점령할 수 있고, 난민 보호 차원에서 군단별로 2~3개의 통로로 북한지역 20~30km로 진격하였다가 상황에 따라 100km 정도로 종심을 확장할 수도 있을 것이다(박휘락 2014, 75). 이처럼 적극적인 행동방안이 강구되지 않을 경우 한국으로서는 북한 급변사태에 대한 군사적 개입을 결행하는 것이 매우 어려울 것이다.

비무장지대를 어떻게 극복할 것인가에 대한 진지한 논의와 계획 마련이 필요하다. 비무장지대 중에서 최소한의 노력으로 통과할 수 있는 지역이 어디이고, 북한군이 우호적이지 않은 상황이라고 할 때 어떤 방법으로 통과할 것이며, 비무장지대 통과 후 병력을 어느 접근로를 통하여 어떤 방법으로 필요한 지역에 전개시킬 것인가에 대한 구체적인 계획을 수립하여야 할 것이다. 북한지역에 어떤 정도의 무장으로 진격하고, 어떤 교전규칙(rules of engagement)을 적용할 것인지를 결정하고 발전시킬 필요가 있다. 북한지역에서의 군사력 운용에 관한 제반 사항은 누가 건의하여 누가 결정하고, 어느 정도까지 권한을 위임할 것인지도 결정해야 할 것이다.

북한지역에서의 군사적 개입과 관련하여 한국군이 지향할 필요가 있는 사항은 명령이 하달되었을 경우 신속하면서도 완벽하게 부여된 임무를 수행하는 것이다. 비록 한국의 군사적 개입에 대한 정당성이 다소 부족하더라도 한국군이 전광석화(電光石火)처럼 북한지역을 안정화시킴으로써 정치적 안정을 위한 여건을 조성해버릴 경우 국제사회의 비판은 최소화될 것이기 때문이다. 한국군은 명령이 하달될 경우 신속하게 북한지역으로 전개하여 효과적인 민사작전을 시행하고, 정부기관 및 다양한 민간단체들의 활동을 효과적으로 통합할 수 있어야 할 것이다.

한국군보다 중국군이 먼저 개입하거나 한국군이 북한지역으로 전개하고 있는 도중에 중국군이 개입할 경우 어떻게 대응할 것이냐에 대해서도 깊이 있게 논의하고, 필요한 대응조치를 사전에 강구해두어야 한다. 중국군이 개입할 경우 그 전진로를 차단할 수 있는 신속

대응부대를 확보해둘 필요도 있을 것이다(박휘락 2014, 74). 최종적인 결정은 국가지도자가 내리는 것이지만, 한국군은 스스로 어떤 방책이 가용할 것인가를 판단하고, 정치지도자가 요구할 경우 가능한 대안을 제시할 수 있어야 한다. 극단적인 경우 양국 군 간에 충돌이 발생할 수 있다는 점을 염두에 두고, 필요한 사항을 사전에 대비해 나가야 할 것이다.

Ⅳ. 결론

대한민국 국민이라면 누구나 분단된 상황과 그로 인하여 한반도의 반쪽에 갇혀 있는 현실을 답답하게 생각하면서 통일을 달성하여 민족의 활동무대를 확장하고 싶어 한다. 통일을 하지 못하면 북한이 중국의 영향력 아래 들어가서 한반도의 분단이 더욱 고착되거나 한국이 중국의 안보위협에 직접 노출될 수도 있을 것이다. 특히 그동안 평화통일을 위한 노력이 제대로 결실을 거두지 못하자, 북한의 급변사태 가능성과 그를 활용한 통일이 매력적인 대안으로 부상되고 있는 것이다.

북한의 급변사태를 통일로 연결시키고자 한다면 군사적 개입이 필수적이다. 그것이 없다면 북한의 정세를 한국이 주도적으로 이끌어갈 수 없기 때문이다. 따라서 한국의 국가지도자는 필요할 경우 한국군의 적극적 개입을 지시할 수 있어야 하고, 그를 위한 명분을 적절하게 내세울 수 있어야 할 것이다. 동시에 한국군은 명령이 하달될 경우 전광석화같이 임무를 완수함으로써 국가지도자의 국제정치적이거나 국내정치적인 부담을 최소화시킬 수 있어야 할 것이다. 2014년 러시아가 크림반도를 합병한 과정이 좋은 사례일 수 있다. 그러므로 앞으로의 북한 급변사태 논의에서는 유사시 군사적 개입을 가능하게 하는 조건, 개입하였을 경우 성공을 위한 준비사항 등 군사적 행동에 관한 사항이 대부분을 차지할 필요가 있다. 외교적인 부분은 사전 준비가 없어도 크게 차이가 나지 않지만, 군사적인 사항은 면밀한 검토와 준비의 여부가 결과에 지대한 영향을 미칠 것이기 때문이다.

다만, 한국에서의 급변사태 논의가 부작용이 없는 것은 아니다. 내부적으로도 평화통일에 관한 논의와 노력을 등한시하게 되었고, 특히 평화통일의 상대인 북한으로 하여금 한국을 경계하도록 만들어 남북 간 통일논의가 거의 중단된 상태이다. 자신이 붕괴된다면서 그 기회를 활용하여 통일하겠다는 한국과 북한이 평화통일을 논의하기는 어려울 것이기 때문이다. 통일을 위한 노력이 오히려 통일을 저해하는 역설(paradox)이 발생하고 있다. 이러한 점에서 북한 급변사태에 대한 논의는 노출을 최소화하는 가운데 신중하면서도 은밀하게 추진되어야 할 것이다.

제3부 개혁과 동맹

08 | 국방개혁

사회'발전'이나 경제'발전'과 달리 국방'발전'이라는 말은 생소하게 들릴 정도로 국방에 관한 한 '개혁'이라는 용어가 적극적으로 사용되어 왔다. 국방 분야가 그만큼 중요하고, 또한 그만큼 빨리 강화되기를 바라는 마음에서였을 것이다. 그리고 대부분의 정부와 국방장관은 실제로 '개혁적 성과'를 달성하고자 노력하였고, 모든 장병도 적극적으로 동참하여 지혜와 열정을 결집해왔다. 그럼에도 불구하고 국방 분야가 기대만큼 개혁적으로 변화했다고 보기는 어렵다. 북한의 도발 등 현행 위협에 즉각 대비해야 하는 부담이 적지 않고, 경제발전에 대한 집중적 투자로 요구되는 국방예산을 보장하기가 쉽지 않으며, 무기계를 획득하는 데 상당한 시간이 걸리듯이 현대 군대를 금방 변화시키는 것이 어렵기 때문이다.

현실적으로 어렵다고 하여 국방 분야에 대한 '개혁적' 변화를 소홀히 할 수는 없다. 북한의 핵미사일 위협 등 과거와 전혀 다른 위협이 전개되고 있다면, 그에 맞도록 '개혁'해나가는 것은 필수적인 조치이고, 그래야 외부의 다양하고 위협으로부터 국민들의 생명과 재산을 보호할 수 있을 것이기 때문이다. 그래서 최근에 한국군은 '국방개혁 2020'이라는 명칭으로 야심적인 개혁을 추진해왔고, 앞으로도 계속될 것이다. 다만, 그러한 노력을 통하여 더욱 바람직한 성과를 도출하고자 한다면, 지금까지의 경과를 분석하여 다소 미흡했던 부분을 식별하고, 앞으로의 국방개혁 노력에 참고하여야 할 것이다.

I. 개혁 추진에 관한 이론적 검토

1. 개혁의 개념

어떤 일을 더욱 바람직한 상태로 변화시켜 나가고자 하는 노력을 표현할 때 가장 보편적으로 사용하는 용어는 '발전'이다. 국가발전, 사회발전, 경제발전 등에서 보듯이 발전이란 용어는 다양한 분야에 걸쳐 보편적으로 사용된다. 다만, 발전보다 더욱 변화의 정도가 클 때(변화의 속도가 높거나 변화의 범위가 넓거나) 개선, 혁신, 개혁, 혁명과 같은 용어를 사용한다. 이 외에도 참신성을 강조하거나 조직과 사람의 기호에 따라 다양한 독특한 다른 용어를 만들어 사용할 수도 있다. 개혁과 관련하여 일반적으로 사용되고 있는 용어들의 의미를 비교해보면 <표 8-1>과 같다.

〈표 8-1〉 개혁 유사 용어의 비교

용어	사전적 의미	특징	개혁과의 비교
발전	더 낫고 좋은 상태나 더 높은 단계로 나아감.	· 현재보다 나아지는 모든 변화에 대한 가장 포괄적인 용어 · 분야별로 '○○발전론'으로 이론화	개혁에 비해 특별성이나 집중성 미약
혁신	묵은 풍속, 관습, 조직, 방법 따위를 완전히 바꾸어서 새롭게 함.	· 새로운 방식이나 기술의 적용 강조 · 1930년대 J. A. Schumpeter가 경제 분야에서 강조한 이후 '○○혁신론'으로 이론화	발전보다는 크나 개혁보다는 변화의 속도와 범위 제한
개선	잘못된 것이나 부족한 것, 나쁜 것 따위를 고쳐서 더 좋거나 착하게 만듦.	· 세부적이고 점진적인 변화 · 일본 기업에서 사용된 후 확산	개혁에 비해서 보수적이고 세부적인 변화 강조
혁명	이전의 관습이나 제도, 방식 따위를 단번에 깨뜨리고 질적으로 새로운 것을 급격하게 세우는 일	· 현재 상태를 부정 · 비약적, 불연속적인 변화 강조	개혁보다 변화의 속도와 범위 강화

출처: 박휘락 2008b, p.14.

'개혁(reform)'은 사전적으로는 "제도나 기구 따위를 새롭게 뜯어고친다(국립국어연구원 1999)"는 뜻으로 발전에 비하면 변화의 정도가 큰 용어이다. 어원을 유추해볼 경우 한자의 '개(改)'도 처음부터 다시 시작하는 것이고, '혁(革)'은 혁명(革命)에서 보듯이 폭이 큰 변화를 지향한다. 용어로만 보면 '개혁'은 변화하지 않으면 문제가 발생할 수밖에 없다는 인식, 즉 현재가 잘못되었다는 인식을 바탕으로 더욱 바람직한 방향으로 신속하게 변화해나가야 한다는 점을 강조한다. 개혁은 혁명에 비해서는 변화의 속도나 범위가 온건하지만, 일반적인 기준에서 보면 충분히 급진적인 용어로서, 경제개혁, 사회개혁, 의식개혁 등은 특별한 경우가 아니면 사용하지 않는다. 개혁이 의미하는 바를 몇 가지로 풀어서 설명하면 다음과 같다.

개혁은 현재가 잘못되었다는 인식을 바탕으로 새로운 방향으로의 변화를 지향한다. 개혁은 "낡은 현재에 대한 부정이고, 새로운 미래에 대한 구상이다. 조직의 습관화된 관행에 대한 비평적 성찰이고, 미래에 대한 창조적 구상행위이다"(김선명 2005, 6). 개혁은 "후회(repentance)"가 전제된 것으로 "과거의 방법은 비효과적이거나 비생산적이었다는 결론에 근거하여 업무수행의 사고와 방법을 바꾼다는 것이다"(Blackwell and Blechman 1990, 1). 따라서 개혁은 현실의 과감한 변화를 희구하는 외부요인이나 하부구성원에 의하여 요구되는 경향이 많다.

개혁은 발전에 비하여 무척 신속하면서도 포괄적인 변화를 지향한다. 현재 추진하고 있는 방향을 바탕으로 하여 노력과 시간을 더욱 많이 투입하는 방식이 아니라, 현재를 문제로 인식한 상태에서 이를 해결할 수 있는 목표를 설정하고, 그러한 목표를 달성할 수 있는 최선의 방법과 수단을 발견하고자 노력한다. 따라서 개혁은 목표지향적이고, 탁월한 지도자나 지도그룹에 의해 선도된다.

변화를 지향하는 모든 용어가 그러하지만, 개혁 역시 노력(input)만으로 충분하지 못하고 성과(output)가 전제되어야 한다. 개혁의 필요성을 강조하거나 개혁을 약속하거나 개혁을 위한 계획을 제시한다고 하여 개혁으로 평가되지는 않는다. 개혁이라는 말을 사용하였다고 하여 개혁이 되는 것이 아니라 개혁적인 결과를 도출해야 개혁이다. 개혁이라는 구호가 없이도 개혁에 해당하는 변화를 달성하여 후세들로부터 개혁이라고 평가받으면 개혁이 되는 것이다.

2. 정책 결정 방식

국방개혁도 "문제해결 및 변화유도를 위한 공적 수단으로서 미래에 관한 제반 활동지침을 만들어내는" 정책 결정(policy making)의 하나이다(최봉기 2008, 191). 국방과 관련하여 내려지는 다수의 정책적 결정에 의하여 국방개혁의 내용이 구성되고, 추진 여부와 그 방향이 결정된다. 따라서 일반적인 정책 결정에 적용되는 모형은 국방개혁에 관한 정책 결정에 적용될 수 있을 것이다.

정책 결정의 모형은 다양하게 구분할 수 있으나 가장 보편적인 것은 합리모형(Rational Model)이다. 인간의 합리성이 모든 결정의 근본으로 작용하고 있다는 모형으로서, 정책을 결정하는 사람은 합리적 사고방식을 따르고, 그는 상당한 지적 능력을 바탕으로 상황이 제시하는 문제와 목표를 정확하게 인식한 상태에서, 이를 달성하기 위한 최선의 대안을 선택해나간다고 생각한다(김규정 1999, 202).

그러나 합리모형도 나름대로 한계를 지니고 있기 때문에 그것을 보완하는 다양한 모형이 발전되어 왔다. 앨리슨(Graham Allison)이 1962년 쿠바 미사일 위기 시 케네디 대통령을 중심으로 하는 미국의 국가안보정책 담당자들이 당시의 상황을 어떻게 분석하고, 어떤 과정을 통하여 최종적인 정책 결정에 이르렀는가를 합리적 행위자 모형(Rational Actor Model), 조직과정 모델(Organizational Process Model), 관료정치 모델(Governmental Politics Model)로 분석한 내용은 국제정치의 탁월한 연구업적으로 평가되기도 하였다(Allison 1971). 그 외에도 점증모형(Incremental Model), 혼합탐색 모형(Mixed Scanning Model), 만족모형(Satisfying Model), 쓰레기통 모형(Garbage Can Model),

사이버네틱스 모형(Cybernetics Model), 불확실성관리모형(Uncertainty Management Model) 등이 발전되어 왔다(육군사관학교 2001, 370~387).

합리모형은 우선 해결해야 할 문제의 내용을 완전히 파악하거나 달성할 목표를 분명하게 정의한 상태에서, 그를 위한 대안을 광범위하게 탐색하고, 각 대안의 장단점을 명확하게 파악하거나 객관적인 기준을 설정하여 대안을 비교한 다음, 최선의 대안을 선택한다(남궁근 2012, 412). 이를 국방정책에 적용할 경우 합리모형은 위협을 판단하여 안보 및 국방정책의 목표를 설정한 다음에 가용한 모든 대안을 탐색하고, 각 대안의 장단점을 식별하거나 특정 기준을 사용하여 비교한 다음, 최선의 국방정책들을 선택하게 된다(육군사관학교 2001, 371~372).

합리모형은 인간의 합리성에 의존하는 논리적인 과정이기 때문에 최선의 정책대안을 선택할 가능성이 높아진다. 그러므로 대부분의 공조직에서 어떤 결정을 내릴 경우에는 합리모형을 선택한다. 한국군의 경우에도 군사력의 건설이나 유지와 관련한 제반 결정을 내리는 기본적 제도로 '국방기획관리제도'를 정립하여 사용하고 있는데, 국방부의 정의에 의하면 이것은 "국방목표를 설계하고 설계된 국방목표를 달성할 수 있도록 최선의 방법을 선택하여 보다 합리적으로 자원을 배분·운영함으로써 국방의 기능을 극대화시키는 관리활동(국방부 2007, p.4)"으로서, 합리모형을 적용하고 있다고 할 수 있다.

반면에 합리모형의 단점도 적지 않다. 합리모형이 이상적이기는 하지만, 현실은 합리적 판단만으로 결정되기 어려울 정도로 복잡한 이해관계가 얽힌 경우가 대부분이고, 대안들을 제대로 탐색 및 비교할 수 있는 충분한 시간이 주어지지 않는 경우가 많으며, 따라서 현실을 제대로 반영하지 못한다(정정길 외 2005, 479). 또한, 합리모형은 합리적 사고력이 높은 엘리트들이 높은 지적 능력을 배경으로 최선의 결정을 내려간다는 모형이기 때문에 구성원들의 동참을 중요하게 생각하지 않는 경향이 있다. 즉, 합리모형은 "현실과의 괴리, 분석과 계획 수립을 위한 시간과 노력의 낭비, 조직 구성원의 참여도 약화(박휘락 2009, 45~47)"라는 약점을 지닐 가능성이 높다.

합리모형의 단점을 보완하기 위한 모형 중에서 가장 기본적인 것이 점증모형인데, 이것은 인간사회의 제반 정책이 그저 "헤쳐나가는 (muddling through)"(김규정 1999, 207) 과정에 불과하다고 할 정도로 현실에 의하여 제약받고, 그 변화의 정도도 실제적으로는 점증적이라는 주장이다. 현대의 다원화된 사회에서는 점증모형이 바람직한 형태라고 주장되기도 한다(남궁근 2012, 416). 따라서 합리모형이 장기적이면서 체계적인 계획을 수립하는 것을 선호하는 데 비하여 점증모형은 당장 문제가 되는 부분을 고쳐나가는 데 치중하고, 변화되어 가는 추이를 봐서 결정을 계속 수정 및 보완하여 나간다(육군사관학교 2001, 378).

점증모형의 장점은 정책 결정이 상대적으로 쉽고 단순할 뿐만 아니라 비용소요가 적다는 것이다. 합리모형이 최우선시하는 목표의 정립, 대안의 탐색이나 비교 등과 같은 논리적 과정에 큰 비중을 두지 않기 때문이다. 또한, 특별한 문제가 없으면 현재 시행하고 있는 제도를 계속한다는 입장이기 때문에 혼란이 야기되지 않고, 드러나는 문제점을 시정하는 식으로 결정이 단순하기 때문에 모든 구성원이 쉽게 동참할 수 있다. 다만, 점증모형은 원래의 구조 자체가 잘못되어 있을 경우 이를 시정하지 못할 뿐 아니라 오히려 문제를 더욱 키울 소지가 존재하고, 임기응변적으로 대응하기 때문에 조직의 장기적이면서 일관성 있는 발전을 보장하지 못할 수도 있다. 이러한 점에서 점증모형은 "반혁신과 보수주의의 옹호"(정정길 외 2005, 504)로 비판되기도 하는 것이다.

합리모형과 점증모형 중에서 어느 것이 더 타당하다고 말할 수는 없다. 두 가지 모두 장단점을 지니고 있을 뿐만 아니라 특정한 상황과 여건에 부합되는 것이 중요하기 때문이다. 합리모형이 정책 결정 문제의 근본적 사항으로부터 세부적인 문제로 확산해가는 '뿌리방법(root method)'이라고 한다면 점증모형은 현존하는 상태로부터 조금씩 변화시켜 나가는 '가지방법(branch method)'이라고 평가하듯이 (노화준 2012, 448), 이 두 가지는 접근방법의 차이일 뿐이고, 최선의 성과를 달성하고자 하는 목적은 동일하다. 따라서 어느 한쪽에 편중되지 않음으로써 조화를 이루는 것이 중요하다고 할 것이다.

3. 변화의 형태

개혁의 성과는 변화를 추진해나가는 방식에 의해서도 상당히 달라질 수 있다. 초기에 집중적인 변화를 추진한 후 속도를 늦추면서 정리해나가는 방식과 초기에 장기적 변화에 필요한 모든 준비를 구비한 후 서서히 변화의 속도를 증대시키는 방식으로 구분해볼 경우, 특정한 기간에 계획했던 개혁이 모두 추진된다면 두 개의 방식은 동일한 결과를 산출하겠지만, 도중에 중단되어 버릴 경우는 어느 방식을 선택하느냐에 따라서 결과가 다를 수 있다.

<그림 8-1>에서 곡선 A는 필요하다고 판단되는 변화를 조기에 신속하게 추진한 다음 그로 인한 시행착오와 부작용을 처리하는 방식이다. "선(先)변화 후(後)보완"의 방식이라고 할 수 있다. 대신에 곡선 B는 종합적인 계획을 발전시키는 등 변화를 위한 충분한 준비를 한 후 서서히 변화의 속도를 증대시키는 방식이다. "선(先)계획 후(後)변화"의 방식이라고 할 수 있다. 곡선 A든 B든 기간 동안 계획된 대로 시행되었다면 결국은 동일한 정도의 성과를 달성하게 되지만, 중간의 어느 시점에서(AT1 또는 BT1) 변화가 중단되었을 경우 성과는 크게 차이가 난다. 곡선 A는 달성해둔 성과가 어느 정도 남아 있지만(AC1), 곡선 B는 그렇지 못한 상태가 될 것이기(BC1) 때문이다.

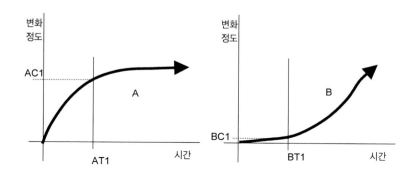

출처: 박휘락 2008a, 92.

〈그림 8-1〉 변화의 형태 비교

<그림 8-1>에서 제시하고 있는 변화의 두 가지 형태는 장단점을 지니고 있다. 곡선 A, "선변화 후보완"의 형태는 필요한 변화를 조

기에 구현하는 데는 유리하지만, 충분히 검토하지 못한 상태에서 변화를 추진하게 됨으로써 시행착오나 예상하지 않았던 문제점이 발생할 가능성이 있다. 곡선 A, "선계획 후변화"의 형태는 체계적인 계획을 수립하여 서서히 변화의 속도를 증가시키기 때문에 시행착오의 가능성은 적지만 도중에 중단되었을 경우 남아 있는 성과가 적을 수 있다.

어떤 형태로 변화를 추진할 것이냐는 것은 당연히 특정 조직의 상황과 여건에 따라 결정될 수밖에 없다. 장기적이면서 안정된 기간이 보장될 경우에는 곡선 B 즉 "선변화 후보완"의 형태를 선택하는 것이 유리할 것이고, 수뇌부의 임기가 불확실하거나 당장의 변화가 시급할 경우에는 곡선 A, 즉 "선변화 후보완"의 형태를 선택하는 것이 유리할 것이다. 또한, 혜안과 끈기를 갖춘 유능한 지도자나 주도세력이 존재하는 경우에는 곡선 A, 즉 "선계획 후변화"의 형태가 유리할 수 있고, 그렇지 못할 경우에는 곡선 A, 즉 "선변화 후보완"의 형태가 현실적일 것이다.

평시 군대의 경우 곡선 A, 즉 "선변화 후보완"의 형태를 선택하기는 쉽지 않다. 전쟁 등의 급박한 상황이 발생하지 않은 평시에 급박한 변화가 요구된다고 강조하기가 어렵기 때문이다. 다만, 필요한데도 불구하고 구현하지 못한 변화가 누적되어 있거나 상대방이 뜻밖에 신속한 변화를 추구할 가능성이 있을 경우 곡선 B, 즉 "선계획 후변화" 형태를 선택하는 것은 위험할 수 있다. 제2차 세계대전 이전에 풀러(J. F. C. Fuller)나 리델하트(Liddell Hart) 등이 항공기와 전차의 효과적 활용을 강조하였을 때, 영국과 프랑스는 계속 주저하면서 제대로 구현하지 못하였고, 그 사이에 독일이 과감한 변화를 추진함으로써 제2차 세계대전에서 전격전(Blitzkrieg)으로 대표되는 화려한 승리를 달성한 사례가 있다(Conetta 2006, 3).

Ⅱ. '국방개혁 2020' 추진 경과

1. 노무현 정부의 '국방개혁 2020' 착수

2003년 노무현 정부는 출범과 동시에 국방개혁에 높은 비중을 두었고, 그리하여 임명된 조영길 국방장관은 대과제 8개, 중과제 27개, 소과제 99개를 도출하여 개혁을 추진하였다(국방부 2003, 30~34). 그러나 조 장관은 구현을 위한 충분한 시간을 갖지 못한 상태에서 2004년 7월 당시 대통령 국방비서관의 임무를 수행하던 윤광웅 예비역 해군중장으로 교체되었다. 윤 장관은 대통령의 당부와 본인의 열정을 바탕으로 강력한 국방개혁을 추진하고자 하였고, 취임과 동시에 포괄적인 국방개혁의 추진을 위한 계획수립에 착수하였으며, 1년 후인 2005년 9월 1일 그 기본계획을 발표하였다(국방부 2006b, 36~37). 윤 장관은 행정부나 국방장관이 교체될 때마다 새로운 계획을 만들어 추진하는 고질적인 문제점을 방지한다는 의도에서 2020년까지의 장기 국방개혁 계획을 법률화하는 접근방법을 적용하였고, 그 결과 2006년 12월 1일 "국방개혁에 관한 법률(통상 국방개혁법으로 지칭)"이 국회를 통과하였으며, 이후부터 이 계획을 "국방개혁 2020"으로 부르게 되었다.

국방개혁법에 설명된 '국방개혁 2020'의 중점은 "국방정책을 추진함에 있어서 문민 기반의 확대, 미래전의 양상을 고려한 합동참모본부의 기능 강화 및 육군·해군·공군의 균형 있는 발전, 군 구조의 기술집약형으로의 개선, 저비용·고효율의 국방관리체제로의 혁신, 사회변화에 부합되는 새로운 병영문화의 정착"이고, 이를 구현함에 있어서 "국방개혁기본계획"을 대통령의 승인을 얻어 수립하도록 규정하고 있다. 또한, 국방부 장관 소속으로 "국방개혁위원회"를 설치하고, 국방부 장관이 매년 대통령과 국회에 전년도 국방개혁의 추진실적 및 향후 계획을 보고하도록 의무화하고 있다.[48]『국방백서 2006』에서 설명하고 있는 국방개혁 2020의 구체적인 내용은 다음과 같다.

> 군은 첨단전력을 증강하고 질적으로 정예화하여 과학기술군으로 발전해나가면서 2005년 68만여 명의 상비병력을 2020년까지 50만여 명 수준으로 정비해나갈 것이다. 합동참모본부는 방위기획과 작전수행의 중심기관으로서 육·해·공군의 통합전력을 보장할 수 있도록 관련 기능과 조직을 보강할 것이다. 육군은 군단과 사단 수를 줄여나가되 단위부대의 전투력은 2~3배로 강화할 수 있도록 재설계하여 무인정찰기·차기전차와 장갑차·화력체계를 증강하고 지휘구조를 단순화함으로써 현대전 양상에 적합한 조직으로 변모하게 될 것이다. … 특히 1·3군을 통합하여 지상작전사령부로 개편하고, 2군사령부도 후방작전사령부로 개편하게 된다. 해군은 수중·수상·항공 입체전력 운용능력을 강화하여 근해 방어형 전력구조에서 해상교통로의 해양자원 보호 등 전방위 국가이익을 적극적으로 수호할 수 있는 구조로 개선할 예정이다. 부대구조는 지금의 3개 함대사와 잠수함·항공 전단체제에서 3개 함대사령부, 잠수함사령부, 항공사령부의 기동전단 체제로 보강·개편하여 기동형 부대구조로 발전시키고, 미래전장에서 임무수행능력이 향상되도록 발전될 것이다. … 해병대는 입체적 상륙작전, 신

속대응작전, 지상작전 등의 임무와 상황에 적합한 융통성 있는 공지기동부대와 전략도서방어 부대구조로 발전될 것이다. 공군은 공중우세와 정밀타격에 접합한 구조로 발전시키기 위해 평시 적의 징후를 감시하고 응징보복을 기할 수 있는 능력을 구비하고, 전시에는 공중우세를 확보하여 지상과 해상작전 수행여건을 최대한 보장할 수 있도록 한반도 전역에 걸쳐 작전능력을 확보할 것이다. … 한반도 항공작전의 효율성을 높이기 위하여 북부사령부를 창설하여 2개 전투사령부, 9개 비행단, 1개 방공포병사령부와 1개 관제단 구조로 바뀔 것이다. 예비전력의 규모는 2020년까지 상비병력 규모와 연동하여 정하는 동시에 대체전력 역할을 할 수 있도록 질적으로 정예화해 나갈 것이다. 국방운영 분야에 있어서는 국방인력이 새로운 군 구조와 전력구조에 부합되도록 전문성을 강화하기 위하여 간부의 구성비율을 높이고, 유급지원병제 도입을 추진하며, 인사관리의 투명성과 합리성을 보장할 수 있도록 제도를 개선해나갈 것이다. 또한, 국방관리 전반을 혁신하여 국방운용의 투명성·전문성·책임성·효율성을 향상하게 될 것이다(국방부 2006b, 37～39).

그러나 '국방개혁 2020'을 주도했던 윤 장관은 법률안이 국회를 통과하기 직전인 2006년 11월 23일 국방장관직에서 물러나야 하는 상황이 되었고, 후임으로 김장수 국방장관이 임명되었지만, 그 당시는 이미 차기 대통령 선거가 1년 정도밖에 남지 않은 상황이어서 과감한 추진이 어려웠다. '국방개혁 2020' 자체가 장기간에 걸쳐 구현해나가는 개념이었기 때문에 그가 당장 실천해야 할 사항도 많지 않았다.

2. 이명박 정부의 '국방개혁 2020' 계승

이명박 정부의 첫 번째 국방장관으로 임명된 이상희 장관은 1년

4개월에 걸쳐 기존 계획을 재검토한 후 2009년 6월 '국방개혁 2020 수정안'을 발표하였다. 수정안에서는 '국방개혁 2020'에서 2020년까지 가용할 것으로 판단한 예산의 액수를 621조에서 599조로 조정하였고,[49] 2020년에 보유하고자 하는 한국군의 규모를 50만(당시 64만 9,000명)에서 51만 7천 명으로 일부 증대시켰다. 그리고 해체될 예정이었던 육군의 일부 군단과 사단을 수도권 방어 차원에서 존속시켰고, 정보보호사령부, 해외파병 상비부대 편성 등을 계획에 포함시켰다. 그리고 가용 국방예산이 감소하여 장거리 고고도 무인정찰기나 공중급유기 등의 획득 일정은 연기하게 되었다(국방일보 2009/06/29).

'국방개혁 2020' 수정안 발표 9개월 후인 2010년 3월 26일 북한의 잠수정이 한국 군함인 천안함을 어뢰로 폭침시킨 사건은 국민들로 하여금 기존 국방개혁 계획보다 더욱 근본적인 국방 분야의 발전을 촉구하도록 만들었다. 그래서 천안함에 관한 조사가 진행되고 있던 2010년 5월 4일 이명박 대통령은 현직 대통령으로는 처음으로 전군 주요지휘관회의를 주재하면서 "작전도, 무기도, 군대 조직도, 문화도 바꿔야 한다"면서 국방개혁을 촉구하였다. 이를 구현하기 위하여 학자들과 예비역 장군들로 구성된 '국가안보총괄점검회의'를 소집하였고, 이들에게 국방 분야 전반에 대하여 새로운 대안을 제시할 것을 주문하였다(조선일보 2010/05/05, A1). 이로써 '국방개혁 2020'은 그 내용을 원점에서 재검토해야 하는 상황에 직면하게 되었다.

---

49 이 두 숫자 모두 실제적으로는 큰 의미가 없다. 그 당시부터 2020년까지 가용할 것으로 판단되는 국방비의 총액이기 때문이다. 국방개혁을 위한 재원이라면 경직성 경비는 제외한 상태에서 개혁 차원에서 별도로 투자할 수 있는 예산을 말하고, 그렇다면 추가 예산이 확보되어야 할 것이다. 전체 국방예산을 개혁을 위한 예산으로 고려하였기 때문에 한국군의 국방개혁도 국방의 모든 분야를 대상으로 하게 되었고, 따라서 통상적인 발전과 개혁이 혼동되었던 것이다.

'국가안보총괄점검회의'가 수개월에 걸친 검토를 통하여 나름대로 개혁방안을 준비하고 있는 도중인 2010년 11월 23일 북한은 한국의 영토인 연평도를 대낮에 포격하는 도발을 감행하였다. 그 당시 한국군의 155mm 자주곡사포 6문 중에서 2문이 가동되지 않았고, 항공기에 의한 공격도 시행되지 못하자 또다시 국민들은 더욱 대폭적인 국방개혁을 요구하게 되었고, 결국 '합동군사령부'의 설치를 골간으로 하는 상부지휘구조 개편안이 부상하게 되었다. 즉, 각 군 차원에서 작전을 수행한 결과로 즉각 대응이 이루어지지 않았다면서 모든 육군, 해군, 공군 작전부대들을 통합적으로 운용하는 별도의 사령부를 설치하기로 한 것이다(조선일보 2010/12/27. A3). 이로써 한국군의 '상부지휘구조'[50] 개편이 국방개혁의 핵심적인 주제로 부상하게 되었다.

연평도 사태로 김태영 국방장관이 사임한 후 2010년 12월 4일 취임한 김관진 국방장관은 합동군사령관을 신설할 경우 위헌 논란이 제기될 수 있다는 지적을 심각하게 받아들였다. 헌법 제89조에 명시된 국무회의 심의사항으로 합참의장과 각 군 참모총장의 임명에 관한 조항이 있는데, 그곳에 언급되지 않은 군의 새로운 고위직을 법률로 신설할 경우 헌법 정신을 위배할 수도 있다는 점을 일부에서 제기하였기 때문이다. 그리하여 김 장관은 합동군사령부 신설안 대신에 합참의장의 권한을 일부 강화하고, '국방부-합참-각군본부' 간 작전수행에 관한 권한이 이원화(군사력 운용에 관한 사항은 합참이 직접 작전사령부를 통제하고, 군사력 건설이나 관리에 관한 사항

---

50 이것은 한국군에서 고유하게 사용하는 용어로서 국방부-합참-각군본부 수준에 해당하는 권한 및 책임의 형태에 중점을 두는 내용이다.

은 각군본부 참모총장이 담당)되어 있는 것을 일원화하고자 하였다. 즉, 현재 군사력의 건설과 관리에 관한 책임만 보유하고 있는 각 군 참모총장에게 군사력 운용에 관한 책임도 부여함으로써 전체 군대의 일관성 및 책임성 있는 발전을 강화한다는 방향이었다.

그리하여 김 장관은 2011년 3월 7일 대통령에게 새로운 국방개혁 계획을 보고하였고, "국방개혁 307계획"으로 명명하여 발표하였다. 2개월 후 "국방개혁 기본계획 11-30"으로 공식명칭이 부여된 이 계획에서 국방부는 2012년까지 완료할 37개의 단기과제와 2015년까지 수행할 중기과제 20개, 그리고 2030년까지 완료할 장기과제 16개 등 총 73개의 과제를 제시하였다(국방부 2011, 3). 당연히 이 계획에서는 상부지휘구조의 개편이 핵심이었고, 북한 도발 억제와 대비를 위한 과제(11개)나 전투형 군대 육성을 위한 과제(4개) 등 37개의 단기과제는 2년 이내에 완료하겠다는 시한을 제시하였다.

'국방개혁 307계획' 발표 후 국방부는 상부지휘구조 개편에 집중적인 노력을 기울였다. 그래야 다른 개혁조치들이 본격적으로 추진될 수 있기 때문이었다. 상부지휘구조를 개편하기 위해서는 국군조직법 등의 개정이 필수적이어서 국방부는 2011년 5월에 필요한 법률 개정안들을 국회에 제출하였고, 그의 통과를 위하여 국회의원들을 설득하는 데 노력하였다. 그러나 군사력의 건설 및 관리를 담당하기에도 벅찬 참모총장에게 군사력 운용을 위한 책임까지 부여하는 것이 합리적인가에 관하여 예비역을 중심으로 비판이 제기되었고, 이것이 국회에 전달되어 법률통과는 난항을 겪게 되었다. 결국, 상부지휘구조 개편에 관한 법률안은 국회를 통과하지 못하였고, 이로써 다른 국방개혁 과제들도 추진의 탄력을 상실하게 되었다.

이러한 상황에서 국방부는 2012년 8월 29일 2030년을 목표로 하는 '국방개혁 기본계획 12-30'을 발표하였다. 이 계획은 지금까지 2020년을 목표로 수정 및 보완해오던 국방개혁의 전체적인 계획을 2030년을 목표로 하는 내용으로 변경시킨 것이었다. 국방부는 2020년까지 조정하게 되어 있는 병력감축의 목표연도를 2022년으로 연기하면서 그 규모도 52만 2,000명으로 일부 증대시켰고, 육군의 경우 동부전선에 육군산악여단을 창설하며, 해군의 경우 차기 한국형 구축함 사업과 대형 수송함을 추진하고, 공군의 경우 항공정보단과 전술항공통제단을 창설하는 등의 내용을 새롭게 포함 및 부각시켰다(국방일보 2012/08/30, 3).

3. 박근혜 정부의 '국방개혁 기본계획' 14-30'

이명박 정부의 김관진 국방장관이 유임된 데서 나타나듯이 박근혜 정부는 이전 정부의 국방개혁 계획을 큰 변화 없이 계승하였다. 그래도 1년 이상을 검토하여 박근혜 정부는 2014년 3월 6일 "혁신·창조형의 '정예화된 선진강군'을 위한『국방개혁 기본계획(2014~2030)』"을 발표하였다.

『국방개혁 기본계획(2014~2030)』의 주된 내용은 ① 북한의 비대칭전력과 국지도발 및 전면적 위협에 동시에 대비할 수 있는 능력을 우선적으로 구비하면서, ②2022년까지 상비전력을 52.2만 명으로 감축하기 위한 시행계획을 구체화하였고, ③전력증강을 위주로 하는 부대는 조기에 개편하되 병력감축을 위주로 하는 부대는 시기를 늦추는 등 부대개편 시기를 조정하면서도 모든 부대개편을 2026년까지 4년 당겨 완료하며, ④ 북한의 핵미사일 위협에 대비하기 위하여 킬체인과 KAMD 등 탐지/식별, 결심, 타격 능력을 강화하고, ⑤ KDX-III, F-X, 항공우주 위성감시 능력 등 자주국방역량을 구축하기 위한 첨단전력들의 증강을 추진한다는 것이었다. 또한, 국방부는 국방운영 분야에서도 장병 복무여건의 개선, 초급간부의 장기선발비율 확대, 군 어린이집과 전역군인 일자리의 추가확보, 상비군 수준으로 예비전력을 정예화하기 위한 동원예비군의 권역화 관리 및 여단단위의 과학화된 훈련장 설치, 군사운영 혁신을 위한 물류체계 개선, 고효율의 선진 국방운영체제 구축 등을 약속하였다(국방부 2014).

현재 한국군은 이러한 『국방개혁 기본계획(2014~2030)』을 추진하는 과정에 있다.

Ⅲ. 국방개혁 2020에 대한 성과 분석

1. 노무현 정부

노무현 정부의 경우 2020년을 목표로 하는 장기 국방개혁을 시작하는 상황이었기 때문에 드러난 성과가 존재하기는 어려운 상황이었다. 대부분이 장기간에 걸쳐, 특히 2020년이 가까운 시점에서 구현되도록 계획이 세워져 있기도 하였다. 국방개혁을 주도한 윤광웅 장관도 계획의 수립, 보고, 법제화에 대부분의 관심을 쏟았고, 법제화되기 직전에 사퇴하게 되었으며, 후임인 김장수 장관은 정권 교체기를 맞이하여 강력한 개혁을 추진하기 어려웠다. '국방개혁 2020'이 추진된 이후 발간된 『국방백서 2006』(2006. 12), 『국방백서 2008』(2009. 2)을 보면 국방개혁에 대한 준비와 기본방향은 자세하게 설명되어 있지만, 그동안의 성과는 언급되어 있지 않다.

실제로 노무현 정부 동안에는 '국방개혁 2020'이 워낙 야심적이고 장기적인 계획이라서 그것을 입안하여 법제화함으로써 차기 행정부에서 계속하여 구현하도록 하는 것에 중점을 두었고, 따라서 당장의 성과는 크지 않았다. 국방개혁법에서 제시된 중점을 기준으로 노무현 정부의 성과를 부분적으로라도 평가해본다면, "문민기반의 확대"라는 중점은 국방부 문민화가 출발점이었는데, 이의 경우 국방개혁 2020에서는 2004년의 52%를 2009년까지 70%로 증대시키게 되어 있었지만, 2009년의 상태는 과장급(4급) 56%, 담당급(5급) 64%, 실·국장급(고위공무원) 35%(군 출신 제외)로 만족스러운 성과는 아니었다(한국일보 2010/11/15). "합동참모본부와 각 군의 균형발전"이라는 중점의 경우 차후의 이명박 정부에서 상부지휘구조 개편이 대대적으로 추진된 데서 알 수 있듯이 노무현 정부에서 제도를 변화시킨 것은 없었다. "군 구조의 개선"도 9군단과 11군단을 통합하는 성과는 있었으나 지상작전사령부의 창설 등 그 외의 과제들은 차기 행정부에 의하여 구현되게 되어 있었다. "국방관리체계의 혁신"과 "병영문화의 정착"은 정성적(定性的) 사항이라서 평가하기는 어려우나 노무현 정부 후반의 단기간에 통상적인 발전 이상의 변화가 있었다고 보기는 어렵다. 이렇게 볼 때 노무현 정부에서는 '국방개혁 2020'에 관한 계획을 수립하여 법제화한 것이 가장 큰 성과였다고 할 수 있다.

2. 이명박 정부

이명박 정부의 경우 2010년의 천안함 폭침 및 연평도 포격 사태로 인하여 차분한 구현에 집중하기가 어려운 상황을 맞게 되었다. 출범 시에는 가용 국방예산을 현실화해야 할 필요성을 인식하여 다소의 시간이 경과되었지만 기존 계획을 재검토해야겠다고 생각하였는데, 천안함과 연평도 사태가 연속적으로 발생하면서 더욱 대폭적인 개혁을 요구하는 국민들의 요구를 수렴하지 않을 수 없었고, 따라서 결과적으로는 계획의 재검토와 작성에 많은 시간을 보내게 되었다. 이명박 정부는 5년 임기 동안에 2009년 6월의 수정안, 2011년 3월의 '국방개혁 307계획', 2012년 8월의 '국방개혁 기본계획 12-30'을 통하여 세 번의 종합적이면서 미래 지향적인 국방개혁 계획을 발표하였다. 최초의 수정안 마련에 14개월, 천안함 사태 이후 '국방개혁 307계획' 발전에 12개월, 그리고 '국방개혁 기본계획 12-30' 마련에 최소 6개월 정도가 소요되었다고 한다면, 60개월의 임기 중에서 32개월(53%)을 계획수립에 사용한 셈이 된다. 이명박 정부의 경우 최초 수정안이나 '국방개혁 307계획'은 기존 국방개혁을 전면적으로 재검토한 사항이었고, 특히 '국방개혁 307계획'에서는 국방의 근간이라고 할 수 있는 '상부지휘구조 개편'을 과제에 포함시킴으로써 다양한 대안의 검토와 토의에 많은 시간을 보내지 않을 수 없는 상황이었다.

이명박 정부의 임기 동안에 달성한 국방개혁 성과를 외부에서 독립적으로 평가하여 발표하고 있는 자료는 없다. 다만, 『2012년 국방백서』에서는 2010년부터 2012년까지 달성한 국방개혁 성과를 구조 및 운영 분야로 나눠서 일부 설명하고 있다. 국방부에 의하면 이명박 정부의 핵심적인 3년 동안에 "적극적 억제전략으로의 군사전략 전환, 서북도서방위사령부 창설, 합참조직 및 기능 강화, 상비병력 감축 및 간부비율 확대, 북한 국지도발 대비전력 우선 보강, 북한 비대칭 위협 대비전력 적기확보, 병 복무기간 단축 재조정, 여성 ROTC 선발 제도 시행, 능력 위주 진급 선발 시행, 합동군사대학교 및 국방어학원 창설, 전술담임교관제 및 임관종합평가제 시행, 군 책임지정기관 지정 및 운영, 유사기능부대 통·폐합, 병영시설 현대화, 군 선진 의료지원체계 정착" 등의 성과를 달성하였다고 평가하고 있다(국방부 2012, 116~117). 다만, 이러한 사항들은 국방의 전반에 관한 사항으로서, '국방개혁 2020 수정안'이나 '국방개혁 307 계획'에서 제시한 계획 중에서 어떤 과제들이 어느 정도의 성과를 달성했는지를 평가한 것은 아니다. 한국국방연구원 노훈 박사가 발표한 논문에 의하면 2012년 8월에 발표한 '국방개혁 기본계획 12-30' 작성 시 '국방개혁 307계획'의 73개 과제 중에서 17개 과제가 추진 완료된 것으로 평가하여 제외하였다고 한다(노훈 2012, 55). 그렇다면 '국방개혁 307계획'에서 제시된 단기과제 37개 중에서 43%가 기간 내에 완료되었다고 계산할 수 있다. 상부지휘구조 개편을 위한 법률안이 국회에서 차단되어 그것의 시행이 지체되었고, 따라서 다른 개혁과제들도 계획된 일정과 강도로 실천되기는 어려운 상황이었다고 판단된다.

Ⅳ. 국방개혁 2020 추진 분석

1. 개혁의 개념에 따른 분석

한국군의 국방개혁에서 가장 먼저 검토해볼 필요가 있는 것은 '개혁'이라는 용어의 적절성이다. '개혁'이라는 용어는 지금의 상태가 잘못되어 있기 때문에 즉각적이면서 근본적으로 변화해야 한다는 의미이기 때문이다. 그렇다면 한국군은 1~2년 동안에 급속하게 시정되어야만 하는 몇 가지 핵심과제들을 도출하고, 이들의 시정에 집중적인 노력을 기울여야 한다. 그러나 '국방개혁 2020'은 15년 정도에 걸쳐서 변화를 추진하겠다는 계획이었고, 그것을 시작했던 윤광웅 국방장관도 장기간에 걸쳐 종합적이면서 점진적인 변화의 계획을 수립하는 데 중점을 두었다. 과거 박정희 정부에서 사용한 '경제개발 5개년 계획'과 같은 종합적인 발전계획을 15년 정도에 걸쳐 수립하면서 '개혁'이라는 용어를 사용해온 측면이 있다는 것이다.

실제로 국방개혁 2020은 국방의 모든 분야에 걸쳐 장기적 발전을 지향함에 따라 상대적으로 단기간에 개혁적인 변화를 도출하는 것은 쉽지 않다. 수행하고자 하는 과제가 많고, 근본적이기 때문이다. 문제가 되는 분야를 몇 가지 식별하여 더욱 단기적이면서 집중적인 변화를 추구했다면 단기적인 성과는 컸을 것이다. 또한, 법제화를 통하여 일관성 있는 변화를 추진하겠다는 의도는 이해되지만, 국회 검토과정에서도 이러한 포괄적 사항을 법률로 만든 전례가 없다는 비판이 있었듯이(조선일보 2006/12/02) 법제화가 개혁을 촉진하는 것으로 보기도 어렵고, 오히려 국방개혁법은 장기적이면서 점진적인 변화, 즉 국방 분야의 '발전'을 구조화한 셈이 되었다.

국방개혁 2020을 착수한 동기를 봐도 장기적인 발전을 추구해야 할 내용들이 많다. 국방개혁 2020 추진 시 국방부에서는 "① 정보·과학기술 발전에 따른 전쟁 양상의 변화, ② 병력 위주의 대군체제, ③ 작전기획·수행능력 발전 미흡, ④ 국방운영 전반의 비효율성, ⑤ 전근대적 병영문화의 지속"을 열거하면서 "국방개혁은 더 이상 미룰 수 없는 절실한 과업"이라고 강조하였다(국방부 2005a, 4~5). 이 중에서 ②번과 ④번의 경우는 지금이 잘못되었다는 인식을 바탕으로 한 변화의 절박성이 포함되어 있다. 그러나 나머지는 발전적 변화를 추구하는 것이 더욱 타당하다. 국방개혁법에서조차 "'국방개혁'이라 함은 정보·과학 기술을 토대로 국군조직의 능률성·경제성·미래 지향성을 강화해나가는 지속적인 과정으로서 전반적인 국방운영체제를 개선·발전시켜 나가는 것을 말한다"고 정의하여[51] '지속성'과 '포괄성'을 강화하고 있다.

'국방개혁 2020'의 경우 '개혁'이라는 용어에 부합되도록 신속하면서 집중적인 성과를 달성하고자 하였다면, 국방부에서는 매년 변화된 상태를 점검하고, 변화되지 않은 것이 있거나 추가적으로 발견되는 문제점을 재정리하여 또다시 변화시켜 나가고자 노력했을 것이다. 개혁적 결과를 산출하도록 독려하고 지도하는 것이 군 수뇌부의 일상이 되었을 것이다. 그러나 국방개혁 2020의 경우 계획의 타당성을 평가하여 수정하는 체제는 구비되어 있었으나 추진 성과를

---

51 『국방개혁에 관한 법률』 제3조 1항.

기간별로 종합하여 발표하지는 않았다. '국방개혁 2020'을 추진한 후 첫 번째 발간된 것이『국방백서 2006』인데, 군구조 개편 준비단의 발족, 국방운영혁신준비단의 발족, 군 책임운영기간 설치·운영에 관한 법률과 장병복무기본법의 제정 추진, 그리고 첫 번째와 두 번째의 준비단을 국방개혁추진단으로 통합·편성한다는 내용, 다시 말하면 변화시킨 내용이 아니라 변화를 위한 기구설치에 관한 내용만 기술하고 있다(국방부 2006b, 42~43).

2. 정책 결정 방식

한국의 경우 대부분의 국방정책은 합리모형에 의하여 결정되게 되어 있다. 국방 분야의 정책 결정 시 적용되게 되어 있는 '국방기획관리제도'가 합리모형에 의하여 정립된 제도로서 장기적인 계획에 근거하여 중기 및 단기적 변화를 도모함으로써 일관성과 효율성을 보장하게 되어 있다. 이를 위하여 국방기획관리제도는 기획-계획-예산편성-집행-평가분석의 과정으로 설계되어 있고, 각 단계가 강한 논리적 연계성으로 연결되어 있다(한용섭·김태현 2010, 78). 따라서 기획단계를 거치지 않은 상태에서 중간의 계획이나 예산편성, 또는 집행단계에 새로운 과제를 포함시키는 것은 매우 어렵다. 모든 과제의 출발점인 기획단계는 15년 이후의 미래를 대상으로 바람직한 발전의 목표와 방향을 정립한 후 그의 구현에 필요한 군사력 건설의 소요(requirements)를 도출하는데, 국방부와 합참에서는 국방정보판단서, 국방기본정책서, 합동군사전략서, 합동군사전략목표기획서 등의 문서를 작성하게 된다(이필중 2009, 419). 따라서 통상적으로 국방기획관리제도에 포함되어 시행되려면 10년 이상의 기간이 필요하다. 2013년 8월 29일 국방부가 '국방개혁 기본계획 12-30'을 발표하면서 그것이 기획단계의 핵심문서인 국방기본정책서와 동일한 위상을 갖는다고 설명하였듯이(국방일보 2012/08/30, 3) 한국군의 국방개혁은 국방기획관리제도에 의하여 추진되었다.

앞에서 분석한 바와 같이 "개혁을 통하여 달성해야 할 목표나 최종상태를 명확하게 제시하고, 포괄적이면서 체계적인 분석을 통하여 그러한 목표나 최종상태를 제대로 구현할 수 있는 대안을 검토 및 확정한 후, 장기적이면서 구체적인 계획을 수립하고, 그러한 계획에 근거하여 국방개혁을 추진"하는 것이 합리모형에 의한 국방개혁 추진이라고 할 경우, 2020년에 달성해야 할 병력규모 및 부대구조의 모습을 설정한 상태에서(예를 들면, 병력규모의 경우 "2020년까지 50만 명 수준"으로 감축), 다양한 대안을 검토하여 기간 중에 그러한 모습을 구현할 수 있는 방법을 선정한 후, 그것을 구현하기 위한 구체적인 계획을 수립하여 변화를 추진하고자 하였다는 점에서 국방개혁 2020은 합리모형의 과정을 그대로 반영하고 있다고 할 수 있다.

국방개혁법에 제시된 내용을 봐도 합리모형에 의한 정책 결정의 결과임을 금방 식별할 수 있다. 국방개혁법은 제1조를 통하여 "북한의 핵실험 등 안보환경과 국내외 여건 변화와 과학기술의 발전에 따른 전쟁 양상의 변화에 능동적으로 대처할 수 있도록⋯ 선진 정예강군을 육성"하는 것을 목적으로 분명하게 제시하고 있고, 제2조로 "국방정책을 추진함에 있어서 문민기반의 확대, 미래전의 양상을 고려한 합동참모본부의 기능 강화 및 육군·해군·공군의 균형 있는 발전, 군구조의 기술집약형으로의 개선, 저비용·고효율의 국방관리체제로의 혁신, 사회변화에 부합하는 새로운 병영문화의 정착" 등의 중점을 제시하고 있으며, 제5조를 통하여 "국방개혁의 목표, 국방개혁의 분야별·과제별 추진계획, 국방개혁의 추진과 관련된 국방운영체제 및 재원에 관한 사항, 그밖에 국방개혁을 추진하기 위하여 필요한 주요 사항"들을 포함하는 "국방개혁 기본계획"을 대통령의 승인을 얻어 수립하도록 규정하고 있다.

그러므로 노무현 정부와 이명박 정부의 국방개혁은 당시의 상황에서 당장 시정되어야 할 필요가 있는 부분을 바로 '개혁'하는 방식이 아니라 국방기획관리제도의 제도적 과정을 통하여 국방 분야를 전반적으로 발전시키되 그 방향과 우선순위를 일부 조정하는 방식이었다고 할 수 있다. 최초의 '국방개혁 2020' 계획도 그러하였고, '국방개혁 2020 수정안'이나 '국방개혁 307계획' 그리고 '국방개혁 기본계획 12-30'도 그러하였다. 모두 장기적으로 달성해야 할 이상적인 상태를 설정한 상태에서 그것을 달성하는 데 필요한 주요 사업들을 새로 열거하고, 그들의 우선순위와 구현일정을 정리하여 제시하였으며, 그러한 내용은 '국방기획관리제도'에 반영되어 점진적으로 구현되었다.

다만, 천안함과 연평도 사태의 수습 차원에서 이명박 정부가 발표한 '국방개혁 307계획'의 경우에는 당시 대두된 문제점을 바로 해결해나가고자 하는 접근방식, 다시 말하면 점증모형(incremental model)에 의한 접근방식도 일부 포함되었다고 판단된다. 이것은 '국방개혁 307' 계획이 "천안함 폭침과 연평도 도발을 계기로 노출된 한국군 취약점의 전면적인 보완"을 위하여 즉각 시정이 필요한 과제를 포함시켜야만 하는 시대적 상황에 의하여 작성되었기 때문이다(조남훈 2011, 278). 국방부는 '국방개혁 307계획'에서 2010년 국방선진화추진위원회가 보고한 71개 과제를 반영하였다고 설명하면서 전체 73개 과제 중에서 37개 과제는 2011~2012년간 당장 실천해야 하는 과제라는 측면에서 단기과제로 명명하였다(국방부 2011, 3). 다만, '국방개혁 307계획'의 핵심 내용인 상부지휘구조 개편이 제대로 추진되지 못함에 따라서 다른 과제들의 변화도 계획처럼 신속하게 추진되기는 어려웠다.

3. 변화의 형태에 의한 분석

어떤 변화를 구현해나가는 측면에서 '국방개혁 2020'을 분석해볼 때 이는 "선계획 후변화"의 방식을 선택한 것으로 판단된다. 우선, 2004년에 시작하면서 2020년까지 장기간에 걸쳐서 완성하겠다는 것이 그러하였다. 또한, 국방부가 발표한 첫 번째 원칙은 "2020년을 목표로 점진적·단계적으로 추진합니다"라는 사항이었다(국방부 2005a, 9). 충분히 준비한 다음 서서히 실천 속도를 증대시킴으로써 시행착오를 최소화하겠다는 방향이었다.

일정계획을 봐도 "선계획 후변화"를 추진한 것을 알 수 있다. 국방개혁 2020은 3단계로 추진한다는 계획이었는데, 1단계는 2010년까지로 "개혁추진 본격화"를 위한 선결과제를 해결하고, 2단계는 2015년까지로 "개혁심화단계"였으며, 3단계는 2020년까지로 "개혁의 완성단계"였다(국방부 2006a, 25). 군 구조 개편의 경우 2010년까지 "군 구조개편 착수 및 본격화" 단계였고, 핵심적 사안인 작전사령부의 개편은 2015년까지, 예하부대의 개편은 2015년부터 2020년 사이에 실시한다는 계획이었다(국방일보 2005/10/27).

　'국방개혁 2020'이 추진되어 온 과정을 245쪽의 <그림 8-1>에 적용하면 곡선 B, 즉 "선계획 후변화"가 해당된다고 할 수 있다. 더욱 자세하게 풀어서 그리면 <그림 8-2>인데, '국방개혁 2020'은 2004년 착수되었으나 2006년 법제화까지 2년 이상을 기다리고, 2007년 추진 후 2008년 2월 초 이명박 정부가 들어서서 2009년 6월 수정안이 발표될 때까지 1년여를 계획을 재검토하였으며, 그로부터 천안함 사태가 발생한 2010년 3월까지 추진하다가 그 이후 국가안보총괄점검회의가 소집되어 기존 계획을 다시 전면적으로 검토하게 되었다. 그리고 2011년 3월 "국방개혁 307계획"이 발표되면서 원래의 '국방개혁 2020'에 있는 내용은 상부지휘구조 개편을 비롯한 새로운 내용으로 상당할 정도로 대체되었고, 이것의 구현에 필요한 법률개정안이 국회를 통과하지 못한 상태에서 2012년 8월에 "국방개혁 기본계획 12-30"이 다시 발표되었으며, 박근혜 정부는 2014년 3월 "국방개혁 14-30"을 발표하여 새로운 계획을 제시하였다. 국방개혁 2020은 도중에 새로운 계획으로 계속하여 바뀜으로써 구현 자체가 방해받곤 하는 <그림 8-1> 곡선 B의 단점을 입증하고 있다.

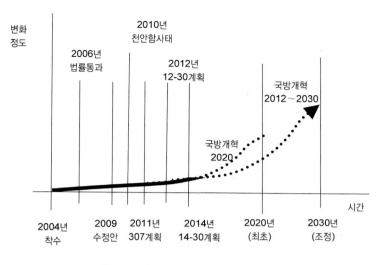

<그림 8-2> 국방개혁 2020의 변화방식

V. 차후 국방개혁에 대한 교훈

1. 개혁의 개념에 상응하는 변화 추진

국방을 장기적으로 '발전'시키는 것이 아니라 단기간에 집중적으로 '개혁'하겠다고 한다면 '개혁'에 부합되는 속도와 정도로 변화를 추진할 필요가 있다. '개혁'은 현재 상태가 상당히 잘못되어 시급히 변화하지 않으면 심각한 문제가 발생할 수 있다는 위기의식을 바탕으로 하는 용어이기 때문이다. 15년 이상에 걸쳐서 점진적으로 구현하고자 할 경우 '발전'이라는 용어를 사용하는 것이 적절하다. '개혁'이라는 용어를 사용함으로써 국민들은 단기적이면서 근본적인 변화가 발생할 것으로 기대하는 데 반하여 국방부는 장기간에 걸쳐 점진적이면서 체계적인 변화를 도모함에 따라 국민들의 기대와 실제 사이에 괴리가 발생하게 되었다. 무기체계의 경우 필요성을 인식하여 확보하는 데까지 10~20년이 소요된다고 하여[52] 국방의 개혁도 그러해야 한다는 것은 아니다. 무기체계 획득 이외에 한국 국방에서 개혁적인 변화가 필요한 부분은 많을 수 있다. 장기간에 걸쳐 점진적으로 변화하고자 한다면 '발전', '개선' 등의 용어를 사용하고, '개혁'이나 '혁신'이라는 용어를 사용하고자 한다면 그에 맞춰 단기간에 가시적인 성과를 달성하는 방향으로 전략을 변경시켜야 할 것이다.

차제에 한국군은 변화를 위한 높은 의욕을 장병들에게 촉구하거나 국민들에게 강조하기 위하여 개혁이라는 용어를 자주 사용해온 측면은 없었는지를 자문해볼 필요가 있다. 국방의 개혁적인 변화는 '개혁'이라는 용어를 사용하느냐 아니냐에 따라 결정되는 것이 아니다. 수년의 노력을 통하여 객관적으로 '개혁적'이라고 판단되는 변화를 달성하거나 누적하는 것이 중요하다. 특히 국방개혁과 관련하여 유념할 필요가 있는 사항은 점진적 발전이 나쁜 것도 아니고, 개혁이 반드시 좋은 것도 아니라는 것이다. 국방과 같이 보수적인 분야일수록 개혁과 같은 집중적인 변화는 시행착오를 수반하여 위험할 수 있다. 중요한 것은 슬로건이 아니라 실질적 성과달성이고, 장병들의 적극적 동참이다. '발전'과 '개혁'에서 어느 것이 적절하냐는

---

52 한국군에서는 K1A1 전차의 경우 소요를 제기하여 최초 전력화하는 데까지만 11년이 소요되었고, 이지스 구축함의 경우에는 13년, F-15K의 경우에는 17년이 소요되었다고 한다(국방부 2006a, 5).

것은 상황에 따라 달라질 것이지만, 어느 경우든 지도자의 적극적 추진이 중요하고, 계획한 대로 착오 없이 성과를 산출하는 생산성이 강조되어야 한다.

국방개혁을 추진하면서 본연의 임무, 즉 외부의 위협으로부터 국민들의 생명과 재산을 보호하는 역량의 향상이라는 목적에 더욱 충실할 필요가 있다. '국방개혁 2020'의 경우 공식적으로는 "정보·과학기술 발전에 따른 전쟁 양상의 변화, 병력 위주의 대군체제, 작전기획·수행능력 발전 미흡, 국방운영 전반의 비효율성, 전근대적 병영문화의 지속"이라는 문제점을 시정하기 위한 목적으로 추진되었지만, 실제로는 "한미동맹과 자주국방의 병행발전을 추구한다"는 내용으로 표현된(국방부 2005b, 6) "협력적 자주국방", 즉 전시 작전통제권 환수가 그 근본적 배경이었고, 따라서 미래전에서 승리하는 데 충분한 전투역량의 확보가 덜 강조되는 것으로 오해될 수 있었다. '국방개혁 2020' 계획을 최초로 보고받은 직후인 2005년 10월 1일 국군의 날 치사에서 노무현 대통령이 "전시작전통제권 행사를 통해 스스로 한반도 안보를 책임지는 명실상부한 자주군대로 거듭날 것입니다"라는 점을 강조하였듯이 '국방개혁 2020'은 대미의존에서 벗어나는 것을 중요시하였다. 그리고 이러한 오해로 말미암아 국방개혁에 대한 공감대가 충분하지 못하였다. 그 결과 국회에서 공감대 형성을 위한 노력을 추가해야만 했고, 결국 국방개혁에 관한 법률안은 1년 정도 국회에서 추가로 논의된 후 통과되었던 것이다. 정치적인 어떤 배경 없이 전쟁을 억제하거나 유사시 승리할 수 있는 군사 대비태세를 향상한다는 순수한 측면에서 출발하거나 이에 초점을 맞출 경우 국방개혁에 대한 장병들의 동참과 구현실적은 훨씬 향상될 것이다. 군사 분야의 개혁적 변화는 정치지도자로부터의 압력에 의해서가 아니라 군 수뇌부들이 자발적으로 변화의 필요성을 식별하고 적절한 전략을 수립하여 추진할 때 발생하였다는 것이 지금까지의 역사적 경험이었다는 결론을(Rosen 1991, 252) 유념할 필요가 있다.

모든 분야를 포괄적으로 변화시키고자 하는 접근의 현실성에 대해서도 한번 생각해볼 필요가 있다. 그 이전 정부의 국방개혁 계획들도 그러한 점이 있었지만, 특히 '국방개혁 2020'의 경우 법률로 제정해야 할 정도로 광범한 분야와 기간을 대상으로 하였기 때문에 계획을 수립하거나 동의를 확보하는 데 상당한 시간이 소요될 수밖에 없었다. 그렇지만 현실적으로 볼 때 국방체제의 모든 부분이 개혁되어야 할 정도로 문제가 많다고 보기는 어렵고, 모든 사항을 포괄할 경우 노력의 집중을 보장하기 어렵다. 지금 당장 착수하여 조기에 변화시키지 않으면 심각한 문제가 나타나는 분야나 과제만을 선택하여 개혁 노력을 집중한다면 자원의 절약과 집중도 가능할 것이고, 성과를 달성하기도 용이할 것이다. 예를 들면, 국방비의 부족이 문제라면 국방비를 어떻게 절약하여 필요한 무기체계를 확보할 것이냐, 즉 경제적 군 운용에 중심을 두어 개혁을 추진해야 할 것이다. 합동성의 미흡이 심각한 문제라면 이의 해결을 위한 교리, 교육, 제도, 의식의 개혁에 노력을 집중할 필요가 있다. 국방장관의 임기가 장기적이기 어려운 한국의 상황이라면 더욱 개혁의 초점을 좁힐 필요가 있다.

2. 합리모형의 한계 보완

현대와 같이 다양화된 사회에서 국방 분야의 실질적인 발전을 보장하고자 한다면, 합리모형에 지나치게 의존하는 국방정책 결정방식의 변화도 필요할 수 있다. 합리모형에 기초하여 만들어진 한국군의 국방기획관리제도는 논리성과 일관성은 보장되지만 그만큼 적시적인 변화를 야기하는 데는 한계가 있기 때문이다. 합리모형은 "신화(myth)" 또는 "유령(ghost)"이라고 표현하는 학자도 있듯이(남궁근 2012, 411) 현실과 유리될 수 있고, 변화되는 상황을 즉각적으로 반영하는 융통성이 부족한 정책 결정의 모형이다. 국방기획관리제도가 오랫동안 정착된 상태라서 근본적인 변화가 쉽지 않거나 제도화의 이점도 적지는 않지만, 운영상에서 점증모형을 비롯한 다양한 정책 결정 방법도 활용함으로써 적시성과 융통성을 강화할 필요가 있다. 이로써 절차나 과정보다는 상황적 필요성이 정책 결정에 더욱 많이 반영되도록 해야 할 것이고, 체계적인 계획수립과 실천력 향상이라는 두 가지를 모두 충족시킬 수 있어야 할 것이다.

무엇을 개혁할 것이냐에 대한 토론과 함께 어떻게 개혁할 것이냐, 즉 국방개혁의 성공을 위한 방법론을 개발하는 데 더욱 높은 비중을 둘 필요가 있다. 야심 찬 계획도 중요하지만 한 가지씩 계획한 대로 실천해나가는 것은 더욱 중요할 수 있기 때문이다. 한국군의 경우 '국방개혁 2020'을 추진하는 과정에서 실천성이 다소 취약했다고 한다면 실천을 강화할 수 있는 방법론의 모색에 더욱 노력해야 할 것이다. 북한의 즉각적 도발에 대한 대응 필요성, 국방예산의 제약, 무기체계 획득과정의 장기화 등 신속한 실천을 어렵게 만드는 외부적 환경을 효과적으로 극복하면서 성과를 달성하기 위한 최선의 방법론 없이는 개혁의 성과를 산출하기 어렵다. 북한 위협 대응이라는 현실적 필요성과 장기적인 군 발전, 예산과 노력의 집중과 절약, 장기적 기획과 즉각적인 획득을 조화시킬 수 있는 최선의 전략을 정립하는 것이야말로 국방개혁의 성공을 위하여 가장 중요하고 어려운 과제일 것이다.

3. 변화의 신속성 강조

앞으로의 국방 분야 발전에서는 의도적으로라도 문제가 되는 부분을 바로잡아 변화시키는 노력을 강화할 필요가 있다. 한국군의 경우 합리모형에 의한 국방기획관리제도가 든든한 기초로 존재하고, 그동안 수차례의 포괄적 국방개혁을 수립해본 경험으로 인하여 장기적인 일관성은 충분히 확보되어 있기 때문에, 즉각적인 조치에 치중하더라도 방향상에서 시행착오가 야기될 가능성은 적다. 각급부대는 심각한 문제로 시정이 시급한 사항을 파악하여 바로 조치해나가고, 국방부를 비롯한 상급부서에서는 그러한 노력을 장려하면서 스스로도 그러한 방식으로 노력할 필요가 있다. 이러할 경우 국방개혁에 대한 가시적인 성과도 커지고, 장병들의 동참의식도 강화될 것이다. 장기적이면서 종합적인 계획을 작성하는 데 중점을 두었다가 그것이 제대로 구현되지 못하면 그동안의 시간과 노력이 매몰(埋沒)비용(sunk cost)[53]이 되어버리지만, 변화가 필요한 사항을 바로 구현하

---

53 계승되어 온 정책을 존중하면서 보완 및 발전시키는 접근방법이기 때문에 매몰비용을 최소화하는 데 유리하다고 평가된다(김상해 2012, 134~135).

면 최소한 매몰비용은 발생하지 않을 것이다.

당분간 병력의 규모 조정이나 군 구조 변화를 위한 계획을 검토하거나 발전시키는 것은 의도적으로 자제할 필요가 있다. '상부지휘구조 개편'의 사례에서 알 수 있듯이 구조적인 변화는 그 계획의 타당성 여부와 상관없이 이해의 상충을 초래하여 찬반 논란을 일으키고, 이로써 전체 국방개혁 개혁의 추진기세와 공감대를 훼손시킬 수 있다. 금방 표시가 나지는 않지만, 한국군의 전반적인 제도와 문화를 합리적이거나 민주적으로 발전시켜 나가고, 부대 및 장병들이 불편하게 생각하는 바를 수렴하여 해소하며, 그를 통하여 점진적이면서 실질적인 군 변화가 누적되는 방향으로 노력하는 것이 생산적인 결과를 산출할 가능성이 높다. "정권이나 리더십이 변화될 때마다 '푸닥거리'식으로 개혁소동을 벌이는 대신에 항시적이고 조용한 개혁이 되도록 군의 체질을 바꾸어나가야 할 것이다(문광건·서정해·이준호 2004, 243)"는 말을 유념할 필요가 있다.

한국군의 경우 국방장관의 임기가 제한되어서 국방개혁을 일관성 있게 추진하기 어려운 점도 없지는 않았다. 비록 김관진 장관이 이명박 정부와 박근혜 정부에 걸쳐서 예외적으로 3년 9개월 정도를 국방장관으로 재직하였지만, 1980년부터 이명박 정부까지 근무한 한국군 국방장관의 평균 임기는 16개월 정도[54]에 불과했던 것이 사실이다. 다만, 그러한 현실만을 탓할 것이 아니라 국방장관별로 1년 또는 2년을 재임기간으로 생각하면서 그 기간 내에 변화시킬 수 있다고 판단되는 몇 가지 과제들을 심도 깊게 분석하여 집중적으로 개선

---

54 전두환 정부로부터 노무현 정부까지 모두 4명의 국방장관이 재임하였고, 이명박 정부만 3명의 국방장관이 재임하였다. 300개월÷19명=15.8개월/명이다.

하고자 할 경우 성과달성은 가능할 것이다. A 국방장관은 군사교육에 상당한 발전을 이룩한 결과가 되고, B 국방장관은 전력증강사업 체계를 근본적으로 개혁하며, C 국방장관은 군 운영의 효율성을 획기적으로 향상시키는 것으로 평가받을 수 있고, D 국방장관은 정신전력을 근본적으로 확충할 수 있다. 이렇게 될 경우 비록 국방장관의 임기가 단기에 그치더라도 장관별로 어느 정도의 개혁성과를 달성할 수 있고, 군대는 지속적으로 발전되어 나갈 것이다.

4. 장병들의 적극적 동참 보장

국방개혁을 성공시키고자 한다면 모든 장병을 개혁의 주체로 인식하면서 이들의 적극적 동참을 보장할 수 있어야 한다. 일관성과 논리성을 중요시하여 지금까지 국방개혁은 하향식(Top-down)으로 추진되었지만, 앞으로는 상향식(Bottom-up)을 강화하여 전 장병의 지혜와 열정을 수렴할 필요가 있다. "집권화가 과도하면 하급제대에서의 주도성을 질식시킬 수 있고… 분권화가 과도하면 조정되지 않은 행동들의 집합에 이르게 된다"(Hendrickson 1988, 47~48)는 견해에서 보듯이 두 가지가 장단점을 지니고 있지만, 지금까지 하향식 계획의 작성과 하달에 치중하였기 때문에 이제는 상향식 비중을 증대시켜 각급부대의 제도, 문화, 관행 등이 민주적이면서 합리적으로 변화하도록 만들 필요가 있다. 어떤 분야를 개혁하겠다는 열정을 가진 국방장관이 부임할 경우 초기에는 하향식을 통하여 일관성을 강조하고, 실천 단계에서는 상향식을 확대함으로써 개혁의 현실성을 보장할 수도 있을 것이다.

전문가들의 적극적이면서 효과적인 활동도 필요하다. '국방개혁 2020'도 그러하였지만, 한국군의 국방개혁은 그 당시 가용한 장교들로 잠정적 위원회를 구성하고, 그것이 종료되면 순환보직 개념에 의하여 다른 장교들로 대체되는 방식이어서 현실적인 계획을 작성하거나 지속적인 실천을 감독하기 어려웠다는 지적을 받고 있다(문광건·서정해·이준호 2004, 232). 따라서 군인 중에서도 국방개혁의 성공에 필요한 지식과 방법을 알고 있는 요원을 발탁하여 개혁을 위한 계획을 수립하도록 하고, 민간인 중에서도 명성보다는 실질적 조언 능력을 갖춘 사람으로 자문단을 구성함으로써 미래 지향적이면서 현실적인 국방개혁을 보장할 필요가 있다. 특정 분야에 대한 전문가를 육성하거나 육성된 전문가를 알아봐서 선발 또는 초빙하는 것도 개혁의 성공에는 매우 중요한 요소이다. 이를 위해서는 평소에 군대에서 모든 장병이 충분한 전문성을 갖도록 군사 분야의 연구와 토론을 강조하고, 진정한 전문가를 육성할 수 있는 방향으로 인사나 교육제도를 발전시켜야 할 것이다.

나아가 현대의 국방개혁에는 국민들의 동참도 중요하다. 총력전이라는 시대적 당위성 측면에서도 그러하지만, 국민적 합의 없이는 국방개혁 추진을 위한 예산을 확보할 수가 없기 때문이다. 따라서 국민들에게 국방개혁의 기본적인 방향을 적극적으로 설명하고, 가용한 자료를 수시로 공개하며, 필요할 경우 국민들의 의견도 폭넓게 수렴할 필요가 있다. 비밀로 분류하는 사항을 최소화함으로써 군대와 국민들의 간격을 좁힐 수 있어야 한다. 그래야 국민의 군대로서 필요한 신뢰를 받으면서 국방개혁을 추진할 수 있을 것이다

5. 군 운영의 효율성 향상

현재 상황에서 국방개혁 또는 국방 분야의 발전을 위하여 가장 시급하면서도 필요한 과제는 당연히 적정한 국방예산의 확보이다. 군에서는 국방비가 GDP의 3% 수준은 되어야 한다는 입장이지만, 국가의 경제성장 및 복지 소요를 고려할 때 그 정도의 국방비를 배정하기는 쉽지 않다. 군은 한편으로는 필요한 국방예산을 확보하기 위하여 국민들과 국회 및 국가수뇌부들에게 국방의 현실과 비전을 설명하면서, 다른 한편으로는 자체적으로 어떤 분야는 집중하고, 어떤 분야는 절약할 것인가를 판별하여 우선순위를 적용함으로써 주어진 예산 속에서 최대한의 발전을 도모할 수 있어야 한다.

이러한 점에서 볼 때 국방부 차원에서 국방개혁을 위하여 가장 우선적으로 노력을 해야 할 사항은 국방예산의 효율적 사용일 수도 있다. 덜 필요한 분야에서 예산을 절약해야 더욱 필요한 분야에 대한 집중적인 투자가 보장될 것이기 때문이다. 특히 전투준비태세를 저하시키지 않으면서 예산을 절약하는 방안을 모색하는 데 노력을 집중해야 할 것이다. 국방부에서도 '국방경영 효율화'를 추진하여 상당한 예산을 절감하는 성과를 달성하는 것으로 보도되고 있지만, 이러한 노력은 더욱 강화되어야 한다.

미군의 변혁을 추진하였던 럼스펠드 국방장관도 예산 절약을 무엇보다 강조하여 '업무변혁국(BTA: Business Transformation Agency)'을 창설함으로써 전투준비태세를 감소시키지 않으면서 예산을 절약할 수 있는 다양한 방안을 찾아내고자 노력하였다(박휘락 2012a, 163). 최근에도 미군은 '예산자동삭감(sequestration)' 조치로 인하여 국방예산이 극도로 제한되는 상황 속에서 요구되는 전투준비태세를 유지하기 위하여 다양한 노력을 기울이고 있는데, 그의 근본 방향은 예산사용의 효율성이다(김병기·박휘락 2012, 34). 한국군도 전군 차원에서 예산의 효율성을 강화할 수 있는 기구를 조직하고, 모든 장병의 지혜를 수렴할 필요가 있다. 국방의 모든 분야에서 비용 대 (對) 효과 분석을 실시하여 경제성 측면에서 타당하다고 판단될 때 사업을 추진하도록 제도화할 필요가 있다. 장병들이 덜 필요한 분야에서 절약하는 1원은 더 필요한 분야에 투자되어 우리 군을 발전시키는 원동력이 된다. 반대로 장병들이 낭비하는 1원은 우리 군의 국방개혁에 절실한 무기장비를 사지 못하게 하는 그 부족한 1원일 수도 있다.

동시에 국방예산의 가용성이 국방개혁의 전제조건은 아니라는 점도 유념할 필요가 있다. 현재의 자본주의사회에서 예산이 중요한 것은 분명하지만, 비록 국방예산이 미흡하더라도 그 범위 내에서 개혁해나갈 방법은 발견할 수 있다. 한국군의 경우 국방예산의 투자가 없어도 개선할 수 있는 군대의 의식, 문화, 제도, 관행에 대한 개혁이 더욱 절실할 수도 있고, 모든 장병의 동참으로 이것을 개혁했을 경우 첨단 무기체계를 하나 구매하는 것보다 군의 전투준비태세에 미치는 영향이 더욱 클 수 있다. 세계 각국에서 추진된 국방개혁 사례를 분석한 후 로젠(Rosen)은 예산과 개혁은 상관이 없고, 예산이 제한되었을 때 개혁이 성공한 사례와 예산이 충분하였을 때 성공한 사례가 비슷한 정도라고 분석하고 있다(Rosen 1991, 252).

Ⅵ. 결론

노무현 정부에서는 '협력적 자주국방'이라는 기치하에 군의 대대적인 변화를 추구하는 '국방개혁 2020'을 추진하였다. 그러나 지나고 나서 분석해보면 이것은 '개혁'이라고 주창했지만 '장기 발전계획'에 해당되는 접근방법을 사용할 것으로 판단된다. 개혁의 원래 용도는 현재 문제가 심각하여 근본적이면서 즉각적으로 시정할 필요성이 있을 때 사용되는 것인데, 15년 동안에 걸쳐 점진적인 변화를 추구하였고, 실제로 지금까지 그러한 방식의 변화를 계속해오고 있다. 다만, 이러한 방식은 장기적 성과를 지향함에 따라서 단기적 결실은 많지 않을 수 있고, 따라서 큰 수준의 변화를 단기간에 기대했던 일부 국민들에게는 만족스럽지 못하게 느껴졌을 수 있다. 국방 분야의 경우 보수적인 접근이 필요하다는 점에서 특별한 위기가 도래하지 않은 상황이라면 '발전' 또는 '개선' 정도의 명칭으로 제시하고, 실질적인 변화를 많이 달성함으로써 국민들이나 후세들이 '개혁적 성과'를 달성한 것으로 평가하도록 하는 것이 바람직할 것이다.

'국방개혁 2020'의 경험을 통하여 앞으로의 한국군 국방 분야 발전에 적용할 수 있는 몇 가지 보완방향도 도출할 수 있다. 현 한국의 국방기획관리제도가 그러하기 때문에 '국방개혁 2020'은 합리모형에 근거하여 장기적인 논리성과 일관성을 중요시하였는데, 그러다 보니 무엇을 개혁할 것인가는 잘 식별하였지만 어떻게 추진할 것인가에 관한 전략을 정립하여 성과를 내는 데는 다소 소홀함이 있었다. 따라서 앞으로는 지금까지 식별된 과제들을 어떻게 변화 및 발전시킬 것인가에 대한 방법론을 찾아내는 노력을 강화할 필요가 있다. 또한, 합리모형에 의한 정책 결정의 경우 논리성과 일관성을 중시한 나머지 적시성이 다소 미흡할 수 있기 때문에 필요한 문제점을 바로 시정해나가는 점증모형과 같은 접근으로 보완할 필요가 있다. 특히 한국군의 경우 2030년을 지향한 장기적인 계획이 마련된 상태이기 때문에 당장 변화가 필요한 사항이 있으면 바로 시정해나가는 비율을 다소 증대시키더라도 전체적인 일관성이 크게 훼손되지는 않을 것이다.

국방개혁의 성공을 위하여 현실적으로 긴요한 사항은 국방예산의 효율성 향상을 위한 노력이다. 자본주의가 고도화된 현시대에서 예산의 지원 없이는 어떠한 국방 분야의 발전 노력도 지속적인 성과를 산출하기가 어렵고, 국가재정에서 국방예산이 증대될 가능성은 높지 않기 때문이다. 국방부에서는 모든 부대 및 기관의 예산과 관련하여 그 타당성을 근본적으로 재검토하고, 불요불급한 예산항목은 과감하게 삭제하며, 이렇게 확보된 예산은 절대적으로 필요한 개혁 과제에 집중적으로 사용할 수 있어야 한다. 준비태세를 저하시키지 않으면서도 예산을 절약할 수 있는 다양한 방법을 고안하여 시행함으로써 새로운 방향으로의 변화를 위한 투자를 보장할 수 있어야 한다.

군대의 조직문화를 더욱 민주화 및 자유롭게 하는 방안도 적극적으로 모색할 필요가 있다. 군대에서는 상명하복(上命下服)이 중요한 것이 사실이지만, 이를 지나치게 강조하면 자유로운 토의가 보장되기 어렵고, 그렇게 되면 국방 분야 발전에 대한 전 장병의 동참과 지혜 및 열정을 수렴하는 것이 어렵게 된다. 국방장관부터 모든 장병을 존중하면서 각자가 자신의 맡은 분야에서 더욱 효율적으로 업무를 수행하도록 장려할 필요가 있고, 계급에 따른 차별대우를 최소화함으로써 진급에만 매진하는 분위기를 완화시켜야 할 것이다. 군 내에 공부하는 분위기를 조성하고, 이를 통하여 제반 의사결정의 합리성이 높아지도록 기초를 튼튼하게 만들어야 할 것이다. 개혁은 이러한 기초 위에서 모든 장병이 자발적으로 노력한 결과가 어느 정도의 시간이 경과하면서 충분히 누적되고, 그러할 때 후세에 의하여 '개혁'이었던 것으로 평가되는 것이다.

09 | 한미연합지휘체제

한국 안보의 핵심은 한미동맹이고, 그의 근간은 한미 양국 군이 50:50의 비율로 구성하고 있는 한미연합사령부(ROK-US Combined Forces Command)를 중심으로 하는 한미연합지휘체제이다. 노무현 정부가 한국군에 대한 전시 작전통제권(OPCON: Operational Control Authority)을 환수하면서 한미연합사를 해체할 것을 요구하여 수년 동안 혼란이 있기는 하였으나 결국 한미 양국은 현재 상태를 계속하기로 합의하였다.

다만, 전시 작전통제권 환수 및 한미연합사 해체를 논의해온 10년 정도의 기간에 한국과 한미동맹은 상당한 기회비용(opportunity cost)을 지급한 측면이 있다. 북한 핵미사일 위협 대응이나 동북아시아의 군비경쟁 등 한미 양국이 연합 차원에서 대응해야 할 현안이 산적한 상태였지만 한미연합사 해체 논란으로 충분한 대응방법을 고안 및 실행할 수 없었기 때문이다. 따라서 차제에 한미동맹에 관한 근본적인 사항들을 재정리하고, 전시 작전통제권 문제를 둘러싼 경과를 분석하여 교훈을 도출함으로써 동일한 시행착오가 발생하지 않도록 해야 할 것이다.

Ⅰ. 한미동맹의 구성요소

동맹(同盟, alliance)은 동맹을 체결한 국가에 대한 공격을 자국에 대한 공격으로 간주하여 공동으로 대응하는 체제로서 역사적으로 무수히 사용됐고, 현대에 들어서는 냉전의 상황에서 미국과 소련이 자신의 진영을 결속하는 방편으로 적극적으로 활용함으로써 세계적으로 확대되었다. 한국은 1953년 6·25전쟁의 휴전을 수용하는 조건으로 미국과의 동맹을 요구하였고, 이로써 60년이 넘게 미국과 동맹관계를 유지해오고 있다. 한미동맹을 설명하는 항목은 시각에 따라서 다양할 수 있으나 한미동맹에 종사하는 실무자들이 즐겨 사용하는 3~4가지 기둥(문영한 2007, 16~17)에 무형적인 요소를 한 가지 추가하여 설명하고자 한다.

1. 조약 및 협정

한미안보협력의 기본적인 근거는 한미상호방위조약이다. 이것은 한국과 미국이 공동방위를 상호 약속하는 내용으로서 제3조에 "각 당사국은, 타 당사국의 행정 지배 아래에 있는 영토와 각 당사국이 타 당사국의 행정 지배 아래에 합법적으로 들어갔다고 인정하는 금후의 영토에 있어서, 타 당사국에 대한 태평양 지역에서의 무력 공격을 자국의 평화와 안전을 위태롭게 하는 것이라고 인정하고, 공통된 위험에 대처하기 위하여 각자의 헌법상의 수속에 따라 행동할 것을 선언한다"라고 명시하고 있다. 그리고 제2조에서는 "당사국 중 어느 일국의 독립 또는 안전이 외부로부터의 무력 공격에 의하여 위협을 받고 있다고 어느 당사국이든지 인정할 때에는, 언제든지 당사국은 서로 협의한다. 당사국은 단독적으로나 공동으로나 자조와 상호 원조에 의하여 무력 공격을 방지하기 위한 적절한 수단을 지속하여 강화시킬 것이며, 본 조약을 실행하고 그 목적으로 추진할 적절한 조치를 협의와 합의하에 취할 것이다"고 하여 평시부터 상호 긴밀하게 협의할 수 있는 법적 근거를 마련하였다.

상호방위조약에는 이 외에도 주한미군의 주둔에 관한 사항 등 한미동맹의 유지와 발전에 관한 사항들을 규정하고 있고, 이를 바탕으로 한국과 미국은 다양한 조약과 협정을 체결하고 발전시키고 있다. 주한미군에 대한 기지와 구역 제공 및 주한미군 주둔의 법적 근거를 규정하고 있는 '한미 주둔군 지위협정(SOFA: Status of Forces Agreement, 1966. 7)', 미 증원군의 신속 전개 및 전쟁수행 능력 제고를 위하여 한국의 전시 지원을 규정하는 '전시지원협정(WHNS: Wartime Host Nations Support, 1991. 11)', 그리고 한미 연합지휘체제 구성의 근거를 이루고 있는 '관련약정(TOR: Terms of Reference)'과 '전략지시(1978. 7. 28에 제정, 1994. 10. 7 개정)'를 비롯하여 방산, 군수, 정보, 통신 등 분야별로 수백 개의 양해각서 또는 합의각서가 체결되어 있다.

2. 안보협의체제

한미 간의 안보협의체제는 양국 국방장관이 주관하여 연례적으로 양국에서 교대로 개최하고 있는 '한미안보협의회의(SCM: Security Consultative Meeting)'와 1977년 7월 제10차 SCM에서 발족시킨 양국 합참의장 간의 '한미군사위원회회의(MCM: Military Committee Meeting)'가 중심적인 역할을 하고 있다.

이 중에서 SCM은 1968년 4월 17일 하와이에서 개최된 '박정희-존슨' 정상회담에서 합의되어 그해 5월 제1차 한미 국방장관회담이 개최되었고, 1971년 4차 회담에서 회의명칭을 현재와 같이 변경하면서 외교부도 참여하게 되었으며, 한국과 미국에서 교대로 매년 개최되고, 양국 국방장관과 합참의장 등 군 주요인사와 외교관계 고위 관료들이 참석하여 양국 간의 안보협력 문제를 심도 있게 협의한다.

MCM은 한미 양국이 협의하여 발전시킨 전략지시와 작전지침을 한미연합군사령관에게 제공하는 회의이다. MCM은 본회의와 상설회의로 구분되고, 본회의는 편의상 매년 SCM과 같이 개최된다. 본회의 대표는 양국 합참의장과 한국 측 추가대표 1명, 미태평양사령관, 그리고 양국의 연합방위 노력을 대표하는 한미연합사령관 등 5명으로 구성된다. 이 회의에서는 한반도의 군사위협을 분석하고, 군사대비책을 협의하며, 연합전투력 발전 상황을 포함한 한미연합사의 업무보고를 청취하고, 한미연합사관에게 필요한 전략지시와 작전지침을 제공하며, 회의결과를 SCM에 보고하여 추가적인 지침을 수령한다.

이 외에도 한미 간에는 다양한 협의체가 필요에 따라 창설 및 폐기되고 있다. 대부분이 SCM을 근간으로 하여 파생된 회의체들로서, 정책 차원 및 방산 분야 협력을 위한 실무체가 많고, 한미연합사의 변화방향에 대한 토의, 미군기지의 이전 문제와 같이 한미가 집중적으로 협의하여 해결해야 할 과제가 발생할 경우 이를 위한 협의체를 구성하였다가 기능이 종료되면 폐기한다.

3. 연합지휘체제

한미 연합지휘체제[55]는 한반도의 전쟁억제와 유사시 승리를 보장하기 위하여 단일지휘관을 중심으로 작전계획을 발전시키고 적용하기 위한 조직으로서, 한국군과 미군이 50:50으로 구성하고 있는 한미연합사령부가 지휘부가 되고 그 예하에 한미 양국 군 군대가 소속되게 되어 있다. 평시에는 작전계획 작성 및 연습에 중점을 두다가 유사시 미군과 한국군의 대규모 증원을 받아서 한반도에서의 전쟁을 책임지고 수행한다.

한미연합지휘체제에서는 주한미군이 중요한 요소로 기능하고 있다. 비록 그 규모는 크지 않지만 이에 대한 공격은 미국의 군사력 개입을 정당화시킬 수 있다는 차원에서 '인계철선(trip wire)'으로 불리어 왔고, 유사시에 전개될 증원군에 대한 선발대 역할을 수행한다. 전시에는 미 태평양사령부 예하 전력을 비롯한 육·해·공의 다양한 군사력이 한미연합전력을 형성하여 한반도에서의 전쟁을 수행하

---

55 엄밀하게 말하면 한미 연합지휘체제가 유엔군사령부와 한미연합군사령부의 복합적 조직이라고 말할 수는 있다. 다만, 1978년 11월 한미연합사가 창설됨에 따라 유엔사는 연합사와 상호지원 및 협조관계를 유지하면서 휴전협정체제 유지에 관한 업무만을 담당하는 별개의 법적 및 군사적 기구가 되었고, 따라서 한미연합지휘체제의 실질적인 주체는 한미연합사이다.

게 된다.

한미연합지휘체제를 통하여 한미 양국은 평소 연합 차원에서 정보를 수집하고, 이에 근거하여 작전계획을 발전시키며, 그러한 작전계획을 기준으로 연합연습을 시행하고, 연습의 결과를 바탕으로 필요한 전투력 증강에 관한 소요(requirements)를 도출하여 군사위원회에 건의한다. 특히 을지－프리엄가디언(UFG: Ulchi-Freedom Guardian) 연습, 키리졸브(KR: Key Resolve) 연습, 독수리(FE: Foal Eagle) 연습 등을 연례적으로 실시하여 작전계획 및 증원계획의 타당성을 검증하고 있다.

4. 무형적 요소

일반적인 동맹과 같이 한미동맹에는 무형적인 요소의 비중도 큰데, 그의 핵심은 양국 간의 전략적 호혜성이다. 1953년 한미동맹이 체결된 배경도 공산주의가 확산되는 것을 억제 및 차단한다는 양국의 전략적 호혜성이었고, 최근에는 핵무기를 비롯한 북한의 위협을 억제 및 차단하고, 동북아시아 지역 정세 변화에 대하여 한미 양국이 함께 능동적으로 대응함으로써 서로의 국익을 보호한다는 전략적 호혜성이 중심이 되고 있다. 한국은 세계 최강인 미국과의 동맹관계를 통하여 한반도에서의 전쟁을 억제함으로써 경제를 비롯한 국가의 발전을 도모하고, 미국은 한국과의 동맹을 구실로 이해 관련자(stakeholder)가 아니라 당사자(shareholder)로서 동북아시아 지역 정세에 참여할 수 있다.

한미동맹의 전략적 호혜성은 당연히 군사적 호혜성을 수반하게 된다. 한미동맹을 바탕으로 한국은 주한미군이나 증원전력의 형태로 미군의 막강한 전력을 활용하고, 미국은 한국의 대규모 지상군을 활용하게 되기 때문이다. 한국은 미국의 첨단 무기와 장비, 교리 등을 효과적으로 도입 및 학습할 수 있고, 미국은 그러한 것들을 제공하는 과정에서 전략적 및 경제적 이익을 도모할 수 있다. 나아가 미국은 방위비분담(Cost Sharing)을 통하여 주한미군의 경제적 운영도 보장받을 수 있다.

그동안 한미 양국 군 간에 누적되어 온 협력과 신뢰의 관계도 한미동맹의 중요한 무형적 요소이다. 한미 양국은 위기가 발생할 때마다 긴밀하게 협력함으로써 각국 또는 국제적으로 다른 어느 동맹관계에 비해서 우호적인 관계를 과시하였다. 1968년 1월 한국의 1·21사태와 미국 푸에블로(Publo)호 피랍 사건, 1976년 8·18 판문점 도끼만행사건, 1983년 아웅산 묘소 폭파사건, 1987년 대한항공 858기 폭파사건 등의 비상사태가 발생할 때마다 양국이 보여온 긴밀한 공조관계는 전통이 되었다고 할 수 있다. 북한에 대한 제반 정책과 제안에 관해서도 한미 양국은 신뢰를 바탕으로 긴밀하게 협력하고 있다. 국제사회에서 어떤 결정이 내려질 때마다 한국과 미국은 상호 간의 입장을 적극적으로 지지하였다. 한국은 동맹국인 미국이 병력의 파견을 요청하였다는 이유만으로 아무런 이해관계가 없는 베트남으로 대규모 병력을 파견하였고, 따라서 서로 혈맹(血盟)으로 부르고 있다.

한미동맹에서는 양국의 관리, 군인, 국민 간의 유대감도 중요하게 작용하고 있다. 한미동맹 문제를 담당하는 국방당국자와 외교관들 상호 간에는 SCM과 MCM 등의 다양한 협의 과정을 통하여 상당한 우정과 신뢰관계를 형성하게 되었고, 이러한 요소가 보이지 않는 가운데 한미동맹의 내용을 충실하게 만들고 있다. 상호 동수로 구성되는 한미연합사에서 양국의 군인들이 순환근무를 하는 과정에서 상당한 깊이의 우정이 형성되고, 한미연합사령부를 중심으로 시행하는 다양한 연합연습의 과정에서도 양국 장병들의 유대감이 형성된다. 이러한 유대관계는 한국에는 친미 인맥, 미국에는 친한 인맥을 형성시켰고, 양국 국민들 간의 유대감도 다른 어느 국가의 관계보다 돈독하다.

II. 연합지휘체제와 작전통제권

앞에서 한미동맹의 핵심적인 구성요소를 몇 가지로 설명하였지만, 그중에서도 가장 핵심인 것은 한미연합사를 중심으로 하는 연합지휘체제, 또는 연합작전수행체제이다. 한미연합사를 통하여 한미 양국은 한반도의 전쟁억제와 유사시 승리에 관한 양국 군의 노력을 한 방향으로 통합하고, 외부적으로 한미동맹의 실질성을 과시하기 때문이다. 그리고 한미연합사가 제대로 기능하기 위해서는 예하에 군사력이 존재해야 하는데, 그러한 군사력을 제공하거나 운용하는 데 필요한 권한이 작전통제권(OPCON Authority: Operational Control Authority)이고, 최근에 이 권한에 대한 변화가 거론되어 한미연합지휘체제가 불안을 경험하였다.

1. 연합작전과 지휘단일화

　군사작전에서의 승리를 위한 핵심적인 요소의 하나는 지휘의 단일화(unity of command)이다. 지휘의 단일화는 "단일의 지휘관 아래서 공동의 목표를 추구할 수 있는 방향으로 모든 군사력이 운용되는 것(JCS 2008, A-2)"으로서, 군대의 모든 노력을 한 방향으로 결집하는 데 있어서 절대적으로 필요한 요소이다. 한 사람에 의하여 일사불란한 지휘가 이루어지지 않을 경우 관련된 제반 노력의 집중이 어렵기 때문이다. 그래서 모든 부대는 지휘관 중심으로 편성되어 운영되고 있고, 소속이 다른 부대들이 특정한 전역(campaign)이나 전투(battle)에 함께 투입되더라도 단일의 지휘관이나 사령부가 일사불란한 통제를 할 수 있도록 조치가 강구된다. 그래서 '지휘의 단일화'는 전쟁원칙(Principles of War)의 하나로 포함될 정도로 중요시되는 것이다.

　대부분의 군대는 철저한 지휘계통 확립을 최우선시하기 때문에 지휘의 단일화는 다른 국가 군대와의 작전, 즉 연합작전(Combined Operations)의 경우에 쟁점이 된다. 다른 국가의 군대를 일방적으로 통제할 수 없고, 그렇다고 하여 협조와 조정만으로는 노력을 집중시키기가 어렵기 때문이다. 예를 들면, 제1차 세계대전에서 영국군, 프랑스군, 미국군은 협조만으로 상충되는 사항을 조정할 수 없어서 어려움을 겪었고, 특히 1918년 3월 독일군이 개시한 "루덴도르프 공세"에 대응하면서 각국이 따로따로 대응함으로써 상당한 혼란이 조성되었다. 그래서 프랑스의 포쉬(Foch) 장군으로 하여금 영국, 프랑스, 미군을 통합적으로 지휘할 수 있도록 최고사령관에 임명하여 지휘단일화를 이루고자 노력하였다. 제2차 세계대전 초기에도 지휘 단일화의 문제점이 발생하자 연합국은 영국의 와벨(Wavell) 장군을 사령관으로 하는 ABDACOM(Australian, British, Dutch, American Command)를 설치한 바 있고(Rice 1997, 156~157), 1942년 후반 아프리카 작전에서부터 미국의 아이젠하워(Dwight Eisenhower) 장군을 동맹군의 최고사령관으로 지정하면서 완전한 연합작전사령부를 편성하였으며, 이러한 노력이 연합국의 중요한 승리요인으로 분석되고 있다(육군사관학교 2004, 443).

지휘단일화를 제대로 이루지 못하여 패배한 사례는 베트남전쟁의 연합군이다. 12가지의 전쟁의 원칙을 제시하기도 한 미국의 저명한 군사이론가인 콜린즈(John M. Collins)는, 미군의 경우 공중작전은 하와이에 있는 태평양사령부가 책임지고 있었고, 지상작전은 미국의 베트남 군사지원사령부가 책임지고 있었으며, 외교적 노력은 사이공의 미 대사가 책임지고 있었고, 베트남의 국내문제는 베트남의 다양한 단체들이 수행함으로써 지휘 단일화가 이루어지지 못하였다고 비판하고 있다(Collins 2002, 84). 또한, 연합작전의 차원에서도 오스트레일리아와 뉴질랜드군은 미군의 작전통제를 받고 있었으나, 베트남군과 한국군의 경우 각국의 지휘관이 통제하도록 함으로써 지휘 단일화가 이루어지지 못하였고(Rice 1997, 161), 이로써 연합국들은 가용한 제반 노력을 공동의 목표로 집중하지 못하고, 결국은 패배하게 되었다.

이렇게 볼 때 다수국가 간의 군사작전, 즉 연합작전에서는 아직도 지휘 단일화가 제대로 보장되지 않은 점이 있고, 따라서 노력해야 할 점이 여전히 존재한다. 특정 국가가 압도적인 전력으로 주도하는 상태에서 몇몇 국가가 소규모의 지원력만 제공할 경우에는 지휘 단일화의 여부가 결정적인 영향을 끼치지는 않지만, 대등한 규모의 다수 국가 군대들이 연합작전을 수행할 경우에는 단일의 사령관을 중심으로 지휘 단일화를 달성하지 못할 경우 전쟁에서 승리하기는 어렵다.

2. 작전통제권의 개념

작전통제권은 순수한 군사용어이다. 군대에서는 '지휘관계(command relations)'라고 하여 부대 및 지휘관 간의 권한과 책임의 한계를 명확하게 설정한다. 대체로 지휘관계는 지휘(command), 작전통제(operational control), 전술통제(tactical control), 지원(support)으로 구분된다(DoD 2013a, 49). 여기서 지원은 어떤 지시에 의하여 다른 부대를 조력, 보호, 보완, 지탱하도록 하는 활동으로서 지원하는(supporting) 부대와 지원받는(supported) 부대로 구분된다(DoD 2013a, 261~262). 전술통제는 부여된 임무나 과업완수와 관련하여 작전지역 내에서의 이동 혹은 기동을 지시 및 통제하는 권한으로 구체적인 상황에서 제한적으로 적용되는 지시와 통제에 국한한다(DoD 2013a, 266). 따라서 통제의 정도로 비교해보면 지원이 가장 약하고 지휘가 가장 강하다. 또한, 전술통제는 작전통제에 비하여 부분적인 사항에 관해서만 통제함으로써 자율성이 강하다. 전체적으로 자율성이 강할수록 지휘 단일화가 제대로 이루어지지 않을 수 있다.

지휘관계의 종류 중에서 통상적으로 적용되는 것은 지휘와 작전통제인데, 지휘의 경우는 인사 및 사법권까지도 포함하는 매우 포괄적인 권한이기 때문에 확실한 상하관계로 편성된 편제(編制)부대 내에서만 사용하고, 대부대급의 경우 또는 소속 군종(軍種, service: 육군, 해군, 공군과 같은 구분)이나 소속 국가가 다른 부대 간에는 통상적으로 작전통제(OPCON: Operational Control)라는 용어를 사용한다. 작전통제는 지휘보다는 권한이 제한적이면서 지원이나 전술통제보다는 포괄적인 권한으로서, "사령부와 부대들을 조직 및 운영하고, 임무를 할당하며, 목표를 지정하고, 임무완수에 필요한 권위적 지시를 하달하는 권한을 포함한다(DoD 2013a, 200~201)." 이것은 소속, 군, 국가가 같지 않은 다양한 부대들의 활동을 일시적이거나 제한된 범위 내에서 규율하는 권한으로서, 한국식으로 표현할 경우 용병(用兵) 중에서도 당시 부여된 임무수행과 관련하여 필요한 최소한의 통제만 행사하는 권한을 말한다.

3. 한미 양국 군의 지휘단일화와 작전통제권 변화 과정

제2차 세계대전에서의 경험을 바탕으로 한국전쟁에서는 지휘 단일화의 원칙이 철저하게 시행되었다. 1950년 6월 27일 유엔안전보장이사회(UN Security Council)는 유엔회원국들에 "대한민국 영역에서 무력공격을 격퇴하고 국제평화와 안전을 회복하는 데 필요하게 될 원조"를 제공할 것을 촉구한 결의안에 의하여 다수의 국가에서 군대를 파견하자 이들을 통합적으로 지휘할 수 있는 조치가 필요하다는 점을 인식하고(안광찬 2002, 58) 필요한 조치를 강구하였다. 1950년 7월 7일 유엔 안전보장이사회는 회원국들에게 군대 및 기타의 지원들을 "미국 지휘하의 단일사령부(a unified command under the United States of America)"에 제공하도록 조치하면서 그 사령부에 유엔기를 사용할 수 있는 권한을 부여하게 되었고, 이에 따라 미국은 7월 8일 맥아더 장군을 유엔군사령관으로 임명하였으며, 7월 24일 유엔군사령부를 동경에서 창설하고 미 합참의 지휘를 받도록 하였다(안광찬 2002, 55~61).

한국의 이승만 대통령도 한국군이 유엔군사령관의 휘하로 들어가 일사불란한 작전을 수행하는 것이 필요하다고 판단하였다. 따라서 그는 1950년 7월 14일 "현 작전상태가 계속되는 동안 일체의 지휘권을 이양"한다는 서한을 맥아더 장군에게 발송하였다.[56] 이로써 한국군은 한국전쟁 기간 동안에 유엔군사령관의 지휘를 받게 되었다. 그리고 휴전 후 한미상호방위조약이 발효되는 1954년 11월 7일 작성된 '한국에 대한 군사 및 경제 원조에 관한 대한민국과 미합중국 간의 합의의사록'에서 "국제한미연합사령부가 대한민국의 방위를 책임지고 있는 동안 대한민국 국군을 국제연합사령부의 작전통제 (operational control)[57]하에 둔다"고 문서화함으로써 '작전통제권'으로 공식화되었다.

작전통제권 문제가 한미 간의 쟁점으로 부상되기 시작한 것은 1961년의 5·16이었다. 당시 한국군은 유엔군사령관의 작전통제하

---

56 이승만 대통령이 사용한 용어에 집착하여 '지휘권' 모두를 이양하였다는 해석은 무리이다. 이 대통령은 군인이 아니어서 교범에 제시된 용어의 의미 차이를 이해하지 못하였을 가능성이 크고, 그 당시에는 지휘, 작전지휘, 작전통제 등의 용어에 대한 구별도 명확하게 알려지지 않은 상태였다. 또한, 대통령의 서한 하나로 특정 국가 군대에 관한 지휘권을 이양할 수도 없을 뿐만 아니라 그렇게 할 이유도 없고, 그 이후에도 한국군에 대한 "군수, 행정, 군기, 내부조직 및 편성, 훈련" 등에 대해서는 한국군이 권한을 행사하였으며, 나중에 작전통제라는 용어로 자연스럽게 정착되는 것을 봐도 그러하다.

57 한글본에서는 이를 "작전지휘"로 번역하고 있는데, 이것은 그 당시에 operational control에 대한 한글용어가 존재하지 않았기 때문으로 판단된다.

에 있었는데, 그중 일부 부대가 보고 없이 책임지역을 이탈했기 때문이다. 따라서 당시 유엔군사령관이었던 맥그루더(Carter Magruder) 사령관은 원대복귀를 명령하고, 일부 한국부대의 행동에 반대한다는 성명을 발표하였다. 그러나 유엔군사령관의 지시는 수용되지 않았고, 5·16은 성공하였으며, 따라서 1961년 5월 26일 국가재건최고회의와 유엔군사령부는 "국가재건최고회의는 모든 한국군에 대한 작전통제권을 유엔군사령관에게 귀속시키고, 유엔군사령관은 그 작전통제권을 공산 침략으로부터 한국을 방위하는 데만 행사"하는 것으로 타협하게 되었다. 그리고 30사단, 33사단, 1공수 특전팀 및 5개의 추가 헌병 중대에 대한 유엔군사령관의 작전통제를 해제하여 국가재건최고회의에 이양하였다(이상철 2004, 351).

작전통제권에 관한 중대한 변화는 1978년 한미연합사령부를 창설함으로써 초래되었다. 한국은 1970년대 중반부터 유엔총회에서 공산 측이 유엔사의 해체를 요구하자 위기의식을 느끼게 되었고, 설상가상으로 1977년 카터 대통령이 주한미군을 철수하겠다는 입장을 발표하자 절박한 안보위기가 도래하였다는 판단하에 그 보완책으로 한국과 미국군을 중심으로 하는 전쟁수행사령부 설치를 요구하게 되었다. 한국은 당시 북대서양조약기구(NATO: North Atlantic Treaty Organization, 나토)를 참고하여 한미연합사령부의 지휘관계와 구조를 미국 측과 협의하였고(류병현 2007, 77~78), 그 결과로 1978년 11월 7일 창설된 것이 현재의 한미연합사령부이다. 이후부터 한반도의 전쟁억제와 유사시 전쟁승리라는 본질적인 임무는 한미연합사가 담당하게 되었고, 유엔사는 정전협정 관리 업무만 전담하게 되었으며, 유엔군사령관이 행사하던 한국군에 대한 작전통제권도 한미연합사령관이 행사하게 되었다.

　1980년대에 한국의 국력이 어느 정도 신장되면서 국민들 사이에는 한미연합사가 행사하는 작전통제권을 환수해야 한다는 여론이 발생하기 시작하였다. 미국도 1989년 주한미군의 단계적 철수 방안 검토를 요구하는 넌-워너법안(Nunn-Warner Act)이 의회를 통과함에 따라 주한미군에 관한 부담의 경감이 필요해진 상황이었다. 다만, 한미 양국은 당시의 상황에서 작전통제권 전체를 한꺼번에 변화시키기는 어렵다고 판단하여 평시 작전통제권과 전시 작전통제권으로 분리하였으며, 그중에서 평시 작전통제권만 우선 한국군이 환수하는 것으로 합의하였다. 따라서 1994년 10월 개최된 제26차 SCM 및 제16차 MCM에서 한미 양국은 관련 약정을 개정하고 전략지시 2호를 하달함으로써 그해 12월 1일부로 평시 작전통제권이 한국 합참으로 환수되었다.

　그 결과 한미연합사령관은 데프콘(DEFCON: 방어준비태세)-3(1단계에서 5단계로 구분되는데, 1단계가 전쟁임박한 단계이고, 5단계가 평시이며, 한국은 휴전상태라서 현재 4단계로 지정되어 있다)에서 '지정된 부대'에 대하여 작전통제권을 행사하도록 조정되었다. 다만, '연합권한위임사항(CODA: Combined Delegated Authority)'이라는 명칭으로 평시와 전시를 유기적으로 연결하는 데 필요한 몇 가지 기능을 한미연합사에 재위임하였는바, 그것은 "전쟁억제와 방어 및 정전협정 준수를 위한 연합 위기관리, 전시 작전계획 수립, 교리 발전, 연합연습의 계획과 실시, 연합 정보관리, C4I 상호운용성" 등에 관한 사항으로서(이상철 2004, 223), 국민적 요청을 고려하여 명분으로는 평시 작전통제권을 환수하였지만, 핵심적인 권한은 여전히 한미연합사에게 남겨둠으로써 전쟁억제에 문제가 발생하지 않도록 하였다.

Ⅲ. 노무현 정부의 전시 작전통제권 환수 추진

1. 추진 경과

2003년 노무현 정부가 들어서면서 전시 작전통제권의 환수 또는 한미연합사 해체[58]가 정부의 핵심정책 중 하나로 설정되었다. 대통령직 인수위원회에서 수립한 한반도 평화체제 구축 3단계 계획 속에 포함되었다고 보도되었을 정도로(조선일보 2008/01/29, A6) 노무현 정부는 출범 전부터 이를 중시하였다. 노무현 정부의 출범 초기에는 예비역 장군들의 부정적인 반응을 고려하여 소극적이었으나, 2004년 7월 당시 국방비서관을 역임하던 윤광웅 예비역 해군중장을 국방장관으로 교체하면서 적극적으로 추진되었다. 윤 장관은 임명됨과 동시에 "북한의 전쟁도발을 억제하고 도발할 경우 이를 격퇴할 수 있는 대북억제력을 갖추되 동맹과 대외안보협력을 활용하는 협력적 자주국방"을 "국가안보전략의 기조"로 제시함으로써(국방부 2006, 28) 전시 작전통제권 환수를 위한 명분을 설정하였고, 노무현 대통령은 2005년 3월 8일 공군사관학교 임관식에서 "전시 작전통제권 환수에

---

58 1994년 평시 작전통제권 환수와 달리 이번에 전시 작전통제권을 환수하면 한미연합사가 보유하고 있는 모든 권한이 없어져서 한미연합사가 해체된다. 그 이후 한반도 전쟁억제와 유사시 승리라는 임무 수행은 한국군이 주도(supported)하고, 미군은 지원(supporting)한다는 것이다.

대비해 독자적인 작전능력을 확보해야 한다"는 사항을 강조하게 되었다.

윤 국방장관은 2005년 9월 실무채널을 통하여 미국 측에게 전시 작전통제권 환수를 협의할 것을 공식적으로 제의하였고, 한 달 후인 10월 21일 서울에서 열린 제37차 SCM에서 이 문제에 대한 협의를 "적절히 가속화"하기로 합의하였다. 이렇게 되자 노무현 대통령은 2006년 1월 25일 연두 기자회견에서 "올해 안에 전시 작전통제권 환수 문제를 매듭짓도록 미국과 긴밀히 협의할 것"이라고 밝히기도 하였다. 다만, 한국의 예상과 달리 미국의 럼스펠드(Donald H. Rumsfeld) 장관은 전시 작전통제권을 2009년에 전환하겠다는 의사를 밝히게 되었다(조선일보 2008/01/29, A6).

미국 측의 전시 작전통제권 조기 전환 제의는 한국의 보수층에게는 상당한 충격으로 받아들여졌다. 전직 국방장관을 비롯한 예비역 장교, 전직 외교관, 대학교수 등 다수의 보수인사는 전시 작전통제권 환수에 반대한다는 의사를 표명하기 시작하였고, 이 문제에 대한 국내적 갈등이 표면화되기 시작하였다. 결국, 노무현 정부는 환수의 시기를 다소 늦추는 방향으로 미국과 협의하기 시작하였고, 결국 2007년 2월 김장수 국방장관과 새로 임명된 로버트 게이츠(Robert Gates) 미 국방장관이 워싱턴에서 만나 2012년 4월 17일로 전환[59] 시점을 합의하기에 이르렀다.

---

[59] 이때부터 '전시 작전통제권 전환' 또는 줄여서 '전작권 전환'이라는 말이 사용되기 시작한다. '전환'은 미군이 사용한 transfer나 transition을 번역한 용어이면서, '제3자'에게 전환한다는 의미로 과거에 이양했던 것을 찾아온다는 한국의 입장에서는 타당한 용어가 아니다. 특히 '전작권'이라고 줄여서 통용됨으로써 일반 국민들은 정확한 내용이나 그것이 한미연합사를 해체하게 되는 사안이라는 것은 모른 채 어떤 권한 하나를 전환하는 것으로 가볍게 생각하게 되었다.

이명박 정부가 들어서면서 전시 작전통제권 환수 및 한미연합사 해체에 관한 보수적 입장이 강화되기 시작하였다. 그러는 와중에 2010년 3월 26일 북한의 잠수정이 한국의 군함인 천안함을 기습적으로 폭침시키는 사태가 발생하자 정부는 한미연합사 해체에 관한 일정을 연기하자고 미국 정부에 요구하였다. 당시 김태영 국방장관은 "북한의 위협 등 한반도 안보상황의 불확실성과 불안정성이 증대되었고… 2012년은 역내 국가들의 지도부 교체 등 정치·안보적으로 유동성이 높은 시기이며… 국민의 절반 이상이 안보 불안"을 느낀다는 것을 연기의 이유로 제시하였다(국방부 2010, 67). 이에 미국 정부가 동의하였고, 따라서 전시 작전통제권 환수 및 한미연합사 해체는 일단 2015년 12월 1일로 연기되었다.

2015년의 시행시점이 가까워지면서 전시 작전통제권이 환수되면 한미연합사가 해체된다는 사항이 부각되기 시작하였고, 따라서 보수층을 중심으로 이의 재연기, 백지화, 재검토의 필요성이 적극적으로 제기되기 시작하였다. 그러다가 2012년 6월 당시 한미연합사령관이었던 서먼(James D. Thurman) 대장이 "한미연합사령부를 해체하지 않고 존속"시키고, "사령관을 한국군이 맡는 방안"을 비공식적으로 제안하였다고 언론이 보도함으로써(조선일보 2012/06/14, A1) 전시 작전통제권 환수가 한미연합사 해체와 직결된 사항이라는 것이 국민들에게 알려졌고, 재검토 필요성도 확산되었다. 그 결과 언론에서 "미니 한미연합사 구상"이라고 표현한 바와 같이(조선일보 2012/10/25, A3), 2012년 10월 24일 워싱턴에서 개최된 제44차 SCM에서 한미 양국 국방장관은 축소된 형태로라도 한미연합사를 존속시키는 방안을 논의하기 시작하였다.

2013년 2월 25일 출범한 박근혜 정부는 최초에는 기존의 합의를 이행하겠다는 입장이었으나, 국정을 실제로 담당하면서 태도를 변화시켰다. 도중에 낙마하기는 하였으나 박근혜 정부의 초기 국방장관으로 내정되었던 김병관 대장은 국회의 인사청문회에서 북한이 핵실험을 실시한 상황을 재평가하여 연기를 포함한 다양한 방안을 재평가하겠다고 답변하기도 하였다(조선일보 2013/03/09, A6). 유임하게 된 김관진 장관도 2013년 6월 싱가포르 회의에서 헤이글(Chuck Hagel) 미 국방장관에게 이의 연기를 요청하였고, 한국 국방부에서는 "연합전구사령부" 또는 "미래사령부" 형태로 현재의 한미연합사를 존속시키면서 한국군 대장이 그 사령관을 맡고 미군이 부사령관을 맡는 방식을 검토하기도 하였다(조선일보 2013/06/03, A1).

그리고 2014년 4월 25일 한국의 박근혜 대통령과 미국의 오바마(Barack Obama) 대통령은 청와대에서 정상회담을 갖고, 북한 핵문제에 대한 단호한 공동대응 방침을 천명하면서 2015년 12월 1일로 예정된 전시 작전통제권의 환수 시기와 조건을 재검토한다는 사실을 확인하고, 양국의 실무진들에게 적절한 시기와 조건을 건의하도록 지침을 부여하였다. 또한, 미 의회에서도 2015년도 수권법안을 통과시키면서 본문 내용으로 이에 대한 지지를 확보함으로써 전시 작전통제권 및 한미연합사는 현재 체제를 유지하는 방향으로 정리되었다고 할 수 있다.

2. 추진 배경

노무현 정부가 전시 작전통제권 환수 또는 한미연합사 해체를 적극적으로 추진한 데는 자주성에 대한 한국 국민들의 열망이 배경으로 작용하고 있었다. 청나라와의 군신관계나 일본에 의한 식민지 통치로 자존심에 손상을 받아온 한국 국민들은 자국의 군대가 미군의 통제를 받는다는 사실을 수용하기가 쉽지 않기 때문이다. 그래서 한국은 국력이 어느 정도 신장된 1980년대 후반부터 전시 작전통제권 환수를 주장하였고, 그 결과로 1994년 12월 1일부로 평시 작전통제권을 환수하게 되었지만 바로 전시 작전통제권 환수를 요구할 정도로 이를 자주의 문제로 인식하였다. 다만, 노무현 정부부터 '전작권(전시 작전통제권)'이라는 줄임말로 이 문제를 논의함으로써 대부분의 국민은 그것이 정확하게 무엇을 의미하는 것인지 파악하기가 쉽지 않았고, 한반도의 전쟁억제와 유사시 승리에 결정적인 역할을 하는 한미연합사를 해체하는 결과가 되는 것은 모른 채 어떤 권한 하나만 찾아오는 단순한 사안으로 생각하였다. 따라서 보수층에서는 '전작권 환수'라는 용어 대신에 한미연합사 해체라는 용어로 이 사안을 논의할 것을 요구하였고, 그러할 경우 국민들의 반응이 달라질 것이라고 주장하였던 것이다(조선일보 2009/10/22, A37).

노무현 정부가 전시 작전통제권 환수 또는 한미연합사 해체를 추진한 배경에는 그동안 추진했던 화해협력의 성과로 인한 남북관계 진전 정도와 앞으로의 긍정적 발전 전망도 중요하게 포함되어 있었다. 김대중 정부 때부터 추진한 화해협력 정책의 영향으로 남북한 간에 상당한 기간 군사적 충돌이 발생하지 않았던 것은 사실이고, 항구적인 평화체제 구축의 가능성이 부분적으로 제기되었던 것도 사실이다. 당시 국방부에서도 "북한의 군사적 위협은 재래식 전력의 증강 및 유지에 있어서는 북한의 경제적 기반이 약화되어 전력의 양적 증가는 제한될 것"이라고 판단하면서 "정부의 평화번영 정책의 지속적인 추진에 따른 남북관계 개선과 함께 군사적 신뢰구축이 보다 진전된다면 군사적 안정성을 확보할 수 있다"고 강조한 바 있다 (조선일보 2009/10/22, A37). 또한, 북한과의 화해협력을 중요시하는 인사들은 주한미군 철수를 지속적으로 주장하는 북한과의 관계에서 진전을 이루기 위해서는 전시 작전통제권을 찾아오는 것이 필요하다고 생각하였다. 그래서 노무현 정부를 위한 대통령 인수위에서 한반도 평화체제 구축 방안의 세부내용으로 이 문제를 포함시켰던 것이다.

노무현 정부는 한미연합사 해체로 우려되는 전쟁억제력의 감소는 국방개혁을 추진하여 보완할 수 있다고 판단하였다. 그래서 노무현 대통령은 정부출범과 더불어 국방개혁을 강도 높게 강조하였고, 국방비서관이던 윤광웅 예비역 해군중장을 국방장관으로 교체한 이후에는 더욱 강력한 추진을 지시하였다. 윤 국방장관은 취임과 동시에 "과거 국방개혁의 미비점과 일부 분야에 상존하고 있는 구조적·제도적 불합리성과 비효율성을 분석한 결과를 바탕으로" 대대적인 국방개혁을 주창하여 1년 후인 2005년 9월 1일 그 기본계획을 대통령에게 보고한 후 발표하였다. 2005년 10월 1일 국군의 날 기념식에서 노 대통령은 "최근 발표한 국방개혁안이 바로 이러한 자주국방 의지를 담고 있습니다. … 특히 전작권 행사를 통해 스스로 한반도 안보를 책임지는 명실상부한 자주군대로 거듭날 것입니다"라고 말함으로써 국방개혁과 전시 작전통제권 전환을 연결시켜 강조한 바 있다 (국방개혁위원회 2005, 3).

3. 추진 배경에 대한 평가

그렇다면 노무현 정부가 전시 작전통제권을 찾아와도 된다고 판단하였던 사항이 이후의 실제 역사에 의하여 어떠한 것으로 판명되었는가? 10년 정도가 지난 지금까지 변화된 상황을 근거로 평가해보면 다음과 같다.

가. 자주성 강화의 측면

국민들의 자주성에 대한 열망과 한국군의 자주성이 미흡하다는 노무현 정부의 지적이 전혀 근거가 없다고 보기는 어렵다. 한국군의 경우 미군이 지원해줄 것으로 생각하면서 자주적인 방위역량 확보를 소홀히 한 측면이 없다고 부정할 수는 없기 때문이다. 한미연합사령관은 한미군사위원회(MC: Military Committee)를 통하여 한국 합참의장으로부터 지시를 받게 되어 있고, 한미연합사의 경우 한국군과 미군이 50:50으로 동률로 편성되어 있었지만, 한국군이 그에 걸맞은 권한을 행사하거나 책임을 인식하였다고 보지 않는 국민들도 적지 않다. 그래서 위험하다는 점을 알면서도 다수의 국민은 전시 작전통제권 환수 또는 한미연합사 해체와 같은 극단적인 조치를 요구하였을 수 있다. 우리의 군대가 우리의 계획에 의하여 운용되지 않는다는 점은 국민들의 자존심을 손상시키는 것이었고, 따라서 다소 위험하더라도 우리 스스로 지키는 체제부터 구축해야 한다고 생각하였을 것이다.

국민들의 마음은 충분히 이해할 수 있더라도, 현실적으로 전시 작전통제권을 찾아오거나 한미연합사를 해체한다고 하여 한국군의 자주적인 방위체제나 방위역량이 구비되는 것은 아니다. 현재 한국군이 자주적이지 못한 것이 한미연합사령부의 존재 때문이라는 문제의식이 정확한 것인가부터 재검토해볼 필요가 있다. 오히려 한미연합사로 인하여 한국군은 선진 교리, 체제, 업무수행절차를 습득할 수 있었고, 대부대 훈련경험을 누적할 수 있었으며, 그 결과로 자주국방역량을 강화할 수 있었기 때문이다. 한국군의 자주적 역량 미흡은 한미연합사 때문이 아니라 한국군의 자주의식 부족, 군사적 전통단절, 리더십의 약화, 전문성의 후퇴, 국방예산의 제한 등에 기인하였다고 볼 수도 있다. 유엔군사령부가 평시 작전통제권까지 행사하였던 1970년대에 한국군은 '율곡계획' 등으로 대폭적인 자주국방 역량을 강화했다는 점을 상기해볼 필요가 있다.

전시 작전통제권을 환수해야 북한이 도발할 때 한국이 독자적으로 대응할 수 있다는 문제의식도 제기되었지만(정경영 2009, 37), 이 또한 냉정한 분석이 필요한 사항이다. 한미연합사는 전면전에 대비하는 조직으로서 전쟁이 임박하는 상태, 즉 데프콘3이 되어야 지정된 한국군 부대들을 작전통제한다. 평시의 북한도발은 당연히 평시 작전통제권을 가진 한국군이 권한과 책임을 지니고 대응하게 되어 있다. 연합권한위임사항에 의하여 "연합위기관리"가 한미연합사령관의 책임으로 주어져 있지만, 연합위기라고 결정될 때까지는 먼저 인지한 측에서 처리하게 되어 있어 한국군이 직면한 위기를 처리하는 데는 문제가 없다. 따라서 북한의 도발에 대한 소극적 대응은 한국군이 그렇게 판단한 것이지 한미연합사령부가 압력을 가하여 그렇게 된 것은 아니다.

작전통제권을 찾아와야 군사주권이 완전해진다는 시각도 오해에서 비롯된 것이다. 작전통제권은 군사작전에서는 너무나 보편적으로 사용되는 지휘관계로서, 모든 사항을 통제할 수 있는 '지휘'가 지나치게 권위적이라서 부여된 임무의 수행과 관련된 필요한 최소한의 통제만 하도록 하는 편의적인 조치일 뿐이다. 작전통제권은 한국군과 미군 간에만 존재하는 특이한 관계가 아니라 제2차 세계대전, 한국전쟁, 베트남, 그리고 최근의 아프가니스탄과 이라크 전쟁 등에서 적용되었고, 지금도 모든 연합작전에서 일상적으로 적용되고 있는 보편적인 군사용어이다. 북대서양조약기구(나토, NATO: North Atlantic Treaty Organization)도 유사시 미군 대장이 유럽 최고동맹사령관(SACEUR: Supreme Allied Commander Europe)이 되어 회원국에서 제공하는 모든 부대를 작전통제하지만(Public Diplomacy Division of NATO 2006, 93), 군사주권이 침해받는 것으로 인식하지 않는다. 그래서 303냉전이 종료되었음에도 오히려 NATO는 확대되고 있다. 당시 한미연합사령관이었던 벨(B. B. Bell) 대장도 2006년 9월의 강연에서 "미국은 전시에 한국군을 지휘하지 않으며, 한국도 마찬가지로 전시에 미군을 지휘하지 않습니다. 한미연합군사령부에 대한 지휘는 한미 양국이 책임을 가지고 있습니다"라고 언급한 바 있다(한국국방안보포럼 2006, 104).

나. 북한 위협의 감소 측면

북한이 2010년 3월의 천안함 폭침이나 11월의 연평도 포격과 같은 도발을 자행한 것은 사실이지만, 그동안 북한의 재래식 위협이 증대되었다고 보기는 어렵다. 북한의 경비정이나 어선의 서해 북방한계선(NLL) 월선과 같은 사소한 도발 이외에 총·포격이나 습격 및 납치와 같은 위협적인 도발 사례는 거의 없는 상태가 지속되고 있다(국방부 2012, 309).

반면에 그동안 북한의 핵무기 위협은 폭발적으로 증대하였다. 북한은 2006년, 2009년, 2013년 세 차례 핵무기 시험을 하였고, 2013년 2월 12일 제3차 핵실험 이후 원자탄의 '소형화·경량화' 그리고 '다종화(多種化)'에 성공하였다고 발표하기도 하였다. 아직도 북한의 핵무기 소형화 성공 여부에 반산반의하는 사람도 있기는 하지만, 제1차 핵실험 이후 경과된 시간을 고려하거나 스커드-B와 같은 단거리 탄도미사일에 탑재하기 위해서는 소형화의 소요가 많지 않고, 핵물질을 많이 사용하면 쉽게 소형화할 수 있다는 점에서 이제 한국은 탄도미사일에 탑재한 북한의 핵무기, 즉 '핵미사일'에 대한 위협에 노출되어 있다는 점을 인식하지 않을 수 없다.

북한이 핵미사일로 공격하는 최악의 상황에 대한 한국의 현 방어태세는 여전히 미흡한 상태이다. 북한이 공격할 경우 강력하게 응징보복하겠다고 위협할 수는 있지만, 비핵(非核)무기밖에 보유하지 못한 한국의 응징보복이 억제효과를 발휘할 것으로 기대하기는 어렵다. 제3차 핵실험 전후에 정승조 당시 합참의장이 언급한 것처럼 북한이 핵무기로 공격한다는 '명백한 징후'가 있을 경우 선제타격(preemptive strike)하는 방법도 있지만, 이동식 발사대까지 보유하고 있는 북한의 핵미사일 위치를 정확하게 파악하여 모두 파괴하는 것은 현실적으로 쉽지 않다. 마지막으로, 발사된 핵미사일을 공중에서 요격할 수는 있지만, 한국은 현재 직격파괴(hit-to-kill) 능력을 갖춘 요격미사일을 구비하지 못하여 현실적으로 한계가 있다.

답답한 현실이기는 하지만 북한의 핵미사일 공격 위협 시 한국이 의존할 수 있는 유일하면서도 현실적인 대책은 미국의 핵무기로 응징보복하는 것, 다른 말로 하면 미국의 핵우산(nuclear umbrella)이나 확장억제(extended deterrence)에 의존하는 것이다. 그러나 정몽준 의원을 비롯한 일부 국민들이 미국의 핵우산은 '찢어진 우산'이라고 경고하였듯이(조선일보 2013/02/20, A4) 북한이 핵미사일로 한국을 공격할 경우 미국이 실제로 그들의 핵무기를 사용하여 한국 대신 응징보복해 줄 것인지는 불확실하다. 따라서 한미연합사령부를 유지함으로써 미군 대장이 자국의 핵전력을 적극적으로 요청하도록 하는 것이 그나마 미 핵억제력의 사용 가능성을 높이는 방안일 것이다(박휘락 2013b, 170).

다. 국방개혁을 통한 전력보완 측면

한미연합사 해체로 인하여 감소될 것으로 예상되는 대비태세 보완을 위하여 노무현 정부는 '국방개혁 2020'을 열정적으로 추진하였다. 그러나 10년 정도 지난 지금까지 한국군의 준비태세가 '개혁적'으로 달라졌다고 보기는 어렵고, 노무현 정부 당시에는 더욱 실천된 사항이 많지 않았다. '국방개혁 2020' 자체가 2020년을 목표로 장기간에 걸쳐 구현한다는 개념이었기 때문이다. 그의 창안자였던 윤광웅 국방장관이 법률안이 통과되기도 전인 2006년 11월에 사임했고, 후임인 김장수 국방장관의 경우 차기 대통령 선거가 1년 정도밖에 남지 않은 상황이라서 적극적인 개혁을 추진하기가 어려웠다.

2008년 2월 노무현 정부와 이념적 지향이 다른 이명박 정부로 교체되면서 한국군의 국방개혁은 재검토 기간을 가졌고, 동시에 2010년 3월의 천안함 폭침과 그해 11월의 연평도 포격으로 더욱 근본적인 변화가 요청되었다. 그러나 야심적으로 추진한 상부지휘구조 개편이 국회의 지지를 획득하지 못함으로써 의욕만큼 구현되지는 못하였다. 따라서 자주국방력 구비를 위한 한국군의 계획은 계속 순연되고 있는 상황이다. 박근혜 정부에서도 "국방개혁 기본계획 2014~2030"을 발표하여 노력하고 있지만, 그의 성과는 수년을 기다려봐야 드러날 것이다.

라. 소결론

자주성을 강화해야겠다는 국민적인 요구는 충분히 이해하지만, 전시 작전통제권을 환수하여 한미연합사를 해체하는 것이 그 해답이라고 보기는 어렵다. 한미연합사는 한미 양국이 공동으로 설치하여 운영하고 있는 '연합(국가가 다른 군대끼리)'의 사령부로서 한미 양국이 50:50의 권한과 책임을 지니고 있고, 미군이 운영하는 것이 아니다. 미군의 전력을 최대한 활용하기 위하여 미군대장을 사령관으로 양해한 것이고, 한국의 대통령, 국방장관, 합참의장이 지시하면 연합사령관은 이를 수명해야 한다. 두 개 회사 간에 상호 이익이 있을 것으로 판단하여 총괄본부를 설치하여 운영하고 있는 것과 유사한 형태라고 볼 수 있다. 이 경우 총괄본부의 결정은 당연히 존중되어야 하지만 그것은 서로의 이익에 기초하여 그렇게 하기로 약속한 사항일 뿐 어느 일방의 자주권이 훼손된 것이 아니다. 현실적으로 작전통제는 대부대 및 연합부대들의 작전에서 지휘단일화를 달성하기 위한 방편으로 세계 대부분의 국가 사이에 보편적으로 사용되고 있고, 이것을 자주성의 침해로 인식하지는 않는다.

노무현 정부는 향후 북한의 위협이 감소될 것이라고 가정하였지만, 실제로는 핵무기로 인하여 북한의 위협이 더욱 가중된 상황이다. 국방개혁을 통하여 한반도 방위를 주도할 수 있는 자체적인 역량을 확보하겠다고 약속하였지만, 약속처럼 한국군의 방위역량이 충분히 확충되지는 못한 상태이다. 한미연합사령부나 주한미군이 없이도 국가의 안전이 유지될 수 있다면 좋겠지만, 현실은 그렇지 않다. 현재의 북한 핵무기 위협은 없던 연합사령부를 새로 설치하여서라도 한미 양국이 공동으로 대응해야 할 심각한 위협이다. 이러한 상황에서 미군의 억제력을 약화시킬 수 있는 한미연합사령부를 해체하는 것은 당연히 위험하다.

국가안보는 시행착오를 허용해서는 곤란한 절체절명의 사안이다. 이제 한국의 국민, 정부, 군대는 전시 작전통제권 환수 또는 한미연합사 해체에 관한 감정적인 접근에서 벗어나 현실을 직시할 필요가 있다. 1970년대 후반에 유엔군사령부 해체 논의와 주한미군 철수라는 위기를 극복하는 방편으로 선배들이 애써 설치한 것이 한미연합사령부인데, 북한의 핵미사일 위협에 대한 효과적 방어책이 미흡한 상황임에도 이를 해체한다면 그 선배들은 어떻게 생각할까? 한미연합사를 중심으로 하는 한미연합지휘체제를 더욱 강화함으로써 핵억제력을 강화하는 방안을 고민해야 할 상황이라고 말하지 않을까?

Ⅳ. 한미연합지휘체제에 대한 정책 방향

1. **한미연합지휘체제의 변화가 아닌 강화책으로 논의의 초점 전환**

이제 한국은 지금까지 전시 작전통제권 환수 및 한미연합사 해체를 둘러싼 논란이 초래해온 보이지 않는 그동안의 기회비용(한미연합사 해체를 논의하느라 북한 핵미사일 위협에 대한 한미연합억제태세 강화책을 충분히 논의하지 못한 측면 등)을 냉정하게 인식하고, 한미연합사를 더욱 강화하는 방안을 적극적으로 모색할 필요가 있다. 북한의 핵미사일 위협이 가중될수록 한미연합사는 더욱 강화되어야 할 것이고, 북한으로 하여금 그렇게 인식되도록 해야 할 것이다. 냉전이 종식되었음에도 불구하고 북대서양조약기구(NATO)는 존속은 물론이고 오히려 확대 및 강화되고 있다는 것을 참고할 필요가 있다. 한국의 현 안보상황은 한미연합지휘체제의 변화를 논의할 정도로 한가로운 상태가 아니다.

노무현 정부 초기에는 북한이 핵실험을 하지도 않은 상태였고, 2006년 10월 9일에 1차 핵실험을 실시하기는 하였지만, 노무현 대통령이 북한의 핵실험으로 한반도의 군사적 균형이 깨어지지 않는다고 언급한 사실이나(조선일보 2006/11/03, A1), 다음 해 김정일과 정상회담을 추진한 데서 알 수 있듯이 북한의 핵 능력에 대하여 반신반의하는 측면이 적지 않았다. 그러나 2013년 2월 12일의 3차 핵실험으로 이제 북한은 한국을 '핵미사일'로 공격할 수 있고, 이에 대하여 한국은 유효한 방어력을 보유하고 있지 않다. 결국, 한국은 한미연합사를 유지함으로써 미군대장에게 북한 핵미사일 억제 및 대응의 임무를 확실하게 부여하고, 그로 하여금 무한한 책임의식을 바탕으로 본국의 강력한 핵억제력을 요청하도록 해야 한다. 그렇게 하면 북한도 핵무기를 사용할 생각을 하지 못할 것이다.

최근에는 동북아시아 지역정세도 매우 불안해지고 있다. 일본은 2013년 8월 유사시 항공모함으로 전환할 수도 있는 이즈모함을 공개한 데 이어 차세대 첨단 스텔스 전투기인 F-35의 구매를 확대하는 등으로 군사력 증강을 가속화하고 있고, '집단자위권'과 '적극적 평화주의'를 명분으로 군사력의 대외투사를 정당화해 나가고 있다. 중국 또한 화평굴기(和平屈起)에서 벗어나 2012년에 항공모함 랴오닝(遼寧)함을 전력화하는 등 군사력 증강에 박차를 가하고 있고, 2013년 11월 서해상에 방공식별구역을 일방적으로 선포하기도 하였다. 이러한 상황에서 한미연합사가 해체될 경우 한국은 중국과 일본의 세력각축이 진행되는 과정에서 한말(韓末)과 같은 어려운 처지에 빠질 수 있다. 한미연합사를 매개로 미국과의 동맹관계를 더욱 강화함으로써 동북아시아 정세의 변화에 능동적으로 대응하면서, 유사시 미국의 힘을 활용할 수 있어야 한다.

2. 한미연합사가 주권을 침해하고 있다는 오해 해소

전시 작전통제권 환수 및 한미연합사 해체와 관련하여 국민들은 그것이 어떤 의미이고, 과연 일부 인사들이 주장하듯이 주권을 침해하는 것인지를 정확하게 파악하여 오해를 해소할 필요가 있다. 한미연합사는 한미 양국이 50:50의 지분을 갖고 있는 공동의 전투사령부로서, 한국의 대통령, 국방장관, 합참의장이 1/2의 지분으로 명령을 내릴 수 있다. 두 개 회사의 영업 방향을 일관성 있게 조정하기 위하여 공동의 통제본부를 수립하였을 경우 그 운영에 50%의 영향력을 갖게 되는 것과 같다. 한미연합사를 유지하느냐 해체하느냐는 것은 통제본부를 유지하느냐 해체하느냐의 문제에서처럼, 그러한 기구를 통하여 상대방을 활용하는 것이 유리하냐 아니냐의 문제일 뿐이다.

한미연합사령관에게 부여한 한국군에 대한 작전통제권은 한국식으로 표현할 경우 양병(養兵)에 관한 사항을 제외하고 용병(用兵) 중에서도 당시 부여된 임무에 관한 권한만을 통제한 것으로, 필요한 최소한의 통제권을 부여한 것이다. 어떤 군사작전을 수행하는 동안에 단일의 지휘관이 목표를 설정하여 부여하고, 공격개시시간이나 공격개시선을 지정하는 등 최소한의 사항을 통일하기 위한 목적이지, 특정 국가의 군대를 멋대로 사용하기 위한 것이 아니다.

작전통제권은 한미 양국 군 사이에만 적용되는 것이 아니고, 한국전쟁이나 베트남전쟁은 물론이고, 제2차 세계대전에서도 적용되었고, 현재도 다국적군 작전이나 평화유지군 작전이 수행될 때 일상적으로 적용된다. 한미연합사는 NATO를 참고하여 유사한 지휘구조와 지휘관계를 구성하였는데, NATO 국가들은 그들의 연합지휘체제가 군사주권을 침해하는 것으로 인식하지 않고 있다(류병현 2007, 77~78). 세계적인 인식이 이러함에도 한국만 작전통제권을 군사주권의 침해로 인식한다면 잘못 이해하고 있는 이라고 말할 수밖에 없다(김학송 2007, 21).

만약 미군대장이 계속하여 한미연합사령관을 수행하는 것이 불만이라고 한다면 한국은 한국군이 연합사령관을 담당해야 한다든가 아니면 교대로 담당하도록 하자는 등의 제안을 하는 것이 합리적인 결론일 것이다. 미국이 수용하지 않을 것이라고 지레짐작하여 이러한 제안을 하지 않은 채 연합사령부 자체를 해체해버리겠다는 것은 국가 중대사를 추측에 근거하여 결정하는 셈이다. 실제로 서면 전 연합사령관은 한미연합사를 해체하는 것보다는 차라리 한국대장이 사령관을 담당하는 것이 타당하다는 의견을 제시한 바도 있다. NATO와 마찬가지로 한미연합사령관을 미군대장으로 임명하는 데 한국이 동의하고 있는 것은 미군에게 한반도 전쟁억제와 유사시 승리에 관한 책임을 확실히 부여하여 미군의 적극적인 개입을 보장하는 것이 한국의 국익에 유리하다고 판단한 결과이지, 그렇게 해야만 하는 어떤 불가항력적인 조항이 있어서 그러한 것은 아니다.

3. 현 한미연합사 내에서 한국군의 자주성 고양 노력 계속

자주에 대한 국민적인 열망을 고려할 때 현 한미연합사 체제를 존속시키면서도 그 속에서 한국군의 역할과 융통성을 강화하기 위한 조치는 앞으로 논의해볼 수 있을 것이다. 현재의 한미연합지휘체제 내에서 한국군의 실질적인 주도성을 강화한다는 것이다. 그러할 경우 한미동맹에 대한 국민들의 부정적 인식이 감소되고, 한국군의 책임과 권한이 점진적으로 증대될 것이며, 결과적으로 장기적이면서 일상적인 한미연합지휘체제 유지가 가능해질 것이다.

예를 들면, 한미연합사를 현재의 형태로 존속시키되 데프콘3에 제공하도록 되어 있는 한국군 부대의 목록을 일부 축소시키는 방안을 논의해볼 수 있다. 육군 중에서 몇 개의 예비사단을 한미연합사 작전통제에서 제외시켜 한국군이 독자적으로 운용하도록 할 수도 있고, 해·공군 부대 중에서도 일부를 한미연합사 작전통제에서 제외시킬 수 있다. 1961년 5월 26일 유엔사는 30사단, 33사단, 1공수특전팀 및 5개의 추가 헌병 중대에 대한 작전통제를 해제하여 국가재건최고회의에 이양한 적이 있다. 한미 양국 군이 연합으로 작전을 수행하는 것이 절대적으로 필요한 부대는 한미연합사령관이 작전통제하도록 하되 그렇지 않은 부대는 별도로 두었다가 필요할 때 포함시키면 된다.

또는 현재는 데프콘-3에 한국군 부대들이 한미연합사령관 작전통제로 전환되도록 되어 있는데, 이것이 빠르다고 판단할 경우 전쟁에 더욱 가까운 상태인 데프콘-2나 데프콘-1로 늦추는 방안도 고려할 수 있다(이상철 2004, 220). 이렇게 해도 1994년 평시 작전통제권을 환수하면서 설정한 '연합권한위임사항'처럼 유기적인 전환에 필수적인 몇 가지 조치권한만 한미연합사가 행사하도록 보장해둔다면 큰 문제가 없을 수 있다. 이 외에도 한국군의 주도성을 강화할 수 있도록 기획참모부장이나 작전참모부장 중 하나를 한국군이 담당하는 방향으로 한미연합사 참모편성을 조정할 수도 있고, 한국군 참모의 규모도 더욱 늘리는 방안도 고려해볼 수 있다.

그러나 한미연합지휘체제에서 한국의 주도성을 강화하는 데 필요한 실질적인 노력은 한국군의 전문성을 강화하는 것이다. 동등한 숫자이거나 실제로는 더욱 많은 숫자의 한국군이 근무하는 연합사령부에서 한국군이 주도성을 갖지 못하는 이유는 제도가 아니라 업무에 대한 자신감일 수 있기 때문이다. 한미연합사가 해결해야 하는 문제가 있을 때마다 한국군이 미군보다 더욱 합리적이면서 탁월한 대안을 제시한다면 한국군의 주도성은 저절로 강화될 수밖에 없다.

따라서 한국군은 전반적인 차원에서 간부들의 전문성을 고양시킬 수 있도록 노력하고, 한국군으로 보직되는 한미연합부사령관을 비롯한 주요 직위자는 영어와 군사 전문성 모두에 능통한 인원으로 육성된 사람을 보직하며, 국방부와 합참에 못지않은 우수한 간부들이 한미연합사에 근무할 수 있도록 하는 제도적 유인책을 강구해나가야 할 것이다.

4. 한미동맹 전반에 걸친 발전 노력

한미연합지휘체제의 기반은 공고한 한미동맹이기 때문에 한국은 한미동맹의 내실화에도 지속적인 관심을 기울여야 할 것이다. 한국에서는 최근 한미동맹을 당연한 것으로 간주하는 경향이 있기 때문이다. 한미동맹은 제도적이거나 구조적인 측면에서는 세계의 어느 동맹보다 체계적인 동맹이지만, 그에 걸맞게 움직이지 않는 요소가 노출되고 있는 것은 그동안 한미동맹의 공고한 관계가 다양한 요인에 의하여 침식되어 왔기 때문이다. 한미동맹 내에서의 전략적 및 군사적 호혜성, 양국 군 간의 협력과 신뢰관계, 양국 관리와 국민 간의 유대감 등을 지속적으로 관리하고 강화해나가야 할 것이다. 한미동맹과 같은 SCM, MCM, 연합사령부가 없음에도 미일동맹이 한미동맹보다 더욱 공고하게 인식되는 것은 미국과 일본 간의 호혜성, 신뢰관계, 유대감이 크기 때문이다.

한미동맹의 강화에는 대북정책에 대한 한미 상호 간의 긴밀한 공조가 필수적이다. 김대중 정부와 노무현 정부를 거치면서 대북정책에 대하여 미국과의 공조를 소홀했던 점이 있었고, 이명박 정부에서 어느 정도 회복되었다고 하더라도 전통적인 신뢰관계로 완전히 복원되었다고 보기는 어렵다. 한국은 대북정책에 관한 모든 사항을 미국과 긴밀하게 협의함으로써 양국 간의 대응방향을 일치시키고, 단결된 가운데 국제사회의 협조를 획득하며, 북한의 도발을 함께 효과적으로 억제할 수 있어야 한다. 이를 위해서는 대북정책 공조를 위한 한미 간의 정례적인 협의기구를 구성할 필요가 있고, 특히 북한의 핵미사일 위협으로부터 한반도의 안전을 보장하기 위한 공동의 대책을 강구하는 데 최우선적인 중점을 두어야 할 것이다.

한미동맹의 신뢰를 강화하고자 한다면 제반 논의에서 서로가 솔직한 의견을 표시하고, 활발하게 의사소통할 수 있어야 한다. 동맹관계라고 하더라도 사안별로 국가 간에 이해의 상충이 발생할 수는 있다. 그러나 기만이나 부정직은 그와는 다르다. 그와 같은 것들이 반복적으로 누적될 경우 동맹관계는 유지되기 어렵다. 김대중 정부와 노무현 정부 시절에 한미동맹 관계에서 균열이 발생한 것은 사안 자체에 대한 이견보다 서로가 상대를 그와 같이 생각하였기 때문일 수 있다. 활발하면서도 솔직한 의사소통과 투명하면서도 공개적인 결정으로 한미동맹에서 오해가 작용할 소지를 최소화할 필요가 있고, 국민들의 감정적인 언사가 양국관계를 힘들게 하지 않도록 유의할 필요가 있다.

한국, 미국, 일본의 삼각 안보협력에 대해서도 열린 마음으로 접근할 필요가 있다. 한국과 일본은 미국을 중심으로 간접적인 동맹관계에 있고, 한반도 유사시 일본에 있는 유엔군기지는 사활적인 중요성을 지니고 있다. 한국이 미국 및 일본과 함께 중국에 공동으로 대응해야 할 상황이 발생할 가능성도 있다. 일본의 군사대국화나 팽창주의에 대응하는 최선의 방향도 한국, 미국, 일본 간의 협력체제를 강화하는 것일 가능성이 높다. 실제로 한국, 미국, 일본의 3국은 1999년부터 2004년까지 대북정책조정감독그룹(TCOG: Trilateral Coordination and Oversight Group)을 만들어 북한에 대한 3국의 정책을 조정한 적이 있다. 국제사회에는 영원한 우방도 적도 없다면, 필요성이 있음에도 감정적이거나 역사적 요소로 인하여 3국의 협력을 구현하지 못해서는 곤란하다고 할 것이다.

V. 결론

현재 상태로도 한미동맹은 다른 어느 동맹관계보다 공고할 것이다. 전쟁 직후에 맺어진 동맹관계라서 전쟁억제 및 승리를 위한 확고한 협의 및 연합지휘체제를 구비하고 있고, 동맹을 실질적으로 구현하고 계속하여 발전시켜 온 역사가 있으며, 북한이라는 공동의 위협도 명백하게 존재하고 있다. 그러나 일부 인사들에 의한 반미의식 조장, 전시 작전통제권 환수를 둘러싼 지루한 협의 등으로 한미동맹이 불안해지는 측면도 없지 않다.

특히 2003년 출범한 노무현 정부는 대북 화해협력정책에 의한 북한 위협 감소와 국방개혁을 통한 주도적 방위역량 확보의 가능성을 배경으로 전시 작전통제권을 환수하여 한미연합사를 해체하는 것으로 결정하고, 미국 측에 요구하여 합의를 도출하였다. 그러나 그동안 북한은 여러 개의 핵무기를 개발하였을 뿐만 아니라 탄도미사일에 탑재하여 한국의 도시들을 공격할 수 있는 능력을 구비하였고,

한미연합사 해체에 따른 전력공백을 보완하기 위한 한국군의 국방개혁 노력도 계획만큼의 성과를 거두지 못하였다. 또한, 노무현 정부에서 주장한 '군사주권의 침해'라는 주장이 세계적인 보편성을 갖는 논리는 아니었다. 따라서 이명박 정부는 2010년 3월 천안함 사태가 발생하자 전시 작전통제권 환수를 연기하는 것으로 미국과 합의하였고, 박근혜 대통령도 또다시 미국에 연기를 요청하였다. 그 결과로 한미연합사는 현재처럼 존속하게 되었지만, 그 과정에서 발생한 기회비용이 적지 않았다.

이제 한국은 그동안의 기회비용을 보전할 수 있도록 전시 작전통제권 환수 및 한미연합사 해체를 둘러싼 논란을 자제할 필요가 있다. 한미연합사는 한반도의 전쟁억제와 유사시 승리에 필수적인 존재이고, 북한의 핵미사일 위협에 대응하여 미국의 확장억제력을 활용하려면 더욱 필요하다. 또한, 한미연합사가 한국의 주권을 침해하는 것도 아니다. 서로의 장점을 공유하고 단점을 보완하기 위하여 동료들과 어떤 단체를 결성하거나 다른 회사와 공동영업본부를 구축하는 것과 마찬가지로 한국도 미국의 군사력, 특히 핵억제력을 효과적으로 활용하기 위하여 한미연합사령부를 유지하고 있을 뿐이다. 그래야 북한의 핵미사일 위협으로부터 국가의 안전을 보장할 수 있기 때문이다.

오히려 한미연합사를 중심으로 한 한미연합대비태세를 더욱 강화하고 발전시켜 나가야 할 것이다. 앞으로 북한의 핵미사일 위협은 더욱 증대되거나 노골적이 될 것이고, 최근에는 동북아시아 지역의 군비경쟁도 치열해지고 있기 때문이다. 한미연합사를 해체할 경우 북한이 6·25전쟁을 발발할 때처럼 미국의 억제의지를 오판하여 도발을 감행할 수도 있다. 다만, 현 한미연합사 체제 내에서도 한국군의 역할과 융통성을 강화할 수 있도록 일부 부대를 작전통제 대상에서 제외하거나 작전통제를 받는 시기를 다소 늦추거나 한미연합사 의사결정체제에서 한국군의 발언권을 강화할 수 있는 조치는 지속적으로 논의 및 강구해나가야 할 것이다.

한미동맹에 있어서 더욱 중요한 것은 한미 양국 및 양국 군 간의 신뢰와 유대감 등과 같은 무형적 요소일 것이다. 서로를 신뢰해야만 동맹관계에서 제시한 약속들이 지켜질 수 있기 때문이다. 따라서 한국은 미국과 정책이나 국가이익이 다르더라도 솔직하게 견해를 교환하고 호혜적으로 합의해나가는 관행을 누적해나갈 필요가 있다. 한국에 근무하였거나 근무하는 미군들이 한국군을 긍정적으로 생각하고, 한국의 안보를 위하여 애쓸 수 있도록 그들의 마음을 사로잡고, 자연스러운 가운데 긍정적인 인간관계를 형성해나가야 할 것이다. 특히 일시적인 국가이익을 위하여 동맹국을 기만한다는 인상을 주어서는 곤란하다.

다른 국가에 대한 침략을 자신에 대한 침략으로 간주하여 방어 및 공격해준다는 약속인 동맹은 보통 특별한 관계가 아니다. 그렇다면 한미 양국은 특별한 관계에 부합되는 더욱 긴밀하고, 믿을 수 있는 상호관계를 유지 및 발전시켜 나가야 할 것이다.

10 │ 한미 방위비분담

　　　　　　　방위비분담은 일견 핵심적인 주제가 아닐 수도 있으나 1년에 1조 원 정도를 국가예산으로 지급하고, 한미동맹의 건강성을 상징하는 지표가 될 수도 있으며, 오해도 적지 않아 별도의 설명이 필요할 수도 있다고 생각하였다. 특히 북한 핵무기 위협에 유효한 방어책이 없이 노출되어 미국의 확장억제에 의존할 수밖에 없는 한국이지만 국민들의 상당수는 방위비분담에 반감을 지니고 있다. 방위비분담에 관한 사항을 협상할 때마다 반미감정이 촉발되어 동맹을 강화하기 위한 노력이 오히려 동맹을 어렵게 만드는 측면도 나타나고 있다.

　지금까지 방위비분담에 관해서는 찬반 논쟁에 중점을 둔 나머지 이에 관한 이론이나 현황에 대한 심층 깊은 분석은 거의 없었다. 그러나 이론적이면서 객관적인 분석이 전제되어야 방위비분담의 성격과 내용이 정확하게 분석될 것이고, 그래야 국민들도 그 내용을 정확하게 파악하여 건전하게 판단하게 될 것이다. 그러면 정부도 소신 있게 미국과 협의 및 타결하게 될 것이고, 결과적으로 방위비분담이 한미동맹의 윤활유로 작용하게 될 것이다.

I. 방위비분담의 배경과 개념

방위비분담은 냉전 종식 및 경제적 한계로 인하여 미국이 세계적인 안보의 부담을 동맹국들과 나눠야겠다고 인식함에서 비롯되었다. 미국은 1990년대 초반부터 공동방위(common defense) 개념에 입각하여 책임분담(responsibility sharing)이라는 개념을 발전시켰고, 이에 근거하여 해마다 동맹국들의 기여도를 평가하였다.[60] 책임분담의 계산에는 국방비 지출, 군사력 현대화, 기동력 및 군수지원능력 향상, 그리고 주인국(host nation, 외국 군대를 주둔시키고 있는 국가)[61]의 지원 및 비용분담, 다국적 평화유지작전, 대외원조 등을 산정하였다 (DoD 2003, ii-iii; Ⅰ-ⅰ). 세계의 모든 국가가 평화를 위한 부담을 분담하여야 한다는 명분이었다.

책임분담의 형평성 제고를 위한 미국의 노력에도 불구하고 동맹국들이 분담은 늘이지 않으면서 반발만 하는 경향을 보이자, 미국은

---

60 미 국방성은 1995년부터 매년 Toward a New Partnership in Responsibility Sharing: Report on Allied Contributions to the Common Defense라는 제목의 보고서를 발간하여 의회에 보고하였고, 이것은 2004년까지 계속되었다. 이 보고서의 열람을 위해서는 다음의 사이트를 참조. U.S. Department of Defense, "Allied Contributions to the Common Defense", http://www.defense.gov/pubs/allied.aspx(검색일: 2014년 1월 20일).

61 host nation을 접수국 등으로 번역함에 따라서 혼란이 발생하고 있다. 직역하여 주인국으로 사용하는 것이 주체적이면서 이해에 용이하다.

2005년부터 책임분담에 관한 보고서 작성을 중지하면서 부담분담 (burden sharing)이라는 용어를 사용하기 시작하였다.[62] 부담분담은 미국이 감당하고 있는 어려움을 동맹국들과 나눈다는 의미가 훨씬 명확하였기 때문이다. 부담분담은 포괄적인 개념이지만, 결국 미국 군대가 주둔할 때 발생하는 비용을 해당 동맹국에 부담시키는 비용 분담(cost sharing)이 핵심이 되었다. 이것은 동맹국이 기여하여 미국 의 예산이 절약되는 액수가 분명하게 드러나고, 숫자로 제시되어서 협상이 용이하다는 장점이 있었다.

2003년 이라크전쟁에서 미국은 동맹국과 우방국들에게 전쟁수행 에 따른 부담의 분담을 촉구하였다. 영국(2003년 초기 이라크자유작 전 시 45,000명, 이후 2004년 항구적 자유작전 시 8,220명), 한국 (2005년 3,600명), 이탈리아(2004년 3,000명), 폴란드(2003년 180명, 2004년 2,500명), 우크라이나(2004년 1,650명), 스페인(2003년 900 명, 2004년 1,300명), 네덜란드(2004년 1,307명), 오스트레일리아 (2003년 2,000명, 2005년 900명), 루마니아(2006년 860명), 덴마크 (2003년 300명, 2005년 530명), 일본(2006년 600명), 그루지야(2006 년 900명) 등이 각각의 능력 범위 내에서 전투원을 파견하였고, 전 투원을 파견하지 못하는 국가들은 전쟁비용 일부분을 분담하였다 (Baltrusaitis 2010, 9). 전쟁비용의 경우 일본, 영국, 사우디아라비아 처럼 미국과의 동맹관계가 강할수록 많은 액수를 부담하는 모습을 보였다.

전쟁이 아닌 평시의 부담분담은 주로 미군이 주둔하는 비용을 분

---

62 일부에서는 burden sharing을 '방위분담'으로 사용하기도 하지만, 이 경우 실제의 뜻이 덜 명확 하게 반영되고, 방위비분담과 혼동될 우려가 있다.

담하는 것으로서 한국에 대한 '방위비분담'이 바로 이 비용분담이다. 한국은 미군이 한국에 주둔함에 따라 발생하는 비용의 일부를 부담함으로써 미국의 부담을 덜어주고 있다. 부담분담과 비용분담의 관계와 항목을 제시하면 <표 10-1>과 같다.

<표 10-1> 부담분담과 비용분담의 체계

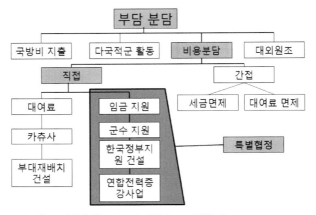

* 출처: Inspector General U.S. Department of Defense 2008. 1.

<표 10-1>을 보면 부담분담은 한국의 국방비, 세계평화를 위한 다양한 지원, 해외군사원조도 포함하지만, 그중에서도 가장 핵심적인 요소는 비용분담이다. 비용분담에는 직접지원과 간접지원이 있는데, 간접지원은 세금면제나 무상대여 등을 포함하고, 직접지원은 대여료 지원, 카투사 지원, 미군기지 이전비 지원이 포함된다. 현재 한국이 특별협정을 통하여 5년 정도마다 합의하고 있는 방위비분담은 직접지원을 말하는데, 미군이 고용하고 있는 한국인에 대한 임금, 군수지원, 건설, 한미연합전력증강사업(CDIP: Combined Defense Improvement

Program)을 포함한다. 이 중에서 한미연합전력증강사업은 2009년부터는 군사건설에 포함되었다.

II. 방위비분담에 관한 이론적 검토

방위비분담에 관한 국내의 연구는 주로 미국이 제기한 방위비분담의 배경과 방향을 설명하거나 다른 국가의 경우와 비교하거나 한국의 부담을 최소화하기 위한 개선방안을 도출하거나 미국 요구의 부당성을 고발하는 데 치중하였고, 이에 관한 이론적 접근은 거의 없었다. 방위비분담이 시작되는 초기인 1991년 현인택이 책임분담, 부담분담, 비용분담의 개념을 소개한 데 이어서(1991, 76~77), 1998년 고상두는 북대서양조약기구(NATO: North Atlantic Treaty Organization)의 방위비분담을 소개하였고(1998, 307~308), 2002년 남창희는 일본의 방위비분담(2002, 81~103), 2006년 탁성한과 2009년의 정상돈은 독일의 방위비분담 정책을 연구하여 참고자료로 제공하였다(탁성한 2006; 정상돈 2009). 국회에서도 방위비분담의 공정성에 문제가 있다는 시각으로 다양한 개선방안을 모색한 바 있고(신종호 2009), 일부 학자와 시민운동가들은 방위비분담 자체의 부당성과 불합리성에 관한 내용을 적극적으로 제시하였다(황일도 2004; 박기학 2003; 이철기 2006, 245~266).

방위비분담 자체가 미 의회와 정부에서 주도한 행정적인 사항이라서 서구에서도 이에 관한 이론화 노력은 많지 않다. 그중 하나는 오하이오 대학에서 김성우(Sung Woo Kim)가 작성한 박사학위

논문으로서, 그는 동맹관계를 바탕으로 한 부담분담을 4가지 유형을 설정하여 설명하고 있다. 그는 '동맹의 필요성(necessity)'과 '동맹국들의 역량(capacity)' 간의 조합에 의하여[63] 부담분담의 규모가 결정된다면서, 동맹국의 지원이 절실히 필요한 국가는 적극적으로 분담하고, 그렇지 않은 국가는 소극적으로 분담한다는 것이다. 다만, 동맹관계라고 하여 일방적으로 부담을 강요할 수는 없으므로 동맹국은 역량 범위 내에서 미국과 협의하여 적정한 선을 찾게 되고, 결국 역량이 향상되는 만큼 부담을 늘리는 방식이 된다는 것이다. 이것을 도식화하면 <표 10-2>와 같다.

〈표 10-2〉 방위비분담의 형태

부담분담 결정요소		동맹지원의 필요성(Necessity of the Ally's Support)	
		높음(High)	낮음(Low)
목표달성 역량 (Capacity of achieving Goals)	높음 (High)	유형 Ⅰ (협상으로 기여 결정) bargaining contribution	유형 Ⅲ (낮은 기여) under contribution
	낮음 (Low)	유형 Ⅱ (공평성/기여 증대) fair/increasing contribution)	유형 Ⅳ (무기여) no contribution

* 출처: Sung Woo Kim 2012, 94.

<표 10-2>를 설명하면, 유형 Ⅰ은 동맹의 필요성도 높지만 자국이 보유하고 있는 역량도 큰 경우로서, 현재의 미국이 여기에 해당한다. 상대 동맹국들과 협상을 전개하여 기여 정도를 자유롭게 결정할 수 있다. 유형 Ⅱ는 동맹의 필요성은 높지만 역량은 이에 미치지

---

63 이정환의 경우 한국의 안보위험, 주한미군의 주둔목적, 주한미군의 규모, 한국의 경제력, 한국의 대미기여도의 변수에 의하여 결정되었다고 보는데, 이것들도 결국 필요성(안보위험, 주한미군 주둔의 목적과 규모)과 역량(한국의 경제력과 대미기여도)의 범주로 나눌 수 있다(이정환 2011).

못하는 경우로서 대부분의 미국 동맹국들이 이에 해당한다. 미국을 적극적으로 지원해야 하는 상황이기는 하지만 능력이 미흡하여 요구만큼 부담하지는 못하고, 경제가 발전하는 만큼 점진적으로 부담 금액을 증대시켜 나간다. 유형 Ⅲ은 동맹에 기여할 역량은 충분하지만 동맹의 필요성은 낮은 경우로서, 냉전 종식 이후 유럽국가들이 여기에 해당한다. 다만, 미래의 안보상황이 어떻게 변화할지 확신할 수 없기 때문에 이들 국가도 부담분담을 완전히 중단하기는 어렵다. 유형 Ⅳ는 기여할 수 있는 역량도 불충분하지만 동맹의 필요성도 낮은 경우로 라틴아메리카 국가들이 해당한다(Kim 2012, 94~95).

방위비분담의 규모 결정에는 국내 정치적인 요소가 중요하다는 연구결과도 존재한다. 발트러새이티스(Daniel F. Baltrusaitis)는 국내 정치의 요소를 국민 여론(public opinion)과 국내 정치구조(domestic structure)로 구분하고, 국가권력이 집권화되어 있는가 아니면 분권화되어 있는가, 그리고 행정부가 국회로부터 자율적인가 비자율적인가의 4개의 요소로 <표 10-3>과 같이 4가지 유형으로 구분하고 있다(Baltrusaitis 2010, 14; 23~27).

〈표 10-3〉 국가의 정치구조에 의한 구분

구 분	국가 정치구조가 집권화	국가 정치구조가 분권화
국회로부터 행정부 자율적	**유형 Ⅰ**(인식 주도) 지도자 인식이 부담분담의 정도와 방법 결정	**유형 Ⅲ**(엘리트 연합 형성) 엘리트 간의 협의 결과에 의해 정책 결정
국회로부터 행정부 비자율적	**유형 Ⅱ**(사회적 제약) 지도자는 사회와 국회의 여론에 부응하는 방향으로 결정	**유형 Ⅳ**(사회적 제약하의 엘리트 연합) 엘리트연합이 사회여론에 부응하는 방향으로 결정

* 출처: Daniel F. Baltrusaitis 2010, 25.

<표 10-3>을 설명하면, 유형 Ⅰ은 행정부의 권한이 집중되어 있으면서 국회로부터도 견제를 받지 않는 것이고, 유형 Ⅱ는 행정부의 권한이 집중되어 있지만 국회의 의견을 어느 정도 수용해야 하는 것이다. 유형 Ⅲ은 행정부의 권한이 분산되어 있지만 국회의 영향을 약하게 받는 것이고, 유형 Ⅳ는 행정부의 권한이 분산되어 있으면서 국회의 견제를 강하게 받는 유형이다. 따라서 유형 Ⅰ의 국가는 부담분담이나 비용분담에 적극적일 가능성이 크고, 유형 Ⅳ의 국가는 부담분담이나 비용분담에 소극적이게 된다(Baltrusaitis 2010, 27).

위에서 소개한 두 가지 모형으로 방위비분담에 관한 모든 사항을 설명하는 데는 한계가 있지만, 방위비분담 결정과 관련하여 가장 중요한 두 가지 요소, 즉 외부의 위협과 국내 정치 상황의 영향을 체계화한 자체만으로도 의의가 적지 않다. 결국, 위 두 가지 이론을 결합하면 방위비분담은 동맹의 필요성, 특정 국가의 부담능력, 그리고 국내 정치적인 요소의 상호작용에 의하여 결정된다고 할 수 있다. 동맹의 필요성, 즉 외부위협이 심각하면 방위비분담에 적극적이어야 하지만, 분담할 수 있는 역량이 되지 않거나 반대하는 국민들의 의견을 극복하기 어려운 국내 정치구조일 경우 방위비분담을 증대시키는 것이 쉽지 않고, 그렇게 되면 동맹을 유지해나가야 하는 정부로서는 동맹국의 요구와 국민 여론 사이에서 어려운 곡예를 해야 할 가능성이 높다. 그리고 이것이 현 한국의 상황일 것이다.

Ⅲ. 독일과 일본의 사례

그렇다면 미국의 다른 동맹국들은 어느 정도의 방위비분담을 수용하고 있을까? 앞에서 설명한 바와 같이 미국 동맹국들의 대부분은 필요성은 크지만, 능력은 미흡하다고 생각하기 때문에 미국과 협의하여 적절한 수준의 방위비분담을 수용하는데, 이 중에서 가장 많은 숫자의 미군을 주둔시키고 있고, 가장 많은 액수의 비용을 분담하고 있는 국가는 독일과 일본이다.

1. 독일

독일에는 1945년 제2차 세계대전의 패배 이후 미국, 영국, 프랑스, 소련군이 주둔하였다가 1990년 10월 3일 통일된 이후 소련군은 철수한 반면에 미군은 NATO군의 일원으로 지금까지 주둔하고 있다. 이 중에서 주독미군은 현재 50,500여 명으로서, 육군 35,200명, 해군 485명, 공군 14,450명, 해병대 365명으로 구성되어 있다(IISS 2013, 140). 이들은 육군이 주력으로서 하이델베르크(Heidelberg)에 미 육군 유럽사령부가 위치하고 있고, 미 유럽사령부 겸 최고동맹군사령부가 슈투트가르트(Stuttgart)에 있다. 미군은 독일 중부와 남부지역을 중심으로 20여 개 주둔지역 60여 개 기지에 분산되어 있다.

독일은 1951년 6월 19일에 체결된 주둔군지위협정(SOFA)과 1959년 체결된 이의 보충협정에 근거하여 주둔군에 대한 지원을 제공하여 왔다. 독일은 패전국을 동맹국으로 편입시켜 주었을 뿐만 아니라 공산주의의 위협으로부터 방어해주는 데 대한 감사의 마음으로 이

들이 요구하는 바를 대부분 수용하는 태도를 보였다. 지급방법에서
도 원칙적으로는 현금이 금지되어 있었지만, 고용인력의 해고에 따른
퇴직금과 사회보장 비용, 주둔군이 공무수행으로 입힌 손해 중 독일
부담금 등의 경우에는 현금으로도 지급하여 왔다(탁성한 2006, 3).

독일이 부담해온 방위비분담을 성격에 따라 구분해보면 다음 세
가지 중 하나이다. 서베를린 점령군(미국, 영국, 프랑스)에 대한 직ㆍ
간접 지원, 미군이 대부분을 차지했던 서독 주둔군에 대한 지원,
NATO 회원국으로서 지급하는 기여금이다(탁성한 2006, 2). 독일 통
일로 인하여 서베를린 점령군에 대한 지원은 소멸된 상태이다.

냉전 기간에 존재해왔던 서베를린 점령군에 대한 지원의 경우 서
독은 서베를린의 방위와 연합군 지원을 위한 기반시설 구축, 시민들
의 생활안정 지원 투자, 연합군 생활필수품 보관 및 주둔에 따른 제
반 비용의 대부분을 담당하였다. 그 액수는 당시 서독 국방비의
20% 정도에 해당할 정도로 컸고, 독일이 통일될 때까지 계속되었다
(정상돈 2009, 51~52). 독일은 소련군이 동베를린과 동독으로부터
철수하는 비용도 전액 부담하였다.

독일은 별도의 양자협정을 체결하여 미국의 부담을 덜어주고 있
다. 이는 1960년대 들어서 소련과의 갈등이 심화되면서 국방비 소요
가 대폭적으로 증대되자 미국이 요구한 사항으로서, 서독은 1961년
부터 대규모 미국무기 구매 및 대금 선(先)지급, 채무 선(先)변제, 미
국 국채 대량 매입, NATO의 기반시설 구축비용 증액, 미군 숙소 건
설 및 수리, 핵연료 구매, 무이자 대여금 지원, 제3세계에 대한 미국
지원금 인수, 양국 간 과학기술협력 프로그램 지원, 주독미군의 세
금 및 각종 요금 면제 등의 명분으로 1975년까지 14년간 총 112억

3,000만 달러를 지급하였고, 이를 평균하면 연간 8억 달러 정도가 된다(정상돈 2009, 34~39). 현재 독일이 미군을 어느 정도로 지원해 주고 있는지를 체계적으로 정리하여 발표하고 있는 자료는 없으나 대체로 과거와 같은 정도의 지원이 지속되고 있는 것으로 판단된다. 미국의 랜드(RAND) 연구소에서 미군의 해외주둔 비용과 국내주둔 비용을 비교하여 2013년 발표한 보고서에 근거하면 2009년에 독일이 기여한 액수는 약 8억 3천만 달러(1달러를 1,000원으로 계산할 경우 8천3백만 원) 정도이다(RAND 2013, 409).

독일은 주독미군에 대한 직접적인 지원 이외에도 NATO 공동예산으로도 상당한 금액을 부담하고 있다. 이것은 NATO 본부 및 근무인력 유지비, 동맹국 영공에서의 방공임무 수행, 지휘통제체제 및 통신체제 유지, 합의된 특정 분야 전력개선 등에 사용된다. 이 예산은 민간예산, 군사예산, NATO 안보투자사업(NSIP: NATO Security Investment Programme)으로 구성된다. 2012년 1월에서 2013년 12월까지 2년간을 보면 독일은 미국 다음으로 많은 예산을 부담하고 있는데(미국은 22%, 영국과 프랑스 11%), 그 규모는 NATO 직접지원 총예산의 약 15%이다(NATO 2014a). 그런데 이 부담비율은 NATO 동맹국들의 국민총수입(GNI: Gross National Income)을 기준으로 하는 것으로서(Ek 2012, 7) 동맹에 대한 독일의 필요성이 반영된 것은 아니다. NATO의 2013년 예산을 보면 민간예산사업 215,473,000유로, 군사예산의 경우 1,448,799,776유로, 안보투자사업 700,000,000 유로이다(NATO 2014b). 따라서 독일은 2013년의 경우 약 3억 5천만 유로 정도(1유로를 1,400원 정도로 고려할 때 원화로는 4,914억)의 NATO 공동예산을 부담하고 있는 것으로 볼 수 있다.

이렇게 볼 때 독일의 방위비분담은 양자협정을 통한 주독미군 지원과 NATO 분담금으로서, 개략적으로 9억 달러(9천억 원) 정도로서 한국과 유사한 수준이다. 독일은 패전국의 입장에서 점령군의 주둔에 따른 막대한 비용을 배상금 차원에서 분담해온 부분이 있기 때문에 한국과 독일의 방위비분담을 그대로 비교할 수는 없지만, 독일의 국방비(2012년의 경우 319억 유로, 404억 달러)와 GDP(2012년의 경우 2조 660억 유로, 3조 3,700억 달러 정도)가 한국의 1.4배와 3배(한국의 2012년 국방예산은 290억 달러, GDP는 1조 1,500억 달러) 정도라는 것을 고려하면(IISS 2013, 137) 한국에 비해서는 낮은 수준의 분담을 하고 있다고 볼 수 있다.

독일의 방위비분담은 항목의 성격에 따라 국방부, 외무부, 재무부 등에 분산되어 편성되어 있고, 독일 스스로가 그러한 사항을 발표하지 않고 있어서 분담내역을 정확하게 파악하는 것은 어렵다. 그만큼 지원을 당연한 비용으로 생각하고 있다고도 볼 수 있다. 또한, 지원 분야와 절차가 명확하게 설정되어 있어서 특별한 경우가 아니면 분담에 관한 사항을 따로 협의 및 협상하지 않는다. 독일은 베를린 수도 이전이나 미군기지의 철수 및 반환에 따른 평가와 보상에 관하여 협상한 적은 있지만, 방위비분담의 액수와 조건에 관하여 새롭게 협상을 하지는 않았다(탁성한 2006, 4). 이와 같은 신뢰에 기초한 방위비분담은 미독관계를 더욱 돈독하게 만들었고, 통일에 대한 전폭적인 지원을 가능하게 했던 것으로 판단된다.

2. 일본

주일미군은 미 태평양사령부(US Pacific Command) 예하의 육군 2,500명, 해군 6,750명, 공군 12,500명, 해병 14,950명으로 총 36,700여 명이다(IISS 2013, 309). 이들은 80여 개의 지상기지와 해상에 분산되어 있다. 이들 이외에도 미 국방성이 고용한 민간인력 5,500명, 일본인 고용원 23,000여 명이 주일미군을 지원하고 있다. 주요 사령부로는 요코타에 5공군사령부가 있는데, 그 사령관이 주일미군사령관을 겸하고 있다. 세계 최대 함대인 미 7함대가 일본의 요코스카에 기지를 두고 있다. 유엔군사령부(UNC: United Nations Command)의 7개 후방기지64도 일본 내에 위치하고 있다. 주한미군에 비해서 주일미군은 그 규모도 크지만, 주요 사령부가 포함되어 미군에서 차지하는 실제적 비중이 높고, 훈련장, 병참 및 저장시설, 숙소와 휴양소 등 상당한 전투지원 및 전투근무지원 시설이 구비되어 있어 주일미군만으로도 상당기간 독립작전 수행이 가능한 상태이다.

일본은 '미일 상호협력 및 안전보장 조약' 제6조와 주둔군 지위협정(SOFA) 제24조, 그리고 1987년 미일특별협정에 근거하여 비용을 분담하고 있다. 이 중 비용분담의 직접적인 근거가 되는 것은 특별협정으로서, 일본도 5년 단위로 이를 개정하고 있다. 일본은 주일미군을 위한 노무비용, 설비 및 시설비용, 그리고 훈련 재배치에 따른

---

64 유엔사 후방 7개 기지는 요코타(橫田, 공군기지), 자마(座間, 육군기지, 미 육군 1군단 전진기지), 요코스카(橫須賀, 해군기지), 사세보(佐世保, 해군기지), 가데나(嘉手納, 공군기지), 후텐마(普天間, 해군/해병대기지), 화이트비치(오키나와 해군/해병대기지)이다.

비용의 전부 또는 일부를 부담하기로 되어 있고, 주일미군의 훈련을 위하여 괌(Guam)과 같은 미국 영토로 미군을 재배치함에 따라 발생하는 비용도 담당하고 있다(JMD 2013, 138). 일본은 독일과 유사하게 패전국으로서 미국의 요구를 일방적으로 수용해왔고, 따라서 지원이 적극적이면서 다양하다.

일본의 경우 주둔군지위협정에 의해서는 시설비(건설과 운영유지), 기지 주변의 민원 해결을 위한 시설의 건설과 정비, 국유지와 사유지 임대료, 기지이전 비용, 그리고 주일미군에 대한 공무 피해 보상비를 분담하고 있고, 특별협정에 의해서는 고용원 인건비와 공공요금(수도, 전기, 가스비 등), 훈련장 이전비 등을 부담한다. 일본은 주둔군지위협정이나 특별협정에 규정되어 있지 않은 추가소요가 발생할 경우에도 협의하여 융통성 있게 지원하고 있다. 지원내용에 대한 최종적인 결정은 양측 국무장관(외무상)과 국방장관(방위상)이 연례적으로 만나는 '2+2 안보협의위원회(Security Consultative Committee)'에서 결정된다. 2013 회계연도의 주일미군 지원예산은 <표 10-4>와 같다.

〈표 10-4〉 2013 회계연도 주일미군 지원예산

(단위: 일본 엔화)

구분	세부 내역	금액	중간 합산	총액 (%)
미군주둔 지원비 (防衛省 예산)	주둔비용분담(cost sharing)	569억	1,769억	2,231억 (34.8%)
	미군시설 주변구역 환경개선비	569억		
	시설임차료	958억		
	재배치비(relocation)	7억		
	어업보상 등 여타비용	234억		
	시설개선사업비	209억	462억	
	노무비(복지비 등)	253억		

非防衛省 예산	기지보조금 등 관련 省 비용	377억	2,037억	2,037억 (31.8%)
	정부소유토지 제공 비용	1,660억		
특별협정(SMA) 부담금	고용비(기본급 등)	1,144억	1,398억	1,452억 (22.6%)
	공용비(전기, 가스, 수도, 교통비 등)	249억		
	훈련이동비(야간착륙훈련)	4억		
	훈련이동비(훈련강화사업)	11억	53억	
	훈련이동비 지원(기지재편 항공훈련)	42억		
오키나와 특별위원회 (SACO) 예산	토지환수사업	30억	77억	77억 (1.2%)
	훈련장 개선사업	2억		
	소음 감소사업	19억		
	SACO사업 촉진비	27억		
미군기지 재편 관련 예산	미해병대 이전사업	70억	614억	614 (9.5%)
	오키나와기지 재편사업	60억		
	미육군사령부 보강사업	84억		
	항모항공단 이전사업	369억		
	훈련장 이전	300억		
	시설 재배치	94억		
총지원 예산	6,411억 엔(100%)			

*출처 : JMD 2013, 139.

<표 10-4>에서 보는 바와 같이 일본의 2013년 회계연도(2012.4.1~ 2013.3.31) 미군지원 예산은 총 6,411억 엔인데, 이중 SOFA와 특별 협정에 근거한 직접지원비는 3,683억 엔이며 간접지원비는 2,037억 엔이다. 이 외에 오키나와 특별위원회 관련 예산이나 미군기지 재편 관련 예산과 같이 당시 제기된 현안의 해결을 위하여 특별히 지원되 는 비용도 있다. 그리고 한국과 달리 일본의 지원액수는 최근에는 오히려 감소되고 있는데, 2011년 일본이 미군을 지원한 예산은 6,912억 엔이었으나(JMD 2013, 138), 2012년에는 6,540억 엔(JMD 2012, 233)으로 감소되었다. 미군에게 비용감소를 위한 노력을 촉구 하고(JMD 2013, 138), 고용원의 숫자 제한 등과 같은 자체적인 효율

화 노력을 기울인 결과라고 판단된다.

주일미군에 대한 일본의 지원은 현물 또는 현금으로 직접 집행하는데, 이의 규모는 환율에 따라 다르지만(100엔을 1,000원으로 계산할 경우) 전체규모를 계산할 때 한국의 7배(2013년 한국의 방위비분담액은 8,695억 원)가 넘고, 그중에서 한국의 직접지원비만을 계산할 경우에는 4배가 넘는다. 방위비분담을 위한 특별협정에 의하여 제공하는 일본과 한국의 액수만을 비교한 한국의 1.6배에 불과한 것으로 보는 자료도 있으나 각국마다 방위비분담을 제공하는 근거가 다르기 때문에 그것은 의미가 없다. 일본에 주둔하는 미군이 한국보다 많고, 일본의 국방비(2012년의 경우 4조 7,100억 엔, 594억 달러)와 GDP(2012년의 경우 474조 엔, 5조 9,800억 달러)가 한국의 2배와 5배 정도라는 것을 고려하더라도(IISS 2013, 306) 일본이 한국에 비해서 상당히 많은 방위비분담을 실시하고 있는 것은 분명하다.

일본은 주일미군이 일본의 방위를 지원하는 과정에서 발생하는 비용은 가급적 지원한다는 개념으로서 지원을 위하여 가능한 규정을 찾거나 없으면 만드는 방식이다. 따라서 미국에 제공하는 총액만 합의하는 한국의 "총액형"과 대비하여 일본은 미군이 필요하다고 제기하는 부분을 검토하여 충족시켜 준다는 측면에서 "소요충족형"으로 부르기도 한다(김영일·신종호 2008, 8). 다만, 소요를 충족시켜 준다고 하여 무제한인 것은 아니고, 2013년 인건비의 경우 인력의 한도를 22,625명으로 설정하였고, 공용비의 경우에도 연 249억 엔으로 한도를 설정하였다(JMD 2013, 138). 그리고 일본의 방위비분담 예산은 일본 정부가 직접 집행하고 있고, 따라서 세부 내역을 정확하게 파악 및 통제할 수 있다.

일본의 경우에도 방위비분담이 부담이 되지 않는 것은 아니다. 2013 회계연도의 경우 주일미군 지원금 6,411억 엔은 방위 관련 예산 4조 6,804억 엔(JMD 2013, 118)에 대하여 13.7%에 달한다. 순수 방위성 예산 미군주둔 지원비(2,231억 엔)와 특별협정 부담금(1,452억 엔)을 합친 3,683억 엔을 계산하더라도 방위예산의 7.9%에 해당한다. 한국의 2012년 국방예산 34조 3,453억 원에서 방위비분담금(비용분담) 8,695억 원을 계산할 경우는 2.53%로서, 일본이 한국보다 많은 부담을 하고 있는 것은 분명하다고 할 것이다.

3. 독일과 일본의 사례 분석

독일과 일본의 경우를 <표 10-2>에서 제시되고 있는 김성우의 방위비분담 모형에 적용할 경우 독일의 경우 GDP 규모가 크기는 하지만 아무런 부담 없이 동맹을 지원할 수 있는 역량은 아니다. 다만, 통일로 인하여 동맹을 필요로 하는 직접적인 위협은 없어진 상태라서 김성우의 모형에 의하면 유형 Ⅳ로 볼 수도 있다. 그러나 역사적으로 두 번의 세계대전을 유발하였고, 내선(內線)의 입장에서 다수의 국가와 국경을 접하고 있는 상황에서 위협이 전혀 없어진 것으로 인식하지는 않을 가능성이 높다. 즉, 과거보다 동맹의 필요성이 약해진 것은 사실이지만, 여전히 <표 10-2>에서 제시하고 있는 김성우 모형의 유형 Ⅱ에 해당한다고 봐야 할 것이다. 그렇기 때문에 독일은 상당한 규모의 미군을 주둔시키고 있고, 필요한 비용을 지속적으로 제공하고 있는 것이다. 다만, 최근에 동맹의 필요성이 다소 낮아진 상태이기 때문에 한국에 비해서 경제규모가 크고 2배나 많은 미군이 주둔하고 있지만, 한국과 유사한 정도의 방위비분담만 부담하고 있는 것이다.

일본의 경우에도 경제력이 적지는 않으나 여전히 동맹이 요구하는 바를 아무런 부담 없이 지원할 수 있는 정도는 아니다. 다만, 독일에 비해서 일본은 미국과 긴밀한 동맹을 유지해야 할 필요성이 훨씬 크다는 것이 다르다. 일본은 북한 핵미사일의 위협을 심각하게 인식하고 있고, 중국과 센카쿠(중국명으로는 댜오위다오) 열도를 둘러싸고 갈등이 점증하고 있으며, 중국의 군비증강 가속화에 대하여 위협을 느끼지 않을 수 없고, 이러한 경우에 의존할 곳은 미국일 수밖에 없다. 따라서 일본은 <표 10-2>에서 제시하고 있는 유형 중에서 Ⅱ에 해당한다.

발트러새이티스가 제시한 <표 10-3>의 정치구조에 의한 지원의 정도를 고려할 때 독일과 일본 모두 내각책임제로서 분권화되어 있는 것은 분명하다. 그러나 독일과 일본의 경우 제2차 세계대전을 발발한 예에서 보듯이 다른 어느 국가보다 공동체를 우선시하는 사고가 배경을 이루고 있고, 내부적으로는 엘리트들을 중심으로 한 체계적인 국가운영의 전통이 강하다. 따라서 발트러세이티스의 모형에 적용할 경우 형식적으로는 의회주의가 강하여 유형 Ⅳ라고도 할 수 있으나, 의원내각제로서 의회를 장악한 다수당의 지도자가 총리로 임명됨으로써 총리가 국회를 지배하게 되고, 따라서 의회로부터 오히려 자율성을 보장받을 수 있으며, 그래서 유형 Ⅲ에 가깝다고 평가할 수 있다. 실제로 독일과 일본은 국익 차원에서 불가피하다고 판단한 사안에 대해서는 행정부와 의회가 단결하여 단호하게 결정 및 추진하는 양상을 보여왔고, 방위비분담과 관련하여 의회에서 심각하게 반발하거나 비판하는 모습이 노출되지 않았다.

Ⅳ. 한국의 방위비분담 현황

1. 주한미군 현황

주한미군(USFK: United States Forces Korea)은 1945년 8월 제2차 세계대전 직후 일본군의 무장해제를 위하여 최초로 진주하였다가 1949년 대부분 철수하였다. 그러다가 1950년 6·25전쟁으로 다시 배치되어 현재에 이르고 있다. 6·25전쟁 종전 직전인 1953년에 주한미군은 최대 8개 사단 32만 5천 명에 이르렀으나, 그 이후 계속 감축되어 2014년 현재 약 28,500명이 주둔하고 있다. 주한미군은 미 8군 소속의 육군이 19,200명으로서 다수를 차지하고, 미 7공군 예하 공군이 8,800명, 미 해군은 250명, 미 해병대 250명이다(IISS 2013, 315). 1945년부터 현재까지 주한미군의 규모 변화를 보면 <표 10-5>와 같다.

〈표 10-5〉 주한미군의 병력변화 추이

연도	병력규모	연도	병력규모	연도	병력규모
'45	76,000	'58	52,000	'75	42,000
'46	42,000	'59	50,000	'76	39,000
'47	40,000	'60 - '63	58,000 - 56,000	'77	42,000
'48	16,000	'64	63,000	'78 - '83	39,000 - 38,000
'49	500	'65	62,000	'84 - '86	43,000 - 41,000
'50	214,000	'66	52,000	'87	45,000
'51	253,000	'67 - '68	56,000	'88	46,000
'52	266,000	'69	61,000	'89	44,000

'53	325,000	'70	54,000	'90 - '91	43,000
'54	223,000	'71	43,000	'92 - 2004	37,000 - 32,500
'55	85,000	'72	41,000	'05	29,500
'56	75,000	'73	42,000	'06 - 2014	28,500
'57	70,000	'74	38,000		

* 출처: 국방부 군사편찬연구소 2003, 677; 황인락 2010, 33.

2. 방위비분담의 경과

한국은 주둔군지위협정(SOFA) 제5조의 예외적 조치로서 미국과 방위비분담 특별협정(SMA: Special Measures Agreement)을 체결하여 1991년부터 미군 주둔비용 일부를 분담해오고 있다. 주둔군지위협 정 규정에 주둔경비 지원 조항이 없기 때문에 일본의 선례를 따라 별도의 협정을 체결한 것이다.

한국은 1991년의 1억 5,000만 달러를 시작으로 매년 방위비분담 의 규모를 증대시켜 오고 있다. 1991년부터 1995년까지는 1, 2차 특 별협정으로서 1995년 3억 달러를 목표로 하여 증액해나가는 방식을 적용하면서 매년 분담금을 협상하였다. 그러나 협상 과정에서 노출 되는 양국 입장의 차이가 동맹에 악영향을 끼친다고 판단하여 1996 년 제3차 특별협정을 통하여 전년도 분담금을 기준으로 매년 10% 증액하는 것으로 합의하였고, 최초로 3개년 분담금을 한꺼번에 결정 하였다. 제4차 특별협정에서는 2001년까지 적용할 분담금을 협상하 였는데, 인건비와 군수지원 일부를 원화로 지급하기 시작하였다. 제 5차 특별협정은 2002년에서 2004년까지 적용되었는데, 기간 내 인

상률은 전년도 분담금의 8.8%로 하되 전전(前前)년도 물가상승률만큼의 증가액을 합산하여 결정하기로 하였다. 2005년과 2006년 적용된 제6차 특별협정에서는 기간 내 인상률을 동결하면서 분담금 전액을 원화로 지급하였다. 2007년과 2008년에 적용된 제7차 특별협정은 2008년부터 전년도의 액수에 전전년도의 물가상승률만 증액하였고, 군사시설 건설의 현물사업 비율을 10%로 상향 조정하였다.

2009년부터의 방위비분담은 2008년 체결된 제8차 방위비분담 특별협정에 의하여 결정되었는데, 연도별 분담금은 전전년도 물가상승률을 반영하되 4%로 상한선을 적용하였고, 군사건설비의 경우 단계적으로 현물로 전환하도록 하였다. 그리하여 미국은 2011년에 한국에서 발생하는 非인적비용(NPSC: None-personnel Stationing cost)의 42%를 부담하고 있는 것으로 평가하고 있다(Manyin 2011, 18). 2013까지 한국이 부담해오고 있는 방위비분담 액수를 정리하면 <표 10-6>과 같다.

<표 10-6> 한국의 방위비분담 추이

연도	비용분담금	비고
1991	1억 5,000만 달러	제1차 및 제2차 SOFA 특별협정으로 1991~1995년분 체결. 전액 달러로 지급하면서 주한미군 총 주둔비용 중 미국인 인건비를 제외한 비용의 1/3 분담을 결정
1992	1억 8,000만 달러	
1993	2억 2,000만 달러	
1994	2억 6,000만 달러	
1995	3억 달러	
1996	3억 3,000만 달러	제3차 협정 1996~1998년분을 체결. 1998년은 협정상 3억 9,900만 달러였으나 외환위기로 축소하여 지급하였고, 1998년부터 절반 이상을 원화로 지급
1997	3억 6,300만 달러	
1998	3억 1,400만 달러	

1999	3억 3,900만 달러	
2000	3억 9,100만 달러	제4차 협정 1999~2001년분 체결
2001	4억 4,400만 달러	
2002	4억 7,200만 달러	제5차 협정 2002~2004년분 체결
2003	5억 5,700만 달러	원화지급 88%로 상승
2004	6억 2,200만 달러	
2005	6,804억 원	제6차 협정 2005~2006년분 체결
2006	6,804억 원	2005년부터 전액 원화로 지급
2007	7,255억 원	제7차 협정 2007~2008년분 체결
2008	7,415억 원	
2009	7,600억 원	
2010	7,904억 원	
2011	8,125억 원	제8차 협정 2009~2013년분 체결
2012	8,361억 원	
2013	8,695억 원	

* 출처: 2009년까지는 황인락 2010, 36: 2010년부터는 외교부 자료 참조.

정부는 방위비분담을 둘러싼 미국과의 장기적인 협상을 통하여 2014년 1월 12일 2014년에서 2018년까지 5년 동안 적용될 주한미군 방위비분담 특별협정 내용을 발표하였다. 2014년의 경우 2013년 (8천695억 원)에 비해 5.8%(505억 원) 증가한 9,200억을 부담하고, 연도별로 전전년도 소비자 물가지수를 적용하여 최대 4%를 넘지 않는 범위 내에서 인상한다는 내용이었다. 이 외에도 한미 양국은 방위비분담금의 투명하면서도 체계적인 사용을 보장하기 위하여 분담금 배정 단계에서부터 양국이 사전에 조율하고, 건설사업과 군수지원 분야에 관한 상설협의체를 신설하며, '방위비분담금 종합 연례 집행 보고서', '현금 미집행 상세 현황보고서' 등을 작성하여 미국이 한국에 통보하도록 하였다. 다만, 국회비준이 지연된 데서 알 수 있듯이 방위비분담에 대한 국민적 공감대는 아직 미흡한 상태이다. 따

라서 새로운 특별협정을 체결하는 상황에서는 한미동맹이 또 한 차
례 홍역을 치를 가능성이 높다.

3. 방위비분담의 현황과 특징

한국이 제공하는 방위비분담은 최초 4가지 항목으로 시작하였으
나 지금은 3가지 항목으로서, 인건비, 군사건설, 군수지원이 주요 항
목이다. 2013년을 기준으로 할 때 한국인 노동자들의 인건비는 한국
이 제공하고 있는 방위비분담금의 38%를 차지하고, 막사 등 비전투
시설 건축을 포함한 군사건설 비용은 44%를 차지한다. 철도와 차량
수송 등 용역 및 물자 지원을 위한 군수지원비는 18%를 차지한다.

한국이 분담하는 내역을 세부적으로 설명하면, 인건비는 주한미
군기지에 근무하는 한국인 고용원에 대한 기본급과 수당 등 임금지
원을 의미하고, 전액 현금으로 지급한다. 군사건설비는 군인막사, 환
경시설, 하수처리시설 등 주한미군의 비전투시설에 대한 건축지원
자금을 지원하는 것으로서, 2009년부터 연합방위력증강사업도 여기
에 포함시켰고, 현금과 현물로 나누어 지급한다. 군사건설비 중에서
현금으로 지급하는 것은 설계비와 감리비로서 전체의 12%로 책정
되어 있고, 나머지 88%인 현물 군사시설 건설비는 주한미군사령부
가 사업을 선정한 후 한국이 집행하며, 완공되면 미군에 시설형태로
제공한다. 또한, 연합방위력증강사업 비용은 활주로, 탄약고, 부두,
항공기 엄체호 등 한국과 미국의 연합방위력 증강을 위해 공동 이용
이 가능한 순수 전투용 및 전투근무시설 지원비로서, 사전에 합의한
금액 내에서 미군이 한국에 소요를 제기하면 한국이 공사를 집행한

후 미군들에게 현물형태로 제공하는 방식으로 집행된다. 군수지원비는 탄약의 저장·관리·수송, 장비의 수리, 항공기 정비, 비전술 차량의 군수정비, 창고임대료, 시설유지비 등 용역 및 물자지원비를 의미하고, 합의된 분담금 내에서 미군이 필요한 용역 및 물자를 획득하기 위해 한국의 업체와 계약을 한 후, 미군이 송장을 한국에 제출하여 사후에 정산하는 방식으로 집행된다.

한국의 방위비분담은 지출내용이나 소요경비와는 상관없이 총 분담규모를 서로 협의하여 결정한 이후에 구성항목별로 예산을 배분하여 제공하는 방식을 택하고 있다. 예를 들면, 제1, 2차 특별협정에서는 주둔비용의 1/3을 목표로 산정하였고, 제3차 특별협정에서는 달러화 기준으로 매년 10%를 증액하기로 하였으며, 제4차 특별협정 이후부터는 경제성장률이나 물가상승률에 맞춰서 분담금을 산정해왔다. 따라서 방위비분담의 증감은 쉽게 파악할 수 있으나 그것이 어떤 목적으로 쓰이는지에 대한 내역은 쉽게 파악하기 어려운 특성을 지니고 있다.

한미 양국은 수시로 방위비분담의 총액을 협상해왔기 때문에 그 과정에서 계속적으로 액수와 조건이 변화되어 왔다. 방위비분담 협상 과정은 미국 측에서는 액수를 증대시키고, 한국 측에서는 증액규모를 최소화하면서도 조건을 한국에 유리하게 전환시키고자 협의해온 과정이었다고 할 수 있다. 서로의 입장 차이가 적지 않거나 국내적인 요소를 고려해야 함에 따라서 통상적으로 최종적인 타결은 시한을 넘겼고, 따라서 한국의 경우에는 예산안이 통과되고 난 이후 국회의 비준을 받는 경우가 발생하여 국회를 불편하게 만들었고(국회예산정책처 2013, 68), 양국 간의 첨예한 입장 차이가 공개되어 국민들의 반미감정을 자극하기도 하였다. 동맹을 강화하기 위한 방위비분담이 오히려 동맹을 훼손한다는 우려도 제기되고 있다.

4. 방위비분담 이론에 의한 한국의 경우 분석

한국의 경우를 <표 10-2>에서 제시되고 있는 김성우의 방위비분담 모형에 적용할 경우 기본적으로는 일본과 유사한 형태이다. 한국의 경제력이 작은 규모는 아니더라도 미국이 요구하는 바를 부담 없이 지원할 수 있는 정도는 아니다. 대신에 미국의 동맹을 필요로 하는 정도는 다른 어느 국가에 비해서 큰 것이 사실이다. 한국은 현재도 북한과 비무장지대를 중심으로 일촉즉발의 상태로 대치하고 있고, 미국과 한미연합사령부를 설치하여 일사불란하면서도 즉각적인 연합대응을 보장하고 있으며, 키리졸브(Key Resolve) 연습, 독수리(Foal Eagle) 연습, 을지-프리엄가디언(Ulchi-Freedom Guardian) 연습 등 대규모 연합연습을 연례적으로 실시하고 있다. 최근에는 북한이 핵무기를 개발한 후 탄도미사일에 탑재할 정도로 소형화하는 데 성공함에 따라서 한국은 미국의 확장억제(Extended Deterrence)에 전적으로 의존할 수밖에 없는 상황이다. 이러한 점을 반영할 경우 한국은 <표 10-2>에서 유형 Ⅱ에 해당되고, 미국이 요구하는 바는 될 수 있으면 수용해나가야 하는 상황이라고 할 것이다.

발트러새이티스가 제시한 <표 10-3>의 정치구조에 의한 지원의 정도를 고려할 때 한국은 독일이나 일본과는 다소 다르다. 독일과 일본은 내각책임제로서 형식적으로는 정치구조가 분권화되어 있지만, 실질적으로는 다수당의 지도자가 총리가 되어 의회와의 협의를 바탕으로 행정부를 이끌고 있기 때문에 의회에서의 비판이나 견제는 오히려 낮은 편이다. 반면에 한국은 형식적으로는 대통령중심제로서 정치구조가 집권화되어 있지만, 최근 민주화가 급격히 진행되면서 행정부가 국회나 국민 여론을 최대한 존중하지 않을 수 없는 분위기이고, 다수당의 단독처리가 어렵게 제도를 만들어놓은 상태라서 행정부가 의회를 무시하고 어떤 결정을 내리기가 어려운 상황이다. 이러한 점에서 한국은 유형 Ⅱ에 해당한다고 할 수 있다. 따라서 한국의 정부는 미국과의 방위비분담 협상 과정에서 국회와 국민들의 여론을 반영하는 데 최우선적인 관심을 두지 않을 수 없고, 그래서 미국과의 협상은 더욱 어려워지고 있다.

V. 방위비분담에 대한 한국의 정책과제

1. 한국 상황에 대한 정확한 이해

방위비분담과 관련하여 국민들이 확실하게 이해할 필요가 있는 사항은 방위비분담은 거래가 아니라 한국의 안보를 위한 미국의 노력을 경감시켜 주기 위한 한국의 자발적 조치라는 사실이다. 미국이 요구하는 대로 무조건 지급하는 것도 곤란하지만, 액수와 조건을 둘러싼 지나친 협상으로 동맹국 간의 신뢰를 손상하는 것은 방위비를 분담하는 근본정신과는 상치된다. 한미동맹에 덜 의존해도 되는 상황이면 상관없으나 한미동맹을 더욱 강화해야 할 상황이라면 방위비분담을 둘러싼 지나친 논란은 바람직하지 않다. 다음의 인용문은 이를 잘 설명하고 있다.

> 동맹은 매우 높은 수준의 신뢰에 기초한 양자관계이다. 동맹을 제
> 외하고는 그 어떤 관계도 상대방에 대한 공격을 나에 대한 침해와
> 동일시하여 자동적으로 군사적 기여를 제공하겠다는 약속을 이끌
> 어낼 수 없다. 즉, 동맹에 있어서 가장 중요한 것은 신뢰이며, 이
> 는 정치적 측면에서 실제 기술적·실무적 측면까지 광범위하게
> 공유될 수 있어야 한다(차두현 2014, 21).

김성우의 모형에서 제시된 바와 같이 방위비분담을 결정하는 가
장 중요한 요소는 동맹국의 지원을 필요로 하는 정도인데, 한국의
경우 미국의 지원이 매우 필요한 상황임을 부인할 수는 없다. 북한
의 재래식 도발에 대한 대응력은 어느 정도 구비하고 있지만, 승리
하는 것보다 억제하는 것이 중요하다는 점에서 세계 최강의 군사력
을 보유하고 있는 미국의 지원은 여전히 필요하다. 북한이 주한미군
의 철수를 지속적으로 요구하는 것 자체가 한반도의 전쟁억제를 위
한 미국의 역할이 중요함을 반증하고 있다. 한국이 2012년 미국과
국지도발에도 공동으로 대응하는 것으로 합의한 것도 미국과의 연
합대응을 과시함으로써 2010년에 있었던 천안함 및 연평도 사태와
같은 도발을 억제하겠다는 의도이다. 노무현 정부 때 합의되어 2015
년 12월 1일부로 해체되게 되어 있던 한미연합사령부를 존속시키기
로 결정한 것도 북한의 위협, 특히 북한의 핵미사일 위협이 심각하
고, 미국의 지원을 활용하는 것이 필요하다고 판단하였기 때문이다.
실제로 북한은 10여 개 정도의 핵무기를 개발하였을 뿐만 아니라
탄도미사일에 탑재하여 공격할 정도로 '소형화·경량화'하는 데 성
공하였을 가능성이 높고, 한국은 핵미사일이 공격해올 경우 공중에

서 요격할 수 있는 무기체계를 아직 보유하지 못하고 있다. 결국, 북한이 핵무기 공격으로 위협할 경우 한국은 미국의 핵무기를 이용하여 응징보복한다는 개념에 의존할 수밖에 없고, 따라서 미군의 지원이 절대적으로 필요한 상황이다. 특히 북한은 2016년 정도에는 17~52개, 2018년 정도에는 26~61개 정도로 핵무기를 증대시킬 것으로 예상되고, 전술핵무기에도 핵무기를 탑재할 가능성이 없지 않아 (문장렬 2014, 29) 시간이 지날수록 북한의 핵무기에 대한 한국의 전략적 불균형은 더욱 커질 가능성이 높다. 따라서 앞으로 한국은 한미동맹을 계속 강화할 수밖에 없고, 이러한 측면에서 어느 정도의 방위비분담은 불가피하다고 할 것이다.

이러한 점에서 독일과 일본의 사례는 한국에게 유용한 참고자료가 될 수 있다. 독일의 경우에는 부처별로 담당하고 있는 액수를 산출하거나 미국과 액수를 조정하는 등의 활동이 노출된 적이 없고, 일본의 경우 한국과 같이 5년마다 재협의를 하거나 일부 상한선을 설정하기는 하지만 미국과의 방위비분담에 대하여 한국만큼 국민들이 민감하게 반응하지는 않는다. 방위비분담 자체가 미국의 지원을 활용하기 위한 방편이면서 동맹국에 대한 선의로 제공되는 것인 만큼 국내의 지나친 논란은 자제될 필요가 있다. 공무원들이나 의회에서는 면밀하게 검토 및 분석하더라도 외부적으로는 적극적으로 지원한다는 모습을 보일 필요가 있다.

2. 한미동맹에 관한 정치권의 리더십 확보

한국은 대통령 중심제로서 정치구조가 집권화되어 있어 얼마 전까지는 방위비분담과 같은 정책의 결정이나 시행이 그다지 어렵지 않았다. 그래서 1990년대나 2000년대 초반에는 방위비분담이 정부 내부의 토론과 미국과의 협상을 통하여 결정되었고, 국민적 관심도 크지 않았다. 그러나 최근 민주화가 진전되면서 정치구조 자체도 상당할 정도로 분권화되었고, 국회에서는 야당이 반대할 경우 어떤 사안도 통과되기가 어렵다.

정부는 방위비분담에 관한 국민적 동의를 형성하는 노력을 더욱 강화해나가지 않을 수 없다. 방위비분담의 원래 성격이 무엇이고, 그 현황은 어떠하며, 어디에 사용되고, 그의 투명성을 보장하기 위하여 우리 정부가 어떤 장치를 도입하였는지를 자세하게 설명하고, 이에 대한 국민적 동의를 구해야 한다. 이번 제9차 방위비분담 협상에서도 한국이 분담한 비용 사용의 투명성과 합리성을 향상하기 위한 다양한 조치를 도입하였지만, 앞으로는 그러한 조치들을 실제로 시행한 후 투명성과 합리성의 정도를 국민들에게 보고하고, 시정계획을 제시하여야 할 것이다. 방위비분담 규모와 운영방식에 대한 국민적인 동의를 얻어낼 수 있도록 공청회, 여론수렴 등 다양한 기회를 마련해야 할 것이고, 미국과 방위비분담을 협상하는 기간만이 아니라 평소에 이러한 노력을 게을리하지 않아야 할 것이다.

동시에 방위비분담이 정치적인 의제가 되지 않도록 그 비중을 낮추는 노력도 필요하다고 판단된다. 독일과 일본의 경우를 보면 대부분의 사항은 기존의 규정을 바탕으로 실무선에서 타협이 이루어지고, 고위층에서는 그것을 수용하는 형태로 진행되고 있다. 한국의 경우에도 방위비분담에 관해서는 대체적인 상한선을 설정한 상태에서 실무선에 위임하여 협의하는 부분을 증대시켜 나갈 필요가 있다.

이러한 점에서 총액제를 유지하면서도 일본식 소요충족제의 장점을 도입하는 방안, 즉 전체적인 총액을 결정하면서도 부분적으로는 실무자들이 항목별 규모와 타당성을 미군 측과 사전에 협의하는 방식을 도입하는 방안도 미국과 협의해나갈 필요가 있다.

3. 방위비분담금의 합리적 사용을 위한 제도 개선

방위비분담의 합리적 사용 측면에서 지속적으로 추진할 필요가 있는 사항은 한국이 제공하는 방위비분담의 대부분을 한국이 집행하도록 하는 것이다. 독일과 일본의 경우도 그렇게 하고 있다. 그렇게 된다면 방위비분담금 배정 및 사용의 합리성도 강화할 수 있고, 국민들의 불신도 최소화할 수 있으며, 미국의 입장에서도 방위비분담금을 사용하는 데 필요한 행정인력을 절감할 수 있을 것이다. 지금도 군사건설의 경우에는 한국이 집행하여 완성된 건물을 제공하고 있지만, 미군부대에 근무하는 한국인 근로자들의 인건비도 한국의 예산을 미국이 제공받아 지급하는 것보다는 한국이 직접 지급하는 방식을 선택할 수 있고, 군수지원의 경우에도 이러한 방식을 적용할 수 있다. 이렇게 할 경우 한국으로서는 예산 사용에 대한 통제력을 가짐으로써 투명성과 합리성을 보장할 수 있고, 예산절감 방안을 모색할 수도 있을 것이다.

방위비분담이 문제시될 때마다 일부에서는 일본과 같은 '소요충족제', 즉 미군이 필요하다고 생각하여 요구하는 사항을 가급적 충족시켜 주는 방식으로 변화시킴으로써 합리성과 투명성을 강화할 것을 요구하는 경향을 보이고 있지만, 이 문제는 신중하게 접근할 필요가 있다. 한국의 안보위협은 일본에 비하여 매우 직접적이기 때문에 미군이 준비태세 강화나 훈련을 위하여 필요하다고 소요를 제기할 경우 이를 거부하기가 쉽지 않고, 그렇게 될 경우 한국이 제공해야 하는 금액이 오히려 증가할 가능성이 크다. 실제로 일본의 경우에는 주일미군이 고용하는 일본인 근로자의 임금을 모두 부담하는 방식이기 때문에 미군은 더욱 많은 근로자가 필요하다고 요구하였고, 따라서 미군 1인당 일본인 근로자 수가 한국의 2배 정도로 많다. 최근 일본과 미국이 근로자 수의 상한선을 설정하게 된 것도 소요충족제가 자칫하면 방만한 요구로 연결되기 쉽기 때문이다.

방위비분담을 둘러싼 협상 주체를 다양화할 필요성은 존재한다고 판단된다. 현재는 외교부에서 총액을 협상하여 결정하는 방식이라서 항목별 세부적인 검토가 어려운 점이 있기 때문이다. 예를 들면, 인건비의 경우 외교부에서 협의하도록 하고, 군사건설이나 군수지원의 경우에는 국방부에서 협의하도록 한 후 그 협의 결과를 종합하여 총액으로 표시하는 방식을 선택할 수도 있다. 인건비, 군사건설, 군수지원의 경우에도 가능하면 더욱 세부적으로 미군과 협의하여 종합할 수 있다. 다시 말하면, 지금까지는 총액을 결정한 후 세항으로 분배하는 하향식 형태였다면, 앞으로는 세부항목을 협상하여 그것을 종합한 결과로 총액이 결정되는 상향식 형태를 채택할 필요가 있다는 것이다. 이렇게 할 경우 어느 정도는 미군의 소요를 충족시키는 모습이 될 수 있고, 공식적으로는 총액이 결정되더라도 실제로는 그 하위 항목들이 왜 필요했고 어디에 사용할 것인지가 분명하게 설명되는 상황이 될 것이다. 그런 다음에 외교부가 중심이 되어 미국과 총액을 합의하게 되면 갈등이 발생할 소지도 적고, 국민들의 수용도도 높아질 것으로 판단된다.

방위비분담금 사용의 합리성과 투명성을 보장하기 위하여 검토해 볼 수 있는 사항은 한미 연합 성격의 감사팀을 운용하는 것이다. 이 번 제9차 방위비분담 협상 결과로서 미국 측이 한국 정부와 국회에 사용결과에 관한 보고서를 제출하도록 합의하기는 했지만, 실제로 그것이 제대로 사용되었는지를 실사 없이 판단하기는 어렵다. 한국 정부에서는 한국 행정기관에 대해서만 감사를 할 수 있기 때문에 실 상을 파악하기 어렵다. 대신에 한미 양국이 합의하여 동시에 양측이 각자의 해당 부서들을 감사한 다음에 서로의 자료와 의견을 교환하 거나 문제점과 대책을 협의할 경우 실질적인 감사가 보장될 수 있 고, 문제점도 바로 발견되어 시정될 수 있을 것이다. 미국의 입장에 서도 한국으로부터 제공받는 방위비분담금의 효율성을 극대화할 수 있는 조치이기 때문에 협조할 가능성이 높다. 양국이 협력적으로 감 사한 결과를 하나의 문서로 작성 및 공개할 경우 방위비분담에 대한 국민들의 신뢰도도 높아질 것이다.

이 외에도 방위비분담과 관련해서는 다양한 개선방안이 제기될 수 있고, 그를 통하여 한미동맹의 신뢰성을 강화하면서도 한국의 부 담을 최소화 및 효율화할 수 있을 것이다. 다만, 방위비분담의 근본 적인 의도는 부담을 적게 하는 것이 아니라 그것을 통하여 미국의 국방력을 효과적으로 활용하는 것이라는 점에서 이를 둘러싼 협상 이 양국의 호혜성과 신뢰를 저해하지 않도록 유의할 필요가 있다.

VI. 결론

다른 국가를 위하여 비용을 지급하는 것에 대하여 불평을 하지 않을 국가나 국민은 없다. 그래서 방위비분담이 폐기되어야 한다든지 줄여야 한다는 일부 인사들의 주장이 설득력을 얻는 것이다. 그러나 방위비분담은 미국과의 동맹관계를 더욱 효과적으로 활용하기 위한 수단으로서, 적게 부담하고자 노력할 것이 아니라 투자에 비해 효과가 크도록 하는 데 노력할 필요가 있다. 액수가 적더라도 아무런 효과가 없으면 그것 자체가 낭비이고, 액수가 증대되더라도 미군을 효과적으로 활용하면 투자로서의 가치가 있는 것이다. 이러한 점에서 독일이나 일본의 접근행태를 참고할 필요가 있고, 상당한 규모의 방위비분담을 제공하면서도 한미 양국 간의 신뢰를 오히려 손상시킬 수도 있다는 점에서 일부 국민들의 지나친 시각은 조정될 필요가 있다.

한국의 현 안보상황은 과거보다 더 미국의 적극적 지원을 필요로 하는 상황임을 인정할 필요가 있다. 최근 북한은 핵미사일로 한국을 공격할 수 있는 능력을 갖추게 되었지만, 한국은 이에 대한 유효한 방어수단을 지니고 있지 못하여 미국의 확장억제가 절실히 필요한 상황이기 때문이다. 일본도 북한 핵미사일 위협과 중국과의 갈등 가능성으로 인하여 미국의 지원이 절대적으로 필요하다고 인식하면서 방위비분담을 적극적으로 수용하고 있다. 한국도 북한 핵문제가 해결되거나 자체적인 핵억제 및 방어력을 구비할 때까지 어느 정도의 방위비분담을 수용함으로써 미국의 핵전력을 활용하여 북한을 억제시키지 않을 수 없다.

당연히 한국은 제공하는 방위비분담의 규모가 합리적인지 또는 그것이 원래의 목적대로 사용되고 있는지를 점검하고, 필요할 경우 시정을 요구해야 한다. 또한, 필요할 경우 정부 및 국회에서 규모의 타당성과 집행의 합리성 여부를 치열하게 따져야 한다. 다만, 그러한 과정이 지나치게 노출될 경우 한미동맹을 손상시킬 수 있다는 점도 고려하여야 할 것이다. 독일과 일본의 경우 방위비분담을 둘러싼 논란이 외부로 노출된 적이 거의 없다는 점을 참고할 필요가 있다. 정부, 국회, 시민단체들이 모여서 이 문제를 깊이 있게 논의하더라도 외부적인 노출을 최소화함으로써 미국에 대해서는 적극적으로 지원한다는 모습을 과시할 필요가 있다.

이제 한국은 무조건 방위비분담을 하지 않겠다거나 적게 하겠다는 유아적인 인식에서 벗어나야 할 것이다. 방위비분담은 미국을 활용하는 데 필요하다고 판단하여 지급하는 것이다. 주한미군의 존재로 인하여 국방비를 절약하고 있는 부분 중에서 일부를 부담하는 것으로 생각할 수도 있다. 한국만이 아니라 독일과 일본을 비롯한 미국의 다른 동맹국들도 상황에 따라 분담을 하고 있다. 한국이 그동안의 경제발전을 통하여 G20에 들어갈 정도로 경제력을 키웠으면 이제는 지원하는 태도로 더욱 성숙해질 필요가 있다. 상당한 액수의 방위비분담을 하면서도 일부의 오해나 성숙되지 못한 태도로 인하여 동맹국의 신뢰를 확보하지 못해서는 곤란할 것이다.

11 | 국방정책에서의 오인식

지금까지 한국의 군대와 정부, 그리고 국민들은 치열한 각오로 군의 전쟁억제 및 승리 태세를 강화하기 위하여 노력해왔다. 휴전상태에서 북한과 일촉즉발의 태세로 대치하고 있고, 최근에는 핵무기까지 개발하여 한국의 생존 자체를 위협하고 있기 때문이다. 따라서 매 정부가 출범하거나 새로운 국방장관이 임명될 때마다 야심 찬 국방개혁 계획이 제시되었고, 국민들은 적극적으로 지원하였다. 그러나 아직 북한의 핵미사일 위협에 대한 유효한 대책은 마련되지 않은 상태이다. 이에 관한 일차적인 책임은 한국군에게 있겠지만, 정부와 국민도 전혀 책임이 없다고 말하기는 어렵다. 정부는 필요한 예산과 지침을 제공하고, 국민들은 여론으로 국방정책 결정에 영향을 끼치기 때문이다.

지금까지의 지속적이면서 열성적인 노력에도 불구하고 한국의 국방태세가 미흡한 원인으로 국방예산의 제한, 대미의존 의식, 국민들의 안보의식 약화, 국론분열 등을 거론할 수 있을 것이다. 그러나 이보다 더욱 근본적인 사항은 국방문제에 대한 오인식(誤認識, misperception)[65] 일 수 있다. 한국의 군, 정부, 국민들이 국방의 제반 문제를 정확하게 파악 및 이해하여 최선의 결정을 내린 것이 아니라 피상적인 파악에 근거하여 잘못 이해한 상태에서 판단 및 결정을 내린 경우가 적지 않기 때문이다. 사람에 따라 오인식의 존재와 영향에 관한 견해가 다를 수 있지만, 지금까지 그다지 식별되지 않았던 요인이라는 점에서 분석의 가치가 적지 않다고 판단된다.

Ⅰ. 오인식의 개념

'오인식'은 사실과 다르게 이해하는 것을 말한다. 영어사전에서 찾아 보면 misperceive는 "to understand or perceive incorrectly; misunderstand" 라고 설명되고 있다. 오인식이 전쟁을 비롯한 국가의 정책 결정에 미치는 영향을 연구해온 학자들도 사전의 뜻과 유사하게 오인식을 "정책 결정자의 심리적 환경과 실제 세상이 운영되어 가는 환경의 불일치 (Levy, 1983: 79)" 또는 "실제로 존재하는 세상과 그것을 인식하는 사람의 마음에 존재하는 세상 사이의 격차"라고 설명한다(Euelfer and Dyson 2011, 75).

인간의 지적 능력이 완벽하지 못하기 때문에 모든 일에 있어서 어

---

65 현재 학계에서는 이를 '오인'으로 번역하여 사용한다. 그러나 오인은 A를 B로 착각하는 경우에 사용되어 영어의 misperception과는 차이가 크다. misperception은 '오해'와 더욱 가깝지만, 그것은 misunderstanding이 있어서 또 다른 혼란을 초래할 수 있다. 이러한 점을 고려하여 본 연구에서는 생소하지만 '오인식'으로 사용하고자 한다.

느 정도의 오인식이 개입되는 것은 불가피하다. 사안을 정확하게 이해하는 데 필요한 모든 정보를 획득할 수도 없고, 획득된 정보도 개인적 인식의 틀이나 관념에 따라 다양하게 수용 및 해석될 수밖에 없기 때문이다. 개인별 사고체계나 이전의 사례를 통하여 형성된 '이미지'라는 필터를 통하여 해당 정보를 선택하면서 그 외의 것은 지나치게 되고, 이로써 오인식이 발생하게 되는 것이다(Euelfer and Dyson 2011, 78).

저비스(Robert Jervis)는 제반 국제관계는 정책 결정자의 오인식에 의하여 상당한 영향을 받는다고 주장한다. 그에 의하면 개인이 불확실한 지식과 애매한 정보를 바탕으로 어떤 결정을 내릴 수 있듯이 정책 결정자도 오인식에 의하여 결정을 내리게 된다는 것이고, 오인식은 간헐적으로 존재하는 것이 아니라 일반적인 현상이라는 것이다(1976, 3). 심리적으로 사람들은 자신이 생각하는 것과의 불일치(dissonance)가 발생하게 되면 일치되는 것으로 변화시키고자 노력하거나 불일치를 증대시키는 상황이나 정보는 의도적으로 회피하고자 한다는 것이다(1976, 382). 그래서 자신의 생각과 다른 정보 자체를 거부하거나 관련된 정보를 적극적으로 찾지 않기 때문에 합리적 결정에 이르지 못하게 된다는 것이다(1976, 172~173).

국가안보에서 가장 심각한 사항은 전쟁의 발발 여부일 것인데, 이와 관련하여 스퇴싱어(John G. Stoessinger)는 전쟁이 발발하게 된 원인에는 합리성보다 오인식이 더욱 크게 작용하는 것으로 분석하고 있다. 그는 제1차 세계대전, 제2차 세계대전, 한국전쟁, 베트남 전쟁 등 10개의 주요 전쟁을 분석한 후 "가장 중요한 단일의 전쟁유발 요소는 오인식이다(…the most important single precipitating factor in the outbreak of war is misperception)"라고 결론을 내리고 있다(2011, 402). 쌍방의 스스로에 대한 평가, 적에 대한 평가, 적의 의도와 능력에 대한 정보에서 왜곡이 발생하고, 그래서 전쟁을 하지 않을 수도 있는 사태가 전쟁으로 발전하게 된다는 것이다(2011, 402~411). 그에 의하면 전쟁은 오인식에 의한 사고(accident)이고, 전쟁 과정에서 현실(reality)이 드러나며, 오인식과 현실과의 차이가 큰 쪽이 패배하게 된다는 것이다. 그는 전쟁에서 평화는 "오인식에서 현실로(from misperception to reality)" 유도되는 과정이라고 말하고 있다(2011, 411).

오인식의 한 형태 또는 하나의 원인일 수 있는 것은 집단사고(Groupthink)이다. 제니스(Irving L. Janis)는 응집력이 높은 소규모 집단을 중심으로 어떤 의사결정이 이뤄질 경우 동조(同調)추구(concurrence-seeking) 경향이 발생하여 합리적이지 못한 결정에 이르고, 결국 사태의 "실패(fiasco)"(1982, 1)에 이르게 된다면서 이 개념을 창안하였다. 집단사고가 일단 형성되면 대안과 목표에 대한 충분한 조사 자체가 이루어지지 않고, 선호하는 대안이 수반할 위험성을 제대로 검토하지 않게 되며, 기각된 대안을 다시 한 번 검토하는 등의 노력은 전혀 기울이지 않게 된다는 것이다. 당연히 추가적인 정보를 확보하고자 노력하지도 않고, 확보된 정보를 처리하는 데도 사전에 결정된 편견에 좌우된다. 당연히 자신들이 생각한 것과 다른 방향으로 사태가 발전될 경우를 대비한 우발계획(contingency plan)을 수립하지 않게 된다(1982, 244). 한번 옳다고 생각하거나 그러하기로 결정한 사항은 추가적인 검토나 정보수집 없이 계속 추진해나간다는 것이다. 비록 집단사고에 의한 결정이 사안의 성패에 어느 정도의 영향력을 미쳤는지, 집단사고가 반드시 정책실패로 연결되는지가 불분명하다는 비판도 제기되고 있지만, 소수 인원이 관련 정보와 대안을 충분히 고려하지 않음으로써 잘못된 결정에 이를 수 있다는 점을 제기하고 그 처방을 모색하도록 한 것만으로도 의의가 적지 않다고 할 것이다.

오인식의 대상은 자신, 상대, 제3자 등으로 다양하고, 그 속에서도 의도와 능력 등 다양한 요소에서 오인식이 발생한다. 지금까지는 국제정치나 전쟁과 관련한 오인식이 주된 연구의 대상이 되었기 때문에 그의 핵심적 주제는 상대방의 의도에 대해 부정확하거나 왜곡된 인식이었다. 그러나 평시 정책 결정의 경우에도 오인식이 발생할 수 있고, 이 경우에는 주로 해당 정책의 내용이 그 대상이 된다. 특히 현대사회가 복잡해지면서 정책의 대상이나 이슈도 복잡해져 높은 전문성을 구비하지 않을 경우 정확하게 이해하는 것이 어렵고, 민주주의의 발달로 국민 여론의 영향이 높아지면서 오인식의 여지는 더욱 커지고 있다.

현대에는 국민들의 여론이 정책 결정에 미치는 영향이 늘어나면서 오인식이 작용할 가능성이 더욱 높아지고 있다. 클라우제비츠가 삼위일체론(Trinity)에서 언급한 바와 같이 국민들은 원초적으로 감정적 요소에 지배되는 측면이 클 뿐만 아니라(Clausewitz 1984, 89),[66] 국방의 전문적 사항에 관한 충분한 정보를 습득하여 정확하게 이해하기가 어려우며, 국민이라는 미명하에 일부 선동가의 주장이 부각되는 경향이 적지 않기 때문이다. 한국의 경우 과거와 같이 정부의 권위가 강할 때는 국민들의 오인식이 갖는 영향력은 적었지만, 5년

---

66 클라우제비츠는 전쟁이론은 국민, 군대, 정부 간의 삼위일체를 보장해야 한다면서, 정부는 이성, 국민은 감정, 군사는 불확실성으로 각각의 본질적 특성으로 제시하고 있다.

단위로 정권이 교체되면서 국민 여론이 미치는 정도는 점점 커지고 있고, 국회의원들도 선거구의 여론을 최우선적으로 고려하여 그들의 입장을 결정하는 경향을 보이고 있다.

Ⅱ. 북한에 대한 오인식 사례

대부분의 한국 사람들은 북한 사람들의 경우 동일민족으로서 한국 사람과 생각이나 행동양식이 유사하기 때문에, 사실관계를 정확하게 알지 못하더라도 북한의 어떤 행동에 대한 의도나 배경을 이해하는 것은 그다지 어렵지 않다고 생각한다. 그래서 어떤 사태가 발생하면 사실관계를 심층적으로 파악하기보다는 자신이 지니고 있는 선입견에 의하여 진단하는 것을 주저하지 않는다. 그러나 앞에서 설명한 바와 같이 이러한 경향은 오인식의 전형적인 조건으로서, 시정하지 않은 채 계속할 경우 잘못된 결정에 이를 가능성이 높다.

1. 북한의 합리성에 대한 오인식

한국이 북한에 대하여 지니는 오인식의 근본은 북한의 정책 결정자들이나 국민들도 한국의 정책 결정자들이 국민들과 유사한 수준의 합리성을 지니고 있을 거라는 생각이다. 북한을 한국과 유사하거나 혹은 더욱 높은 수준의(한국의 경우 민주주의적 의사결정 과정을 거칠 경우 다양한 요소가 개입되어 합리성이 떨어질 수 있다) 합리적 의사결정자로서 인식한다는 것이다. 정책 결정자들과 국민들은 스스로의 합리성을 근거로 특정 행위 뒤에 존재하고 있는 북한의 '심모원려(深謀遠慮)'를 파악하고, 이에 근거하여 대응책을 강구하고자 한다.

이처럼 모든 의사결정자가 합리적으로 판단할 것이라는 접근방법은 합리모형(rational model)이다. 합리모형에 의하면 의사결정자는 높은 지적 능력을 바탕으로 주어진 상황에서 문제와 목표를 정확하게 인식하고, 이를 달성하기 위한 최선의 대안을 선택한다는 것이다. 목표달성의 극대화를 위한 합리적 대안의 탐색과 선택을 추구하는 규범적이면서 이상적인 접근일 것이다(김규정 1999, 202). 합리모형에서의 의사결정자는 "문제의 인식에서부터 대안의 선택에 이르는 일련의 과정을 완벽하게 합리적으로 처리한다. 그는 의사결정에 필요한 완전한 정보를 가지고 있고, 정확한 모형의 정립과 그것을 계산할 수 있는 능력을 가지고 있다(이성연 2002, 109)." 즉, 합리모형은 의사결정자가 높은 합리성 또는 지적 능력을 구비하고 있어야 하고, 의사결정에 필요한 충분한 정보를 확보하여야 하며, 다수의 대안 중에서 최선의 대안을 선택할 수 있는 충분한 자율성을 지니고 있다고 전제한다.

이러한 전제조건들을 북한에 적용해볼 경우 우리가 기대하는 답이 나오지 않을 가능성이 높다. 우선, 의사결정자의 합리성과 지적 능력의 경우, 김정은을 중심으로 하는 수뇌부도 우수한 참모요원을 발탁하여 활용할 것이고, 국가의 목표와 방향이 단순하여 합리성을 저해할 요소는 상대적으로 적을 수 있다. 그러나 폐쇄된 국가에서 사상학습만 강조하는 북한의 전반적 지적 역량이 높다고 보기는 어렵고, 지도층도 다양한 내용을 자유롭게 학습하거나 어떤 문제에 대하여 세계적으로 연구되어 온 바를 접할 기회가 제한될 것이기 때문에 보통 국가들의 엘리트들과 유사한 정도의 지식을 갖고 있다고 볼 수는 없다. 약관의 김정은이 지도자로 옹립되었다고 하여 그의 지적 능력이 갑자기 높아지는 것은 아닐 것이다. 따라서 북한의 의사결정자들이 높은 합리성이나 지적 능력을 갖추고 있다고 보기는 어렵다.

두 번째 의사결정에 필요한 충분한 정보를 확보할 수 있느냐와 관련해서는 문제가 있을 가능성이 크다. 북한은 폐쇄 및 독재 체제의 속성상 국제사회와는 철저하게 단절되어 있고, 내부적으로도 정보유통이 활발하지 않을 것이며, 확보된 정보의 이용 정도(자유로운 토의 보장 등)도 낮을 것이다. 북한은 해외정보수집 체제가 제대로 구축되어 있지 않고, 지도층의 미흡한 영어수준을 고려할 때 외국 신문이나 방송을 통하여 직접 정보를 수집하기도 어려울 것이다. 해외유학 등도 거의 실시하지 않기 때문에 전문성을 가진 참모들의 보좌를 받을 가능성도 적다. 그러므로 북한의 의사결정이 합리적일 가능성은 높지 않다고 봐야 한다.

세 번째로 합리적 모형이 기능하기 위해서는 토의 또는 시행과정에서 다른 사실이 드러났을 때 노선을 변경할 수 있는 융통성이 있어야 하는데, 이 점에서 북한의 공산당은 상당한 제약을 지니고 있다. 북한과 같은 교조주의(教條主義) 집단의 가장 특징적인 단점은 한번 결정한 것을 번복하는 것이 어렵다는 것이기 때문이다. 북한의 강력한 지도자였던 김정일이 개인적으로는 개혁과 개방의 필요성을 인식했음에도 실제적으로 변화시킨 바는 거의 없었던 것이 그 예이다. 북한이 한국과 미국이 제의하는 바에 관하여 유연하게 대응하고 싶어도 그들의 전통적인 대결의식과 경계심이 워낙 강하여 그렇게 하지 못한다. 기존의 노선이나 강경노선을 추구할 경우에는 위험부담이 적지만, 변화시키거나 양보하는 노선을 선택할 경우에는 위험부담이 클 것이기 때문이다.[67]

이러한 점으로 봤을 때 북한의 어떤 결정이 합리적 계산이나 판단에 근거할 가능성은 높지 않고, 그렇다면 합리모형을 적용하여 북한의 의도와 계획을 판단하거나 평가해서는 곤란하다. 합리성에 관한 조건이 그다지 나쁘지 않은 대부분의 민주주의국가에서도 합리모형이 이상에 불과하고 현실적으로는 제대로 적용되지 않는다는 비판이 있다고 한다면, 북한의 경우에는 더욱 문제가 될 것이다. 1962년 쿠바 사태 시 케네디(John F. Kennedy) 대통령을 중심으로 하는 미 안보팀의 정책 결정 과정을 분석한 엘리슨(Graham T. Allison)은 통상적인 정부의 경우 최선의 대안을 선택할 확률은 10% 정도이고, 특별한 경우라야 50% 정도에 이를 수 있다고 단언하고 있다(Allison 1971, 267). 북한의 행위를 정확하게 설명할 수 있는 모형이 무엇인지에 관해서는 더욱 탐구해야 하겠지만, 최소한 합리성에만 근거하여 북한의 의도를 파악해서는 곤란하다고 할 것이다.

2. "내재적 접근법"의 경우

우리의 시각으로 북한을 해석하는 것이 타당하지 않다는 비판을 의식하여 북한 이해를 위한 이론의 하나로 1990년대에 제시된 것이

---

67 북한에서는 김정은과 같은 최고 지도자가 절대적인 권한을 가지고 있기 때문에 어떤 선택도 일방적으로 내릴 수 있다고 보는 견해도 있지만, 절대적 권한을 가졌던 조선 시대의 국왕조차 신하의 견해를 존중하지 않을 수 없었던 것처럼 김정은도 주변을 의식하지 않을 수 없다고 판단하는 것이 상식적이다.

소위 "내재적 접근법" 또는 "내재적－비판적 접근법"이다. 창안자인 이종석에 의하면 이것은 "연구대상이 되는 사회나 집단의 내재적 작동논리(이념)를 이해하고, 그것의 현실정합성(整合性)과 이론·실천적 특질과 한계를 규명해내려는 접근관점을 말한다(이종석 1995, 16)." 이 접근법의 근본적 취지는 우리의 시각이 아니라 북한의 입장에서 분석함으로써 북한 나름의 합리적 근거를 발견하고, 그것을 기준으로 북한의 행보를 평가하거나 예측해야 한다는 것이다. 우리의 시각에서는 비합리적이지만 북한의 시각에서는 합리적일 수 있다는 시각이다. 이종석이 노무현 정부 시절에 국가안보회의를 주도하고 통일부 장관까지 역임함에 따라서 이 시각은 학문적 논의에 머문 것이 아니라 한국의 실제 대북정책에도 상당한 영향을 미쳤다.

내재적－비판적 접근법의 경우 "그동안 북한에서 결여된 실사구시적 연구자세와 기초지식 없는 무분별한 이론의 개입, 일부에서의 무비판적 추종주의와 그 대칭으로서 맹목적 반북주의 등에 대한 반테제"의 필요성을 주장한 것은(이종석 1005, 19) 의미 있는 문제의식이라고 할 수 있지만, 북한을 더욱 오인식하도록 만들었다는 점을 부정하기는 어렵다. 북한의 모든 행위가 그들의 시각에서는 매우 합리적이라고 강변하는 것이기 때문이다. 이것은 마치 미친 사람의 행위도 그들의 시각에서 보면 합리적이라는 것과 전혀 다르지 않다. 그렇다면 합리와 비합리가 무엇이냐에 대한 정의부터 재검토해야 한다. Marriam Webster 사전에 의하면 '합리적(rational)'이라는 것은 "감성이나 감정이 아니라 사실과 이성에 기초한(based on facts or reason and not on emotions or feelings)" 것인데, '사실과 이성'은 주체에 따라 달라지는 것이 아니고, 다수가 그렇게 생각하는 보편적인 영역이 있다. 결정주체에 따라 합리성의 기준이 달라진다면 합리와 비합리의 구분이 의미가 없어지는 셈이다.

나아가 북한의 "내재적 작동원리"라고 판단하는 것도 실제로는 이것을 제안한 사람 개인의 합리성을 기준으로 내린 판단일 뿐이다. 북한이 내재적 작동원리를 친절하게 설명해주지 않는 한 어떤 것이 그것인지 알 수가 없을 것이기 때문이다. 결국, 제안자가 '합리적으로' 판단하여 '제안자에게는 비합리적이지만 북한에게는 합리적인' 논리를 설정한 것에 불과하다. 예를 들면, 북한이 일방적인 핵실험을 통하여 국제사회의 집단적인 압력을 자초한 것이 주장하는 사람의 '합리적인' 판단으로는 '무모한' 정책이라고 하더라도, 북한의 입장에서 보면 '내부결속, 국제정치에 대한 주도권 확보' 등의 합리적 이유가 있을 것으로 평가할 수 있지만, 그러한 이유 자체가 제안자의 합리성을 바탕으로 추정한 데 불과하다는 것이다.

더욱 중요한 것은 내재적 접근법과 같은 시각은 민간인 차원에서 북한을 자유롭게 이해하는 데는 적용할 수 있을지 모르나 국가정책을 결정하는 데 적용하는 것은 너무나 위험하다는 것이다. 모든 것을 북한의 잣대로 본다고 한다면 북한에 대한 객관적인 평가나 대응방향의 설정이 불가능하기 때문이다. 6·25전쟁을 일으킨 것이나, 인민들의 생활을 어렵게 만든 것이나, 핵무기를 개발하여 세계를 불안하게 하는 것이나 어느 것 하나 이해되지 못할 것이 없기 때문이다. 굶어 죽지 않기 위하여 범죄를 했다고 하는 것을 이해하고자 한다면, 사회의 법은 존재할 근거를 잃게 된다. 비록 합리모형이 지니고 있는 한계가 없는 것은 아니나 그렇다고 하여 소위 내재적 접근법을 사용할 수는 없다고 할 것이다.

3. 판문점 미루나무 사건

판문점 미루나무 사건은 한국과 미국의 최상위 위기관리체제가 가동되었고 당시 최고의 위력으로 평가되었던 B-52 폭격기까지 동원된 사건이었지만, 그 사건의 요인 자체는 사소한 것이었다. 1976년 8월 18일 10시 30분경 유엔군 측에서 3관측소와 5관측소 사이에 있는 미루나무가 너무 크게 자라서 시계(視界)를 방해하게 되었기 때문에 '잘라내기로(나중에 가지치기로 변경)' 결정하여 시행하자 북한군이 이를 저지하고자 하였는데, 그것을 무시하고 유엔군 측이 가지치기를 강행하자 북한군이 반발하면서 물리적 충돌이 일어나서 미군의 보니파스(Bonifas) 대위와 바레트(Barett) 중위가 북한군이 휘두른 도끼에 사망하면서 수 명이 부상당한 사건이다. 이를 의도적인 도발로 인식한 유엔군과 이를 실질적으로 운영하는 미국은 국가안전보장회의(NSC: National Security Council)까지 개최하여 이 사안을 심각하게 논의하였고, 그 결과 방어준비태세(DEFCON)를 2(5까지의 등급이 있고, 1이 전쟁 직전) 수준으로 격상시킨 상태에서 8월 21일 "Paul Bunyan" 작전이란 이름으로 대규모 지원세력의 엄호하에 병력을 투입하여 나무를 절단하게 되었다. 유엔군 측의 강경한 대응으로 인하여 일촉즉발의 사태까지 상황이 악화되었으나, 21일 오후에 김일성이 조선인민군총사령관의 이름으로 유감을 표명하였고, 이를 유엔군 측이 수용함으로써 사태는 종결되었다.

소위 "8·18 도끼만행(당시 한국의 표현)"이 발생하였을 때 한국은 물론이고 미국에서도 우발적 사고일 수도 있지만, 계획적인 행위일 가능성이 더욱 높다고 판단하였다. 우리의 기준으로 본다면 상부로부터의 통제 정도가 큰 북한군의 체제에서 그러한 정도로 공격적인 폭력사태가 우발적으로 발생할 수 있을 것으로 판단하는 것은 "합리적이지" 않았기 때문이다. 8월 19일 이 사건을 항의하기 위하여 소집된 유엔군사령부 군사정전(停戰)위원회 본회의에서 유엔군 측이 북한 측에 제시한 메시지에도 "이것은 계획되지 않은 우발적 언쟁으로 빚어진 사건은 아니다(영어를 필자가 번역한 것)(이문항 2001, 61)", "이것은 계획된 사태의 폭발이었다. 이것은 고의적인 유엔사 요원의 살인이었다(당시 한글본)(조선일보 1976/08/20)"라는 문장이 들어가 있었다.

특히 한국 측에서는 이 사건을 북한의 의도적인 도발로 인식하면서 범국민적인 북한 규탄과 전쟁대비의 움직임이 있었다. 사건 후 3일이 지난 8월 21일 조선일보 "8·18 사건의 의미"라는 칼럼을 통하여 신상초 당시 유정회 의원은 북한의 동기를 "① 심각한 내분과 경제파탄에서 돌파구를 찾고자 '스케이프 고트'를 대남무력도발에서 구하고 있다. … ② 전혀 있지도 않은 '북벌위협'을 뒷받침하기 위해 당돌한 도발을 해놓고서 그 책임을 한·미 양국에 뒤집어씌워 유리한 국제여론을 조성해보려는 것이다. … ③ 미국민에게 공포감을 주어 한국을 포기하는 것이 어떠냐는 심리상태를 유도, 조성해보려는 것이다(조선일보 1976/08/2121)" 등으로 매우 체계적인 분석 내용을 게재하였다. 박정희 대통령도 "미친개에게는 몽둥이가 약"이라고 말하면서 전쟁도 불사해야 한다는 결의를 과시할 정도였다.

결국, 한국과 미국의 단호한 대응에 겁을 먹은 북한은 사건이 일어난 3일 만에 휴전 이래 처음으로 인민군총사령관의 이름으로 "… 판문점 공동경비구역에서 이번에 사건이 일어나서 유감입니다. 앞으로는 그런 사건이 일어나지 않도록 노력해야 하겠습니다. ···(이문항 2001, 66)"라는 유감의 통지문을 보내었다. 이를 유엔군이 수용함으로써 이 사건은 종결되었고, 그 후속조치로 북한군의 제안을 받아들여 쌍방 군인들을 격리해 근무하게 하는 것으로 제도를 변경하였다.

상당한 기간이 경과된 현재의 시점에서 제반 정황을 종합적으로 분석해볼 때 북한군의 도끼만행 사건이 신상초 의원이 인식하였듯이 원모심려의 결과로서 북한군이 자행한 것이었다고 보기는 어렵다. 그렇게 해서 북한이 얻은 것도 없었고, 북한에서 신과 같은 존재인 김일성이 자신이 지시했던 것을 사태가 조금 악화되었다고 하여 사과로써 종결하였다고 보기도 어렵다. 실제로 유엔군 측에서도 최초부터 우발적 사고의 가능성을 충분히 이해하고 있었고, 그렇기 때문에 충분하지는 않았지만 그 정도에서 김일성의 사과를 수용하면서 사건을 종결시켰던 것이다. 당시 유엔군 측 군사정전위원회 요원으로서 한국인이면서도 미국 측에 고용되어 근무하였던 이문항은 그의 경험을 기록한 책자에서 동 사건을 다음과 같이 평가하고 있다.

> 저자는 북한인민군 총사령관이 '유감의 뜻'을 표명한다는 것은 얼마나 급했고, 그리고 경비원들의 잘못을 알고도 남음이 있었으니까 그렇게 했을 것이라고 믿는다. 또한, 8·18 사건은 북한이 그무슨 계획으로 도발한 사태가 아니라 판문점의 경비질서가 잘못되었기에 발생하였다고 하면서 새로운 '경비질서'를 제기하고 나선 것이라고 본다(이문항 2001, 71).

판문점 미루나무 사건은 그 자체로서는 매우 유감스러운 행위이지만, 그것이 사전에 계획되었거나 상당한 음모하에 진행된 것으로 판단하기는 어렵다. 그러나 한국과 미국은 북한이 어떤 의도를 갖고

사전에 계획한 것으로 분석하였고, 그 결과로 전쟁까지도 불사하는 대결상태로 돌입하였다. 그렇게 분석한 결과를 바탕으로 하여 대응한 것이 잘못되었느냐는 것은 다른 문제이지만, 결과적으로는 한국과 미국의 체면을 세우는 형태로 종료되었다. 다만, 북한의 의도적 도발이라는 상황인식에 근거한 한미 양국의 과도할 정도로 단호한 대응에 대하여 북한이 사과 대신 대결을 선택하였다면 한반도의 전면전으로 악화되었을 수도 있고, 그랬다면 북한의 의도에 대한 오인식은 심각한 부작용을 초래했을 것이다.

Ⅲ. 국방정책에서의 오인식 사례

북한과 관련된 사항이기도 하지만 한국의 경우에는 특정한 정책의 내용이나 영향을 군, 정부, 국민들이 오인식하는 사례도 적지 않다. 그중에서 전시 작전통제권 환수와 탄도미사일 방어의 경우에는 앞의 제3장과 제9장에서 논의한 바와 같이 수년 동안 '환수한다'와 '추진하지 않는다'는 방향으로 진행되다가 '환수하지 않는다'와 '추진한다'로 정상화되어 가고 있는 사항으로, 결국 한국은 오인식으로 인하여 수년의 시간과 노력을 낭비한 셈이 되었다.

1. 전시 작전통제권 환수와 탄도미사일 방어의 경우

제9장에서 설명된 바와 같이 2003년 출범한 노무현 정부가 전시 작전통제권 환수를 추진한 근본적인 동기라고 할 수 있는 군사주권

의 문제, 즉 한미연합사가 전시에 한국군을 작전통제하는 것이 군사주권의 침해라고 주장하는 사항은 군사교리를 접하기 어려운 일반인의 입장에서는 당연하게 제기될 수 있다. 그러나 군사교리상의 작전통제권은 그 정도로 강력한 권한이 아니다. 군사교리에서 작전통제권은 작전상 임무와 관련하여 제한적으로만 통제하기 위한 조치, 즉 군사작전의 편의를 위한 장치일 뿐이기 때문이다. 유사시 미 유럽사령관의 작전통제를 받게 되어 있는 NATO 국가들은 지금까지 한국이 제기한 것과 같은 문제를 제기한 적이 없을 뿐만 아니라 냉전이 종료되자 동부 유럽국가들을 포함하는 조직으로 확대되고 있고, 어느 국가도 작전통제권을 이유로 가입을 망설이지 않았다. 일본의 경우에도 미군과 기지를 공유하고 있을 뿐만 아니라 탄도미사일 방어를 비롯한 연합작전기구 등 양국의 통합적 임무수행 체제를 지속적으로 강화하고 있다.

참여정부가 전시 작전통제권 환수문제를 논의해 나가는 과정을 연구한 김명수는 군사주권 회복이라는 노 대통령의 의도와 '전쟁은 없다'는 참모들의 '집단사고'가 결합되어 이러한 결정이 도출되었다고 분석하고 있다(2009, 140∼141). 최희정의 경우도 그 결정은 합리모형을 따르지 않았을 뿐만 아니라 주변 정세의 변화나 한미동맹의 제도적 속성에 대한 이해가 충분하지 못한 상황에서 추진되었다고 분석하고 있다(2011, 87). 박상중의 경우는 전문가들에 대한 설문조사를 통하여 참여정부의 전시 작전통제권 환수 결정은 노무현 대통령의 강력한 의지와 청와대 NSC 중심의 찬성 정책공동체에 의해 자주성 차원에서 군사주권을 강조하여 내려진 결정이라고 평가하고 있다(2013, 127). 전시 작전통제권은 군사주권과 상관이 적은 군사적 사안임에도 실제 이상으로 그 부분이 과장되었다는 의견이다. 참여 정부의 전시 작전통제권 환수 결정이 전적으로 합리모형을 따랐다고 보기는 어렵다.

제3장에서 설명된 바와 같이 북한의 핵미사일 위협으로부터 국가 본연의 임무인 국민들의 생명과 재산을 보호하고자 했으면 한국은 벌써 포괄적인 탄도미사일 방어체제를 구축했어야 한다. 그러나 한국은 "한국의 탄도미사일 방어망 구축＝미국 MD 참가"라는 오인식으로 인하여 탄도미사일 방어체제 구축을 위한 논의를 제대로 해오지 못하였고, 따라서 지금까지도 유효한 방어조치를 구비하지 못하고 있다. 김관진 국방장관이 직접 밝힌 것처럼 미국이 그들 탄도미사일 방어체제에 한국이 참여하도록 요청한 적도 없고, 정부가 참여하겠다고 말한 적도 없는데, '미 MD 참여'가 탄도미사일 방어에 관한 토론의 핵심이 된 것이다.

그러나 조금만 깊게 생각해보면 '미 MD 참여' 또는 '미 MD 가입'이라는 말은 그 자체가 성립되지 않는다. '참여' 또는 '가입'이라는 말이 미국을 공격하는 다른 국가의 탄도미사일을 한국이 대신 요격해주는 것을 의미한다면 종말단계 하층방어를 중심으로 하는 한국의 탄도미사일 방어체제로는 불가능하고, 한국이 구축한 탄도미사일 방어체제를 미국이 통제하는 것이라면 사실이 아니기 때문이다. 또한, 미국의 탄도미사일 방어체제가 한국의 도움을 필요로 하는 것도 아니다. 한국 언론에서는 2013년 10월 헤이글(Chuck Hagel) 미국방장관이 "명백하게 미사일 방어는 한국군 역량의 커다란 부분"이라고 말하였다고 보도하면서도 제목에서는 이를 "미 MD 참여 요구"로 해석하였듯이(조선일보 2013/10/01, A3) 한국의 탄도미사일 방어망 구축 필요성에 대하여 미국관리가 말만 하면 한국 언론에서는 그것을 '미 MD 참여 종용'으로 해석하여 전달하였다. 일본의 탄도미사일 방어체제도 미국 MD의 일부가 아니고, 일본의 요격미사일을 미군이 통제하는 것도 아니다. 미국은 북한의 핵미사일 위협으로부터 한국을 방어해야 하는 자신들의 부담을 줄이거나 주한미군의 보호에도 유리하다고 판단하여 한국의 탄도미사일 방어체제 구축이 필요하다는 말을 한 것일 뿐, 참여를 요구한 것이 아니다. 오인식이나 집단사고의 전형적 모습을 보여주고 있다고 할 것이다.

'참여'나 '가입'이라는 오인식을 자극할까 봐 국방부가 언급하는 것을 조심스러워하고 있지만, 탄도미사일 방어에 관한 미국과의 '협력'은 절대적으로 필요하다. 미국은 한국과 동맹관계에 있고, 이 분야에 관한 한 최첨단의 기술을 갖고 있기 때문이다. '작전계획 5027'이라는 공동의 방어계획을 구비한 동맹국인 한국과 미국이 핵심위협인 북한의 핵미사일을 방어하는 사항에 관하여 협력해서는 곤란하다는 논리는 잘못된 것이다. 미국으로부터 F-15나 F-35 전투기를 구매하는 것이나 PAC-3나 SM-3 요격탄도미사일을 구매하는 것은 본질적으로 동일하다. 오히려 PAC-3나 SM-3 미사일 구매하는 것이 공격용의 전투기를 구매하는 것보다 훨씬 방어적이다. 일본은 그들의 탄도미사일방어체제 구축에서 미국과의 협력을 최우선 고려사항으로 명시하고 있고(박휘락 2013a, 100), 그 덕분으로 단기간에 상당한 정도의 탄도미사일 방어체제를 구축할 수 있었다.

어쨌든 한국의 박근혜 대통령과 미국의 오바마(Barack Obama) 대통령은 2014년 4월 25일 청와대에서 정상회담을 갖고, 북한 핵문제에 대한 단호한 공동대응 방침을 천명하면서, 2015년 12월 1일로 예정된 전시 작전통제권 환수의 시기와 조건을 재검토한다는 사실을 확인하고, 양국의 실무진들에게 적절한 시기와 조건을 건의하도록 지침을 부여하였다. 이로써 수년 동안 논란이 되어온 전시 작전통제권 환수, 다른 말로 하면 한미연합사령부 해체가 상당한 기간 동안 거론되지 않는 방향으로 매듭지어졌다. 동시에 양국 대통령들은 탄도미사일 방어체계의 '상호운용성(interoperability, 표준화보다는 약하지만 서로의 무기체계가 함께 운용될 때 문제가 없는 상태)'을 강화하기로 합의함에 따라 이 분야에 대한 미국과의 협력도 모색될 것으로 판단된다. '한국의 탄도미사일 방어=미 MD 참여'라는 반대에 부딪혀온 탄도미사일 방어가 점차 본격화되고 있다고 할 것이다.

그렇지만 한국은 작전통제권에 대한 오인식으로 인하여 북한의 핵미사일 위협에 대응하여 한미연합대비태세를 더욱 체계적으로 강화해야 할 10년 정도를 한미연합지휘체제의 해체를 둘러싼 토론과 구현되지 않은 대체기구 마련과 준비에 시간과 정열을 낭비한 셈이 되었다. 또한, 북한이 핵무기를 탄도미사일에 탑재하여 공격할 능력을 구비할 때까지 한국은 탄도미사일 방어와 관련한 아무런 조치도 강구하지 못한 채 시간을 보내었고, 이제야 초보적인 발걸음을 시작하게 되었다. 오인식으로 인하여 한국의 국방에서 심각한 기회비용이 발생한 것이다.

2. 상부지휘구조 개편안의 경우

이명박 정부는 2011년 3월 "국방개혁 307계획"을 발표하면서 그의 핵심내용으로 한국군의 상부지휘구조(上部指揮構造, 국방부-합참-각군본부 간의 책임과 권한에 관한 분배형태)를 개편하겠다는 계획을 제시하였다. 2010년 3월 천안함 폭침과 11월 연평도 포격의 사례에서 드러난 문제점을 해결하고, 2015년으로 예정된 전시 작전통제권 환수에 대비하기 위하여 필요하다는 설명이었다. 이를 통하여 "군정(軍政)과 군령(軍令) 기능의 획일적 구분에 따른 부작용 보완 및 중첩성 해소, 전시 작전통제권 환수에 대비한 효율적인 한반도 작전수행체제 구축, 합동성 강화 및 3군 균형발전을 위한 의사결정체제 보장"을 핵심요소로 제시하였고, 합동의장에게 합동군사령관 기능을 부여하며, 각 군 참모총장을 작전지휘 계선에 포함시키고, 합참의장에게 제한된 군정기능을 추가한다는 내용이었다(국방부 2011, 5).

상부지휘구조 개편을 통한 군의 획기적이고 대대적인 변화를 의도한 것은 충분히 이해될 수 있는 방법이다. 그러나 3년여에 걸친 국방부의 총력적인 노력에도 불구하고 이 상부지휘구조 개편안은 결국 구현되지 못하였다. 상부지휘구조 개편을 위해서는 국군조직법 등 몇 가지 법을 개정해야 했는데, 국회가 이들 법의 개정에 동의하지 않았기 때문이다. 2011년 5월에 법률개정안들을 국회에 제출한 후 국방부에서는 국방상임위원회 소속 국회의원들을 집중적으로 설득하였으나 2012년 5월 18대 국회의 임기가 종료될 때까지 통과하지 못하여 자동으로 폐기되었고, 2012년 8월 29일에는 국군조직법 개정안만을 또

다시 19대 국회에 제출하였으나 토의조차 이루어지지 못하고 있다.

이명박 정부가 추진한 상부지휘구조 개편안은 군 구조 자체에 심각한 문제가 발생하여 수정이 시급하였다기보다는 위로부터 개혁을 독려하기 위한 방편의 성격이 컸다. 2010년 3월 천안함 폭침 이후 소집된 '국가안보총괄점검회의'가 종합된 개혁과제들을 대통령에게 보고하기 직전인 11월에 연평도 포격사건이 발생하자 더욱 근본적 변화가 필요하다는 국민 여론이 제기되었고, 이에 부응하여 이 상부지휘구조 개편안을 부각시켰기 때문이다. 천안함과 연평도 사태의 재발 방지를 위해서는 합동성을 강화해야했고, 그 방법의 하나로 상부지휘구조 개편이 제기된 것이다. 그렇기 때문에 개편안 자체에 대하여 반대되는 의견도 제기되었고, 충분한 공감대를 형성하기 위한 시간이 부족하였다.

상부지휘구조 개편안에 대한 국회의 처리 과정에서는 군의 정치적 중립에 대한 우려가 가장 크게 작용하였다. '합동군사령관'과 같은 막강한 직책이 신설될 경우 통합전력 발휘가 가능해지기도 하지만 과거 군의 정치개입이 쉬워질 수도 있다고 염려하였다. 군에서 이러한 국회의 우려를 불식시키고자 합동군사령관의 신설을 포기하는 대신에 합참의장과 각군 참모총장의 권한을 일부 강화하겠다는 대안을 제시하였으나 결국 국회의원들의 동의는 받지 못하였다(조선일보 2011/05/14, A4). 그러나 한국군의 정치적 중립은 철저하게 유지되고 있었고, 개편안에서 요구하는 합참의장의 권한은 결코 우려할 수준이 아니었다.

상부지휘구조 개편안이 토론의 핵심요소가 되면서 국방개혁의 본질도 왜곡된 점이 있다. 상부지휘구조 개편은 "국방개혁 307계획"에서 제시한 37개 과제 중의 1개에 불과하였지만 "국방개혁 = 상부지휘구조 개편"이라는 등식으로 변질되었고, 따라서 이에 대한 반대는 국방개혁에 대한 반대로 인식되었다(조선일보 2011/09/08, A38). 그러나 실제로는 상부지휘구조가 개편된다고 국방개혁이 성공하는 것으로 볼 수 없고, 그 반대도 마찬가지이다. 오히려 성공적인 국방개혁을 위해서는 미래지향적이면서 첨단의 전력을 필요한 만큼 획득하고, 군 운영의 효율성을 전반적으로 강화하며, 군인들의 전문성을 함양시키고, 군대의 문화를 민주화하는 등 질적이고 내면적인 요소가 더욱 중요할 것이다.

군 구조에 정답이 존재하거나 이의 개편을 통하여 일거에 군의 체질을 바꿀 수 있다는 생각도 오인식의 여지가 적지 않다. 세계적 추세와는 달리 한국의 국방개혁에서는 상부지휘구조 개편이 지속적인 화두였고, '통합군제-삼군병립제-합동군제' 등의 장단점이 적극적으로 토론된 것이 그 증거이다. 특히 1990년에는 소위 "8·18 계획"이라는 명칭 하에 대통령의 지시로 합동성 강화를 보장하는 군 구조를 연구하게 되었고, 그 결과로 "제2의 창군"으로 자평하면서 각군 참모총장에게 일원화되어 있던 군정권(軍政權: 군의 인사/군수/동원 분야 담당 권한)과 군령권(軍令權: 군의 작전 분야 담당 권한)에서 군령권을 분리하여 합참의장이 육군의 1, 2, 3군 사령관과 공군작전 사령관 및 해군작전사령관을 통합적으로 지휘하는 현재의 상부지휘구조로 변화했던 것이다. 그 외에도 국방개혁 2020의 경우 '군구조분야'와 '국방운영분야'로 구분하여 개혁을 추진할 정도로 한국군은 구조의 개편에 상당한 비중은 두었다. 그러나 실제에 있어서 군 구조의 개편은 이해의 상충요소가 너무 많아서 성사가 어렵거나 도중에 내용이 변질되고, 새로운 구조의 정착에 필요한 시간과 노력을 고려하지 않아서 기대만큼의 성과를 거두기는 어렵다.

이명박 정부의 상부지휘구조 개편안의 경우 정부와 국회는 정치적인 측면에, 군은 군사적인 측면에 중점을 둠으로써 인식의 불일치가 적지 않았다. 또한 국방개혁 전체와 동일시된 가운데 구조만 달라지면 국방의 모든 문제가 해결될 수 있다는 잘못된 인식에 의하여 시작 및 추진되었고, 따라서 노력만큼의 성과를 얻지 못하였다. 상부지휘구조 개편안을 둘러싸고 현역과 예비역, 육군과 해·공군 간 의견 대립만 노출됨으로써[68] 합동성을 강화를 더욱 어렵게 만들기도 했다.

Ⅳ. 한국 국방정책에 대한 교훈

다른 국가의 경우나 한국의 다른 분야에서도 유사한 사례가 존재하겠지만, 한국의 국방정책에도 오인식이 적지 않게 작용하고 있고, 그것은 남북관계의 진전이나 국방개혁 등에서 시행착오를 초래하고 있다. 이러한 오인식이 시정되지 않고 계속될 경우 심각한 기회비용이 발생할 것이고, 이것들이 누적되면 국가안보를 위태롭게 만들 수도 있다. 첨단의 무기와 장비를 확보하기 위한 노력도 중요하지만, 오인식의 폐해를 인식하고 이를 감소시킬 수 있는 방안을 고민하는

---

68 해·공군 역대 참모총장 및 예비역 단체들은 주요 일간지에 "국방개혁을 반대하는 것이 아니라 통합군을 반대한다"는 광고를 게재하면서, 8가지의 불가 사유를 조목조목 열거하고 있다(조선일보 2011/06/20, A34).

것도 사소한 일은 아닐 수 있다. 몇 가지 필요한 과제를 제시하면 다음과 같다.

1. 오인식의 가능성 인식

한국의 일반적인 국가정책에서도 이러한 점이 있지만, 최근에 대북정책 및 국방정책과 관련하여 상당한 오인식이 발생하였음을 인정할 필요가 있다. 부정확한 정보와 지식에 근거하여 각자가 다양하게 북한을 해석하였고, 이것이 남북한 간의 불신을 초래하기도 하였다. 북한과 화해협력을 지속하고자 하면서 정제되지 못한 말로 북한을 자극해온 것은 북한에 대한 오인식, 또는 그로 인한 한국사회의 자만이 적지 않다는 현실을 드러내고 있다. 북한이 핵미사일을 보유한 상태라서 사소한 실수가 결정적인 위기로 악화될 수 있는 개연성이 있기 때문에 북한에 대한 정확한 이해는 너무나 중요하고, 이러한 점에서 오인식 존재에 대한 인식과 이를 교정해나가려는 노력은 충분히 강조할 가치가 있다고 판단된다.

한국의 국방정책에 관한 이해에서도 국민들은 물론이고 정책 결정자들까지 정확하지 못한 점이 있어서 겪지 않아도 될 시행착오를 겪고 있는 측면이 있다. 그로 인하여 원래의 의도가 왜곡되거나 객관적 토의가 어려워졌기 때문이다. 앞에서 분석한 사례 이외에 일본과의 정보협력협정 문제도 국민적인 오인식이 작용하고 있고, 결국 구매하는 것으로 결정되기는 하였지만 F-35전투기 획득의 문제도 몇몇 여론주도자들이 시험비행을 할 수 없다는 이유로 반대하여 시행착오를 겪었다. 2010년 3월 26일 발생한 천안함 폭침의 경우에도 온갖 유언비어가 난무하면서 국론을 분열시키다가 차츰 진실로 가까워지는 모습을 보이고 있다. 저비스가 처방 중의 하나로 강조하고 있듯이 한국은 오인식의 존재와 빈발하는 형태, 그로서 잘못된 결정에 이를 수 있다는 경각심을 가질 필요가 있다. 국방정책 결정자들은 물론이고, 언론과 국회의원, 나아가 모든 국민이 오인식의 개연성을 이해하고, 자신이 판단하는 바가 정확한지를 점검하는 자세를 가질 필요가 있다.

오인식의 부작용을 감소시키기 위한 선결과제는 국방정책 당국자들의 전문성이다. 비록 국민들이 잘못 이해하더라도 담당자들이 확실한 지식과 복안을 가진 상태에서 전문성 있는 결정을 내려서 추진한다면 오인식은 문제제기를 통한 보완기능으로 제한되면서 크게 영향을 주지 않을 것이기 때문이다. 일부 인사들의 선동에 국방정책이 흔들린다는 것은 국방 당국의 전문성이 높지 않다는 방증일 수 있다. 국방당국자들은 사안 자체를 정확하게 이해하는 바탕 위에서 종합적이면서 객관적으로 판단하여 최선의 결정을 내려야 한다. 클라우제비츠가 말한 정부로서의 이성(reason)에 충실해야 한다. 그래야 외부의 위협으로부터 국민들의 생명과 재산을 확실하게 보호할 수 있는 방책을 책임성 있게 추진해나갈 수 있을 것이고, 그것이 누적될 경우 국민들이 국방부와 군대를 신뢰하게 될 것이며, 그렇게 되면 오인식이 작용할 여지가 없어질 것이다.

모든 토론에서 다양한 의견을 수용하기 위한 노력을 범국가적으로 추진할 필요가 있다. 한 방향으로 사고할 경우 집단사고에 빠질 가능성이 높기 때문이다. 지금까지 한국이 보여온 바에 기초할 때 한국사회는 집단사고의 경향이 크다는 점에서 어떤 처방이 필요한 상황이다. 그 하나의 방법으로서 모든 조직 및 집단에서 토론할 때 의도적으로 반대되거나 엉뚱한 시각으로 문제를 보는 소위 "악마의 대변자(Devil's Advocate)"를 적극적으로 활용할 필요가 있다. 최소한 한 사람이라도 비판적인 의견을 제시하도록 해야 불충분한 정보를 보강하고자 노력하게 되고, 가능한 모든 대안을 검토해볼 것이기 때문이다. 저비스도 오인식을 감소시키는 방법의 하나로 '악마의 대변자' 활용을 제안한 바 있다(1976, 416).

2. 사실관계에 입각한 북한 인식

이제 한국은 북한 이해에 대한 오류의 가능성을 인정한 바탕 위에서 사실관계에 입각하여 있는 그대로 북한을 바라보고자 노력할 필요가 있다. 합리성에 근거한 우리의 사고방식으로는 비합리성에 근거하였을 수도 있는 북한의 실제적인 의도와 계획을 정확하게 판단하기 어렵다는 한계를 유념한 상태에서, 북한의 모든 행위에 관하여 사실을 중심으로 판단하고 될 수 있으면 추측을 자제하고자 노력해야 할 것이다. 그렇게 할 때 북한의 의도와 능력에 대한 판단이나 한국의 조치방향이 점점 타당성을 지니게 될 것이다. 북한의 의도를 추측하기보다는 나타나는 현상에 근거하여 판단하고, 북한을 다 안다고 생각하기 이전에 모르는 것이 더 많다는 겸손한 자세를 우선시할 필요가 있다.

북한의 핵미사일에 대해서는 최악의 상황을 가정하여 대비하지 않을 수 없다. 한국의 합리적 잣대에 의하면 북한은 자신의 멸망을 각오해야 할 핵무기 사용을 감행할 수 없겠지만, 북한은 우리의 합리성으로 판단할 수 있는 대상이 아니기 때문이다. 당연히 외교적 방책을 통하여 북한의 핵무기 개발을 포기시키고, 개발된 핵무기를 폐기시키고자 노력해야겠지만, 북한이 핵미사일을 사용하겠다고 위협하는 경우를 대비한 군사적 대비책을 적극적으로 추진하지 않을 수 없다. 국가안보는 최악의 상황에 대비하는 것이기 때문이다. 북한의 핵미사일 사용에 관한 명백한 징후가 발견되었을 경우 선제타격하거나 북한이 핵미사일을 발사하였을 경우 공중에서 요격시키거나 극단적으로 핵무기가 폭발되었을 경우 대피할 수 있는 조치도 강구해야 할 상황이다.

북한에 대한 정확한 정보수집에 최선의 노력을 기울이지 않을 수 없다. 정확하게 알지 않고서는 올바른 대응책이 나올 수 없기 때문이다. 국가정보원, 군의 국방정보본부, 기무사령부, 통일부 등 북한에 대한 정보를 수집하는 기관들끼리의 협력을 강화하고, 필요할 경우 이들의 노력을 통합할 수 있는 위원회나 별도의 조직을 구성할 필요가 있다. 정보수집의 경우 공개된 활동 이외에 비공개 활동도 적극적으로 수행하고, 특히 인적정보(Humint)를 적극적으로 육성 및 활용할 필요가 있다.

3. 국방문제에 대한 정확한 지식 함양 노력

국방문제에 대한 오인식과 이로 인한 정책 결정의 착오나 지체에는 지식인들이나 언론의 책임도 적지 않다. 국민들은 지식인들이나 언론을 신뢰하여 전달되는 사항을 그대로 믿는 경향이 있기 때문이다. 따라서 사회적 사명감을 바탕으로 지식인들은 확실하면서도 전문적인 분석을 제공하고자 노력해야 하고, 언론에서도 실체를 정확하게 파악하여 전달하고자 노력해야 한다. 지식인들이나 언론이 자신들이 생각하는 방향대로 여론을 이끌고 가거나 일부 여론에 편승하고자 사실을 왜곡하는 것은 금기시해야 한다. 지식인들이나 언론은 의도적으로 당시 집권층이나 여론주도자들이 생각하는 것과 다른 시각을 제시함으로써 그들이 오인식에 빠지지 않도록 예방하는 역할을 할 필요가 있다. 이것이 바로 '악마의 대변자' 역할로서, 이러한 역할을 하는 사람들이 적지 않고, 그러한 시각들이 적극적으로 수용될 때 한국사회의 합리성과 지성은 높아질 것이다. 집권층이나 여론주도층에서도 이들의 지적을 충분히 경청함으로써 "단일한 이해의 틀(a single model for understanding)에 고착되지 않아야 할" 것이다(Euelfer and Dyson 2011, 99). 악마의 대변자들도 합리적이면서 근거 있는 반대 의견을 제시하고자 노력해야 함은 물론이다.

국가안보 및 국방정책에 관한 오인식을 감소시키고자 한다면, 국방부가 필요한 사항을 적시에 더욱 적극적으로 설명해주고자 노력해야 할 것이다. 2012년 시행된 국방대학교의 범국민 안보의식 조사 결과를 보면 국방부가 발표하는 내용에 대한 신뢰성의 경우 2010년과 2011년에는 신뢰하지 않는다는 응답이 신뢰한다는 응답에 비해 10% 정도 높았다. 2012년 조사에서는 신뢰하지 않는다(20.1%)보다 신뢰한다(32.7%)가 높아져 긍정적인 추세를 보이고는 있지만(국방대학교 안보문제연구소, 136), 그의 절대적 수준은 매우 낮으므로 더욱 노력할 필요가 있다. 비밀로 유지해야 할 필요성과 국민들의 알 권리를 잘 조화시키되 이제는 후자의 비중을 점점 증대시킬 필요가 있다. 국방현안에 대한 대국민 보고 및 설명 기회를 증대시키고, 다양한 자료를 적극적으로 제공하며, 국민들의 질문에 대한 수시 답변을 활성화해야 할 것이다. 군 간부들은 깊은 전문성을 가진 상태에서 적극적으로 국민들과 접촉하거나 만나서 설명하고자 노력해야 할 것이다. 국방정책에 있어서 적극적인 대국민 전략적 소통(strategic communication)[69]에 노력함으로써 국방과 군에 대한 국민들의 이해도를 증진시킬 필요가 있다.

정부 차원에서는 국가안보 및 국방문제에 대한 책임성 있는 결정과 대응으로 유언비어나 혼란이 발생할 수 있는 소지를 최소화할 필요가 있다. 국가안전보장회의는 헌법기관이기는 하지만, 지금까지는 심각한 사태가 발생하였을 경우 정부의 결의를 과시하고자 소집되었을 뿐, 원래의 의도대로 안보정책에 관한 대통령 자문의 역할을 성실하게 수행한다고 보기 어렵다. 박근혜 정부는 대통령 직속으로 안보실을 설치하고, 안전보장회의 사무처도 신설한 상태이지만, 미국이나 일본과 같은 집단의사결정체제와는 거리가 멀다.[70] 헌법에서는 대통령에 대한 "자문"에 국한되게 되어 있더라도 대통령이 이를 수시로 소집하여 활용함으로써 결정의 적시성을 보장하고, 집단적 의사결정 기구처럼 운영함으로써 결정의 합리성을 강화할 필요가

---

69 원래 경영학에서 사용되는 용어로서 고객에 대한 적극적인 접촉과 홍보를 강조하는 개념이다. 9 · 11사태가 세계에 대한 미군의 전략적 소통이 미흡한 데도 원인이 있다고 미 국방과학이사회(Defense Science Board)에서 분석함으로써 미군을 중심으로 확산되었고, 한국군도 이를 수용하여 사용하고 있다. 국민, 적, 세계에 대한 적극적인 접촉 및 홍보노력이라고 할 수 있다.

70 미국의 NSC는 1947년 국가안보법에 의하여 창설되었는데, 대통령이 의장이면서, 부통령, 외무장관, 국방장관이 정식 위원이고, 국가안보보좌관과 관련 장관들이 비공식 회원으로 참가하여 국가안보에 관한 중요한 결정을 내린다. 일본의 경우에도 2013년 12월 4일 정식으로 국가안전보장회의를 발족하였는데, 이의 근간은 수장, 관방장관, 외무상, 국방상으로 구성된 4인회의이고, 필요할 경우 관련 장관을 추가하여 9인회의로 확대되기도 하며, 미국과 유사하게 이곳에서 필요한 사항을 결정한다. 이에 반하여 한국의 국가안전보장회의는 필요한 결정을 내리는 기관이 아니라 위기 시에 정부의 결의를 과시하기 위하여 소집되는 정도로 활용되고 있는 실정이다.

있다. 국가안보 및 국방정책에 관한 사항이 국가의 수뇌부에서 충분히 논의하여 확실하게 결정될 경우 오인식은 최소화되거나 기능할 여지가 없어질 것이다.

4. 국가안보 및 국방문제의 비정치화 노력

민주주의국가의 경우 다양한 정치적 견해가 공존 및 상호 견제함으로써 균형된 국가운영이 보장되기도 하지만, 국가의 제반 문제가 정쟁(政爭)의 대상으로 변질될 위험성도 낮지 않다. 다른 당의 정책을 반대해야 하는 개연성이 크기 때문이다. 특정 사안에 대하여 정당의 입장이 정해질 경우 다른 방향으로의 고려가 어렵고, 따라서 정치인들은 당의 결정된 입장을 따른다는 명분으로 필요한 정보를 수집하거나 다양한 대안을 검토하지 않는다. 그렇게 되면 당연히 오인식이나 집단사고가 나타날 가능성은 커질 것이다. 국가안보는 국가의 존망을 좌우할 수 있는 중대한 사안으로서 이와 같은 비합리적인 요소가 정책 결정에 지나치게 많이 개입되면 최선의 결정과 노력을 보장할 수 없다. 정치인들은 국가안보에 결정적인 분야일수록 정당이익 차원에서 벗어나야 하고, 모든 정보를 충분히 수렴하여 사안의 본질을 파악하여야 할 것이며, 오로지 국익과 합리성에 근거하여 결론을 도출해야 할 것이다.

국방문제의 정치쟁점화를 감소시키는 방안으로 미국처럼 국회에 국방의 일부에 관한 능동적 책임을 부여할 수 있다. 국회의 주된 임무는 법률을 만들거나 국가의 예산안을 심의·확정하는 것이기 때문에 현재 상태에서도 국회는 국방정책의 결정에 상당한 영향력을 행사할 수 있다. 또한, 국회는 헌법에 의하여 상호원조 또는 안전보장에 관한 조약과 강화조약, 선전포고와 국군의 외국에의 파견 또는 외국 군대의 대한민국 영역 안에서의 주둔에 관한 '동의권'을 갖고 있다. 그러나 이러한 권한의 대부분은 행정부에서 제안한 것을 동의하거나 비판하는 수동적인 권한으로서 책임성이 적을 수 있고, 따라서 비판과 질책을 통한 정치쟁점화에만 치중할 가능성이 높다. 이러한 측면을 예방하고자 한다면 미국의 경우처럼 국회에 군사력 건설의 책임을 부여하는 등으로[71] 국회가 배타적으로 책임져야 할 국방분야를 지정하는 것도 검토해볼 수 있다. 국회는 양병(養兵)을 책임지고, 행정부는 용병(用兵), 즉 건설된 군사력을 사용하는 데만 노력을 집중하는 방식이다. 이러할 경우 국방문제에 대한 분업이 보장되고, 국회의 사명감도 높아질 것이며, 여야의 협력 정도도 커질 수 있을 것이다.

V. 결론

국가안보 및 국방은 단기간에 강화되지도 않지만 조금 태만해도 금방 표시가 나지 않고, 그래서 반성과 분발이 쉽지 않다. 그래서인지 한국은 수십 년 동안 자주국방을 최우선적 국가과제로 채택하여 노력해왔지만, 여전히 미흡한 부분이 드러나고, 아직도 노력해야 할 부분이 너무나 많은 상황이다. 대조적으로, 일본은 제2차 세계대전

---

71 미 헌법의 제1조 8항에 의회는 "To raise and support Armies… To provide and maintain a Navy"로 되어 있다.

패배 이후 '자위대(自衛隊)'라는 명칭으로 최소한의 군사력만 유지해왔고, 국방비도 GDP의 1% 이하로 유지했지만, 군사대국화를 우려해야 할 정도로 높은 국방태세를 달성하였다. 그 이유는 당연히 다양하게 분석되겠지만, 그동안 한국이 결정해온 국가안보 및 국방정책이 일본의 그것보다 덜 합리적이었기 때문이다. 특히 한국 국방정책의 경우 오인식이 작용하여 잘못된 방향으로 결정되었다가 수년간 시행착오를 겪은 후 겨우 정상적인 방향으로 복귀한 예가 적지 않다.

예를 들면, 한국은 한국의 잣대를 적용하여 북한을 잘못 이해함으로써 지속적인 노력에도 불구하고 북한과의 관계를 진정으로 발전시키는 데 실패하였다. 그 결과 시간이 지나면서 북한과의 대결이 오히려 심화되고 있다. 또한, 다수의 국민은 북한의 핵위협과 주변국들의 군사적 각축이 강화되고 있는 엄중한 상황임에도 자주를 우선시하여 전시 작전통제권을 환수해야 한다고 주장함으로써 현실성을 보장하지 못하였다. 결국 이명박 정부나 박근혜 정부는 그것을 연기하기 위하여 미국에 수차례에 걸쳐 양해를 구하였고, 이제야 겨우 일단락된 상태이다. 그리고 북한이 탄도미사일에 탑재해야 할 정도로 핵무기를 "소형화·경량화"하였다고 주장하였음에도, 한국은 미사일 방어에 대한 오해로 인하여 적극적으로 추진하지 못하다가 이제야 초보적인 걸음을 떼고 있다. 이러한 오인식을 시정하지 않을 경우 한국의 국가안보정책은 계속하여 합리성이 미흡할 것이고, 그렇게 되면 열심히 노력하지만 국방력은 강화되지 않는 어려움에 부닥칠 것이다.

오인식을 감소 및 제거하는 근본적인 방법은 모든 국민이 국가안보 문제에 관하여 정확한 지식을 갖는 것이다. 정책 결정자들은 사안에 대한 정확한 지식을 함양한 후 책임성 있는 결정을 내려야 할 것이고, 국민들은 언론이나 일부 지식인들이 주장하는 내용보다 정부에서 설명하는 내용을 우선시하면서, 스스로도 전문적인 자료들을 적극적으로 탐색하여 정확한 지식을 확보할 수 있어야 할 것이다. 언론 또한 자극적인 측면보다는 진실 부각에 치중함으로써 국민들의 정확하면서도 균형된 이해를 보장하는 데 기여해야 할 것이다.

현 상황에서 한국에 가장 시급한 과제는 국가안보 문제의 비정치화이다. 다른 문제는 몰라도 국가안보의 중요성과 강화 필요성에 대해서는 여야가 일치해야 한다. 야당이라고 하여 국가나 군대가 안보 차원에서 수행하는 일을 무조건적으로 시비를 걸거나 정치쟁점으로 만들어서는 곤란하다. 이를 예방하는 방책으로 미국처럼 양병에 관한 책임을 국회에게 부여함으로써 사명감을 갖도록 하고, 행정부는 건설된 군사력을 사용하는 데 노력을 집중하도록 역할을 재분할할 수도 있다. 형식적인 자문역할에 그치고 있는 국가안전보장회의를 더욱 활성화하면서 집단의사결정체제의 성격으로 활용함으로써 국가안보에 관한 중요한 사항들이 정확하게 결정되어 사회적 혼란을 최소화해야 할 것이다. 어느 경우든 국방에 관한 모든 결정은 안보 차원에서 순수하게 접근되어야 한다.

클라우제비츠(Carl von Clausewitz)는 그의 명저 『전쟁론(*On War*)』에서 "삼위일체(三位一體, Trinity)"를 강조하고 있다. 그는 "원시적 폭력, 증오, 적대감과 같은 맹목적인 자연의 힘(blind natural force)", "창조적 사고의 자유로운 발현장소인 우연과 확률(chance and probability)", 그리고 "이성에 복종하도록 만드는 정책의 수단으로서의 종속성(element of subordination)"이라는 세 가지가 전쟁을 역설적 삼위일체(parodoxical trinity)로 만든다고 설명하고 있다. 그러면서 그는 첫 번째 맹목적 자연의 힘은 국민(the people), 우연과 확률은 지휘관과 군대(the commander and his army), 그리고 세 번째 종속성은 정부(the government)에 관한 것으로 규정하면서, 이것 중에서 한 가지라도 무시할 경우 올바른 전쟁이론이 될 수 없다고 강조하고 있다.

쉽게 이해할 수 있도록 설명하면, 클라우제비츠가 하고자 하는 말은 전쟁에서 승리하기 위해서는 국민·군대·정부가 한마음 한뜻으로 단결한 가운데 각자의 역할에 충실해야 한다는 것이다. 실제로 미국의 서머즈(Harry Summers, Jr) 대령은 삼위일체에 관한 이러한 이해를 바탕으로 *On Strategy: A Critical Analysis of the Vietnam War*의 책과 *On Strategy Ⅱ: A Critical Analysis of the Gulf War*이라는 후속편 성격의 책을 기술하여 미국의 베트남전 패배와 걸프전 승리를 분석한 바 있다. 그에 의하면 미국은 베트남전쟁에서는 삼위일체 중에서 '국민'의 요소가 제대로 기능하지 못하여(국민들이 전쟁을 지지하지 않아서) 패배하였고, 걸프전쟁에서는 국민·군대·정부가 삼위일체를 이루어 승리하였다는 것이다.

한국이 미증유(未曾有)의 민족적 위협인 북한의 핵미사일 위기를 슬기롭게 극복하기 위해서는 군대만의 노력으로는 부족하다. 군대와 정부만 노력해도 곤란하다. 국민·군대·정부가 함께 노력해야 한다. 국민·군대·정부가 각자의 역할에 충실하거나 위기 극복에 도움이 되는 총체적인 노력을 기울일 때 그러한 것들이 결합 및 누적된 결과로써 한국의 안전은 보장될 수 있다. 대신에 어느 한 요소에서라도 미흡함이 있으면 한국은 위태로워질 것이다. 국가라는 것은 잠시 안전해서는 곤란하고 영원히 안전이 보장되어야 한다는 점에서 삼위일체에 의한 지속적인 노력 이외에는 방법이 없다고도 할 수 있다.

북한의 핵미사일 위협

박근혜 대통령은 2013년 3월 19일 종교지도자들을 만난 자리에서 "핵무기를 머리에 이고 살 수는 없다"고 말하였다. 이는 1961년 미국의 케네디 대통령이 세계가 핵무기라는 "다모클레스의 칼(Damocles' Sword: 한 가닥의 말총에 매달려 머리 위에 있는 칼)" 아래 앉아 있다면서 그러한 상황을 종료시키기 위하여 인류 모두가 협력해야 한다고 호소하던 말과 유사하다. 실제로 북한은 이미 다수의 핵무기를 개발하였고, 앞으로 그 양과 질을 계속 향상시킬 것이다. 북한은 탄도미사일에 탑재하여 발사할 정도로 핵무기를 소형화·경량화하거나 고농축우라늄(HEU)을 이용하는 핵무기 제작에 성공하여 핵무기의 수를 크게 증대시킬 수도 있고, 수소폭탄과 결합된 증폭핵분열탄(boosted fission weapons)을 개발할 가능성도 예상되고 있다.

이러한 북한의 핵미사일 위협에 대하여 한국은 나름대로 걱정하고는 있으나 확실한 대책은 없는 상태이다. 기본적으로 북한의 핵미사일에 대응하는 방법은 세 가지인데, 어느 것 하나 만족스러운 상태가 아니기 때문이다.

첫째, 북한이 핵미사일로 공격하겠다고 위협할 경우 한국은 그보다 더욱 강력한 응징보복을 할 것이라는 점을 북한에 전달하여 공격을 자제시켜야 하는데, 한국은 핵무기를 보유하지 못한 상태이고, 비핵무기로는 북한의 핵공격보다 더욱 큰 피해를 가할 수가 없다. 한국이 핵공격을 받으면 미국이 그들의 핵무기로 보복하겠다고 약속하고는 있지만, 이것을 확신하기는 어렵다.

둘째, 북한의 핵미사일 위협에 대응하는 또 하나의 방법은 공격징후가 명백할 경우 이를 먼저 선제타격하여 파괴하는 것이다. 실제로 한국의 순항미사일은 북한의 핵미사일 또는 관련 시설을 정확하게 타격할 수 있는 정밀도를 보유하고 있고, 2개 대대규모의 F-15 전투기는 마하 2.5의 속도와 1,800km 이상의 전투반경을 지니고 있을 뿐만 아니라 정밀유도무기를 장착하고 있어서 북한지역의 방공망을 회피하면서도 북한의 핵시설을 파괴시킬 수 있다. 그러나 한국은 북한 핵미사일의 위치와 발사 징후를 정확하게 파악할 수 있는 정보력을 갖지 못하고 있고, 극단적 상황악화까지 각오해야 하는 선제타격과 같은 과감한 대안을 국민들이 선택할 것인지는 불확실하다.

셋째, 북한이 핵미사일을 발사하였을 경우 마지막 수단은 공중에서 요격하는 것인데, 이 능력 또한 아직은 매우 미흡하다. 그동안 "탄도미사일 방어망 구축=미 MD 참여"라는 잘못된 인식에 사로잡혀 한국은 핵미사일 방어체제를 제대로 토의하거나 추진하지 않았기 때문이다. 실제로 남북한은 지리적으로 인접하고 있어 공격해오는 핵미사일을 요격할 수 있는 시간 자체가 무척 짧고, 한국은 북한의 탄도미사일을 탐지 및 추적할 수 있는 장거리 정밀 레이더를 구비하지 못한 상태이다.

인정하기는 싫지만, 현재 상황에서 한국이 핵무기를 머리에 이고 살지 않을 방법은 없다. 머리에 인 상태에서 잘 관리하여 핵전쟁으로 악화되지 않도록 하는 것이 최선이다. 싫든 좋은 한국은 이제 냉전 시대에 미국인들이 불안해했던 바와 같이 "핵무기와의 생활(Living with Nuclear Weapons)"이라는 불편한 현실을 인정해야 한다. 모든 치료와 약을 동원하여 사망에 이르지 않도록 암을 관리하듯이 핵무기 위협도 최악의 상황으로 악화되지 않도록 모든 방법과 수단으로 관리해나가야 한다.

특히 앞으로 북한의 핵미사일 위협에 대한 한국의 대응책을 논의하는 토론장에서 빠지지 않고 대두될 주제는 핵무장론일 것이다. 너무나 간단명료한 방안이고, 국가 및 국민들의 자존심도 고양할 수 있을 것이기 때문이다. 그러나 이 방안은 실천하지도 못하면서 외국의 의심만 사거나 국가적인 에너지만 낭비할 우려가 크다. 한국은 핵무기를 제조할 수 있는 플루토늄이나 농축우라늄을 보유하지 못하고 있고, 확보할 수 있는 방법도 찾아내기가 어렵다. 핵무장론이 북한 핵무기 해결을 위한 강대국들의 노력을 촉구하는 효과가 있다고 말하지만, 강대국들은 한국이 핵무기를 제조할 원료가 없다는 것을 너무나 잘 알고 있어 통하지 않을 가능성이 크다. 무리하게 핵무장을 추진할 경우 국제적 제재를 받아 수출에 대한 의존도가 높은 한국경제가 붕괴될 가능성도 우려하지 않을 수 없다. 핵무장론은 현실적인 다른 조치를 토의할 시간과 노력의 기회비용만 증대시킬 것이다.

실망스럽겠지만 간단한 한두 가지의 조치로 북한 핵무기 위협을 해소할 수 있는 방법은 없다. 국민·군대·정부가 삼위일체를 이루어 가능한 모든 방법과 수단을 동원해야 한다. "피와 땀과 눈물"로 노력해야 겨우 최악의 상황을 모면할 수 있을 것이다. 북한이 30년 이상을 투자하여 개발한 핵무기를 간단한 한 수로 무력화시키고자 하는 것은 역사에 대한 교만이다.

군대의 노력

전쟁의 억제 및 승리를 위한 삼위일체에서 가장 중심적인 역할을 해야 하는 것은 군대이다. 북한이 휴전상태에서 핵미사일로 위협하는 상황에서는 더욱 군대의 역할이 중요하다. 군이 존재하는 본연의 임무는 외부의 위협으로부터 국가의 독립과 국민들의 생명과 재산을 보호하는 것이고, 현재 북한의 핵무기는 너무나 심각한 외부의 위협이다. 클라우제비츠가 군의 특성을 '불확실성(chance and probability)'이라고 규정하였듯이 한국군은 있을 수도 있는 다양한 상황과 최악의 상황을 가정하여 철저하게 대비해야 한다.

지금부터라도 한국군은 북한의 핵미사일 위협에 대응하기 위한 능력을 구비하는 데 대부분의 노력을 집중해야 한다. 한국군의 모든 국방노력은 북한의 핵미사일 대응에 두어져야 한다. 시간과 예산이 제한되는 상황이라면 다른 분야의 우선순위를 낮춰서 핵미사일 대응에 대한 우선순위를 높여야 할 것이다. 개인의 암처럼 북한의 핵미사일이 한국 또는 한민족의 생존을 위협하는 상황인데도 종합적이면서 통상적인 국방발전을 추진하고 있어서는 곤란하다. 군은 모든 관심과 역량을 북한의 핵미사일로부터 국민들의 생명과 재산을 보호하는 데 집중해야 한다.

당연히 한국군은 현재 상황에서 북한이 핵미사일을 사용할 수 없도록 하고자 나름대로의 억제전략과 전력을 구비해나가야 한다. 미국의 확장억제를 어느 정도 기대하면서도 북한이 핵미사일로 공격할 경우 김정은을 비롯한 북한의 수뇌부들을 기필코 살상하겠다는 의지를 표명하는 등으로 자체적인 억제의 의지와 태세를 과시해야 한다. 북한의 핵미사일 발사가 임박했다는 징후를 포착하였을 경우 선제타격하여 파괴시킬 수 있는 계획과 능력을 구비해야 한다. 최악의 상황으로 북한이 핵미사일을 발사하더라도 이를 공중에서 요격할 수 있는 능력도 구비해나가야 할 것이다. 더욱 최악의 상황으로 한국이 북한의 핵미사일 공격을 받았다고 하더라도 국민들의 피해를 최소화하고 국가의 생존을 지속할 수 있는 대책을 강구해나가야 할 것이다. 앞으로 한국군에게 북한 핵미사일 대응보다 더 중요한 일은 있을 수 없다.

당연히 국방부와 합참의 조직부터 북한 핵미사일에 대한 효과적 대응을 보장할 수 있도록 재구성되어야 한다. 국방부와 합참에 북한 핵미사일 대응을 위한 모든 한국군의 노력을 총괄적으로 지휘하는 부서를 설치하고, 그 부서의 통제하에 북한 핵미사일 대응을 위한 군의 제반 조치들을 계획 및 시행해나가야 할 것이다. 각군본부 및 야전부대 역시 핵무기 대응 위주로 개편 또는 대비되어야 한다. 북한의 핵미사일 위협이 민족의 영속을 위태롭게 할 정도로 심각한 상황인데도 마치 북한이 그것을 폐기할 것처럼 또는 그것이 사용되지 않을 것처럼 생각하면서 대비를 미뤄서는 곤란하다. 국방은 사태의 발생 가능성이 높기 때문에 대비하는 것이 아니라 가능성이 낮더라도 최악의 상황에 대비하는 것이다.

북한의 핵미사일 대응과 관련하여 기본적이면서도 중요한 사항은 간부들의 전문성 향상이다. 핵미사일 위협 대응은 그에 관한 깊은 정책적・전략적・기술적 전문성 없이는 제대로 실천하기 어려운 복잡한 과제이기 때문이다. 정책적이거나 전략적인 접근도 필요하지만, 과학적인 접근이 더욱 중요할 수도 있다. 모든 간부는 북한의 핵미사일 위협과 그에 대한 대응방안에 관하여 충분히 공부할 필요가 있고, 선제타격과 탄도미사일 방어 또는 핵대피 등 필요한 분야별로 전문부서와 전문가들이 육성되어야 한다. 그리고 이들이 국방부, 합참, 각군본부 등 중요 직책에 근무하도록 해야 할 것이다.

북한의 핵미사일 대비에만 치중할 수 없다는 반박도 당연히 가능하고, 당연히 일리도 있다. 그러나 한국의 핵미사일 대비는 너무 지체되어 시급하게 보완하지 않을 수 없는 상황이고, 제한된 자원으로 그러한 과제를 수행하고자 한다면 당분간 집중적인 노력이 필요한 상황이다. 비록 북한의 재래식 공격도 위협이 되지 않는 것은 아니지만, 이에 대해서는 한국군이 어느 정도 대비되어 있을 뿐만 아니라 핵공격을 받는 것에 비하면 그 피해가 제한적이다.

정부의 노력

정부 또한 북한의 핵미사일 위협으로부터 국가의 독립을 보전하고, 국민들의 생명과 재산을 보호할 수 있는 조치들을 강구하는 데 진력하지 않을 수 없다. 클라우제비츠가 말한 바대로 정부는 '이성(reason)'에 근거하여 정치적 이해타산에서 벗어난 상태에서 국가의 존립과 장기적인 발전만을 고려하여 정책을 결정하고, 국력을 결집시킬 수 있어야 한다. 어떤 경우에는 국익 차원에서 국민 여론과는 다른 결정도 내릴 수 있어야 하고, 필요할 경우 국민들을 계도할 수도 있어야 한다.

현재 상태에서 정부가 최선을 경주해야 할 사항은 한미동맹을 공고하게 하는 것이다. 당장 북한의 핵미사일 사용을 억제할 수 있는 것은 미국의 대규모 핵응징력뿐이기 때문이다. 유사시 미국의 확장억제가 확실하게 제공될 수 있도록 전시와 같은 비중으로 한미동맹의 모든 측면을 강화하고, 양국 간의 신뢰 및 협력관계를 증진해나가야 할 것이다. 한미연합사를 중심으로 하는 현재의 한미연합지휘체제를 유지하는 데 급급할 것이 아니라 그것을 계속 발전시켜 나가야 한다. '자주'에만 집착하여 동맹을 등한시할 경우에는 국가의 존망이 위태로울 수 있다. 한미동맹은 언젠가 해체나 중단되어야 할 사항이 아니라 국가전략 차원에서 지속적으로 강화시켜야 할 대상이라는 인식을 가져야 한다.

국정 우선순위에서 국방이 차지하는 순위를 높이지 않을 수 없다. 한국이 선진국으로 도약하려면 경제가 발전해야 하고, 이를 바탕으로 문화와 복지를 격상시켜야하는 것은 당연하다. 그러나 국가의 안전이 보장되지 않을 경우 아무리 경제가 발전되고, 문화나 복지 수준이 높더라도 소용이 없다. 경제, 문화, 복지 분야의 둔화를 감수한다는 결정이 쉽지는 않지만, 이러한 분야에 대한 투자의 비중이 북한 핵미사일 위협의 시대에도 동일하기는 어렵다. 중병이 걸리면 외식이나 나들이는 줄여야 하는 것과 같다. 국민들이 잘 받아들이지 않더라도 정부는 이성에 근거하여 이러한 방향으로 국가노선을 견지해나가야 하고, 국민들에게 잘 설명하여 납득시킬 수 있어야 한다.

북한에 의한 핵미사일 공격이 발생하였을 경우를 가정하여 국민들의 피해를 최소화할 수 있는 조치까지 강구해야 할 상황일 것이다. 유럽의 국가들이 현재 한국과 같은 상황이었으면 벌써 핵대피를 고려했을 것이다. 비록 국민들이 불안해할 수 있고, 대규모 예산이 지속적으로 소요되어야 한다는 점에서 엄두를 내기가 어렵지만, 최악의 상황에 대한 대비를 계속 회피할 수는 없다. 현재 구축되어 있는 다수의 지하공간을 핵대피가 가능하도록 보수하고, 새로 짓는 건물에 대하여 핵대피에 필요한 기준을 적용해야 한다. 이 또한 국민들이 불평하더라도 정부가 이성을 바탕으로 추진해나가거나 국민들을 설득해나가야 할 사항이다.

국민의 노력

북한 핵미사일 위협으로부터 국가의 독립과 국민들의 생명과 재산을 보호하는 데 있어서 집중적인 노력이 필요한 분야는 국민에 관한 사항이다. 클라우제비츠가 말한 '자연적인 맹목성(blind natural force)'으로 인하여 국민들이 핵전쟁 대비와 같은 어려운 과제를 선뜻 수용하기는 어렵기 때문이다. 그러나 민주주의국가의 주인은 국민이다. 국민들은 현 상황의 심각성을 이해하고, 정부에 필요한 대비조치를 요구하거나 동참해나가야 한다. 국민들의 적극적인 참여가 없으면 진정한 핵미사일 위협 대비는 불가능하다.

　무엇보다 국민 모두는 북한 핵미사일 위협이 민족의 영속 자체를 위협할 수도 있다는 점을 정확하면서도 냉정하게 인식해야 한다. 현재 한국은 북한의 핵미사일 위협에 대한 대응태세가 매우 미흡한 상황이고, 극단적인 상황에서는 북한이 핵미사일로 한국을 공격할 수도 있으며, 그렇게 할 경우 수백만의 국민들이 한꺼번에 사망할 수도 있다는 사실을 인정해야 한다. 동일한 민족이니까 북한이 핵무기를 사용하지 않을 것이라든가, 미국이 북한의 핵무기를 어떻게든 해결할 것이라든가 하는 마음은 요행심으로서 국가의 생존과 민족의 영속을 보장하기 어렵다는 점을 인정해야 한다. 보고 싶은 것만 볼 것이 아니라 어려운 현실을 있는 그대로 보고자 노력해야 한다.

　국민들은 정부와 군대에게 북한 핵미사일 위협으로부터 국민들의 안전을 어떻게 보장할 것인지를 질문하고, 제대로 추진되고 있는지를 점검할 필요가 있다. 국가의 주인은 국민들이기 때문이다. 대통령, 국회의원, 기타 다양한 지방자치 단체장과 의원들을 선출할 때도 이 부분을 집중적으로 점검하여야 할 것이다. 당장의 복지나 애로사항을 해소해주는 정치인을 선호할 것이 아니라 나와 가족의 안전, 공동체의 안전, 그리고 국가의 생존과 민족의 영속을 보장할 수 있는 사람이 누구인가를 판단할 필요가 있다.

　국민 스스로 북한의 핵미사일 위협과 한국의 대응에 관련한 제반 사항을 정확하게 알고자 의도적으로 노력할 필요가 있다. 북한이 핵무기를 몇 개 정도 보유하고 있고, 탄도미사일을 몇 기 정도 보유하고 있으며, 그것을 어떤 방식으로 사용할 가능성이 높고, 한국군은 어떤 방법과 수단으로 대응하며, 그 실태는 어떤지에 대하여 정확한 내용을 파악하여 알아야 한다. 올바른 지식을 바탕으로 건전한 국민 여론을 형성해야 정부와 군대의 정책이 올바른 방향으로 정립 및 구현될 것이기 때문이다.

국민들 스스로 북한의 핵미사일 공격을 받게 되는 최악의 상황을 가정하고, 그러한 경우에 생존을 보장할 수 있는 대책을 요구할 필요도 있다. 정부가 필요한 대책을 강구하지 않을 경우에는 스스로라도 핵대피에 관한 사항을 정확하게 이해하고, 가족들을 안전하게 보호할 수 있는 몇 가지 필수적인 조치들을 강구해나가야 할 것이다. 현재의 주거환경 속에서 핵대피를 위한 시설을 어떻게 마련할 것인가를 고민하고, 필요한 사전대비를 강구해둘 필요가 있다. 핵대피를 위한 훈련에도 적극적으로 참여하고, 공공대피소에서 공동으로 생활하는 데 필요한 규칙도 스스로 익히거나 준수하고자 해야 할 것이다.

핵위협 대응은 민족생존의 과제

한민족의 역사에 있어서 현세대만큼 위중한 사명을 부여받은 경우는 없을 것이다. 현세대가 잘하면 핵폭발과 같은 사고를 예방할 수 있지만, 그렇지 않을 경우 상상하기 싫은 극단의 사태가 한반도에서 발생하여 한반도는 불모지대로 변모하고, 우리 민족은 생활의 터전을 상실하게 될 것이기 때문이다. 한국은 북한의 핵무기에 의하여, 북한은 미국의 응징보복에 의하여 초토화되는 상황을 상상해보라.

한반도에서 핵무기가 사용되는 것은 현세대의 얼마가 죽는 것으로 종료되는 것이 아니다. 한민족의 생활터전인 한반도 전체를 파괴시키는 너무나 중대한 사항이다. 한반도는 좁고, 바다로 둘러싸여 있어서 핵폭발로 오염되고 나면 우리는 갈 곳이 없다.

세미나장에서 토론하거나 술집에서 소주잔을 기울이면서 많은 사람들은 북한이 핵무기를 사용하지 못할 것이라고 말한다. 그 말에 대하여 책임질 수 있는가? 그 말이 틀리면 우리 민족의 상당수가 핵폭발의 희생자가 될 뿐만 아니라 우리 민족의 마지막 남은 좁은 생활터전 자체가 못 쓰게 된다. 이러한 중대한 일을 아니면 말고 식으로 말해서는 곤란한 것 아닌가?

핵무기의 위험성을 교육할 때 세계의 모든 학교기관이나 강연장에서는 1945년 8월 일본 히로시마와 나가사키에 핵무기가 투하되어 많은 사람이 사망하고 폐허가 된 사진을 사용한다. 이 사진이 한반도에서의 핵폭발과 그로 인한 참상을 기록한 사진으로 대체되지 않을 것이라고 장담할 수 있는가? 그것은 우리의 노력에 달려 있다. 쉽지 않은 과제지만, 모든 국민이 지혜, 정성, 노력을 모아서 핵전쟁이 일어나지 않도록 관리해나가고, 그러한 과정에서 통일을 달성하여 핵무기 위협이 없어지도록 해야 할 것이다.

부록: 핵폭발 시 생존 방안

만약 1시간 후에 핵미사일 공격이 있을 것 같다고 정부가 경보를 발령하였을 경우 우리는 무엇을 어떻게 해야 할 것인가? 가장(家長)으로서 가족들에게 나름의 대응방안을 제시할 수 있을까?

핵미사일 공격이 없을 것으로 생각되는 지역으로 피난가야 할 거라는 생각이 들겠지만, 어디가 그곳인지 알 수는 없다. 지하시설로 대피한다는 이야기가 떠오르기는 하겠지만, 어떤 지하시설로 어떤 준비를 해서 가야 하는지는 생각나지 않을 것이다. 결국, 허둥대는 가운데 소중한 1시간은 속절없이 지나가 버릴 것이다. 국민들은 정부의 지시를 따르려고 하지만, 정부를 구성하는 인원들부터 당황한 상태일 것이고, 따라서 국민들이 기다리는 지시는 하달되지 않을 가능성이 크다.

결국, 국민 각자가 생존을 위한 방안을 강구해야 할 가능성이 크다. 각자가 살아야 나중에 공동체와 국가도 재건할 수 있다. 북한의 핵위협이 가중될수록 국민들은 정부를 바라보기보다는 핵미사일 공격 시 스스로가 무엇을 어떻게 해야 생존할 수 있을 것인가를 알아서 실천해야 한다. 모든 국민이 그렇게 한다면 국가의 부담도 줄어들 것이다.

필자가 관련 서적을 참고하여 일차적으로 정리한 핵폭발 시 생존에 관한 내용을 참고로 제시하면 다음과 같다.

□ 핵무기 폭발 시 생존을 위한 요체

<마음 자세>

■ 핵무기 공격이 국가나 국민의 종말은 아니다

핵무기의 위력이 상상하기 어려울 정도로 큰 것은 사실이지만, 1발로 국가나 민족을 멸망시킬 정도는 아니고, 하나의 도시가 없어지는 것도 아니다. 북한이 보유하고 있는 것으로 추정되는 10~20kt 정도의 핵무기가 폭발할 경우 반경 1km 정도에서는 가공할 위력의 폭풍과 화염이 발생하여 심각한 피해를 주겠지만, 거리가 멀어지면서 피해는 점점 약해진다. 대부분의 국민은 낙진(落塵, fallout)에 의한 피해를 걱정하면 되는데, 이것은 노력만 하면 충분히 피할 수 있다. 아무리 심각한 핵무기 공격을 받더라도 사망자보다는 생존자가 많다.

■ 사전에 대비하거나 적절히 조치할 경우 핵폭발에서도 살아날 수 있다

일반적인 재해 및 재난과 동일하게 적절하게 준비하거나 효과적으로 대응할 경우 핵폭발로부터도 충분히 생존할 수 있다. 준비가 철저하거나 대응이 적절할수록 생존율은 증대된다. 핵폭발 시 대비와 대응에 관한 간단한 상식만 알고 있어도 생명을 손쉽게 구할 수 있는 상황이 대부분이다. 알았다면 하지 않을 것을 몰라서 하거나, 알았다면 할 것을 몰라서 하지 않음으로써 생명을 잃는 경우가 많다.

■ 핵폭발에서는 국가가 할 수 있는 바가 매우 적다

대부분의 국민은 핵무기에 의한 공격 시에도 국가가 상당한 보호책을 강구해줄 것으로 생각하지만, 현실적으로 그렇게 되기는 어렵다. 핵무기 폭발의 위력은 국가가 대응할 수 있는 수준을 초과하기 때문이다. 그 피해 또한 국가가 통제할 수 없을 정도일 가능성이 크다. 정부의 관리들도 보통 국민들처럼 핵폭발에 의한 희생자가 되어 사망 및 부상할 것이고, 그렇지 않은 사람도 당황하여 어떻게 해야 할지를 모를 가능성이 높다. 아무리 국가가 체계적으로 준비해둔 상태라고 하더라도 핵무기 공격을 받은 후 최소한 2~3일은 지나야 정부의 기능이 가동되기 시작할 것이다.

■ 내 생존은 내가 책임져야 한다

핵무기가 폭발한 상황에서는 단체로 행동한다고 하여 유리하다는 보장이 없다.

개인별로 얼마나 준비했고, 얼마나 효과적으로 대응하느냐가 중요할 뿐이다. 개인별로, 가족별로, 공동체별로 가용한 생존책을 강구하지 않을 수 없다. 각자가 자신의 생존을 위해 최대한 노력할 때 전체 국민들의 생존성이 높아진다. 핵전쟁에서는 살아남은 사람이 가장이요, 지도자라고 할 수 있다. 특히 핵폭발 직후의 며칠은 모든 사람이 자신의 생존에 급급한 상태이고, 따라서 다른 사람을 도와줄 엄두를 내지 못할 것이다.

■ 용기를 잃지 않아야 한다

핵공격과 같은 비극적 상황에 직면하면 모든 국민은 공포에 질려 무엇을 해야 할지 모르는 공황상태에 빠질 수 있다. 그와 같은 최악의 상황을 사전에 생각해보지 않았던 사람들일수록 더욱 심각한 불안에 떨게 될 것이다. 그로 인하여 사회 전체적으로 심각한 혼란이 발생할 것이고, 그것이 예상치 않은 다양한 피해를 야기할 수 있다. 따라서 비극적 상황일수록 국민들은 공포에 질리거나 당황하지 않고자 노력해야 한다. 당황은 전염된다. 나와 내 주변의 생존에 도움이 되는 조치를 묵묵히 강구할 때 다른 사람들도 당황에서 벗어날 것이다. 어떤 상황에서라도 용기를 잃지 말아야 한다. 극한상황에서 침착성을 유지할 수 있는 것이 가장 큰 용기이다.

<대피 조치>

■ 일단 최단거리의 대피소로 대피하라

핵무기에 의한 공격이 임박하였거나 발생하였을 경우 개인의 입장에서는 최단거리에 있는 대피소로 이동하는 것이 급선무이다. 그런 다음에 상황을 파악해야 한다. 핵무기가 폭발한 직후의 수 분이나 수 시간이 결정적이기 때문에 신속성이 중요하다. 이 경우 근처에 공공대피소나 가족대피소가 있으면 최선이지만 그렇지 않을 때에는 지하철, 근처 빌딩의 지하시설, 터널 등 지하시설을 찾아서 일단 대피해야 한다. 이를 위해서는 평소에 직장 및 집 근처에서 적절한 준비를 갖춘 대피시설의 위치를 파악하고 있어야 할 것이다.

■ 소개는 신중하게 판단해야 한다

핵무기에 의한 공격의 위협이 있을 경우 당장 떠오르는 생각은 안전한 지역으로 이동하는 것이다. 그러나 어느 지역에 핵무기 공격이 가해지거나 가해지지 않을지 사전에 아는 것이 어렵다. 수많은 사람이 이동하게 되면 심각한 혼란이 발생할 것이고, 그 와중에서 예상치 않은 피해가 발생할 수 있다. 이동하는 도중에 핵무기 공격을 받거나 낙진에 노출될 경우 피해가 더욱 클 수 있다. 이동 자체만이 아니라 이동해서 생활하는 것까지 고려해야 한다. 준비된 생활터전을 포기하는 어려운 결정이라서 불가피하다는 확신이 설 경우 이외에는 신중해야 한다.

■ 낙진으로부터의 대피에 초점을 맞출 수밖에 없다

핵무기에 의한 공격이 임박해서 대피하거나 예상하여 대비할 경우에 최선의 방안은 해당 지역에 핵공격이 가해졌을 경우 발생하는 폭풍이나 열로부터도 생존하는 것을 보장하는 것이다. 그러나 이것을 보장하고자 한다면 너무나 대규모 대비가 필요하고, 너무나 큰 비용이 소요된다. 핵공격 지점이 한정되는 것이 아니므로 전국을 이런 식으로 대비할 수는 없다. 따라서 특정한 시설 이외에는 원점이 될 경우의 피해는 감수하지 않을 수 없다. 공공대피소든 가족대피소든 일단은 낙진으로부터 대상자들을 보호하는 수준에 맞출 수밖에 없고, 그런 다음에 핵폭발 시의 방호(防護, protection)도 가능한 수준으로 점차 높여나가야 할 것이다.

■ 2주간 생활을 준비하라

핵폭발 이후 방사능은 급격히 감소되지만, 최소한 2주는 경과되어야 일상생활을 하는 데 문제가 없다. 이전에 대피를 시작했다면 더욱 많은 기간을 고려해야 할 것이다. 따라서 모든 대피활동은 2주 이상을 견딜 수 있도록 계획하고, 그에 맞춰 준비물을 갖춰야 하며, 배급도 그를 기준으로 할 필요가 있다. 다수의 사람이 좁은 공간과 열악한 여건 속에서 2주 이상을 견딘다는 것은 생각보다 무척 어려운 일이고, 준비해야 할 사항도 적지 않다. 최초의 며칠이 경과하면서 상황이 명확하게 파악되거나 2주간 생활하는 데 치명적인 어려움이 있을 경우 다른 지역이나 대피소로 이동할 수는 있다.

■ 환기, 물, 음식, 위생이 요체이다

2주간 생활하는 데 있어서 가장 중요한 기본적인 사항은 대피소 내부 공기를 순환 및 여과시켜 적정한 온도를 유지하면서 공기가 오염되지 않도록 하는 것이다. 두 번째는 2주일 동안 마시고 생활하는 데 필요한 물이고, 세 번째는 음식이다. 그리고 네 번째는 용변, 청결, 살균 등 위생이다. 어느 것 하나라도 소홀히 할 경우 생활은 어려워지고, 생존의 확률도 그만큼 낮아진다. 어려운 상황과 여건일수록 우선순위를 정확하게 선정하는 것이 중요하다.

■ 공공대피소가 반드시 최선은 아니다

국민 입장에서는 국가가 준비한 공공대피소(public shelter)가 근처에 있다면 당연히 이를 이용해야 한다. 그러나 국가 전체 입장에서 보면 국토 전체에 공공대피소를 구축하려면 엄청난 비용이 소요될 것이라서 제한된 규모로만 구축하게 될 것이고, 따라서 일부 국민들만 공공대피소를 사용할 수 있을 것이다. 또한, 핵무기에 의한 공격이 예고되고 있거나 실시되는 상황에서 거리가 떨어진 공공대피소로 이동하기가 쉽지 않다. 공공대피소라고 하더라도 방호책이 미흡하거나 다수가 2주 정도 생활하는 데 필요한 물품을 구비하지 못하고 있거나 명확한 통제대책을 강구해두지 않았을 경우 상당한 혼란이 발생할 수 있다.

■ 가족 단위로 결정 및 행동하는 것이 효과적일 것이다

가족은 가장 유대관계가 깊고, 서로를 위하여 헌신적일 수 있는 집단이다. 가족단위로 소개 여부를 결정하고, 가족단위 대피소(family shelter)를 구축하는 것이 현실적으로는 효과적일 가능성이 높다. 가족단위가 아닐 경우 대피소에서 2주 동안 생활을 위한 모든 준비를 철저하게 갖추거나 대피소 생활에서 철저한 질서를 유지하거나 상호 배려하는 것이 어렵기 때문이다. 가족단위로 행동할 경우 소개와 대피를 손쉽게 변경하거나 결행할 수 있고, 가족 서로가 생사를 몰라서 불안해하거나 찾아다니는 현상을 최소화할 수 있다.

<대피 준비>

■ 벌써 핵대피를 고려해야 했다

누구도 핵무기에 의한 공격을 받을 수도 있다는 끔찍한 생각을 하고 싶지 않다. 그러나 한국은 탄도미사일에 탑재한 핵무기를 보유하고 있는 북한과 휴전상태에서 대치하고 있고, 공격해오는 탄도미사일을 요격할 능력을 갖추고 있지 못하다. 북한은 한국이 생각하는 것보다 훨씬 덜 합리적일 가능성이 크다. 앞으로 북한이 핵무기를 더욱 많이 생산할수록 핵무기를 사용할 가능성은 커질 것이다. 유럽을 비롯한 선진국이었으면 훨씬 전에 이미 국가적 수준에서 핵대피를 논의하여 시작했을 것이다. 적어도 주요 건물(예: 서울 시청)들을 유리를 사용하여 건축하지는 않았을 것이다.

■ 상식이 중요하다

국민들이 핵폭발의 위력과 핵대피에 관한 기본적인 상식만 가져도 생존율은 크게 높아진다. 정부에서도 필요한 정보와 지식을 제공해야겠지만 국민들 스스로도 알고자 노력할 필요가 있다. 특히 어떤 상황에서라도 가족들의 안위를 책임져야 하는 가장의 입장에서는 당연히 한국이 직면할 수 있는 최악의 상황에 대하여 필요한 지식을 갖춰야 한다. 핵폭발의 화염을 보자마자 엎드리는 것만 알아도 생존할 수 있고, 낙진을 맞았을 때 재빨리 털어낸 후 옷을 갈아입은 후 샤워하는 것만 알아도 그렇지 않은 사람보다 상당히 안전할 수 있다.

■ 지하시설을 준비하는 것이 핵심이다

핵대피에서 기본적인 사항은 지하로 들어가야 한다는 것이다. 땅이 폭풍, 열, 방사선을 가장 잘 막아주기 때문이다. 평시부터 지하실을 자주 이용하였다가 유사시 핵대피 시설로 사용한다면 대피의 신속성과 효과성은 매우 커질 것이다. 아파트는 동별로, 개인주택은 주택별로 지하실을 구축할 필요가 있다. 공동의 대피시설일 경우 생활공간을 합리적으로 분배하고, 평소에 대피를 연습해둘 필요도 있다.

■ 필요한 물품은 사전에 준비해야 한다

핵공격이 임박하여 필요한 물품을 확보하고자 할 경우 누락된 물품이 발생할 가능성이 높고, 서로가 경쟁적으로 구할 것이라서 확보 자체가 어려울 수 있다. 조금의 비용이 소요되지만, 가정별로 핵대피에 필요한 물품을 사전에 구매하여 확보해둘 필요가 있다. 항상 집에 구비하고 있는 것이라도 유사시 휴대해야 할 목록으로 작성하여 준비해둘 필요가 있다. 방사능 측정 장비, 플래시, 일부 약품, 배터리 라디오 등은 평소에 준비해두지 않으면 구하기 어렵다.

□ 핵무기 폭발 시의 피해

<핵무기 폭발의 일반적 효과>

핵무기가 폭발함에 따라 피해를 주는 주된 요인은 강력한 빛(화염, flash), 열(heat), 폭풍(blast), 그리고 방사선(radiation)이다. 이들 효과의 크기와 형태는 당연히 핵무기의 크기와 종류, 당시의 기상상태, 지형 상태, 폭발의 고도에 따라서 달라진다. 빛과 열이 가장 먼저 도달하고, 그다음은 폭풍이다. 낙진의 피해는 맨 나중이지만 오래 지속된다.

핵무기가 폭발할 경우 가장 치명적인 피해는 핵폭풍에 의한 것으로서, 핵폭발 원점을 중심으로 생성된 강한 압력이 시속 수백km 속도로 사방으로 분산되어 나가면서 강한 폭풍을 일으키기 때문에 발생한다. 원점에 가까울 경우에는 대형 빌딩도 붕괴시킬 정도도 위력적이고, 유리 등의 비산물질이 비산하면서 살상무기로 둔갑하게 된다. 그 위력은 당연히 핵무기의 크기와 폭발형태에 따라서 달라지는데, 10kt의 핵무기가 폭발할 경우 반경 800m까지는 심각한 피해가 예상되고, 2km까지는 상당한 피해가 예상되며, 5km까지도 유리창이 파손되는 등의 경미한 피해가 가해질 수 있다. 다른 말로 하면, 10kt의 핵폭탄이 터질 경우 원점에서 2km 바깥이면 폭풍으로부터는 치명적인 피해를 받지 않을 수 있다.

핵폭풍과 함께 강력한 열복사선이 방사되어 목격한 사람들의 눈을 멀게 하거나 화재를 유발하거나 사람에게 심각한 화상을 입히게 된다. 처음에는 가연성(可燃性) 재료에 불이 붙지만, 폭풍으로 송유관이나 가스관, 송유탱크 등이 파괴되면서 2차 화재가 발생할 수 있다. 그리고 핵폭발 직후에는 소방시설이나 소방팀이 가동될 수 없기 때문에 화재는 급격히 확산될 수 있고, 지하 대피소에 모여 있는 인원들의 안전도 위협할 수 있다.

핵폭발로 인한 또 다른 피해는 방사선이다. 방사선은 핵폭발과 동시에 방사되는 초기 핵방사선(initial nuclear radiation)과 시간을 두고 방사되는 잔류 핵방사선 (residual nuclear radiation)이다. 초기 핵방사선은 원점 근처에서 상당한 피해를 주지만, 거리가 멀어질수록 약해진다. 도시지역의 경우 빌딩들이 초기 핵방사선을 상당 부분 차단한다. 잔류 핵방사선은 주로 낙진에 의한 것으로 상당한 지역과 시간에 걸쳐 피해를 준다. 따라서 순간적인 핵폭발이 일어나고 난 후에는 낙진의 피해를 줄이는 것이 핵대피의 실질적인 과제라고 할 수 있다.

낙진은 핵폭발의 효과에 의하여 흙을 비롯한 지상의 물질이 공중으로 빨려 올라가 먼지구름을 형성하는 것이다. 폭발에 의하여 형성된 방사능 가스가 이 먼지에 농축됨으로써 방사능을 가진 먼지가 되고, 떨어지면서 방사선을 계속하여 방출한다. 낙진은 바람에 따라 이동하고, 천천히 광범위하게 떨어진다. 핵폭발 근처에는 큰 덩어리 위주로 15~20분 후부터 떨어지기 시작하여 24시간 내에는 대부분이 떨어진다. 10kt의 핵무기가 폭발할 경우 원점 근처의 경우 최초의 수 시간 동안에는 100R/h가 넘을 정도로 위력이 크다. 15~30km 정도까지 심각한 낙진이 떨어지기 때문에 이 지역 내의 국민들은 철저하게 대피할 필요가 있고, 구조요원의 활동도 상당한 지장을 받을 수밖에 없다. 더욱 미세한 낙진은 150~300km까지도 날아가고, 사람의 눈에도 보이지 않을 정도로 미세한 낙진은 비나 눈이 와야 떨어지거나 수개월이나 수년 지나서 떨어질 수도 있다.

핵무기가 폭발하면 전자기파(EMP: Electromagnetic Pulse)도 발생하는데, 이것은 번개가 치는 것과 유사한 효과를 전자 및 전기 계통에 끼친다. 이것은 통신선, 안테나, 전기선, 배관 등의 전도체를 통하여 전달되기 때문에 여기에 연결된 전기 및 전자 장비는 기능고장을 일으키거나 심하면 부품이 타게 된다. 핵공격이 예상될 때 전기 및 전자 장비를 전기선, 통신선, 안테나 등에서 분리하면 피해를 받지 않는다. 전자기파 자체가 인명피해를 유발하지는 않는다. 이 효과는 10kt 규모의 핵무기가 폭발하였을 경우 원점으로부터 10km 이하의 범위에 국한된다.

<낙진의 방사능 감소>

낙진의 양은 핵무기가 클수록, 지상에서 가까이 폭발할수록 커진다. 그러나 핵폭발 당시에는 필요한 모든 정보를 확보하기가 어렵기 때문에 낙진의 정확한 피해 범위나 이동범위를 판단하는 것은 어렵다. 다만, 낙진은 바람에 따라 이동하기 때문에 바람의 방향과 속도를 계산하면 어느 정도의 영향지역은 예상할 수 있다.

낙진으로부터의 대피에 영향을 주는 것은 크게 세 가지 요소로서, 그것은 거리, 차단물질, 시간이다. 낙진과 사람 사이에 거리가 멀수록, 무겁고 밀도가 큰 물질이 있을수록, 시간이 경과할수록 방사선의 위력은 줄어든다.

시간에 따른 위력 감소와 관련하여 암기하기 쉽도록 "7-10 규칙(seven-ten rule)"이라는 것이 있다. 7배 시간이 흐를 경우 방사선의 위력이 1/10로 감소된다는 것이다. 따라서 1시간 이후 발생하는 낙진의 방사능 정도를 기준으로 7시간 이후에는 1/10, 49시간 이후에는 1/100로, 그리고 343시간(14일) 이후에는 1/1000이 된다. 예를 들면, 낙진의 방사능이 핵폭발 1시간 후 1,000R(roentgens)/H이라면 7시간 이후에는 100R/H, 49시간 이후에는 10R/H, 2주 후에는 1R/H까지 감소된다. 낙진의 위력이 큰 핵폭발 원점 근처에서는 낙진이 감소되는 데 더욱 많은 시간이 필요할 수 있고, 비가 와서 낙진을 씻어갈 경우 방사능의 정도는 더욱 빨리 줄어들 수 있다. 그래서 낙진은 대체로 2일만 견디면 간헐적인 활동이 가능하고, 2주 후에는 전반적인 활동이 가능할 수 있다. 다만, 정확하게 하려면 방사능 측정기를 사용하여 측정해보거나 공공기관에서 지시하는 바를 따라야 한다.

낙진으로부터는 세 가지 방사선이 나오는데, 알파, 베타, 감마선이다. 알파선은 종이나 피복, 피부를 통과하지 못한다. 베타선은 침투성이 조금 강하여 옷을 입지 않은 채 피부가 베타선에 장시간 노출되었을 경우 화상을 유발할 수도 있지만, 금속판은 통과하지 못한다. 이 중에서 가장 치명적인 것은 감마선으로서 X-레이선처럼 사람의 몸을 그대로 통과하여 장기, 혈액, 뼈에 손상을 가한다. 지나치게 감마선에 노출되면 세포가 너무 많이 죽어서 회복이 불가능해진다. 또한, 초기방사선에는 중성자도 중요하게 포함되어 있고, 이것은 감마선과 유사한 성질이면서 유사한 피해를 끼친다.

<방사능 노출의 결과>

방사선은 보이지 않기 때문에 그 위험을 모르거나 방심하면 노출되지 않을 수 있는데 노출하여 생명을 잃을 수 있다. 방사능에 노출되면 신체에 물리적이거나 화학적인 피해가 발생하는데, 소량에 노출되었을 경우에는 우리의 신체가 스스로 제독할 수 있지만, 어느 정도 이상으로 노출될 경우 사망에 이를 가능성이 높다. 방사능 노출은 독약을 먹은 것처럼 누적적으로 작용하고, 당장은 증상이 없더라도 나중에 증상이 나타날 수도 있다. 다만, 이것은 전염되지는 않는다.

방사능에 노출되었다고 하여 금방 사망하는 것은 아니고, 개인별 건강상태에 따라 반응이 나타나는 시간과 치명성의 정도가 다를 수 있다. 당연히 유아, 노인, 병자는 훨씬 심각한 피해를 입는다. 일반적으로는 450R/H를 받은 사람 중에서 1/2 정도가 사망하는 것으로 되어 있다. 대피소 등에서 오랜 기간 불편한 생활을 함으로써 영양이 부족하거나 스트레스가 많을 경우 적은 양에도 피해가 클 수 있다. 그리고 핵폭발의 경우에는 폭풍이나 화염에 의해 피해를 입은 상태에서 방사능에 노출되는 식으로 복합적인 피해를 받을 가능성이 높기 때문에 적은 양에 노출되더라도 훨씬 치명적인 피해를 입을 수 있다.

방사능 노출의 증상은 며칠 동안 나타나지 않을 수도 있다. 최초에는 식욕부진, 어지럼증, 구토, 피로, 두통의 증상이 나타나다가, 그다음에는 입안이 헐고, 머리가 빠지며, 잇몸과 피부에서 피가 나고, 설사를 하게 된다. 또한, 사람에 따라서 이러한 증상들이 동시에 나타날 수도 있고, 일부만 나타날 수도 있다. 처음에는 아프지 않던 사람도 수개월 또는 수년 후에 이 증상이 나타날 수도 있다.

<심리적 피해>

핵무기가 폭발하면 심리적인 충격도 적지 않다. 상상할 수 없을 정도의 폭발에 당황 및 무기력해지거나 극도의 공포심에 사로잡힐 수 있고, 그 결과로 우울증이나 부적응 행동이 나타날 수 있다. 실제로 제2차 세계대전 시 독일이 영국에 대하여 전략폭격을 감행하였을 때 영국인들은 극도의 공포를 느꼈고, 그로 인하여 상당한 혼란과 사상자가 발생하였다. 하나의 핵폭탄이 특정지역에 떨어지더라도 그로 인하여 발생한 극심한 피해를 보면 모든 국민이 공포에 떨 수 있고, 그 결과로 국가의 기능이 마비될 수 있다.

다만, 제2차 세계대전 시 시간이 흐르면서 영국인들은 전략폭격에 크게 충격을 받지 않게 되었고, 따라서 독일의 노력도 큰 성과를 거두지 못하였다. 하나의 핵폭탄이 떨어졌다고 하여 모든 국민이 사망하거나 한반도 전체가 불모지대로 변모하는 것은 아니다. 따라서 제2차 세계대전의 영국인처럼 핵폭발에 관하여 극단적인 심리적 공포를 느끼지 않도록 스스로 노력하는 것이 중요하다. 이것은 마음만 그렇게 가지려고 노력해서 되는 것은 아니다. 핵폭발의 위력과 대비에 관한 제반 사항을 정확하게 이해하고, 필요한 대비조치를 어느 정도 강구할 때 그렇게 될 것이다.

□ 경보와 안내

<요점>

▲ 라디오를 위주로 가용가능한 모든 수단을 활용하라

핵공격이 가해지면 폭풍 및 전자기파의 공격을 받아서 전기가 끊어지거나 장비가 파손되어 해당 지역의 방송국은 제대로 기능하기 어렵다. 따라서 배터리를 사용하는 휴대용 라디오를 통하여 먼 다른 지역에서 방송되는 내용을 청취하여 상황을 파악해야 한다. 이 외에도 가용한 모든 수단을 동원하여 외부 상황을 파악하고, 필요한 지침을 수령하여야 한다.

▲ 경보나 안내가 불충분하거나 부정확할 가능성이 높다

북한과 인접하고 있는 한국의 경우 핵무기에 의한 공격을 사전에 경보하는 것은 쉽지 않고, 정부로부터의 안내도 충분하지 않을 가능성이 높다. 핵공격을 받았을 경우 정부의 기능 자체가 제대로 유지되지 못할 수 있고, 정부도 상황을 제대로 파악하지 못할 가능성이 높다. 따라서 각자가 가용한 모든 정보와 사전의 지식을 총동원하여 상황을 판단하고, 최선의 방안을 결정해야 할 가능성이 크다. 평소에 전문요원을 통하여 체계적으로 준비하지 않을 경우 안내 자체가 적절하지 않을 가능성도 존재한다.

▲ 경보나 안내는 외부와의 연결수단이다

핵무기가 폭발하여 대피소에서 생활할 경우 2주 정도 인내심 있게 견디는 이외에 특별한 대안이 없다. 이 경우 경보나 안내를 계속 청취함으로써 상황을 정확하게 파악하고, 불안과 공포를 제거하며, 외부세계와 연결되어 있다는 마음을 가짐으로써 좌절감을 최소화할 수 있다. 구성원들이 경보 및 안내를 공유하고, 정부의 경보나 안내가 부정확하거나 번복되더라도 그러할 수밖에 없다는 점을 이해하는 긍정적 자세를 가질 필요가 있다.

▲ 경보기간에 대피소를 완성하라

핵공격에 대한 경보가 주어지면 대피소를 보강하거나 대피소로 이동하여야 한다. 언제 대피소로 이동할 것이냐도 매우 중요한 결정인데, 성급하게 이동하면 준비가 불충분할 수 있고, 늦으면 폭발의 피해를 당할 수 있다. 대피소가 사전에 잘 구축되어 있을 가능성은 높지 않으므로 가족대피소나 개인대피소를 활용할 경우에는 주어진 시간 속에서 최대한 보강해나가야 한다. 모든 사람이 일시에 대피소를 보강할 경우 필요한 물품을 획득하기가 어려울 것이다. 굴토하여 대피소를 마련할 수도 있는데, 언뜻 보면 매우 어려운 과제일 것 같지만, 모든 식구가 분담하여 노력할 경우 그렇게 어렵지 않을 수 있다.

<**경보와 안내의 개념**>

경보는 핵무기에 의한 공격이 예상된다거나 임박한 사실을 알려주는 것이고, 안내는 핵공격이 발생한 사실이나 국민들이 행동해야 할 방향을 알려주는 활동이다.

경보는 핵공격과 관련하여 정부가 수행해야 할 가장 중요한 과업이지만, 실제에서는 간단한 사항이 아니다. 핵공격의 여부와 시점을 사전에 파악하기가 쉽지 않을 뿐만 아니라 한국의 경우 북한과 거리가 짧아서 경보의 시간이 거의 없을 가능성이 크기 때문이다. 안내의 경우에도 방송국이나 해당 시설이 핵공격을 받거나 전자기파 방해를 받아서 제대로 기능하기가 어려울 가능성이 높다. 국민들의 입장에서는 사전 경보가 없는 상태에서 핵공격 시 발생하는 빛이나 소리, 갑작스러운 정전 등의 징후로 직접 핵공격 여부와 정도를 파악해야 할 가능성도 배제할 수 없다.

아무리 짧더라도 경보를 받아서 사전에 일부 노력하는 것과 아무런 경보 없이 기습적으로 핵공격을 당하는 것의 차이는 크다. 수 분 또는 수 초 동안의 간단한 활동이 생사를 좌우할 수 있기 때문이다. 따라서 정부는 가능한 한 사전에 정확한 경보를 신속하게 국민들에게 전달하는 데 최선의 노력을 기울여야 하고, 국민들도 경보에 적극적으로 귀를 기울이고, 스스로도 판단하고자 노력해야 한다. 정부는 어떠한 상황에서도 필요한 경보가 국민들에게 신속하게 전달될 수 있도록 사전에 체계를 구축해야 할 것이고, 국민들은 휴대용 라디오 등 비상 상황에서도 경보를 받을 수 있는 장비를 사전에 준비해두어야 한다. 경보를 받은 후 즉각적으로 대피할 수 있는 준비를 하여야 하는 것은 물론이다.

<**경보의 종류**>

다른 전쟁과 마찬가지로 핵무기에 의한 공격이 아무런 경고 없이 기습적으로 가해질 가능성도 배제할 수는 없지만, 핵무기 사용은 워낙 중대한 사항이라서 상대가 사전에 위협할 가능성이 높고, 핵무기의 이동을 어느 정도는 파악할 것이기 때문에 최소한의 경보는 가능할 것이다.

경보는 전략적 경보(strategic warning)와 전술적 경보(tactical warning)로 나눌 수 있다. 전략적 경보는 상대가 핵무기를 발사할 준비를 하고 있어 필요한 예방조치를 강구해야 한다는 사실을 사전에 알리는 활동으로서 수일 전에 내려지는 것이 통상적이다. 이렇게 되면 사람들은 다른 지역으로 소개하거나 대피소를 구축 및 보완하고, 그 외에 피해를 최소화할 수 있다고 판단되는 다양한 조치를 강구해야 한다. 모든 국민은 정부에서 제시하는 사항을 청취할 수 있는 수단을 확보하고, 핵폭발 시 대처요령을 강구하며, 대피소의 위치를 확인하거나 이동하고, 2주 정도 대피소에서 생활하는 데 필요한 준비를 하거나 사전에 대피소에서 생활하고 있어야 할 것이다.

전술적 경보는 상대의 핵미사일이 발사되었다는 사실에 대한 경보로서, 상대국과의 거리에 따라서 달라진다. 전략적 경보가 선행된 후 전술적 경보가 하달될 경우에는 상당할 정도로 피해를 줄일 수 있지만, 그렇지 못한 상태에서 상대방의 핵미사일이 도달하는 시간이 제한될 경우에는 전술적 경보가 하달되어도 피해가 최소화되기는 어렵다. 미국의 경우 해양으로 이격되어 있어서 상대의 핵미사일이 발사된 사실을 확인한 후 최소한 15~20분 정도의 시간이 주어지지만, 한국의 경우에는 거리가 짧아서 전술적 경보가 수 분 또는 거의 주어지지 않을 가능성이 높다. 그럼에도 불구하고, 수 분 또는 수 초의 전술적 경보가 가능하다면 국민들은 당시 상황에서 최선의 장소로 이동하거나 응급 보호조치를 취할 수 있고, 결과적으로 피해가 상당히 감소될 수 있다. 경보가 전혀 없는 상황에서 핵폭발이 일어났다고 하더라도 섬광을 본 후 폭풍이 도착하기까지의 수 초 동안이라도 건물의 안쪽으로 재빨리 이동한다든지, 지상에 엎드린다든지, 천 등으로 귀를 막는다든지, 입에 손수건이나 천을 넣어서 문다든지 하는 조치를 강구할 경우 생존의 가능성은 상당할 정도로 높아진다.

실제의 상황에서는 경보의 신뢰도가 문제될 가능성이 크다. 전략적 경보의 경우 적의 핵공격 여부에 대한 판단이 항상 정확할 수가 없고, 적이 핵공격으로 위협하였다고 하여 반드시 공격하는 것은 아닐 것이기 때문이다. 경보가 하달되거나 철회되는 과정에서 경보에 대한 신뢰성이 급격히 떨어질 수 있다. 전술적 경보의 경우 핵미사일의 발사를 탐지한 후 국민들에게 전달하는 데 예상외로 많은 시간이 소요될 수 있다. 어떤 국민들은 핵공격이 일어나고 나서야 그 사실을 알거나 한참이 경과될 때까지 핵공격 자체를 모를 수도 있다. 따라서 모든 국민에게 언제나 전달될 수 있는 경보체제를 정비하고, 연습을 통하여 그 효율성을 지속적으로 개선해나가야 할 것이다.

<경보 후의 조치>

경보를 받을 경우 국민들은 핵폭발로부터 피해를 최소화하기 위한 조치를 각자가 시행해야 한다. 거리에 있을 경우에는 대피소나 집으로 최단시간 내에 이동해야 할 것이고, 직장에 있을 경우에는 빌딩의 지하실이나 깊숙한 곳으로 대피해야 할 것이다. 집에서는 가스, 전기, 기름을 끄거나 잠그고, 창문과 커튼을 닫는 등 폭발로부터의 피해가 최소화될 수 있는 조치를 강구한 후 대피소로 이동해야 한다. 정부에서는 혼란이 발생하지 않도록 필요한 통제조치를 강구하고, 국민들 스스로도 질서 있게 행동하고자 노력해야 할 것이다. 생사를 좌우하는 상황이라서 국민 각자가 필사적인 행동을 강구할 가능성이 높다는 점을 유의하여, 정부는 일방적으로 통제하고자 노력하기보다는 당시의 상황에 따른 적절한 행동방향을 적시에 계속하여 알려주는 데 중점을 두어야 할 것이다. 이를 위해서는 정부는 당연히 상황별로 어떻게 조치하는 것이 최선인가에 대한 내용과 통제방책을 사전에 마련해두어야 할 것이다.

국민들은 경보를 전혀 듣지 못한 채 발생하는 빛을 통하여 핵공격 여부를 처음으로 파악할 가능성도 크다. 이 경우에도 가능한 한 벽 등의 엄폐물 뒤에 몸을 숨겨서 열이나 폭풍으로부터 피해를 받지 않을 수 있도록 노력해야 한다. 다만, 핵폭발의 소리를 들었을 경우에는 이미 늦을 수 있다. 핵폭발로 인한 폭풍은 음속보다 빠르거나 비슷하기 때문이다. 빛을 본 후 2분 정도 지나서도 폭풍이 느껴지지 않으면 핵폭발은 약 40km 이상 떨어진 곳에서 일어났다는 것이고, 따라서 폭풍의 피해를 당하지 않을 가능성이 크다. 신속하게 대피소로 이동하여 낙진의 피해를 당하지 않도록 노력해야 한다.

<경보와 안내의 내용>

경보의 경우에는 적이 언제 어떻게 공격한다는 내용이기 때문에 정보의 가용성이 문제이지 어떤 내용인가를 착각할 가능성은 없다. 즉, 알고 있거나 모르고 있는 내용을 그대로 알려주면 되기 때문이다.

대신에 핵무기가 폭발한 이후 국민들이 어떻게 행동해야 할지를 안내해주는 내용의 경우에는 그 질에 의하여 피해가 커지거나 작아질 수도 있고, 생존이 가능하거나 불가능해질 수도 있다. 불확실한 상황에서 국민들은 정부의 안내를 따를 가능성이 많은데, 안내를 전달하는 사람이 핵폭발의 피해 최소화에 관하여 충분한 전문성을 갖지 못한 상태이거나 다양한 상황에서 발생하는 모든 경우를 모두 안내해주기는 어렵기 때문이다. 대체로 안내의 내용은 현재까지 발생한 상황을 설명하면서, 차후에 국민들이 행동해야 할 바를 알려주는 성격이어야 할 것이다. 간단한 내용이라도 실제의 상황에서는 정확한 내용으로 안내하기가 쉽지 않기 때문에 정부나 지방자치단체는 상황별로 필요한 안내 방송의 내용을 사전에 정립해두었다가 당시 상황에 맞도록 일부만 수정하여 활용하도록 준비해두는 것이 효과적이다.

<경보와 안내의 수단>

경보와 안내를 위해서는 텔레비전, 라디오, 사이렌, 공공기관의 확성기, 휴대폰 등 즉각적으로 국민들에게 필요한 사항을 전달할 수 있는 모든 수단을 동원해야 한다. 다만, 핵공격이 발생하면 원점 부근의 전기 및 전자 장비는 무력화될 가능성이 높기 때문에 국민 각자는 건전지용 라디오를 사전에 준비하였다가 정전 상태에서라도 경고 및 안내 방송을 들을 수 있도록 준비해야 한다. 핵공격을 받았다면 가까운 라디오 방송국도 파괴되었거나 제 기능을 하지 못할 것이고, 따라서 먼 지역 방송을 찾아서 들어야 할 가능성이 높다. 라디오를 보호하는 것도 중요한데 추가적인 핵공격으로 인한 전자기파 피해를 받지 않도록 안테나를 길게 하지 말고, 전류가 흐를 수 있는 관과 같은 물체에서는 이격시키며, 쇠통에 넣어 보관하는 등의 보호조치를 강구할 필요가 있다. 습기로부터 손상받지 않도록 유의하고, 주기적으로 틀든가 음량을 최소화함으로써 배터리도 아껴야 할 것이다.

전국적인 경보 이외에도 직장 및 지역 단위별로 경보를 제공할 수도 있다. 이때는 사이렌 등으로 신호할 수 있는데, 핵공격 예상, 임박, 발생 등의 상황으로 사이렌의 종류를 설정하고, 수시로 훈련을 하여 익숙하게 만들 수도 있다. 그러나 핵공격을 직접적으로 받을 경우 이러한 경보가 가동될 가능성은 크지 않다.

□ 대피

<요점>

▲ 2주간 생활해야 함을 명심하라
핵공격이 임박했다고 하여 일단 대피소로 이동하는 데만 급급해서는 곤란하다. 핵폭발 후 방사능이 현저하게 감소되는 2주 정도 생활할 수 있는 준비를 하여 이동해야 한다. 사전에 이동하거나 노약자나 어린이가 있을 경우에는 더욱 충분하고 세심한 준비가 필요하다.

▲ 집 가까운 곳의 대피소를 확인 또는 마련해두라
대피에는 신속한 이동이 중요하기 때문에 집 근처에 위치하는 공공대피소를 평소에 확인해두었다가 임박한 상황에서 즉각적으로 대피할 수 있어야 한다. 가까워야 준비물도 충분히 운반할 수 있고, 훈련도 용이하다. 이러한 점에서 아파트 지하 주차장이나 단독주택의 지하실 등 공동 및 가족대피소가 유리한 점이 있다. 대피했을 경우 가족들의 생사를 서로 확인하느라 신경을 쓰지 않아도 되고, 일단 대피했다가 필요시에 다른 지역으로 가족이 함께 소개하는 데도 유리하다.

▲ 유사시 즉각 사용할 수 있도록 평시부터 활용하라
핵무기 폭발은 아주 극단적인 상황에서 발생하기 때문에 사전에 대피소를 구축해두더라도 수년 또는 수십 년 동안 사용하지 않을 수 있고, 그렇게 되면 제대로 관리되지 못하여 유사시 사용하는 데 문제점이 발생할 수 있다. 따라서 대피소는 평소에 다른 용도로 사용하다가 유사시에 대피소로 전환할 수 있도록 해야 한다. 평시 사용 용도가 유사시 대피소로의 전환에 결정적인 지장을 주지 않아야 함은 물론이다.

▲ 지하시설을 확보하라
핵대피소의 기본적인 요건은 지하화이다. 지하화하면 벽은 흙에 의하여 자동으로 보호되고, 폭풍에서도 어느 정도 보호되기 때문이다. 이러한 점에서 지하철, 터널, 아파트의 지하주차장, 개인주택의 지하실 등이 유리하다. 기존 시설이 없을 경우 땅을 굴토하여 지하로 들어갈 수도 있다.

<대피의 개념과 종류>

대피는 핵폭발의 피해를 덜 받을 수 있는 시설로 이동하는 활동을 말하는데, 핵폭발과 관련하여 평시에 대비하거나 유사시 조치하는 사항 중에서 가장 실질적인 사항이다. 핵공격이 예상되면 일단 대피를 했다가 상황을 봐서 다른 지역으로 소개하는 것이 일반적인 행동일 것이고, 한국의 경우 소개가 적절할 경우가 드물다면 더욱 대피가 중요하다.

가장 이상적인 대피소는 핵무기 폭발 시 발생하는 폭풍으로부터도 안전을 보장하는 시설로서, 폭발대피소(blast shelter)라고 한다. 이것은 폭발 시 발생하는 폭풍, 초기 방사능, 열, 화재에 대한 전면적인 방호를 제공하는 시설이다. 다만, 이를 구축하려면 강력한 압력과 바람을 견딜 수 있는 지붕, 벽, 출입문을 설치해야 하므로 상당한 비용이 들어가고, 관리하는 데도 큰 비용을 사용해야 한다. 아무리 강력한 폭발대피소를 구축했더라도 공격 원점에서는 방호를 장담하기 어렵다.

그렇기 때문에 일반적인 대피소는 '낙진 대피소(fallout shelter)'로서, 방사능을 차단할 수 있는 물질로 둘러싸여 있으면서 낙진의 방사능이 자연적으로 감소되는 기간 동안 생활을 지속할 수 있는 공간을 제공하는 형태이다. 대부분의 대피소는 낙진대피소이면서 폭발 시의 방호효과도 고려하여 지붕, 벽, 출입문을 어느 정도 강화하는 형태가 될 것이다.

<대피소의 형태>

대피소는 구축의 주체에 따라 공공대피소(public shelter)와 가족대피소(family shelter)로 구분할 수 있다. 공공대피소는 국가나 지방자치단체가 구축하는 시설로서, 별도로 구축하거나 지하철, 터널, 대형빌딩 지하시설을 보강하여 사용할 수도 있다. 아직 한국의 경우 핵폭발에 대한 공공대피소는 구축되어 있지 않다.

공공대피소가 가용하지 않을 경우 개인은 가족대피소를 구축 및 사용해야 한다. 다수의 가족, 즉 아파트단지별로 구축할 수도 있는데, 이것을 별도로 구분하여 "공동대피소"로 명명할 수도 있을 것이다. 따라서 가족대피소는 아파트 단위로 다수의 가족이 함께 구축할 수도 있고, 개인주택의 지하실을 이용하거나 굴토하여 간이대피소(expedient shelter)를 만들 수도 있다. 대부분의 경우 기존 시설의 벽을 활용하면서 입구를 보완하거나 2주간 생활할 수 있는 여건을 만드는 형태이다.

대피소 구축에서 가장 중요한 것은 방사선을 차단할 수 있는 물질로 사방을 에워싸는 것인데, 이 경우 밀도가 높은 물질일수록 방호력이 크다. 예를 들면, 핵폭발에서 방출되는 방사선의 대부분을 차단하고자 한다면, 콘크리트는 30cm, 벽돌벽은 40cm 정도, 흙은 90cm 이상이 되어야 한다. 따라서 대피소는 벽은 물론이고, 지붕, 입구 등을 이 정도 두께의 물질로 둘러싸는 것이 중요하고, 미흡한 부분이 있으면 흙마대 등을 활용하여 보강해야 한다.

<공공대피소>

이론상으로는 핵공격이 임박할 경우 가장 안전한 장소는 공공대피소이다. 국가나 지방자치단체에서 낙진은 물론이고, 핵폭발까지도 어느 정도 견딜 수 있도록 설계할 것이고, 2주간 생활하는 데 필요한 물품 등도 사전에 비축해두고 있을 것이며, 추가행동에 대한 교육을 받거나 응급환자가 발생하였을 경우 조치를 받는 것도 용이할 것이기 때문이다. 유사시 공공대피소를 이용하기 위해서는 그 위치를 사전에 알아두어야 하고, 유사시 접근할 수 있는 통로, 그리고 이동에 소요되는 시간도 계산해둘 필요가 있다. 대피소에 구비되어 있는 물품 이외에는 가족이나 개인들이 별도로 준비 및 휴대하여 공공대피소로 이동해야 한다.

다만, 공공대피소의 경우 사전 준비 정도에 따라 그 수준이 다양할 가능성이 크다. 제대로 구축 및 준비되지 않은 공공대피소일 경우에는 환기, 식수, 음식, 위생 등 모든 분야에 문제가 발생할 수 있고, 다수인이 밀집할 경우 예상외의 사태가 발생할 가능성이 크다. 사전에 사용할 사람을 지정하고, 지정된 사람들이 평소에 사용하거나 지속적으로 정비하지 않을 경우 가족대피소보다 더욱 위험할 수 있다.

공공대피소는 핵폭발에 의한 방호는 물론이고, 많은 사람이 2주 이상을 생활하는 데 문제가 없도록 필수적인 물품은 비축할 필요가 있다. 무엇보다 평소에 계속 사용함으로써 관리소홀로 인한 문제가 없도록 해야 할 것이다. 이러한 점에서 별도의 시설을 구축하는 것보다 대형빌딩의 지하공간, 주거지역의 아파트 지하주차장을 공공대피소로 지정하고, 출입문과 창문을 보강하거나 발전기나 환기시설을 설치하는 등으로 부분적으로 보강한 후 평소에 사용하도록 하는 것이 현실적인 방안일 수 있다.

<가족대피소>

신뢰할 만한 공공대피소가 없다고 판단할 경우 개인의 입장에서는 가족별 대피소를 구축하지 않을 수 없다. 공공대피소가 가용하더라도 신속한 대피와 가족단위의 생활 측면에서 가족별 대피소를 선호할 수도 있다. 가족의 경우 가장 유대감이 큰 단위로서 서로의 배려와 희생이 가능하고, 이방인과의 생활에 의한 스트레스를 견딜 필요가 없다는 것이 큰 장점이다. 또한, 가족대피소를 사용할 경우 가족의 생사를 서로 몰라서 애태우는 상황도 줄어들고, 도중에 가족이 함께 안전한 다른 지역으로 소개하는 데도 유리하다. 아파트의 경우 다수의 가족이 협심하여 공동의 가족대피소로 보강할 수도 있다.

핵폭발에 대한 방호까지를 고려한다면 가족대피소는 굴토하여 구축하는 것이 최선이다. 굴토대피소는 입구만 잘 구축할 경우 핵폭발도 견딜 수 있고, 구축이 상대적으로 간단하기 때문이다. 가족 전체를 수용할 수 있을 정도의 넓이로 굴토를 하고, 굴토된 흙으로 벽을 만들며, 긴 나무를 양쪽 벽 사이에 충분한 길이로 배열한 다음 흙을 덮어서 지붕은 만들면 된다. 시간이 제한될 경우 자동차로 덮은 다음에 자동차 안과 트렁크, 후드 위에 흙을 채워 신속하게 지붕을 만들 수도 있다. 지하로 깊게 들어갈수록 안전하지만, 시간이 걸리거나 배수에 문제가 발생할 수 있고, 지상으로 쌓아서 만들 경우에는 배수에는 강하나 폭풍 등에 약할 수 있다. 굴토 대피소의 경우에도 환기를 보장해야 하고, 비가 올 경우를 대비하여 지붕을 경사지게 하거나 비닐로 덮어야 한다.

굴토대피호는 이상적인 장소를 골라서 굴토할 수 있고, 사람의 수에 맞추어 구축할 수 있다는 융통성이 있으며, 임무를 잘 분담할 경우 단기간에 완성할 수 있다는 장점이 있다. 다만, 사람이나 도구가 충분하지 않을 수 있고, 비가 많이 내리거나 얼었을 경우에는 굴토가 어려우며, 필요한 도구나 물품을 제대로 확보하기가 어렵다는 단점은 있다. 특히 땅으로 만든 대피소이기 때문에 2주간 생활하는 측면에서 예상하지 않은 상당한 불편함이 발생할 수 있다.

한국의 도시지역에서는 마당이 없어서 굴토대피소를 구축하는 것은 어렵고, 대신에 거주하고 있는 가옥의 지하실이나 지하주차장 등을 대피소로 보강하여 사용하는 것이 현실적이다. 이것은 신속한 대피가 용이하고, 평소부터 필요한 사항들을 지속적으로 준비해둘 수 있다는 점에서 땅을 파서 만든 대피호보다 유리할 수 있다. 지하실의 경우 측면은 지하라서 방호되어 있을 것이므로(이 경우에도 노출된 부분은 사전에 흙마대 등으로 보강할 필요가 있다) 윗부분(1층의 마루)과 출입구를 흙마대 등으로 보강하면 된다. 이 경우 지하실 천정에 지지대를 세워서 무게를 지탱하는 데 문제가 없도록 보강해야 할 것이다. 그리고 좁은 공간에 많은 사람이 있을 경우 기온이 올라가고 산소가 모자랄 것이기 때문에 가능하면 환기통을 설치하고(배터리 등으로 가동되는 환기장치를 사전에 설치할 수도 있다), 천이나 기타 재료를 사용하여 여과를 보장할 필요도 있다. 지하실의 경우 건물이 붕괴될 경우 위험해질 수 있다.

지하실이 없는 주택의 경우에는 마당에 땅을 파서 대피호를 만들 수도 있는데,

이 경우 처마 밑을 사용함으로써 작업을 최소화시키면서 비로 인한 피해도 예방할 수 있다. 참호 형태로 처마 밑 집 둘레를 어느 정도의 길이로 파고, 집의 기초 슬라브 깊이까지 판 다음 옆으로 파고들어 가서 공간을 만들면 된다. 집의 기초를 지붕으로 삼는 방식으로서 임시 지하실을 만드는 개념이라고 할 수 있다. 집이 무너지지 않을 정도로 파고 들어가면 지붕과 벽이 자동으로 제공되는 결과가 된다. 그런 다음에 입구를 만들고, 대피소의 지붕에 해당하는 집의 1층에 충분한 물질을 쌓아서 방사선 차단 효과를 강화하면 된다.

아파트에 거주하는 국민들은 동별로 협력하여 지하주차장을 보강하는 것이 최선이다. 지하주차장의 경우 창문과 문만 보강할 경우 대피소로 효과적으로 활용할 수 있고, 각자의 아파트가 가까워서 이동이 용이하며, 평소에 사용하고 있기 때문에 관리도 잘 되는 상태이기 때문이다. 특히 다수의 자동차가 주차된 상태일 것이기 때문에 일정한 기간 자동차의 배터리, 라디오 등을 사용할 수 있고, 자동차 안에서 취침할 수도 있으며, 자동차 시트 등을 떼어서 침대로 사용할 수도 있다. 아파트 동의 크기에 따라서 다르지만, 50~100세대라고 한다면 200~400명 정도의 인원이라서 통제단위로도 적절하다. 다만, 이를 위해서는 창문과 문을 보강해두어야 하고, 세대별로 생활공간을 할당해야 하며, 생활규칙을 정립하고, 유사시 훈련을 실시하는 등의 대비가 필요하다.

지하실, 굴토대피소, 지하주차장도 이용할 수 없을 경우에는 집에서 가장 안쪽에 있는 방을 선택하여 취약한 벽이나 창문을 흙이 채워진 마대나 기타 가용한 물질로 쌓아서 보강한 후 사용하는 수밖에 없다. 이 경우에도 방안에 다시 테이블이나 가용한 소재로 별도의 공간을 또 만들고 그 위에 가용한 물질을 쌓은 후 그 속에 거주함으로써 방사능 노출을 더욱 줄일 수 있다. 이것은 2주간 생활하는 데는 어려움이 적을 수 있으나 방호효과를 보장하기가 어렵다는 단점이 있다.

개인대피소의 경우에는 구축하는 것도 중요하지만, 평소에 사용함으로써 유사시 핵대피소로 바로 사용하는 데 문제가 없도록 관리하는 것이 중요하다. 필수적인 일부 물품은 사전에 비축해둘 필요도 있다. 핵공격에 대한 경보가 하달된 이후에 굴토대피소를 구축하더라도 2주 생활에 문제가 없도록 필요한 물품을 충분히 준비해두어야 한다.

\<환기\>

간과하기가 쉽지만 2주 정도 다수의 인원이 밀폐된 공간에서 생활할 경우에는 환기를 통한 온도 및 공기의 질 조절이 중요하다. 그렇지 않을 경우 공기가 탁해지면서 기온이 상승하여 급격히 더워지고, 그렇게 되면 대피한 사람들의 기력이 금방 쇠잔해질 수 있기 때문이다. 처음에는 선선하더라도 많은 사람이 체온을 발산하면 지하실은 곧 더워지고, 여름일 경우 치명적일 수 있다. 지하로 깊게 들어갈수록 환기에 어려움이 있다.

대피소를 구축할 때 더운 공기가 유출될 수 있도록 높은 곳으로 굴뚝을 만들고 덮개를 씌워서 낙진이 직접 들어오지 못하도록 해야 한다. 그리고 낮은 곳에는 공기 유입구를 만들어두어야 한다. 다만, 이러한 자연적인 방법으로는 한계가 있기 때문에 발전기나 차량 배터리를 사용하거나 수동으로도 환기를 보장해야 한다. 이 경우 공기의 유입구에 여과재료를 사용하거나 물을 고이도록 하여 낙진이 들어오지 않도록 할 필요가 있다. 낙진의 경우 최초의 수 시간 동안에 대부분의 위험한 덩어리가 떨어지고, 클수록 자연풍에 의하여 대피소로 들어올 가능성은 낮기 때문에 여과보다는 환기에 더욱 신경을 쓸 필요가 있다.

전기가 가용하지 않을 경우에는 대형 부채를 만들어서 공기를 유입 및 유출시킬 수도 있다. 나무와 가용한 물질을 이용하여 큰 부채를 만들어서 유입구나 배출구에서 인위적으로 공기를 유입 및 배출되도록 하거나 시트를 두 사람이 맞잡아서 부채로 사용할 수도 있다. 장석으로 창문과 같은 것을 상하로 움직이도록 한 다음 끈으로 당겼다 났다 하면서 외부 공기를 대피소로 끌어들일 수도 있다. 대피소가 매우 덥거나 공기가 매우 탁할 때는 부채를 여러 개 만들어 사용할 수도 있다.

<식수>

대피소에서 2주 정도 생활하는 데 있어서 결핍되기 쉽고, 그렇게 되었을 때 결정적으로 위험할 수 있는 것은 식수이다. 식수는 사전에 준비하거나 보관하기가 쉽지 않기 때문이다. 사람은 최소한 하루에 2ℓ 정도의 물은 마셔야 하고, 그 외에 씻을 필요도 있기 때문에 인원이 많을수록 필요로 하는 물의 양은 엄청나게 늘어난다. 수돗물은 나오지 않거나 오염되었을 가능성이 크고, 지하수를 사용할 수 있으면 좋지만 가용하지 않을 가능성이 크다.

그러므로 최선의 방안은 대피소로 이동할 때 모든 인원이 2주일 마실 수 있고, 사용할 수 있는 양의 식수를 준비하는 것이다. 이 경우 물을 저장하기가 쉽지 않기 때문에 큰 플라스틱 통에 물을 채운 후 뚜껑을 덮어서 보관하거나, 핵폭발의 위험성이 사전에 경고되었을 경우에는 물을 넣은 큰 통을 대피소의 땅에 사전에 묻어둘 수도 있다. 대피소를 준비하면서 큰 물통을 옆에 따로 묻어둔 후 호스를 이용하여 사용할 수 있도록 할 수도 있다. 물이 오염되어 있을 경우 정수제나 소독제를 사용하여야 한다.

대피소에 들어와 있는 인원에 비해서 보유하고 있는 식수의 양이 제한될 경우 최소한으로 분배하여야 하는데, 이것이 말처럼 쉬운 것은 아니다. 확보한 식수의 양이 적다고 하여 최소 섭취량을 제공하지 않을 경우 건강에 문제가 발생할 수 있다. 따라서 물을 아끼기 위하여 무리하는 것보다는 적정량을 공급하면서 추가적인 식수를 확보하고자 노력하는 것이 합리적이다. 이 경우 샘물이나 지하수, 뚜껑이 덮인 우물물은 안전할 수 있고, 깊은 호수의 경우 낙진이 밑으로 가라앉아서 도랑의 물보다는 안전할 수 있다. 이 경우도 호수나 도랑가의 땅을 판 다음 여과된 물을 사용하는 것이 더욱 안전하다. 오염된 물밖에 없을 때는 20~30cm의 흙으로 여과한 다음 사용하거나, 6시간 이상을 침전시킨 다음에 사용하면 된다. 도시의 경우에는 집에서 가용한 물을 어느 정도 확보할 수 있다. 부엌에 접근할 수 있으면 냉장고 속에서 우유, 얼음, 음료수, 과일, 주스 등 가능한 것을 확보하고, 보일러 온수통의 물, 변기통 위의 물, 그리고 집안의 수도관에 있는 물을 빼내어 사용할 수 있다.

<음식>

음식의 경우에는 대부분의 사람이 그 중요성을 알고 있고, 어느 정도 준비할 가능성이 크다. 또한, 음식의 경우 보통사람들은 평소의 1/2 정도만 먹어도 문제가 없고, 먹지 않더라도 수일을 지낼 수 있다. 다만, 대피소의 효과적인 운영을 위하여 노동을 해야 하거나 질병을 예방하고자 한다면 적정량의 음식이 공급되는 것이 중요하다.

대피소에서의 음식은 냉장고 저장이나 요리가 필요 없는 통조림이나 진공포장된 음식이 바람직하다. 사전에 이들을 준비하는 것은 어렵지 않지만, 핵전쟁이 일어나지 않은 상태에서 수년을 보낸다고 한다면 준비해둔 것을 계속 교체해두어야 하는데, 그것이 말처럼 쉽지는 않다. 현대의 가정은 소량의 음식이나 음식재료만 보관하기 때문에 갑자기 대피소로 이동할 경우 음식이 부족할 가능성이 높고, 경보가 내려진 제한된 시간에는 확보하는 것이 쉽지 않을 수 있다. 어린이나 노약자가 있을 경우 음식준비에 더욱 신경을 써야 할 것이다.

음식이 제한될 경우 최소한 2주일은 지낼 수 있도록 일정한 양을 배급해야 한다. 다만, 어린이나 임산부는 충분히 공급하도록 특별히 배려할 수밖에 없다. 또한, 음식을 위생적으로 저장 및 관리하는 것이 중요하기 때문에 모든 음식은 통 속에 넣어서 보관하고, 요리 및 취식도구도 깨끗하게 관리해야 한다.

한국의 경우 주식이 쌀이어서 음식 준비가 편리할 수 있다. 쌀은 날로 먹어도 되고, 요리도 쉬우며, 많은 사람이 먹을 양을 쉽게 운반할 수 있기 때문이다. 따라서 위기가 고조될 경우 집에 보관하는 쌀의 양을 증대시킬 필요가 있다. 쌀 이외에도 밀가루나 콩 등의 곡식이 있으면 운반하였다가 최소한의 노력으로 요리해서 먹을 수 있다. 대피소의 공간이 제한되기 때문에 최소한의 불로 요리를 만들어 먹어야 하고, 이를 위해서는 캠핑에서 사용하는 고체연료나 버너 등을 준비하면 도움이 된다.

식수와 같이 대피소에서 생활하면서도 음식을 추가로 확보할 수 있다. 핵폭발로부터 며칠이 경과하였다면 짧은 시간 노출은 문제가 되지 않기 때문에 근처의 주택에서 포장된 음식이나 곡식 등을 찾아올 필요가 있다. 동물들은 방사선에 직접 노출되었거나 노출된 풀과 물을 먹었을 것이기 때문에 육류는 가급적 먹지 않아야 한다. 그리고 음식이 부패하지 않도록 가능하면 건조상태로 서늘한 곳에 저장하고, 습기가 차거나 벌레가 발생하지 않도록 유의해야 한다. 매일 음식을 순환시켜 저장하는 것도 하나의 방법이고, 소금을 활용하여 저장하는 것도 편리하다.

<위생>

2주 동안 대피소에서 생활하는 데는 위생도 매우 중요하다. 위생에서 가장 문제가 되는 것은 용변의 처리인데, 뚜껑이 확실하게 닫히는 쇠통을 변기통으로 사용하여 변을 본 후 뚜껑을 닫아서 보관하되, 소독제를 뿌려주면 더욱 좋다. 그래도 변이 부패하면서 냄새가 나기 때문에 핵폭발 후 며칠이 지난 후에는 바깥으로 버려야 한다. 작은 양으로 비닐에 싸서 던져서 버릴 수도 있고, 덮개 덮은 신발을 신은 후 나가서 버린 후 복귀하여 덮개를 벗을 수도 있다. 대피소를 준비할 때 변을 버릴 수 있는 구멍을 대피소와 조금 떨어진 곳에 마련해둘 수도 있다. 소변의 경우에는 모으기도 쉽고, 쉽게 부패하지 않으며, 버리는 것도 어렵지 않을 것이다.

대부분의 대피소는 씻지도 못한 상태에서 다수가 생활함으로써 습하거나 더울 가능성이 많으므로 피부질환이 발생할 가능성이 높다. 수건에 물을 적시거나 맨손으로라도 몸을 자주 닦아주는 것이 중요하다. 침구를 깨끗하게 관리하거나 서로 바꿔서 사용하지 않도록 하고, 옷도 깨끗하게 관리하며, 신발을 꼭 신도록 해야 한다. 또한, 좁은 공간에 갇혀 있기 때문에 호흡기 질환에도 걸리기 쉽고, 한 사람이 걸리면 전염될 가능성도 크다. 이러한 상황을 고려하여 응급처치를 위한 약품도 구비하여야 할 것인데, 반창고, 소독제, 아스피린, 체온계, 해열제 등은 필수적으로 포함되어야 할 것이다. 이 외에 모기와 파리도 번성할 수 있기 때문에 공기 흡입구 및 배출구에 모기장을 설치할 필요가 있다. 오물이나 쓰레기도 잘 모았다가 필요하다면 바깥으로 버려야 한다.

생활하는 도중에 사망자가 발생할 경우에는 바깥으로 버려야 한다. 낙진이 약해지기를 기다리되 냄새가 난다는 느낌이 들 경우에는 문을 열고 나가서 버린 후 되돌아와야 한다. 어떤 방법으로도 내부에 시체를 오랫동안 보관하는 것은 바람직하지 않다.

\<기타\>

대피소는 극한의 상황에서 들어가는 것이기 때문에 생활의 편리성을 강조하기는 어렵다. 그러나 불편함이 클 경우 장기간 견디는 데 문제가 발생할 수 있다. 따라서 흙벽을 천이나 비닐로 덮을 필요도 있고, 바닥도 비닐이나 골판지 등으로 덮어야 할 것이다. 충분한 침구나 개인별 침낭을 준비하는 것이 바람직하고, 2층 침대로 만들 수 있으면 좋으며, 공중에 해먹을 달아서 잘 수도 있다. 간이의자도 만들어 사용할 수 있으면 좋을 것이다. 유아나 노약자가 있으면 더욱 그들의 불편이 크지 않도록 사전에 준비할 필요가 있다.

취사도구도 냄비, 프라이팬, 칼, 수저, 접시, 컵, 냅킨, 병따개, 통조림따개 등 최소한의 도구를 구비하는 것이 편리하다. 배터리를 사용하는 라디오, 플래시, 랜턴, 예비 배터리 등이 필요하고, 어떤 식으로든 등불도 만들어 사용할 필요가 있다. 지하실이나 지하주차장의 경우 자동차 배터리를 이용하여 불을 밝히는 방법을 강구할 필요가 있고, 초를 준비하거나 병에 식용유를 넣어 작은 램프를 만들어 사용할 수도 있다. 이 외에도 갈아입을 수 있는 내의, 성냥, 빗자루, 고무호스, 로프, 망치, 드라이버, 못 등도 필요하다. 심지어 불이 났을 때를 대비해서 흙이나 식수로 사용하지 못하는 물은 소방용으로 준비할 필요가 있다.

언제 대피소를 떠날 것이냐는 것은 바깥의 방사선 농도가 어느 정도냐에 달려 있다. 핵공격 이후 공기 중에 먼지가 보일 경우에는 아직 낙진이 떨어지고 있다고 봐야 한다. 방사능 측정기구가 있으면 측정해보는 것이 바람직하다. 라디오를 통하여 정부기관에서 바깥으로 나와도 되는지 잘 들어봐야 한다.

□ 소개

<요점>

▲ 모든 것이 확실할 때 소개를 하라

적이 언제 어느 곳에 핵무기에 의한 공격을 감행한다는 사실이 확실하고, 교통 상황 등 이동하는 데 문제점이 없을 때는 소개하는 것이 바람직하다. 다만, 핵폭발이 발생한 후에도 공격지점, 낙진의 분포와 이동경로, 방사능의 강도 등과 같은 기본적인 정보가 파악되지 않았을 경우에는 소개에는 신중해야 한다. 소개는 준비된 상태에서 전혀 준비되지 않은 상황으로 이동하는 것이기 때문이다. 불안하다고 하여 무조건 소개하는 것은 위험하고, 우왕좌왕하는 것은 더욱 위험하다.

> ▲ 이동하여 생활하는 문제까지 고려하라
> 이동하는 것으로 위기가 종료되는 것은 아니다. 핵공격은 단발로 종료될 수도 있지만, 계속될 수도 있기 때문이다. 이동하여 생활하는 문제까지도 고려하여 필요한 물품을 준비하거나 이동 여부를 결정해야 한다.
>
> ▲ 이동하는 도중에 대피소를 찾거나 구축할 준비를 하라
> 핵공격의 시기와 대상은 예상할 수 없으므로 이동하는 도중에 핵공격의 경보를 받을 수 있다. 이 경우에는 가용한 공공대피소를 찾아가거나 가족대피소를 구축해야 한다. 따라서 이러한 상황까지 염두에 두고 도구와 물품을 준비해야 한다.
>
> ▲ 바람 방향을 고려하라
> 소개에 있어서 중요한 것은 바람의 방향이다. 바람이 부는 방향으로 소개해야 하기 때문이다. 한국의 경우 편서풍이 불고, 북한이 핵을 공격할 경우 자신에게 낙진이 날아가지 않는 방향이나 지역을 공격할 가능성이 높다는 점에서 서북방향이 유리할 가능성이 높다.

<소개의 개념>

소개는 핵무기 공격을 당할 위험이 큰 지역으로부터 그렇지 않은 지역으로 이동하는 활동이다. 이론적으로는 핵공격이 임박해질 경우 소개가 최선이다. 다만, 핵공격이 정확하게 언제 어디에 가해질지 알 수 없으므로 현실적으로 소개는 신중하게 결정하지 않을 수 없다. 따라서 일반적으로는 일단 대피소로 대피했다가 다른 지역으로 소개하는 것이 타당하다고 확신이 설 때 소개하게 된다. 어느 경우든 핵공격과 관련된 모든 사항을 확실하게 파악한 다음에 소개를 결정해야 한다. 소개한다는 것은 준비된 상황에서 전혀 준비되지 않은 상황으로 이동하는 결정이기 때문이다.

소개는 정부에서 판단하여 강제로 명령할 수도 있고, 각자가 자발적으로 판단하여 시행할 수도 있다. 전자의 경우에는 단기간에 대규모 이동이 이뤄져야 함으로써 철저한 계획과 통제가 없으면 상당한 혼란을 초래할 수 있고, 후자의 경우에는 판단의 신뢰성을 보장하기가 어렵다.

<소개 여부 판단>

정부든 개인이든 소개 여부의 판단은 너무나 중요한 사항이다. 머뭇거리다가 실제로 해당 지역에 핵공격이 가해진다면 회피할 수 있었던 피해를 감수하는 셈이

되고, 지나치게 성급하게 결정할 경우 핵공격은 가해지지 않았는데 혼란만 가중시킨 상황이 되기 때문이다. 소개하는 과정에서 핵공격이 발생할 경우 예상외의 엄청난 피해가 날 수 있다. 따라서 핵공격에 관한 경보를 받은 상태에서는 소개할 것인가 아니면 대피할 것인가를 결정하는 것이 가장 어렵고 중요한 결정일 것이다.

이론과 달리 실제에서 핵무기가 어디에 투하될지를 확신하는 것은 어렵다. 적이 어느 도시를 공격하겠다고 위협하더라도 반드시 그곳을 공격한다는 보장은 없다. 이동하는 도중에 교통체증에 걸리거나 휘발유가 떨어지거나 차가 고장 나는 등의 예기치 않는 상황에 직면하여 어려움을 겪을 수도 있다.

또한, 정부가 필요하다고 판단하여 소개 명령을 내린다고 하더라도 질서 있게 이행되기가 쉽지 않고, 그 과정에서 예상치 않은 다양한 혼란사태를 야기할 수 있다. 일부만 소개할 경우 도시의 기능을 유지할 수 없어서 잔존하는 사람들의 생활이 위협받을 수 있고, 경찰이나 소방대원 등의 공무원까지 소개대열에 합류할 경우 정부의 기능 자체가 마비될 수 있다.

그러므로 소개는 신중하게 결정되어야 하고, 이상보다는 현실을 잘 반영하여야 한다. 현재의 위치가 핵공격의 표적이라는 확실한 정보가 있고, 이동하여 머물 안전한 지역이 있으며, 도로가 막히거나 통제되지 않고, 이동수단이 확실할 때만 소개를 선택하는 것이 합리적이다. 다만, 핵공격을 받기 훨씬 이전에, 위험지역에 사는 사람들이 위험이 적은 시골 지역으로 이동하여 새로운 생활터전을 만드는 등의 장기적 소개는 권장할 수 있을 것이다.

<소개 시 휴대물품>

소개의 경우 단순한 이동만 고려해서는 곤란하다. 소개하여 수일 또는 수 주일 생활을 해야 한다는 점을 사전에 고려해야 한다. 또한, 소개하는 도중에 대피호를 구축해야 할 수도 있다. 따라서 소개 시에는 충분한 연료를 확보해야 할 것이고, 소개 후의 생활이나 소개 도중에 발생할 수 있는 불상사에도 대비해야 하며, 이를 위한 물품을 함께 휴대해야 한다.

예를 들면, 소개 시에도 핵공격을 받아서 대피호를 구축해야 할 상황을 예상하여 필요한 도구를 휴대해야 하고, 최소한으로 2주 이상(소개 과정에서 소모하는 양도 고려)의 생활을 보장할 수 있는 식수, 음식, 의약품을 준비해야 할 것이다. 그리고 이것들을 적절한 용기에 잘 넣어서 잘 보관해야 할 것이다.

참고문헌

국문

강영훈·김현수, 1996, 『국제법 개설』, 서울: 연경문화사.

강임구, 2009, 「선제공격의 정당성 확보 모델 연구」, 『군사발전연구』.

고상두, 1998, 「나토 방위비분담 연구」, 『국방학술논총』, 제12집.

국립국어연구원, 1999, 『표준 국어대사전』, 서울: 두산동아.

국립방재연구원, 2012, 『민방위실태 분석을 통한 제도개선 방안: 기획연구를 중심으로』, 국립방재연구원.

국방개혁위원회, 2005, 『국방개혁 2020 50문 50답』, 서울: 국방부.

국방대학교 안보문제연구소, 2012, 『2012 국민 안보의식 여론조사』, 서울: 국방대학교.

국방부 군사편찬연구소, 2003, 『한미군사관계사 1871~2002』, 서울: 국방부 군사편찬연구소.

국방부, 2003, 『참여정부의 국방정책』, 서울: 국방부.

_____, 2005a, 『국방개혁 2020 이렇게 추진합니다』, 서울: 국방부.

_____, 2005b, 『국방개혁 2020 50문 50답』, 서울: 국방부

_____, 2006a, 『국방개혁 2020과 국방비』, 서울: 국방부.

_____, 2006b, 『국방백서 2006』, 서울: 국방부.

_____, 2007, 『국방기획관리기본규정』, 서울: 국방부.

_____, 2010, 『2010 국방백서』, 서울: 국방부.

_____, 2011, 『국방개혁 307계획 보도 참고자료』, 서울: 국방부.

_____, 2012, 『2012 국방백서』, 서울: 국방부.

_____, 2014, 「혁신·창조형의 '정예화된 선진강군'을 위한 '국방개혁 기본계획(2014~2030)' 수립, 추진」, 보도자료(3월 6일).

국회도서관, 2010, 『북한 핵문제 한눈에 보기』, 서울: 국회도서관.

권태영 외, 2014, 『북한 핵·미사일 위협과 대응』, 서울: 북코리아.

권태영·신범철, 2011, 「북한 핵보유 상황 대비 자위적 선제공격론의 개념과 전략적 선택방향」, 『전략연구』, 통권 51호.

권혁철, 2012, 「선제적 자위권 행사 사례 분석과 시사점: 1967년 6일전쟁을 중심으로」, 『국방정책연구』, 제28권 4호(겨울).

김규정, 1999, 『신판 행정학 원론』, 서울: 법문사.

김동수 외, 2013, 『2013년 북한 핵프로그램 및 능력 평가』, KINU 정책시리 즈(서울: 통일연구원).

김동욱, 2010, 「천안함 사태에 대한 국제법적 대응」, 『해양전략』, 제146호(6월).

김명섭, 2013, 「정전협정 60주년의 역사적 의미와 한반도 평화체제의 과제」, 『정전 60주년과 한반도 평화체제의 과제』, 통일건국민족회 2013년도 학술세미나.

김명수, 2009, 「전시 작전통제권 전환 정책연구: 의사결정과정을 중심으로」, 선문대학교 대학원 박사학위 논문.

김병기·박휘락, 2012, 「한국안보에 대한 미국 신 국방전략지침의 함의: 동북 아시아 세력정치와의 연관성을 중심으로」, 『국제지역연구』, 제16권 3 호(가을).

김상해, 2012, 『성과관리를 위한 정책과정론』, 서울: 도서출판 대경.

김선명, 2005, 「공공부문 혁신의 접근방법에 대한 인식론적 비평: 현상학적 접근방법을 중심으로」, 『한국행정학보』, 제39권 제4호(겨울).

김수민, 2008, 「북한 급변사태의 개연성: 내부 요인을 중심으로」, 『평화학연 구』, 제9권 3호.

김승국, 2009, 『평화연구의 지평』, 서울: 한국학술정보.

김연수, 2006, 「북한의 급변사태와 남한의 관할권 확보 방안」, 『新亞細亞』, 제13권 4호(겨울).

김열수, 2012, 「북한 급변사태와 중국의 군사개입: 목적·양상·형태를 중심 으로」, 『신아세아』, 제19권 2호(여름).

김영일·신종호, 2008, 「한·미 방위비분담의 현황과 쟁점」, 『현안보고서』, 4호.

김준형, 2006, 『국제정치 이야기』, 서울: 책세상.

김진무, 2010, 「북한의 핵전략 분석과 평가」, 백승주 외, 『한국의 안보와 국방』, 서울: 한국국방연구원.

김찬규, 2009, 「무력공격의 개념 변화와 자위권에 대한 재해석」, 『인도법논총』, 29호.

김태우, 2010, 「북한 핵실험과 확대억제 강화의 필요성」, 백승주 외, 『한국의 안보와 국방』, 서울: 한국국방연구원.

김태준, 2014, 「통일. 급변사태와 중국군」, 한반도 선진화재단, 『통일과 급변 사태: 군사적 과제』, 2014년 국방선진화연구회 세미나 발표자료(6월 19일).

김태현, 2004, 「게임과 억지이론」, 우철구·박건영 편, 『현대 국제관계이론과 한국』, 서울: 사회평론.

김학송, 2007, 『전시작전통제권. 조기 환수의 수렁』, 2007년도 국정감사 정책자료집 5(9월).

김현수, 2004, 「국제법상 선제적 자위권 행사에 관한 연구」, 『해양전략』, 제123호.

남궁근, 2012, 『정책학』, 서울: 법문사.

남창희, 2002, "일본과 한국의 방위비분담 정책체계의 연구: 현지 고용원 인건비 지원사례를 중심으로", 『국제지역연구』, 제6권 2호.

노화준, 2012, 『정책학 원론』, 서울: 박영사.

노훈, 2012, 「'국방개혁 기본계획 2012~2030' 진단과 향후 국방개혁 전략」, 『전략연구』, 제19권 3호(11월).

라미경 · 김학린, 2006, 「북한 급변사태와 국제사회의 개입」, 『분쟁해결연구』, 제4권 2호(가을/겨울).

류병현, 2007, 『한미동맹과 작전통제권』, 서울: 대한민국재향군인회.

문광건 · 서정해 · 이준호, 2004, 『국방업무혁신을 통한 군정예화』, 서울: 한국국방연구원.

문영한, 2007, 「한미연합방위체제로부터 한국 주도 방위체제로의 변환」, 『군사논단』. 제50호(여름).

문장렬, 2004, 「북한 핵 · 미사일의 실체」, 『북한 핵미사일 위협과 한국의 대응전략』, 2014 KINSA 세미나 발표문(2월 7일).

민중서림, 2006, 『국어사전』, 제6판, 서울: 민중서림.

바른 군 개혁을 위한 원로 예비역 모임, 2012, 「군 상부지휘구조 개편: 무엇이 문제인가」, 미 발간연구안.

박기학, 2013, 「방위비분담 불가피론에 대한 반론」, 『한겨레』(7월 17일).

박상중, 2013, 「전시 작전통제권 전환의 정치적 결정에 관한 연구: 정책흐름모형을 중심으로」, 서울과학기술대학교 IT정책전문대학원 박사학위논문·

박영자, 「독재정치 이론으로 본 김정은 체제의 권력구조: 조선노동당 '파워엘리트' 실태와 관계망을 중심으로」, 『국방정책연구』, 제28권 4호(겨울).

박창희, 2010, 「북한 급변사태와 중국의 군사개입 전망」, 『국가전략』, 제16권 1호.

박휘락, 2006, 『2006 국방백서』, 서울: 국방부, 2006.

_____, 2008a, 「국방개혁에 있어서 변화의 집중성과 점증성: 미군 변혁(transformation)의 함의」, 『국방연구』, 제51권 1호(4월).

_____, 2008b, 『정보화시대 국방개혁의 이론과 실제』, 서울: 법문사.

_____, 2009, 「정책 결정 모형에 의한 국방개혁 2020 추진방향 분석」, 『국가전략』, 제15권 3호(5월).

_____, 2010, 「북한 급변사태와 통일에 대한 현실성 분석과 과제」, 『국가전략』, 제16권 4호.

_____, 2011, 「북한의 '심각한 불안정' 사태 시 한국의 '적극적' 개입: 정당성과 과제 분석」, 『평화연구』, 제19권 2호.

_____, 2012a, 「'국방개혁 2020'과 미군 '변혁(Transformation)'의 비교와 교훈: 변화방식을 중심으로」, 『평화학 연구』, 제13권 3호.

_____, 2012b, 「북한 핵무기 무력화를 위한 한국의 군사적 대응방안」, 『북핵과 통일안보 국제세미나』(3월 21일).

_____, 2012c, 『평화와 국방』, 서울: 한국학술정보.

_____, 2013a, 「일본 탄도미사일 방어체제 추진사례 분석과 한국에 대한 교훈」, 『국가전략』, 제19권 4호.

_____, 2013b, 「핵억제이론에 입각한 한국의 대북 핵억제태세 평가와 핵억제전략 모색」, 『국제정치논총』, 제53권 3호(9월).

_____, 2014, 「통일. 급변사태와 한국군」, 한반도 선진화재단, 『통일과 급변사태: 군사적 과제』, 2014년 국방선진화연구회 세미나 발표자료(6월 19일).

소치형, 2007, 「북한 급변사태와 중국의 개입 유형」, 『중국연구』, Vol. 20.

손기웅, 2012, 「통일 직후 과도기 상황에서의 북한지역 안정화 방안: 군·경의 질서 유지와 치안 확보」, 『국방연구』, 제55권 2(6월).

신범철, 2008, 「안보적 관점에서 본 북한 급변사태의 법적 문제」, 『서울국제법연구』, 제15권 1호.

신종호, 2009, 「한국의 방위비분담 현황과 쟁점 및 개선방안」, 『국제문제연구』, 제9권 1호.

안광찬, 2002, 「헌법상 군사제도에 관한 연구: 한반도 작전지휘권을 중심으로」, 동국대학교 법학과 박사학위 논문.

양영모, 2009, 「한반도 평화체제 구축방안 연구: 분단국 사례 및 기존 논의를 중심으로」, 『교수논집』, 제17권 2호.

유영재, 2012, 「한반도 및 동북아 평화체제에 역행하는 미국 MD 참여 막아내자!」, 『평화누리 통일누리』(12월).

육군사관학교 전사학과, 2004, 『세계전쟁사』, 서울: 황금알.

육군사관학교, 2001, 『국가안보론』, 서울: 박영사.

이경주, 2010, 「평화체제의 쟁점과 분쟁의 평화적 관리」, 『민주법학』, 제44호(11월).

이명희, 2006, 「미 국가안보전략의 'preemptive action' 함축적 의미 분석」, 『3 사교 논문집』, 제62집(4월).

이문항, 2001, 『JSA-판문점』, 서울: 도서출판 소화.

이상근, 2008, 「북한 붕괴론의 어제와 오늘: 1990년대와 2000년대의 북한 붕 괴론에 대한 평가」, 『통일연구』, 제12권 2호.

이상철, 2004, 『안보와 자주성의 딜레마』, 서울: 연경문화사.

이상훈, 2006, 「북한의 탄도미사일 개발과 주변국 인식」, 『군사논단』, 통권 제46호.

이성연, 2002, 『국방의사결정론』, 영천: 제3사관학교.

이수석 외, 2009, 『김정일 이후 북한의 연착륙을 위한 한국의 대응전략 연구』, 황진하 의원 정책연구자료집(1월).

이영규, 1990, 「미국의 리비아 폭격과 자위권」, 『군사법 논문집』, 제11호.

이정환, 2011, 「시스템 사고를 이용한 주한미군 방위비분담 정책 레버리지 전략 연구」, 광운대학교 대학원 박사학위논문.

이종석, 1995, 『현대 북한의 이해: 사상·체제·지도자』, 서울: 역사비평사.

_____, 2008, 「한반도 평화체제 구축 논의. 쟁점과 대안 모색」, 『세종정책연 구』, 제4권 1호.

이철기, 2006, 「미국의 방위비분담 요구의 문제점과 대안」, 국회국방위원회 정책보고서.

이필중, 2009, 「국방기획관리체계의 개선방향」, 『교수논총』, 제17집 3권, 국 방대학교(8월).

임명수, 2007, 「한반도 평화체제 구축에 관한 고찰: 평화에 대한 기본개념 및 쟁점연구를 중심으로」, 『통일연구』, 제11권 2호.

장용석, 2010, 「한반도 평화체제와 평화협정: 개념. 쟁점. 추진방향」, 『통일문 제연구』, 제53호.

전성훈, 2010, 「북한 비핵화와 핵우산 강화를 위한 이중경로정책」, 『국가전략』, 제16권 1호.

정경영, 2009, 「전작권 전환 이후 한미안보협력」, 『군사논단』, 59호(가을).

정낙근 외, 2009, 『북한급변사태 시 미·중의 대책 및 우리의 대응방향』, 국 회정보위원회 정책연구개발과제.

정상돈, 2009, 『독일의 방위비분담 및 주독미군 기지 환경관리정책』, 서울: 한국국방연구원, 2009.

_____, 2012, 「급변사태 시 서독정부의 대응이 주는 교훈과 시사점」, 『동북 아 안보정세분석』(12월 28일).

정성장, 2009, 「한·미의 북한 급변사태 논의와 대북 군사전략 과제」, 『정세와 정책』, 제15권(3월).

정수성, 2011, 『2011 국정감사 자료집 II: 민방위 훈련의 내실화 방안』, 정수성 국회의원실(9월 20일).

정욱식, 2003, 『미사일 방어체제(MD)』, 서울: 살림.

정재욱, 2012, 「북한 급변사태와 보호책임(R2P)에 의한 군사개입 가능성 전망: 리비아사태 및 시리아 사태를 중심으로」, 『국방연구』, 제55권 4호(12월).

정정길 외, 2005, 『정책학원론』, 서울: 대명출판사.

제성호, 2010a, 「유엔헌장상의 자위권 규정 재검토: 천안함사건에서 한국의 무력대응과 관련해서」, 『서울국제법연구』, 제17권 1호.

제성호, 2010b, 『남북한 관계론』, 서울: 집문당.

조남훈, 2011, 「국방개혁 기본계획 2011~2030」, 2011년도 한국국제정치학회 안보국방학술회의 자료.

조영기, 2014, 「통일과 급변사태」, 한반도 선진화재단, 『통일과 급변사태: 군사적 과제』, 2014년 국방선진화연구회 세미나 발표자료(6월 19일).

차두현, 2014, 「한국. 편성·집행 투명성 제고. 거시 공동기획 토대 확보」, 『통일한국』(2014년 2월호).

최강, 2011, 「북핵. 군비통제 그리고 평화체제」, 『한반도 군비통제』, 제49집(6월).

최봉기, 2008, 『정책학개론』, 서울: 박영사.

최태현, 1993, 「국제법상 예방적 자위권의 허용가능성에 관한 연구」, 『법학논총』(국민대학교 법학연구소), 제6호.

최희정, 2011, 「한미동맹의 전시 작전통제권 전환 결정과정 연구」, 서울대학교 행정대학원 석사학위 논문.

탁성한, 2006, 「독일의 방위비분담 정책과 시사점」, 『주간국방논단』, 제1086호.

평화와 통일을 여는 사람들, 2008, 『미국 MD에 참여 규탄 기자회견문』(3월 20일).

하영선 편, 2002, 『21세기 평화학』, 서울: 풀빛.

한관수·김재홍, 2012, 「분단국 통일의 결정요인 분석: 독일과 한반도 사례를 중심으로」, 『국방연구』, 제55권 1호(3월).

한국건설기술연구원, 2008, 「지하 핵 대피시설 구축 방안 설정에 관한 연구」, 국토해양부 연구과제. 건기연 2008-008(3월).

한국국방안보포럼(KODEF) 편, 2006, 『전시작전통제권 오해와 진실』, 서울: 플래닛 미디어.

한병진, 2010, 「독재정권 몰락의 급작성과 북한 급변사태에 대한 이론적 검토」, 『국가전략』, 제18권 1호.

한용섭, 2007, 「미국의 맞춤형 억제전략과 북한의 핵위협 해소 방안」, 『국방연구』, 제50권 2호.

한용섭·김태현, 2010, 「국방기획관리제도 개선방안」, 『정책연구』(가을).

함형필, 2009, 「북한의 핵전략 구상과 전략적 딜레마 고찰」, 『국방정책연구』, 제25권 2호(여름).

합동참모본부, 2002, 『합동작전』, 합동교범 3-0, 서울: 합동참모본부.

현인택, 1991, 『한국의 방위비: 새로운 인식의 지평을 위하여』, 서울: 한울.

홍현익, 2013a, 「북한 급변사태에 대한 국제사회의 개입과 한국의 준비·대응방안」, 세종정책연구 2013-19.

_____, 2013b, 「북한 핵 보유 대처방안」, 『정세와 정책』(5월).

황일도, 2004, 「國益 저버리고 國格 떨어뜨리는 용산기지 이전비용협상: 설계권 넘겨주고 2사단용 시설까지 지어준다?」, 『新東亞』, 6월호(통권537호).

황주희, 2012, 「북한 급변사태 연구현황과 동향 분석」, 고려대학교 대학원 석사학위논문.

황지환, 2009, 「한반도 평화체제 구상의 이상과 현실」, 『평화연구』, Vol. 17-1.

영문

Allen, Kenneth W. et al. 2000. *Theater Missile Defenses in the Asia-Pacific Region*. Working Group Report No. 34 (Washington D.C.: The Henly L. Stimson Center, June).

Allison, Graham T. 1971. *Essence of Decision: Explaining the Cuban Missile Crisis*. Boston: Little. Brown and Company.

Arend, Anthony Clark. 2003. "International Law and the Preemptive Use of Military Force." *The Washington Quarterly* (Spring).

Baltrusaitis. Daniel F. 2010. *Coalition Politics and the Iraq War: Determinants of Choices*. Boulder. Co: Firstforum Press.

Baxter, Richard R. 2013. "Armistices and Other Forms of Suspension of Hostilities." Richard R. Baxter. et al. *Humanizing the Laws of War: Selected Writings of Richard Baxter* (Oxford Scholarship Online).

Bennett, Bruce W. and Lind, Jennifer. 2011. "The Collapse of North Korea: Military Missions and Requirements." *International Security*. Vol 36. No.

1 (Fall).

Bennett, Bruce W. 2013. *Preparing for the Possibility of a North Korean Collapse.* RAND.

Blackwell, James A. Jr. and Blechman, Barry M. ed. 1990. *Making Defense Reform Work.* Washington D.C.: Brassey's Inc

Carnesale, Albert. et al. 1983. *Living with Nuclear Weapons.* Harvard University Press.

Carter, Ashton B. and Perry, William J. 1999. *Preventive Defense: A New Security Strategy for America.* Washington D.C.: Brookings Institution Press.

Center for U.S.-Korea Policy. 2009. *North Korean Contingency Planning and U.S.-ROK Cooperation.* San Francisco: Asia Foundation.

Cha, Victor. 2009. "북한의 의도와 확장억제의 신뢰성." 『한반도 군비통제』. 46집.

Clausewitz, Carl von. 1984. ***On War,*** Michael Howard and Peter Paret (ed. and trans.). indexed editon, Princeton: Princeton Univ. Press.

Collins, John M. 2002. *Military Strategy: Principles, Practices, And Historical Perspectives.* Washington D.C.: Brassey's Inc.

Conetta, Carl. 2006. W*e Can See Clearly Now: The Limits of Foresights in the pre-World War II Revolution in Military Affairs(RMA).* Project on Defense Alternatives Research Monograph #2 (March).

Connor, Shane. 2013. "The Good News about Nuclear Destruction." *Threat Journal* (August 6).

Davis, Tracy C. 2007. *Stages of Emergency: Cold War Nuclear Civil Defense.* Durhan and London: Duke Univ. Press.

Delpech, Therese. 2012. *Nuclear Deterrence in the 21st Century: Lessons from the Cold War for a New Era of Strategic Piracy* (Rand).

Dershowitz, Alan M. 2010. *Preemption: A Knife That Cuts Both Ways*, 2006. 채윤 역. 『선제공격: 양날의 칼』. 서울: 바이북스.

DoD(Department of Defense). 1999. *Report to Congress on Theater Missile Defense Architecture Options for the Asia-Pacific Region.* Washington D.C.: DoD.

_____. 2003. "Report on Allied Contributions to the Common Defense: A Report to the United States Congress by the Secretary of Defense." Washington D.C.: DoD.

_____. 2010. *Military and Associated Terms.* As Amended Through 31 January

2011, Washington D.C.: DoD (November 8).

_____. 2013a. *Military and Associated Terms*. Joint Pub. 1-02, amended through 18 October 2013, Washington D.C: DoD, October 15.

_____. 2013b. *Military and Security Developments Involving the Democratic People's Republic of Korea*. Washington D.C.: DoD.

Dougherty, James E. and Pfaltzgraff, Robert L. Jr. 1990. *Contending Theories of International Relations*. 3rd edition, New York: Harper & Row.

Ek, Carl. 2012. *NATO Common Funds Burdensharing: Background and Current Issue*. CRS Report for Congress RL30150(Feb 15).

Euelfer, Charles A. and Dyson, Stephen Benedict. 2011. "Chronic Misperception and International Conflict." *International Security*. Vol. 36. No. 1 (Summer).

Federal Council to the Federal Assembly. 2001. *Civil Protection Concept*. Switzerland, Federal Office for Civil Protection (October 17).

FEMA (Federal Emergency Management Agency). 1985. *Protection in the Nuclear Age*. Washington D.C.; FEMA, June 1985.

Fitzmaruice, Gerald G. 1949. *The Juridical Clauses of the Peace Treaties*.

Freedman, Lawrence. 2004. *Deterrence*. Cambridge, Polity Press.

Fromkin, David. 1989. *A Peace to End All Peace: The Fall of the Ottoman Empire and the Creation of the Modern Middle East*. New York: Henry Holt and Co.

Galtung, Johan. 2000. *Peace by Peaceful Means*, 1996. 강종일 외 역. 『평화적 수단에 의한 평화』. 서울: 들녘.

_____. 2003. "Violence and Peace." in Nicholas N. Kittrie et al. ed. *The Future of Peace in the Twenty-First Century: A Reader and Source Book*. Durham, NC: Carolina Academic Press.

Green, Brian. 1984. "The New Case for Civil Defense." *Backgrounder* (August 29).

Hendrickson, David C. 1988. *Reforming Defense*. Baltimore: Johns Hopkins Univ. Press.

Homeland Security National Preparedness Task Force. 2006. *Civil Defense and Homeland Security: A short History of National Preparedness Efforts*. Washington D.C.: Department of Homeland Security.

IISS(Institute of International Strategic Studies). *The Military Balance 2012: The Annual Assessment of Global Military Capabilities and Defence Economics*.

London. Routledge.

_____. 2013. *The Military Balance 2013*. London: Routledge.

Inspector General in DoD. 2008. *Host Nation Support of U.S. Forces in Korea*. Washington D.C.: DoD (August 25). at: http://www.dodig.mil/Audit/ reports/fy08/08-118.pdf(검색일: 2014. 6. 21).

Janis, Irving L. 1982. *Groupthink: A Psychological Study of Policy Decisions and Fiascoes,* Second ed. Boston: Yale Univ. Press, 1982.

JCS(U.S. Joint Chiefs of Staff). 2008. *Joint Operations*. Joint Pub. 3-0. Incorporating Change 1. Washington D.C.: Department of Defense, 13. Feb.

Jervis, Robert. 1976. *Perception and Misperception in International Politics*. Princeton: Princeton Univ. Press.

JMD(JAPAN Ministry of Defense. 2011. *Defense of Japan 2011*. Tokyo: Ministry of Defense.

_____. 2012. *Defense of Japan 2012*. Tokyo: Ministry of Defense.

_____. 2013. *Defense of Japan 2011*. Tokyo: Ministry of Defense.

Kearny, Cresson H. 1987. *Nuclear War Survival Skills*. 1987 edition, Cave Junction, Oregon; Oregon Institute of Science and Medicine.

Kim, Sung Woo. 2012. "System Polarities and Alliance Politics." dissertation (University of Iowa).

Klingner, Bruce. 2010a. "New Leaders. Old Dangers: What North Korean Succession Means for the U.S." *Backgrounder*(Heritage Foundation). No. 2397 (Apr 7).

_____. 2010b. "한반도 정전협정을 평화협정으로 전환하는 데 따르는 도전."『한반도 군비통제』. 제48집(12월).

_____. 2011. "The Case for Comprehensive Missile Defense in Asia." *Backgrounder*. Heritage Foundation, No. 2506, Jan 7.

_____. 2013. "Japan's Defense Spending Boost Is Proper Response to Threats." *The Foundary* (Heritage Foundation). available at: http://blog.heritage.org /2013/01/10/japans-defense-spending-boost-augurs-well-for-the-alliance/(검색일: 2013. 10. 28).

Lebow, Richard Ned. 2007. *Coercion. Cooperation and Ethics in International Relations*. London: Routledge.

Levy, Jack S. 1983. "Misperception and the Causes of War: Theoretical Linkages and Analytical Problems." *World Politics*. Vol 36, No. 1 (October).

Manyin. 2011. *U.S. South Korea Relations*. CRS Report for Congress. Congressional Research Service(October 4).

Mariani, Daniele. 2009. "Bunkers for All." swissinfo.ch (July 3). at: http://www.swissinfo.ch/eng/specials/switzerland_for_the_record/world_rec ords/Bunkers_for_all.html?cid=995134 (검색일: 2014. 5. 13).

McKinzie, Matthew G. & Cochran, Thomas. 2004. "Nuclear Use Scenarios on the Korean Peninsula." Natural Resources Defense Council, prepared for the Seminar on International Security Nanjing, China (October 12-15). at: http://docs.nrdc.org/nuclear/files/nuc_04101201a_239.pdf (검색일: 2014. 5. 13).

National Security Staff Interagency Policy coordination Subcommittee. 2010. *Planning Guidance for Response to a Nuclear Detonation*. 2nd edition, FEMA (June).

NATO. 2014a. *NATO Common-funded Budgets and Programs*. at: http://www.nato.int/cps /en/natolive/topics_67655.htm (검색일: 2014년 2월 10일).

_____. 2014b. *The Direct Funding of NATO's Three Budget*. at: http://www.nato.int/ cps/en/natolive/topics_67655.htm (검색일: 2014년 2월 10일).

NIDS(The National Institute for Defense Studies). 2013. *East Asian Strategic Review* Tokyo: The Japan Times.

Nikitin, Mary Beth. 2013. *North Korea's Nuclear Weapons: Technical Issues*. CRS Report for Congress, RL34256 (April 3).

Norifumi Namatame. 2012. "Japan and Ballistic Missile Defense: Debates and Difficulties." *Security Challenges*. Vol. 8. No. 3 (Spring).

Nuclear Detonation Response Communication Working Group. 2010. *Nuclear Detonation Preparedness: Communicating in the Immediate Aftermath* (September).

Panofsy, Wolfgang K. H. 1966. "Civil Defense as Insurance and as Military Strategy." in Henry Eyring. ed. *Civil Defense*. Lancaster, Pennsylvania: Donnelley Printing Co.

Park, Hwee Rhak. 2008. "The self-entrapment of rationality in dealing with North Korea." *The Korean Journal of Defense Analysis*. Vol. 20. No. 4 (December).

Public Diplomacy Division of NATO. 2006. *NATO Handbook*. Belgium, Brussel.

RAND. 2013. "Overseas Basing of U.S. Military Forces: An Assessment of Relative Costs and Strategic Benefits." A Paper Prepared for the Office of the Secretary of Defense. RAND.

Rice, Anthony J. 1997. "Command and Control: The Essence of Coalition Warfare." *Parameters* (Spring).

Rinehart, Ian E. et al. 2013. *Ballistic Missile Defense in the Asia-Pacific Region: Cooperation and Opposition.* CRS Report for Congress R43116 (Congressional Research Service, June 24).

Roehrig, Terence. 2006. *From Deterrence to Engagement: The U.S. Defense Commitment to South Korea.* Lanham: Lexington Books.

Rosen, Stephen Peter. 1991. *Winning the Next War: Innovation and the Modern Military.* New York: Cornell Univ. Press.

Sauer, Tom. 2011. *Eliminating Nuclear Weapons: The Role of Missile Defense.* London: Hurst & Co.

Schelling, Thomas C. 1960. *The Strategy of Conflict.* London: Oxford Univ. Press.

Schneider, Mark B. 2013. "Does North Korea Have a Missile-Deliverable Nuclear Weapons?" *Lecture* (The Heritage Foundation). No. 1228(May 22).

Scobell, Andrew. 2008. "Projecting Pyongyang: The Future of North Korea's Kim Jong Il Regime." A Monograph of Strategic Studies Institute, Army War College (March).

Slocombe, Wakter B. et al. 2003. *Missile Defense in Asia.* policy paper (The Atlantic Council. June 2003). p.18.

Snyder, Glen H. 1961. *Deterrence and Defense: Toward a Theory of National Security.* Princeton. NJ: Princeton Univ. Press.

Sofaer, Abraham D. 2003. "On the Legality of Preemption. Was the war in Iraq legal?" *hoover diges*t (April 30). at: http://www.hoover.org/publications/hoover-digest/article/6590 (검색일: 2013년 3월 26일).

_____. 2010. *The Best Defense?: Legitimacy & Preventive Force.* Standford: Standford Univ. Press.

Stares, Paul B. and Wit, Joel S. 2009. *Preparing for Sudden Change in North Korea.* Council Special Report No. 42. New York: Council on Foreign Relations (Jan).

Stoessinger, John. 2011. *Why Nations Go to War.* 11th ed. Boston: Wadsworth Cengage Learning.

Sugio Takahashi. 2012. "Ballistic Missile Defense in Japan: Deterrence and

Military Transformation." *ifri Proliferation Papers 44*(Center for Asian Studies and Security Studies Center) (December).

Szabo, Kinga Tibori. 2011. *Anticipatory Action in Self-Defense: Essence and Limits under Internation Law.* Hague: Springer.

The White House. 2002. *The National Security Strategy of the United States of America.* White House (September).

United Nations. 2004. *A more secure world: Our shared responsibility.* Report of the High-level Panel on Threats, Challenges and Change. United Nations.

Webel, Charles Galtung and Johan. ed. 2007. *Handbook of Peace and Conflict Studies.* New York: Routledge.

Wolfe, Thad A. 1979. "Soviet-United States Civil Defense: tipping the strategic scale?" *Air University Review* (March-April). at: http://www.airpower.maxwell.af.mil/airchronicles/aureview/1979/mar-apr/wolfe.html (검색일: 2014년 6월 22일).

찾아보기

박휘락(朴輝洛, Park Hwee Rhak)

육군사관학교 졸업(34기, 1978). 대대장, 연대장, 주요 정책부서 근무. 육군대학, 합동참모대학 수석 졸업. 미국 NATIONAL WAR COLLEGE 졸업(석사). 경기대학교 정치전문대학 졸업(정치학 박사). 육군대령(예).
현) 국민대학교 정치대학원 부교수. 국민대학교 정치대학원장.
『북핵을 모르면 우리가 죽는다』(2014). 『북핵 위협과 대응』(2013). 『평화와 국방』(2012). 『정보화시대 국방 개혁의 이론과 실제』(2008). 『전쟁, 전략, 군사입문』(2005). 『현대군사연구』(1998). 『한국군사전략연구』(1993). 『소련 군사전략연구』(1987).

북 핵 위 협 시 대

국방의 조건

초판인쇄 2014년 10월 24일
초판발행 2014년 10월 24일

지은이 박휘락
펴낸이 채종준
펴낸곳 한국학술정보㈜
주소 경기도 파주시 회동길 230(문발동)
전화 031) 908-3181(대표)
팩스 031) 908-3189
홈페이지 http://ebook.kstudy.com
전자우편 출판사업부 publish@kstudy.com
등록 제일산-115호(2000. 6. 19)

ISBN 978-89-268-6705-1 93390

이 책은 한국학술정보㈜와 저작자의 지적 재산으로서 무단 전재와 복제를 금합니다.
책에 대한 더 나은 생각, 끊임없는 고민, 독자를 생각하는 마음으로 보다 좋은 책을 만들어갑니다.